CONTROLE LINEAR DE SISTEMAS DINÂMICOS

Teoria, ensaios práticos e exercícios

ACADEMIA BRASILEIRA DE CIÊNCIAS
MCMXVI

CONTROLE LINEAR DE SISTEMAS DINÂMICOS

Teoria, ensaios práticos e exercícios

2ª edição

José C. Geromel
Faculdade de Engenharia Elétrica
e de Computação, UNICAMP

Rubens H. Korogui
Faculdade de Engenharia Elétrica
e de Computação, UNICAMP

Controle linear de sistemas dinâmicos: teoria, ensaios práticos e exercícios, 2. ed.

Editora Edgard Blücher Ltda.

Blucher

Rua Pedroso Alvarenga, 1245, 4º andar
04531-934 – São Paulo – SP – Brasil
Tel.: 55 11 3078-5366
contato@blucher.com.br
www.blucher.com.br

Segundo o Novo Acordo Ortográfico, conforme 5. ed. do *Vocabulário Ortográfico da Língua Portuguesa*, Academia Brasileira de Letras, março de 2009.

Dados Internacionais de Catalogação na Publicação (CIP)
Angélica Ilacqua CRB-8/7057

Geromel, José C.

Controle linear de sistemas dinâmicos : teoria, ensaios práticos e exercícios / José C. Geromel e Rubens H. Korogui. – 2. ed. – São Paulo : Blucher, 2019.

356 p. : il.

Bibliografia

ISBN 978-85-212-1469-4 (impresso)

ISBN 978-85-212-1470-0 (e-book)

1. Análise de sistemas 2. Dinâmica 3. Sistemas lineares I. Título. II. Korogui, Rubens H.

19-0655 CDD 515.352

Índices para catálogo sistemático:

1. Análise linear : Sistemas dinâmicos: Matemática

Este livro é dedicado aos professores

Celso Bottura
Hermano Tavares
Plínio Castrucci

por terem iniciado toda uma geração
nos temas que serão aqui tratados.

Conteúdo

Prefácio & Agradecimentos xi

1 Considerações Preliminares **1**
1.1 Introdução . . . 1
1.2 Requisitos Básicos . . . 9
1.3 Descrição dos Capítulos . . . 13
1.4 Notação . . . 17
1.5 Notas Bibliográficas . . . 18

2 Fundamentos de Sistemas de Controle **19**
2.1 Introdução . . . 19
2.2 Modelagem Matemática e Perspectivas . . . 21
2.2.1 Perspectivas . . . 22
2.2.2 Motor de Corrente Contínua . . . 23
2.2.3 Pêndulo Invertido . . . 27
2.3 Sistemas de Controle com Realimentação . . . 30
2.3.1 Estrutura Básica . . . 31
2.3.2 Função de Transferência em Malha Fechada . . . 32
2.3.3 Sensibilidade . . . 34
2.3.4 Critérios de Desempenho . . . 37
2.4 Classes de Controladores e Discretização . . . 42
2.4.1 Classes de Controladores . . . 42
2.4.2 Discretização . . . 44
2.5 Notas Bibliográficas . . . 49
2.6 Exercícios . . . 49

3 Fundamentos Matemáticos **65**
3.1 Introdução . . . 65
3.2 Princípio da Variação do Argumento . . . 65

3.3 Matrizes e Determinantes . . . 74
3.4 Critérios de Estabilidade . . . 80
3.4.1 Caracterização . . . 81
3.4.2 Critério de Routh-Hurwitz . . . 83
3.4.3 Critério de Nyquist . . . 88
3.4.4 Critério de Lyapunov . . . 95
3.5 Lugar das Raízes . . . 102
3.6 Redução de Modelos via Polos Dominantes . . . 110
3.7 Notas Bibliográficas . . . 113
3.8 Exercícios . . . 114

4 Fundamentos de Projeto 121
4.1 Introdução . . . 121
4.2 Critérios de Desempenho . . . 121
4.3 Alocação de Polos . . . 131
4.4 Controladores Clássicos . . . 137
4.4.1 Atraso e Avanço . . . 137
4.4.2 PID . . . 138
4.4.3 Regra de Ziegler-Nichols . . . 139
4.5 Projeto via Lugar das Raízes . . . 141
4.6 Projeto via Resposta em Frequência . . . 145
4.7 Notas Bibliográficas . . . 153
4.8 Exercícios . . . 154

5 Projeto via Representação de Estado 165
5.1 Introdução . . . 165
5.2 Realimentação de Estado . . . 166
5.2.1 Controlabilidade . . . 175
5.3 Regulador Linear Quadrático . . . 179
5.4 Observador de Estado . . . 185
5.4.1 Observabilidade . . . 195
5.5 Projeto de Servomecanismos . . . 197
5.6 Projeto Final . . . 208
5.7 Notas Bibliográficas . . . 212
5.8 Exercícios . . . 212

6 Sistemas Não Lineares 221
6.1 Introdução . . . 221
6.2 Equações Diferenciais Não Lineares . . . 221
6.2.1 Linearização . . . 228

6.2.2 Classes Especiais de Sistemas Não Lineares 229
6.3 Sistemas de Segunda Ordem 231
6.3.1 Soluções Periódicas 239
6.4 Estabilidade 246
6.4.1 Linearização Harmônica 247
6.4.2 Critério de Popov 260
6.4.3 Critério de Persidiskii 270
6.5 Notas Bibliográficas 272
6.6 Exercícios 273

7 Robustez **279**
7.1 Introdução 279
7.2 Normas 279
7.2.1 Classe $\mathcal{H}_2$ 282
7.2.2 Classe $\mathcal{H}_\infty$ 286
7.3 Estabilidade Robusta 290
7.4 Desempenho Robusto 300
7.5 Notas Bibliográficas 302
7.6 Exercícios 302

8 Modelagem e Ensaios Práticos **307**
8.1 Introdução 307
8.2 Sistema Torcional 307
8.3 Amplificador Eletrônico Realimentado 320
8.4 Notas Bibliográficas 327
8.5 Exercícios 327

A Desigualdades Matriciais Lineares **331**
A.1 Conceitos Básicos 331
A.2 Problemas Específicos 334

Bibliografia **337**

Índice **341**

Prefácio & Agradecimentos

Este livro tem como objetivo principal o estudo da síntese de sistemas de controle automático. De forma natural, surgiu a partir da necessidade de complementar a análise de sistemas dinâmicos já tratada no texto:

- José C. Geromel e Alvaro G. B. Palhares, *Análise Linear de Sistemas Dinâmicos: Teoria, Ensaios Práticos e Exercícios*, 1ª ed., Blucher, São Paulo, 2004.

cujo conteúdo tomamos como base para elaborar e desenvolver aquele que será, em seguida, apresentado. As estruturas dos dois livros são idênticas.

Este texto não é um mero amontoado de resultados teóricos já conhecidos há muito tempo, de exemplos e exercícios que acabaram sendo colocados juntos. É muito mais. Pretendemos dar ao leitor a nossa visão e a nossa opinião crítica a respeito dos temas tratados. Como apareceram, como são usados e, sobretudo, quais são os mais relevantes e úteis. Para que isto possa ser realizado é necessário, em alguns pontos, aprofundar a discussão e chegar a detalhes para tornar possível entender as nuances porventura existentes dentro dos seus respectivos contextos.

Com este objetivo em vista, procuramos primeiramente desenvolver os resultados teóricos de forma rigorosa e sempre dentro de um nível de dificuldade que julgamos ser perfeitamente adequado aos potenciais leitores. Em segundo lugar, procuramos ilustrar os resultados teóricos com vários exemplos e propor diversos exercícios para serem resolvidos como forma de consolidar o aprendizado. Embora a bibliografia contenha um bom número de obras correlatas para consulta, este livro pode ser lido sem que se tenha que recorrer a elas com regularidade. Pretendemos ter feito um texto de leitura fácil e agradável, mas reconhecemos que ele requer trabalho e dispêndio de energia para ser vencido. Alguns tópicos vão além do que se espera ensinar em disciplinas da graduação. Eles foram incluídos para dar ao conteúdo uma certa completude e colocar em evidência a temática atual da área, como é o caso de controle robusto e das desigualdades matriciais lineares[1]. A leitura e o aprendizado certamente ficam mais fáceis se algum tipo de apoio computacional estiver disponível para que o leitor possa reproduzir os exemplos resolvidos.

Agradecemos ao nosso colega Prof. Dr. Carlos Alberto dos Reis Filho, da Faculdade de Engenharia Elétrica e de Computação da Unicamp, por sempre nos ter dado prontamente, e com particular competência, informações que foram úteis e essenciais para desenvolvermos o projeto e os ensaios práticos com amplificadores operacionais.

Agradecemos também, de forma particularmente especial, a dois outros colegas pelas contribuições e sugestões que permitiram diversos aprimoramentos no texto: Dr. Alim P. C. Gonçalves e Dra. Grace S. Deaecto, que, ainda enquanto doutorandos, nos ajudaram a ministrar esta disciplina aos alunos de graduação da Faculdade de Engenharia Elétrica e de Computação da Unicamp e, também, pela leitura cuidadosa e crítica do texto final[2].

Por fim, agradecemos ao CNPq - *Conselho Nacional de Desenvolvimento Científico e Tecnológico* e à FAPESP - *Fundação de Amparo à Pesquisa do Estado de São Paulo*, pelo apoio que nos têm dado ao longo dos anos, inclusive por aquele que tornou possível a execução deste projeto de longa duração.

O texto e as figuras foram editados pelos autores, em LaTeX.

Campinas, São Paulo, setembro de 2010.

José C. Geromel
Rubens H. Korogui

[1]Tradução do termo original em inglês, *linear matrix inequalities* (LMIs).

[2]A revisão do texto para corrigir algumas imprecisões, que inclusive alterou uma notação para deixá-lo mais homogêneo, foi concluída em janeiro de 2019.

Capítulo 1

Considerações Preliminares

1.1 Introdução

Place Wilson, centro de Toulouse, França. Ao descer por uma escada rolante chega-se a uma estação de metrô completamente cercada por vidros. Ao contrário de muitas outras, o passageiro apenas percebe, através deles, a existência de uma linha férrea. O trem chega, um pequeno silvo avisa a abertura das portas, duas, a da estação e a do trem, entra-se e a composição se põe em marcha. Um trem pequeno, apenas dois vagões modernos, amplos e absolutamente idênticos. Nota-se os passageiros e mais ninguém. O trem não tem condutor! É completamente *automático*. Um sistema centralizado *controla* a operação de todos os trens do metrô de Toulouse.

O objetivo central deste livro é estudar os chamados sistemas de controle automáticos. Em síntese, deseja-se fazer com que um determinado objeto ou dispositivo se comporte de maneira previamente estabelecida, sem que seja necessária a intervenção de algum agente externo. Como, no mundo real, incertezas e imprecisões estão sempre presentes, a dificuldade maior está em desenvolver um mecanismo de controle que, mesmo diante de circunstâncias adversas ou desconhecidas, seja capaz de atuar de maneira satisfatória. Isto é, levando em conta diversos aspectos relevantes, por exemplo, custos reduzidos de operação, simplicidade de implementação, desempenho, conforto, segurança etc.

Vamos ilustrar o que acabamos de afirmar através de um *piloto automático*, dispositivo já bastante comum nos automóveis atuais. Enquanto o piloto automático estiver em operação, para que o automóvel percorra uma certa distância, deseja-se manter a sua velocidade $v_a(t)$ constante e igual à velocidade v_c definida pelo condutor. Com este fim, podemos conceber duas estratégias que proporcionam resultados diversos, a saber:

- No início do percurso, em $t = 0$, o condutor coloca o automóvel na velocidade desejada $v_a(0) = v_c$ e liga o piloto automático. Este, através de uma simples leitura, determina e mantém para todo $t \geq 0$ o mesmo fluxo de combustível $u(t) = u_0$ injetado no motor em $t = 0$. Esta estratégia, que poderíamos classificar como ingênua, não corresponderá às nossas expectativas. De fato, o perfil da estrada, o atrito dos pneus com a pista, o atrito viscoso com o ar, e demais variáveis que influenciam a marcha do automóvel no decorrer do percurso faz com que sua velocidade não permaneça constante como desejado. Essa estratégia, que depende apenas de informações colhidas em $t = 0$, ou seja, antes do início do evento, é denominada *estratégia de controle em malha aberta*.

- Em qualquer instante de tempo $t \geq 0$ o velocímetro do automóvel mede a sua velocidade $v_a(t)$ e determina o erro $e(t) = v_a(t) - v_c$. O fluxo de combustível injetado no motor é imposto pela relação $\dot{u}(t) = -k_c e(t)$, sendo $k_c > 0$ um escalar adequado. Em qualquer instante de tempo $t \geq 0$, se $e(t) > 0$ a velocidade do automóvel excede v_c e o fluxo de combustível é reduzido (pois $\dot{u}(t) < 0$), fazendo com que a sua velocidade diminua. Ao contrário, se $e(t) < 0$ a velocidade do automóvel é menor que v_c e o fluxo de combustível é aumentado (pois $\dot{u}(t) > 0$), fazendo com que a sua velocidade aumente. Se algum fator interno ou externo influenciar a marcha do automóvel, o mesmo mecanismo entra em ação para eliminar o erro de velocidade $e(t) \neq 0$ que vier a ser produzido. Essa estratégia, que depende de informações colhidas em todo $t \geq 0$, ou seja, durante toda a duração do evento, é denominada *estratégia de controle em malha fechada*.

Este exemplo retirado do nosso cotidiano coloca em evidência que a estratégia de controle em malha fechada é a mais adequada e, portanto, deve ser adotada como estrutura fundamental para o projeto de sistemas de controle. O propósito deste livro é estudar os seus mais variados aspectos, dentre os quais ressaltamos as suas bases teóricas e suas limitações práticas. De forma esquematizada, uma estrutura de controle em malha fechada pode ser representada através do diagrama mostrado na Figura 1.1. No caso do exemplo que acabamos de discutir, o bloco "Sistema Dinâmico" deve explicitar um modelo matemático que permita determinar a velocidade do automóvel $v_a(t)$ a partir de um fluxo de combustível $u(t)$ dado. Considerando m a massa do automóvel, b o coeficiente de atrito viscoso entre ele e o ar, μ o coeficiente de atrito seco entre a estrada e os seus pneus e $f_a(t)$ a força produzida pelo seu motor, adotamos o modelo simplificado

$$m\ddot{x}_a + b\dot{x}_a + mg(\text{sen}(\theta) + \mu\cos(\theta)) = f_a \tag{1.1}$$

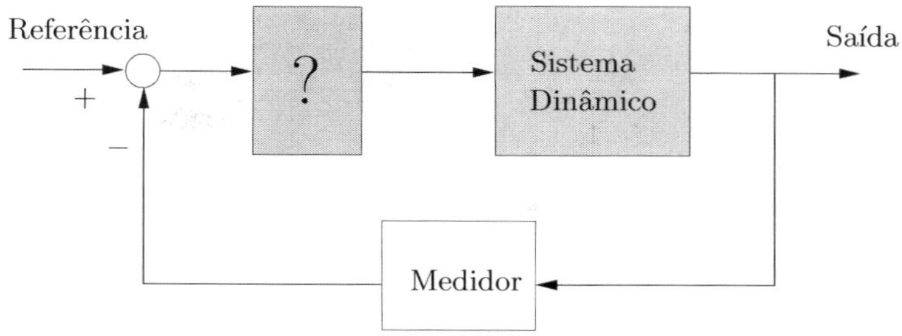

Figura 1.1: Estrutura de controle em malha fechada

que descreve o comportamento dinâmico do automóvel quando transita em uma estrada com inclinação constante θ em relação à horizontal, sendo $x_a(t)$ a sua posição medida em relação a um referencial inercial acoplado à estrada. Finalmente, supondo que a força produzida pelo motor seja proporcional ao fluxo de combustível $f_a(t) = k_a u(t)$, lembrando que $v_a(t) = \dot{x}_a(t)$, obtemos o modelo descrito pela equação diferencial de primeira ordem com coeficientes constantes

$$m\dot{v}_a + bv_a + mg(\text{sen}(\theta) + \mu\cos(\theta)) = k_a u \tag{1.2}$$

O bloco "Medidor" representa o modelo do medidor utilizado. Idealmente o seu modelo é um simples ganho unitário indicando que ele fornece, sem erro ou distorção, o valor exato da variável medida. No exemplo que estamos tratando, consideramos que dispomos de um velocímetro ideal. O bloco indicado por "?" representa o "Controlador" a ser projetado. No exemplo em estudo, para todo $t \geq 0$, a sua saída fornece o fluxo de combustível $u(t)$ a ser injetado no motor do automóvel, em função do erro de velocidade $e(t) = v_a(t) - v_c$, sendo $v_a(t)$ a grandeza medida e v_c a "Referência" que explicita o paradigma estabelecido no projeto.

Derivando a equação (1.2) em relação ao tempo e lembrando que $\dot{u} = -k_c e$, obtemos a equação diferencial linear de segunda ordem com coeficientes constantes positivos

$$m\ddot{e} + b\dot{e} + k_a k_c e = 0 \tag{1.3}$$

que rege o comportamento do erro de velocidade do piloto automático, segundo o diagrama de blocos da Figura 1.1. Podemos verificar, e este será um tema importante a ser tratado em seguida, que ao resolvermos esta equação diferencial teremos

$$\lim_{t\to\infty} e(t) = 0 \tag{1.4}$$

quaisquer que sejam suas condições iniciais $e(0)$ e $\dot{e}(0)$. Ou seja, após um período de transitório, o qual desejamos que seja bastante breve, a velocidade do au-

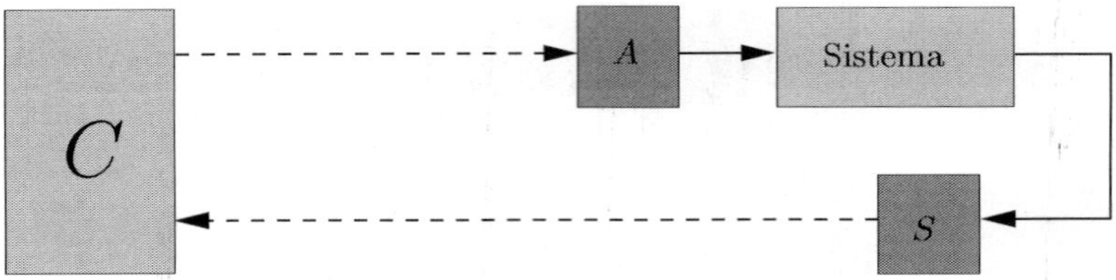

Figura 1.2: Estrutura de controle em rede

tomóvel torna-se aquela estabelecida pelo condutor. É claro que as raízes da equação característica do erro de velocidade dependem do coeficiente $k_c > 0$ que faz parte do projeto do sistema de controle. Portanto, devemos determiná-lo de tal forma a atender algum critério de desempenho. Se o critério for fazer com que o erro se reduza o mais rapidamente possível, a escolha adequada é $k_c = b^2/(4mk_a)$. Estas considerações, inclusive em relação a sistemas de controle mais complexos, serão objeto de análise nos capítulos seguintes.

No futuro próximo, e já em alguma medida nos tempos atuais, a estrutura de controle em malha fechada que acabamos de discutir deverá ser modificada para acolher a possibilidade de que o sistema dinâmico que se quer controlar não esteja próximo do controlador. De fato, devemos supor que, com o uso mais intenso de tecnologia digital e da internet, o objeto que se quer controlar e o controlador podem ter distâncias expressivas entre si. Neste contexto, a estrutura de controle passa a ser aquela descrita na Figura 1.2.

O bloco "Sistema" corresponde ao objeto que se deseja controlar, em cuja entrada está situado o bloco "A", que representa um atuador, dispositivo responsável pela geração do sinal de controle adequado. O bloco "S" representa um sensor, que nada mais é que um dispositivo responsável pela medida da saída de interesse. Estes dois dispositivos estão ligados ao bloco "C", que indica o controlador, isto é, um microprocessador que tem no seu interior as regras necessárias para definir, em cada instante de tempo, a entrada de controle a ser sintetizada pelo atuador, tendo em vista as medidas colhidas pelo sensor. As linhas tracejadas indicam que as informações entre os blocos "C $\rightarrow$ A" e "C $\leftarrow$ S" são enviadas através de uma rede de comunicação. Sob determinadas condições, devido à ocorrência de atrasos ou de erros de transmissão e de roteamento significativos, é imperativo que um modelo matemático da própria rede seja incorporado ao projeto do controlador.

Como ilustração, consideramos o seguinte exemplo: Um braço mecânico com massa m e momento de inércia J relativo ao seu centro de massa, situado a uma distância ℓ da sua base, tem um ponto de rotação fixo em um plano horizontal. Sendo ϕ o ângulo entre o braço e o plano horizontal, o objetivo é deslocá-lo de uma posição inicial qualquer até uma posição predeterminada $\phi_{pd} \in [0, \pi/2]$ através da aplicação de um torque externo G na sua base. Assumimos que o braço se desloca em um ambiente desprovido de qualquer tipo de atrito. Utilizando o Teorema dos Eixos Paralelos para calcular o momento de inércia do braço em relação ao ponto de rotação, os momentos angulares em relação a este mesmo ponto permitem escrever a equação diferencial não linear de segunda ordem

$$(J + m\ell^2)\ddot{\phi}(t) + mg\ell\cos(\phi(t)) = G(t) \tag{1.5}$$

sujeita às condições iniciais $\phi(0)$ e $\dot{\phi}(0)$. Para impormos que após um certo tempo, denominado período transitório, possamos ter $\phi(t) = \phi_{pd}$ é imperativo que o torque aplicado se torne constante $G(t) = G_{pd}$ e igual a

$$G_{pd} = mg\ell\cos(\phi_{pd}) \tag{1.6}$$

Por outro lado, introduzindo as novas variáveis $e(t) = \phi(t) - \phi_{pd}$ e $u(t) = G(t) - G_{pd}$ a aproximação linear fornecida pela série de Taylor permite obter a equação diferencial linear de segunda ordem

$$(J + m\ell^2)\ddot{e}(t) - mg\ell\text{sen}(\phi_{pd})e(t) = u(t) \tag{1.7}$$

com condições iniciais $e(0)$ e $\dot{e}(0)$, válida em uma vizinhança da solução em que estamos interessados, ou seja, $\phi(t) = \phi_{pd}$. Instalando sensores que são capazes de medir a posição e a velocidade angulares do braço, a lei de controle bastante simples

$$u(t) = -k_p e(t) - k_v \dot{e}(t) \tag{1.8}$$

faz com que o sistema em malha fechada, sob sua ação, se comporte segundo a equação diferencial linear homogênea obtida substituindo-se (1.8) em (1.7), cuja equação característica pode ser escrita na forma

$$(J + m\ell^2)\lambda^2 + k_v\lambda + (k_p - mg\ell\text{sen}(\phi_{pd})) = 0 \tag{1.9}$$

Assim sendo, se escolhermos $k_p > mg\ell \geq mg\ell\text{sen}(\phi_{pd})$ e $k_v > 0$ as suas duas raízes estarão localizadas no semiplano complexo esquerdo, fazendo com que $e(t) \to 0$ e, por conseguinte, $\phi(t) \to \phi_{pd}$ quando $t \to \infty$. É claro que esta afirmação é válida para o sistema aproximado descrito pela equação diferencial (1.7), mas pode não ser válida (note que as condições iniciais são consideradas arbitrárias) quando ele é substituído pelo sistema original não linear (1.5). Este aspecto será validado por meio de simulações dadas em seguida.

Por outro lado, ainda não levamos em conta a existência da rede de comunicação. Vamos assumir que ela transmite os dados sem introduzir (idealmente) nenhum erro, mas que a ação de controle só se efetiva após um tempo τ, que corresponde ao atraso total devido a transmissão das medidas do sensor para o controlador, seu tempo de processamento e a transmissão do sinal de controle para o atuador. Dessa forma, a mesma lei de controle (1.8) se torna

$$u(t) = -k_p e(t-\tau) - k_v \dot{e}(t-\tau) \tag{1.10}$$

a qual, substituída em (1.7), faz com que a equação característica do sistema em malha fechada seja dada por

$$(J + m\ell^2)\lambda^2 + k_v e^{-\tau\lambda}\lambda + (k_p e^{-\tau\lambda} - mg\ell \mathrm{sen}(\phi_{pd})) = 0 \tag{1.11}$$

A comparação de (1.9) e (1.11) revela alguns aspectos importantes. Enquanto a primeira é algébrica e admite duas e somente duas soluções que são facilmente determinadas, a segunda é transcendental e admite infinitas soluções que geralmente são muito difíceis de serem determinadas, mesmo numericamente. Assim sendo, não é surpresa que estudar a estabilidade de um sistema com atraso seja uma tarefa mais complicada do que estudar a estabilidade de um sistema sem ele. Porém, por continuidade, se as duas raízes de (1.11) para $\tau = 0$ estiverem situadas no interior da região $\mathrm{Re}(\lambda) < 0$ do plano complexo, existirá um valor máximo $\tau_{max} > 0$ de tal forma que todas as raízes da equação (1.11) estejam localizadas na mesma região para todo $\tau \in [0, \tau_{max})$. Como no caso em que adotamos uma aproximação linear para simplificar o modelo matemático de um sistema dinâmico, a implementação de uma lei de controle projetada idealmente para $\tau = 0$ através de uma rede de comunicação requer a sua validação para verificar se o desempenho final não será comprometido pela presença inevitável de atrasos. Para melhor ilustrar o que acabamos de dizer, adotamos os valores numéricos $J = 0{,}5$ [kgm^2], $m = 6{,}0$ [kg], $\ell = 0{,}5$ [m], $g = 9{,}8$ [m/s^2] e $\phi_{pd} = \pi/3$ [rad]. Com (1.6) determinamos o torque de equilíbrio como sendo $G_{pd} = 14{,}7$ [Nm] e os ganhos $k_p = 27{,}46$ e $k_v = 4$, de tal forma que as raízes da equação característica sejam duplas e iguais a -1.

A Figura 1.3 mostra a simulação temporal de duas situações que permitem colocar em evidência os efeitos da não linearidade do sistema e da presença da rede de comunicação que é usada para enviar os sinais de comando. Em $t = 0$ o braço mecânico encontra-se em repouso na posição horizontal, isto é, $\phi(0) = \dot{\phi}(0) = 0$, e deve se deslocar até a posição final correspondente a $\phi_{pd} = 60^o$.

A parte superior daquela figura foi obtida com $\tau = 0$, ou seja, com uma rede de comunicação ideal. Em linha contínua, vemos o deslocamento angular do braço segundo o modelo não linear (1.5). Em linha tracejada, vemos o mesmo deslocamento angular, mas segundo o modelo linear (1.7). Em ambos os casos, a mesma lei de controle (1.8) foi adotada. Nota-se uma diferença acentuada

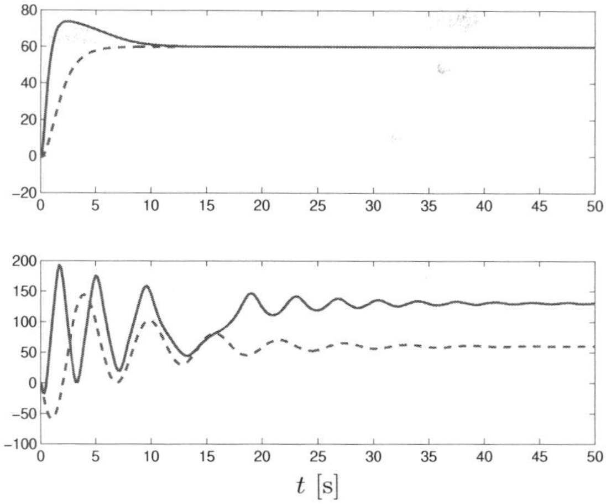

Figura 1.3: Simulação do braço mecânico com controle via rede

entre as duas trajetórias no início, mas após um certo intervalo de tempo ambas coincidem. Nos dois casos, o braço atinge a posição previamente estabelecida.

A parte inferior da mesma figura foi obtida com $\tau = 130$ [ms]. Notamos que, devido ao atraso introduzido pela rede de comunicação, ambos os modelos predizem oscilações significativas para o braço durante o seu deslocamento. A linha tracejada correspondente ao modelo linear mostra que o braço atinge a posição desejada. Ao contrário, a linha contínua mostra que o mesmo controlador não é capaz de fazer com que o braço tenha o mesmo desempenho. Ele atinge a posição de equilíbrio $\phi_{eq} \approx 131^o$, distante daquela previamente especificada e, portanto, inaceitável. Podemos determinar que todos os pontos de equilíbrio do sistema (1.5) sob a ação do controle (1.8) satisfazem a equação

$$mg\ell\left(\cos(\phi_{eq}) - \cos(\phi_{pd})\right) + k_p(\phi_{eq} - \phi_{pd}) = 0 \tag{1.12}$$

Como não poderia deixar de ser, uma das soluções é $\phi_{eq} = \phi_{pd}$, mas existem outras. Em sistemas não lineares a ocorrência de situações semelhantes é bastante comum. Sempre via simulação numérica, determinamos que ambos os modelos tornam-se instáveis para $\tau > \tau_{max} \approx 140$ [ms]. É importante ressaltar que ilustramos apenas um aspecto de uma rede de comunicação presente em um sistema de controle, qual seja, a introdução de atrasos que podem deteriorar o seu desempenho final e cujo efeito deve ser cuidadosamente avaliado. Devido à ocorrência de atrasos variantes no tempo e de perdas, modelos mais sofisticados baseados em processos estocásticos são mais adequados e devem, quando possível, ser adotados. Nos próximos capítulos, eventuais atrasos presentes em sistemas de controle serão objeto de nossa preocupação e estudo.

Uma outra situação bastante relevante em sistemas de controle diz respeito à implementação física de um controlador projetado. É claro que se deve lançar mão das facilidades tecnológicas existentes para ganhar em precisão e reduzir custos. Neste sentido, a adoção de tecnologia digital que permita implantar controladores programáveis ou microprocessadores dedicados parece ser a mais natural. Novamente, consideramos o exemplo do braço mecânico, sem atraso, para ilustrar nossas afirmações. Para implementar a regra (1.8) através de um dispositivo digital de controle, as quantidades medidas $e(t)$ e $\dot{e}(t)$ são amostradas com um determinado período de amostragem T, o que fornece, para todo $k = 0, 1, \cdots$ os valores de $e(kT)$ e $\dot{e}(kT)$. Desta forma podemos sem dificuldade calcular

$$u(kT) = -k_p e(kT) - k_v \dot{e}(kT) \tag{1.13}$$

nos diversos instantes de amostragem $t = kT$. É imperativo ficar bastante claro que com esse procedimento podemos dispor dos valores de controle $\{u(kT)\}_{k=0}^{\infty}$ e com eles determinar os valores da função $u(t)$ para todo $t \geq 0$. É claro que essa tarefa só pode ser realizada adotando-se alguma aproximação. A mais simples é certamente aquela que define o chamado *segurador de ordem zero* e pode ser assim descrita: Em um instante genérico $t = kT$, medimos $e(kT)$, $\dot{e}(kT)$ e calculamos com (1.13) o valor do controle $u(kT)$ que é aplicado na entrada do sistema, permanecendo constante até o instante de amostragem seguinte $t = (k+1)T$ e assim sucessivamente.

A Figura 1.4 mostra a simulação numérica do braço mecânico sob a ação do controle digital que acabamos de descrever. A parte superior, idêntica àquela da figura anterior, mostra o sistema sendo controlado com o controlador (1.8). Em linha contínua vemos a evolução do modelo não linear, enquanto que em linha tracejada mostramos a do sistema linear. Em ambos os casos, em regime permanente, a posição final desejada é atingida. A parte inferior da mesma figura foi obtida adotando-se $T = 300$ [ms]. Em linha contínua, vemos a evolução do braço para a posição $\phi_{eq} \approx 131^o$, que não é a desejada. Em linha tracejada, o modelo linear atinge a posição desejada, mas somente após fortes oscilações. Estes dois aspectos indesejados resultam da implementação digital da lei de controle projetada com um período de amostragem que se mostrou excessivamente grande. Neste sentido, é importante ressaltar que, para $T > T_{max} \approx 310$ [ms], ambos os modelos tornam-se instáveis sob a ação da mesma lei de controle (1.13). Comparando as Figuras 1.3 e 1.4 nota-se uma semelhança importante, qual seja, os atrasos introduzidos pela rede de comunicação e o período de amostragem necessário para a digitalização do controle atuam no sentido de deteriorar o desempenho final do sistema de controle projetado.

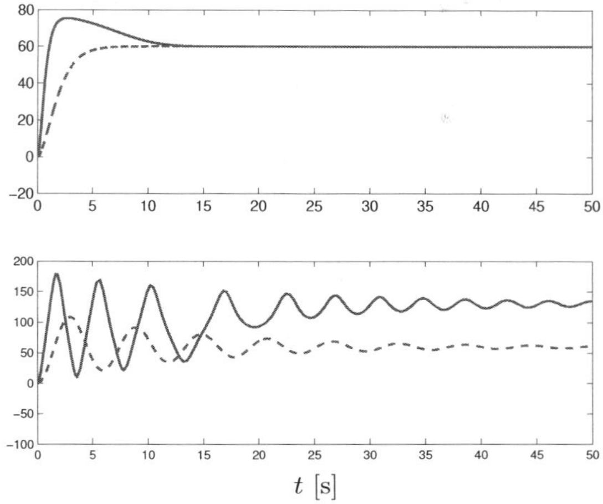

Figura 1.4: Simulação do braço mecânico com controle digital

Esses aspectos que acabamos de ilustrar e muitos outros serão objeto de estudo deste livro. Os resultados teóricos serão estudados com o rigor matemático que o tema exige, mas com a preocupação de não ir além do ponto necessário. Questões de ordem prática serão discutidas e, sempre que possível, serão colocadas no atual contexto tecnológico. Diversos exemplos ilustrativos serão resolvidos e analisados como forma de facilitar a compreensão do texto.

1.2 Requisitos Básicos

O tema central a ser abordado neste livro requer do leitor alguns requisitos para que os conceitos sejam entendidos de maneira adequada. Na verdade, não é requerido que o leitor detenha algo além de conceitos básicos em matemática, cálculo operacional, mecânica e eletricidade. Na medida do possível, informações suplementares a respeito dos tópicos tratados são fornecidas na forma de notas bibliográficas introduzidas no final de cada capítulo. A possibilidade de o leitor se dedicar à eventual atualização de alguns conceitos básicos nas áreas citadas certamente fará com que a leitura se torne mais agradável e seja mais eficiente. Os exercícios propostos no final de cada capítulo devem ser resolvidos, pois são importantes para consolidar o aprendizado. A seguir, discutimos um conjunto de requisitos necessários de forma um pouco mais detalhada:

- **Funções de Variáveis Complexas**

Trata-se de ferramenta importante para o tratamento de sistemas dinâmicos, tanto em tempo contínuo como em tempo discreto. Dominar o cálculo operacional envolvendo números complexos é essencial. Uma função de variável complexa associa elementos do plano complexo $\mathbb{C}$ a elementos pertencentes a este mesmo conjunto. É definida na forma $f(z) : \mathcal{D} \to \mathbb{C}$, onde $\mathcal{D}$ é um domínio situado em $\mathbb{C}$. Estaremos particularmente interessados nas chamadas funções racionais, isto é, aquelas que são obtidas pela razão entre dois polinômios com coeficientes reais e de mapeamentos de curvas fechadas C inteiramente contidas no seu domínio, ou seja,

$$C_f = \{f(z) \ : \ z \in C\} \tag{1.14}$$

Em particular, o estudo de estabilidade de sistemas dinâmicos a partir do método de Nyquist é inteiramente dependente deste tipo de mapeamento. Os conceitos mais utilizados são tratados com mais vagar e detalhes em um dos capítulos seguintes.

- **Modelagem Matemática**

Construir modelos matemáticos simples e precisos é uma das mais importantes tarefas em ciência. A modelagem matemática resulta da aplicação de leis básicas existentes para descrever comportamentos mais complexos. Por exemplo, as leis de Newton são essenciais para se obter modelos matemáticos de sistemas mecânicos, assim como as leis de Kirchhoff desempenham o mesmo papel para a modelagem de circuitos elétricos. No presente contexto, em que se deseja projetar um dispositivo para controlar um determinado sistema dinâmico, a sua modelagem é absolutamente essencial, pois viabiliza que o projeto se realize tendo em mãos apenas o modelo, e não o sistema físico propriamente dito. Ademais, o resultado final pode ser validado e o desempenho pode ser medido submetendo-se o modelo a situações de operação, incluindo eventuais falhas, mais prováveis de serem encontradas na prática. Dessa forma, a modelagem matemática constitui etapa estratégica e, portanto, importante em todo projeto de sistemas de controle. Neste livro procuramos dar ênfase à obtenção de alguns modelos matemáticos de interesse bem como verificar as suas respectivas validades em um ambiente de laboratório.

- **Equações Diferenciais e Transformada de Laplace**

Em tempo contínuo, os modelos matemáticos a serem manipulados são descritos por equações diferenciais e, na maioria das vezes, equações diferenciais lineares com coeficientes constantes, ou seja,

$$D[y(t)] = N[u(t)] \tag{1.15}$$

onde $D[\cdot]$ e $N[\cdot]$ são operadores diferenciais de ordem n e $m \leq n$, respectivamente, que definem uma combinação linear da função e de suas derivadas sucessivas. A função $y(t)$ para todo $t \geq 0$ é a incógnita que deve ser determinada dada a função de excitação $u(t)$ para todo $t \geq 0$ e as condições iniciais que fixam os valores de $y(t)$ e de suas derivadas sucessivas até a ordem $n-1$ em $t=0$. Sob a condição de que a função de excitação seja contínua, a solução de (1.15) existe, é única e pode ser expressa na forma padrão

$$y(t) = y_u(t) + \sum_{i=1}^{n} c_i h_i(t) \tag{1.16}$$

onde $y_u(t)$, denominada solução particular, depende exclusivamente da entrada $u(t)$ em consideração e as funções $h_i(t)$ para todo $i = 1, \cdots, n$, soluções da equação homogênea $D[h_i(t)] = 0$, formam um conjunto linearmente independente que assegura a existência de constantes c_i, $i = 1, \cdots, n$, capazes de impor as condições iniciais desejadas. Lembrando que a função exponencial $e^{\lambda t}$ com $\lambda \in \mathbb{C}$ exibe a propriedade

$$D[e^{\lambda t}] = \Delta(\lambda) e^{\lambda t} \tag{1.17}$$

onde $\Delta(\lambda)$ é o polinômio característico (de grau n) do operador diferencial $D[\cdot]$. Ela é denominada autofunção, pois, à semelhança dos autovetores de uma matriz, o resultado da aplicação do operador $D[\cdot]$ é uma função proporcional a ela própria. Ao impormos que o fator de proporcionalidade seja nulo, isto é, $\Delta(\lambda) = 0$, obtemos uma equação algébrica de grau n com coeficientes reais que admite n e somente n raízes em $\mathbb{C}$. Com estas raízes λ_i, para todo $i = 1, \cdots n$, podemos construir o conjunto de funções $\{h_i(t)\}_{i=1}^{n}$ mesmo no caso em que as raízes da equação característica $\Delta(\lambda) = 0$ não sejam simples, isto é, quando tenham multiplicidade maior do que um. Este é um tema importante que precisa ser dominado com desenvoltura.

Uma maneira alternativa para descrever os modelos matemáticos que serão manipulados é através do cálculo da sua função de transferência, que é obtida pela aplicação da transformada de Laplace. Sendo $f(t)$ uma função de variável real, definida para todo $t \geq 0$, a sua transformada de Laplace é a função de variável complexa $\hat{f}(s) : \mathcal{D} \to \mathbb{C}$ dada por

$$\hat{f}(s) = \int_0^{\infty} f(t) e^{-st} dt \tag{1.18}$$

onde o domínio $\mathcal{D}$ contém todos os pontos do plano complexo para os quais a integral (1.18) pode ser calculada, isto é, converge. É importante salientar que $\mathcal{D}$ tem a forma particular

$$\mathcal{D} = \{s \in \mathbb{C} \ : \ \text{Re}(s) > \alpha\} \tag{1.19}$$

sendo $\alpha \in \mathbb{R}$ o menor escalar de tal forma que $\hat{f}(s)$ seja analítica em todos os pontos do seu domínio. É imperativo observar que, por definição, a igualdade (1.18) só é verdadeira para os pontos $s \in \mathcal{D}$. Por exemplo, podemos determinar a integral de uma função através da sua transformada de Laplace com a relação

$$\int_0^\infty f(t)dt = \hat{f}(0) \tag{1.20}$$

apenas se $s = 0 \in \mathcal{D}$, caso contrário o valor obtido não será correto. Um dos aspectos mais importantes da transformada de Laplace é que a transformação inversa sempre existe. Em outras palavras, a partir de $\hat{f}(s)$ e do seu domínio, podemos extrair a função original através de

$$f(t) = \frac{1}{2\pi j} \int_\gamma \hat{f}(s)e^{st}ds, \ t > 0 \tag{1.21}$$

onde γ é uma linha vertical inteiramente contida em $\mathcal{D}$. Geralmente, essa integral pode ser calculada pelo método dos resíduos. No contexto de sistemas dinâmicos lineares invariantes no tempo é de particular importância a classe de funções racionais

$$\hat{f}(s) = \frac{N(s)}{D(s)} \tag{1.22}$$

onde $D(s)$ e $N(s)$ são polinômios com coeficientes reais de grau n e $m \leq n$, respectivamente. As n raízes de $D(s) = 0$ são os polos e as m raízes de $N(s) = 0$ são os zeros de $\hat{f}(s)$. Como ela deixa de ser analítica apenas nos pontos singulares isolados tais que $D(s) = 0$, o seu domínio é inteiramente caracterizado por seus polos. Ademais, a sua transformada inversa pode ser calculada sem grandes dificuldades através do seu desenvolvimento em frações parciais.

Muito embora os sistemas físicos sejam geralmente descritos por modelos matemáticos a tempo contínuo, a necessidade de implementar controles com tecnologia digital faz com que tenhamos que manipular equações a diferenças e suas respectivas transformadas $\mathcal{Z}$.

Felizmente, o estudo desse tipo de equações lineares a tempo discreto segue de perto aquele que acabamos de comentar para as equações diferenciais e a transformada de Laplace.

- **Simulação e Cálculo Numérico**

A análise e a síntese de sistemas de controle necessita cada vez mais da disponibilidade de um suporte computacional que permita manipular de forma amigável relações algébricas e diferenciais de grande complexidade. Ou seja, de ordem elevada e que eventualmente contenham não linearidades e misturem estruturas definidas em tempo contínuo e em tempo discreto. Nos dias atuais, os simuladores numéricos de sistemas dinâmicos são absolutamente essenciais na etapa de análise para validar os modelos adotados e na etapa de síntese para validar o desempenho dos controladores projetados. O uso deste suporte computacional será ilustrado ao longo de todo este livro como forma de colocar em evidência a sua importância, inclusive, para o aprendizado dos conceitos introduzidos.

1.3 Descrição dos Capítulos

Em seguida passamos a descrever cada capítulo para que o leitor possa ter algumas informações preliminares a respeito dos seus respectivos conteúdos. O objetivo central é dar ênfase a pontos que julgamos importantes e que necessitam, desde logo, de particular atenção.

- **Cap. 2: Fundamentos de Sistemas de Controle**

Neste capítulo introdutório discutimos a estrutura básica de controle a ser adotada nos demais capítulos. O objetivo inicial é apresentar as estruturas de controle em malha aberta e em malha fechada e optar pela segunda, que permite obter melhores resultados, tendo em vista o desempenho do sistema de controle a ser projetado. Entender esse ponto central dentro dos seus aspectos mais abrangentes é essencial para estabelecer uma base sólida a ser usada até o final. Em seguida, discutem-se alguns critérios de desempenho e classes de controladores. Finalmente, a implementação digital de controladores dinâmicos é abordada com detalhes. Os efeitos da discretização e a introdução de aproximações necessárias para viabilizar esta proposta são avaliados e discutidos.

- **Cap. 3: Fundamentos Matemáticos**

Os resultados matemáticos mais expressivos a serem utilizados nos capítulos seguintes são analisados e discutidos com bastantes detalhes. De certa forma, direcionamos a apresentação para as necessidades principais do leitor no sentido de minimizar a consulta de outros textos. As funções de variáveis complexas permitem explicitar o princípio da variação do argumento que progride naturalmente para o critério de estabilidade de Nyquist, talvez a mais interessante construção lógica dessa área. Além dele, nesse capítulo estudamos os critérios de estabilidade de Routh-Hurwitz e de Lyapunov. No caso de sistemas lineares invariantes no tempo, com função de transferência $H(s) = N(s)/D(s)$, a estabilidade depende exclusivamente da localização dos seus polos, raízes da equação característica $D(s) = 0$, na parte esquerda aberta do plano complexo. Os critérios de estabilidade permitem verificar a localização das raízes de $D(s) = 0$ sem ter que resolvê-la. Ademais, permitem o estudo de estabilidade em um contexto mais geral. Por exemplo, determinar os valores do escalar $\kappa > 0$ de tal forma que as raízes $s(\kappa)$ da equação algébrica $D(s) + \kappa N(s) = 0$ estejam localizadas em uma determinada região do plano complexo. O lugar geométrico de todas as raízes da forma $s(\kappa), \forall \kappa > 0$ é determinado de forma aproximada.

- **Cap. 4: Fundamentos de Projeto**

Após a introdução de critérios de desempenho para os sistemas de controle em malha fechada traduzidos pela localização dos seus polos, eles são alocados nas posições desejadas através da solução de uma equação denominada *equação Diofantina*. É de particular importância a solução aproximada proposta que viabiliza o projeto de controladores com estrutura simples, de baixa ordem. Os controladores clássicos que derivam da família PID (Proporcional + Integral + Derivativo) são descritos e projetados com o auxílio da regra de Ziegler-Nichols. Dois projetos completos, envolvendo problemas práticos de reconhecida importância, são resolvidos e analisados em detalhes.

- **Cap. 5: Projeto via Representação de Estado**

A representação de estado de equações diferenciais, com particular ênfase ao caso linear, é um dos resultados mais notáveis para análise e síntese de sistemas de controle. O ponto central é que uma equação linear de ordem n pode ser convertida em um sistema de equações diferenciais de primeira ordem. Em outras palavras, troca-se a ordem pela dimensão como forma de viabilizar a adoção de métodos numéricos para tratar sistemas dinâmicos de qualquer ordem, exigindo eficiência e generalidade.

Esse capítulo trata inicialmente do projeto de controladores via realimentação de todas as variáveis de estado. Em seguida, analisa o projeto de observadores levando em conta a existência de ruídos de medida e, finalmente, trata do projeto de controladores via realimentação de saída, que tem maior importância do ponto de vista prático.

Todos os resultados se baseiam em uma equação matricial não linear denominada equação de Riccati, a qual, na sua forma mais geral, é expressa por

$$A'P + PA - PRP + Q = 0 \tag{1.23}$$

com A, Q e R matrizes reais quadradas e Q, R matrizes simétricas semidefinidas positivas. Procura-se uma solução simétrica definida positiva $P > 0$ tal que a matriz $A - RP$ tenha todos os seus autovalores localizados no semiplano esquerdo complexo. Trata-se de uma equação matricial não linear que só pode ser resolvida numericamente com o auxílio de rotinas computacionais bem conhecidas. Entretanto, neste capítulo, daremos particular ênfase a um procedimento alternativo que, sem ter que passar pela solução da equação de Riccati, permite determinar o ganho associado à sua solução através da técnica de alocação de polos estudada anteriormente.

- **Cap. 6: Sistemas Não Lineares**

Em geral, os modelos de sistemas dinâmicos são não lineares. Os movimentos de rotação, por naturalmente serem descritos com funções trigonométricas, são não lineares. Inicialmente, esse capítulo trata da aproximação linear de sistemas não lineares válida em uma vizinhança dos pontos de equilíbrio. Sistemas lineares de segunda ordem são estudados em detalhes através da determinação de trajetórias no plano de fase e da caracterização de soluções periódicas. O estudo da existência de trajetórias fechadas no plano de fase baseia-se em linearização harmônica, cujo embasamento teórico é feito com o auxílio do critério de Nyquist. Passividade e Positividade Real, dois conceitos equivalentes, são usados como base para estabelecer os critérios de estabilidade que se aplicam a duas classes importantes de sistemas não lineares, a saber, o critério de Popov e o de Persidiskii. Uma função de variável complexa $F(s) : \mathcal{D} \subset \mathbb{C} \to \mathbb{C}$ é positiva real se todos os seus polos estiverem localizados no semiplano esquerdo complexo e se

$$\text{Re}(F(j\omega)) \geq 0, \ \forall \omega \in \mathbb{R} \tag{1.24}$$

Neste capítulo, como forma de caracterizar a positividade real através de uma função de Lyapunov, verificamos a importância das chamadas desigualdades matriciais lineares, que são estudadas com maior rigor no Apêndice A.

- **Cap. 7: Robustez**

Os sistemas dinâmicos são normalmente sujeitos a incertezas, em particular, incertezas paramétricas. Este capítulo trata desta temática no âmbito da chamada Teoria $\mathcal{H}_\infty$. Inicialmente, o conceito de norma de vetores e de matrizes é introduzido para ser, em seguida, generalizado para funções de variáveis complexas que são analíticas no semiplano complexo direito. Pertence a essa classe as funções de transferência racionais assintoticamente estáveis, para as quais definimos e tornamos operacional o cálculo das chamadas normas $\mathcal{H}_2$ e $\mathcal{H}_\infty$. Vários exemplos ilustrativos são resolvidos.

Em seguida, dois aspectos centrais são considerados, a saber: *estabilidade e desempenho robustos*, em um contexto geral que resulta da aplicação do célebre teorema do pequeno ganho, responsável pela desigualdade

$$\|H\|_\infty \|\Delta\|_\infty < 1 \tag{1.25}$$

a qual, se satisfeita, assegura a estabilidade assintótica global, onde $H(s)$ é uma função de transferência nominal e $\Delta(s)$ é a sua incerteza. Particular atenção é dada às incertezas paramétricas e aos sistemas de controle com atraso. Embora tenhamos tido a preocupação de fazer com que as relações matemáticas não tornassem a leitura exageradamente difícil, este capítulo requer do leitor maior disponibilidade. A resolução dos exercícios propostos no seu final permite aumentar o aprendizado de forma sensível.

- **Cap. 8: Modelagem e Ensaios Práticos**

Dar ao leitor uma visão completa de como elaborar e desenvolver um projeto de controle é essencial para sedimentar o aprendizado do conteúdo dos capítulos precedentes. Assim sendo, este é o objetivo central deste último capítulo. Ele contém o desenvolvimento de dois projetos por inteiro, isto é, cada um deles se inicia com a modelagem matemática do sistema dinâmico em estudo, projeta-se o controlador e, em seguida, verifica-se a sua validade e o seu desempenho frente aos critérios inicialmente estabelecidos.

O primeiro trata de um sistema mecânico torcional constituído por três discos rígidos conectados entre si por meio de duas hastes flexíveis. Deseja-se controlar a posição angular do terceiro disco através de um motor que está conectado ao primeiro. A dificuldade do projeto de controle reside na existência de uma estrutura flexível (as hastes e o segundo disco) entre ambos.

O segundo projeto trata de um sistema elétrico constituído por dois amplificadores operacionais conectados em série. O ganho do conjunto é definido por um elo de realimentação que deve ser convenientemente projetado. A dificuldade de projeto concentra-se em operar o conjunto no seu limiar de estabilidade, que deve ser melhorado através da introdução de um compensador.

Em ambos os casos, as soluções propostas foram validadas em laboratório e os resultados experimentais são apresentados em detalhes.

- **Apêndice A: Desigualdades Matriciais Lineares**

Nesse apêndice, procuramos dar uma pequena ideia a respeito da importância atual, na área de sistemas de controle, das desigualdades matriciais lineares. Trata-se de uma restrição do tipo

$$A_0 + \sum_{i=1}^{n} A_i x_i < 0 \tag{1.26}$$

onde as matrizes quadradas $A_0, A_1, \cdots, A_n$ são reais, simétricas e de mesmas dimensões. Os vetores $x = [x_1 \cdots x_n]' \in \mathbb{R}^n$ que satisfazem esta restrição formam um conjunto convexo. O Complemento de Schur, que permite converter muitas restrições não lineares em desigualdades matriciais lineares, é provado e analisado de forma rigorosa. Neste contexto, problemas relacionados ao cálculo de normas $\mathcal{H}_2$, $\mathcal{H}_\infty$ e com o cálculo de atraso máximo sem perda de estabilidade são abordados.

1.4 Notação

Neste ponto, cabe finalmente lembrar que a notação usada no decorrer do texto é padrão. Os símbolos $\mathbb{R}$, $\mathbb{N}$, $\mathbb{Z}$ e $\mathbb{C}$ denotam respectivamente os conjuntos dos números reais, naturais, inteiros e complexos. O conjunto $\mathbb{R}_+$ refere-se aos reais não negativos. Para funções em tempo contínuo ou discreto são usadas letras minúsculas indicando sua variável independente $t \in \mathbb{R}$ ou $k \in \mathbb{Z}$, por exemplo, $f(t)$ e $f(k)$. A transformada de Laplace e a transformada $\mathcal{Z}$ de uma função a tempo contínuo $f(t)$ ou de uma função a tempo discreto $f(k)$ são denotadas indistintamente como $\hat{f}(s)$ ou $\hat{f}(z)$. Os seus respectivos domínios são denotados também de forma indistinta como $\mathcal{D}(\hat{f})$, ficando claro, no contexto, se estamos tratando do domínio de uma transformada de Laplace ou de uma transformada $\mathcal{Z}$. Sempre que possível, empregamos letras minúsculas para a resposta ao impulso e a mesma letra maiúscula para denotar a função de transferência a ela associada. Da mesma forma, matrizes são denotadas com letras maiúsculas e vetores com letras minúsculas, assim, $A \in \mathbb{R}^{n \times m}$ denota uma matriz real com n linhas e m colunas e $v \in \mathbb{R}^n$ denota um vetor real com n elementos, sempre considerado um vetor coluna. O vetor linha, transposto de v, é denotado por v'. Para números complexos $z \in \mathbb{C}$, empregamos z^* para denotar o seu conjugado e, para vetores ou matrizes complexas $v \in \mathbb{C}^n$, o seu conjugado transposto é denotado como $v^\sim$. As operações de convolução em tempo contínuo e em tempo discreto são notadas

$f(t) * h(t)$ e $f(k) * h(k)$, indistintamente[1]. Finalmente, as derivadas primeira e segunda de uma função $y(t)$, exclusivamente em relação ao tempo, são denotadas por $\dot{y}(t)$, $\ddot{y}(t)$ ou por $y^{(1)}(t)$, $y^{(2)}(t)$ e assim sucessivamente.

1.5 Notas Bibliográficas

No final de cada seção, incluímos uma discussão a respeito da bibliografia disponível sobre o tema tratado. Ela tenta dar ao leitor maiores informações quanto a aspectos considerados importantes, mas que foram tratados de forma subsidiária por fugirem do escopo central do livro. Um deles é, sem dúvida, a implementação numérica dos algoritmos de síntese de sistemas de controle.

A bibliografia que se encontra no final deste livro contém as referências que julgamos bastante relevantes sob dois aspectos distintos. O primeiro diz respeito a resultados bem consolidados que são apresentados de maneira ou com propósito diversos e que devem ser conhecidos através de uma fonte de informação alternativa. Acreditamos que, dessa forma, o leitor possa ter uma visão mais abrangente do assunto. O segundo está ligado a resultados mais recentes, cuja fonte primária procuramos fornecer. Como toda bibliografia, a deste livro não é exaustiva nem completa, mas deve ser tomada como um conjunto inicial de referências que precisa ser aprimorado segundo a opinião e o interesse específico do leitor.

[1] Na 1ª edição deste livro a convolução a tempo discreto era denotada $f(k) \bullet h(k)$.

Capítulo 2

Fundamentos de Sistemas de Controle

2.1 Introdução

Este capítulo tem por objetivo estabelecer os contornos dos problemas e das técnicas que serão abordados neste livro. O objetivo central é o de projetar controles para sistemas dinâmicos de tal forma que eles passem a se comportar segundo especificações previamente estabelecidas. Iniciamos com um exemplo bastante simples, porém elucidativo. Um corpo de massa $m = 1$ [kg] move-se em um ambiente com coeficiente de atrito viscoso $b = 2$ [Ns/m], sob a ação de uma força externa com intensidade $u(t)$ [N]. Em relação a um referencial inercial, a posição do móvel em qualquer instante de tempo denotada $x(t)$ pode ser calculada através da solução da equação diferencial de segunda ordem

$$m\ddot{x}(t) + b\dot{x}(t) = u(t) \tag{2.1}$$

sujeita às condições iniciais $x(0)$ e $\dot{x}(0)$ dadas. Considerando que em $t = 0$ [s] o móvel se encontra em repouso na posição $x(0) = 10$ [m], deseja-se trazê-lo para a posição $x = 0$ através da ação da força externa com intensidade adequada. Duas estratégias são adotadas, a saber:

a) Aplicamos uma força $u(t) = -4$ [N] durante os primeiros 5 [s], o que faz com que o móvel atinja a velocidade de -2 [m/s], na posição 1 [m] em $t = 5$ [s]. Em seguida, adota-se $u(t) = 0$ [N] e o móvel, devido à ação do atrito viscoso, atinge assintoticamente a posição desejada. Para todos os efeitos práticos, em $t = 10$ [s] o móvel lá se encontra.

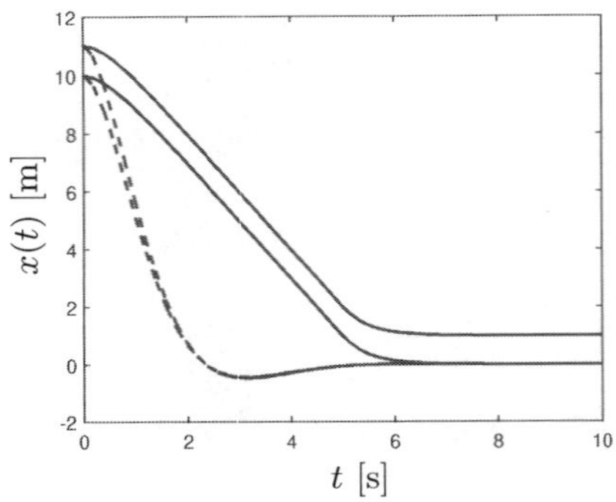

Figura 2.1: Posição do móvel no decorrer do tempo

b) Em cada instante de tempo, medimos a posição do móvel em relação à posição desejada e aplicamos uma força com intensidade $u(t) = -2x(t)$ [N]. Novamente, para todos os efeitos práticos, em $t = 10$ [s] o móvel se encontra na posição desejada.

A Figura 2.1 mostra a simulação numérica das duas estratégias que acabamos de discutir, considerando que para ambas o móvel parte do repouso nas posições $x(0) = 10$ [m] e $x(0) = 11$ [m], respectivamente. Como podemos notar, existe uma diferença importante entre os resultados obtidos.

A estratégia a), representada pelas linhas contínuas, é caracterizada pelo fato de termos determinado a função do tempo $u(t)$ a ser aplicada. Para a condição inicial $x(0) = 10$ [m] ela funciona muito bem, tendo em vista que o carro para na posição desejada. Porém, quando aplicamos a mesma estratégia para uma condição inicial ligeiramente diferente, isto é, $x(0) = 11$ [m], aquele requisito deixa de ser atendido. Ou seja, essa estratégia é sensível à existência de eventuais erros que sempre estão presentes em qualquer sistema real. A lei de controle $u(t)$, assim obtida, é denominada **controle em malha aberta** pois não usa nenhuma informação adicional além daquelas disponíveis no instante inicial $t = 0$.

A estratégia b), representada pelas linhas tracejadas, não sofre do inconveniente que acabamos de apontar. Ao mudarmos a condição inicial, ela modifica a força para fazer com que o móvel pare no lugar desejado. A lei de controle $u(t)$, assim obtida, é denominada **controle em malha fechada** pois usa em todo instante $t \geq 0$ novas informações, neste caso, obtidas através da medida do erro da posição atual do móvel $x(t)$ em relação à posição final desejada $x = 0$.

Por este motivo, dentre vários outros que discutiremos no decorrer deste texto, podemos afirmar que a estrutura de controle em malha fechada é a mais adequada para ser adotada no controle de sistemas dinâmicos em geral. De fato, a estrutura de controle em malha fechada permite acomodar (até determinados limites a serem discutidos mais adiante) erros ou imprecisões sempre presentes em sistemas reais.

2.2 Modelagem Matemática e Perspectivas

Como sabemos, sistemas dinâmicos são descritos por equações diferenciais (tempo contínuo) ou por equações a diferenças finitas (tempo discreto). De maneira geral são não lineares e, portanto, não podem ser resolvidas de forma fechada. Aproximações lineares são então adotadas como forma de representar fenômenos de interesse por modelos mais simples, embora válidos apenas sob condições restritas a serem adequada e precisamente explicitadas. Assim sendo, neste contexto, devemos manipular equações diferenciais ou equações a diferenças, de ordem arbitrária, com coeficientes constantes, escritas na forma

$$D[y] = g \tag{2.2}$$

onde $D[\cdot]$ é um operador diferencial ou um operador a diferenças finitas que relaciona a função de *entrada* $g(\cdot)$ com a função de *saída* $y(\cdot)$. Denomina-se, portanto, saída a solução da equação (2.2) associada a uma entrada e *condições iniciais* específicas. Para cada conjunto formado por uma função de entrada e condições iniciais (cujo número é igual à ordem da equação), uma única função de saída é determinada, pois, nestas condições, (2.2) admite uma e apenas uma solução.

Nosso interesse ganha maior amplitude quando a equação diferencial ou a diferenças finitas dada em (2.2) representar o modelo matemático, mesmo que simplificado, de um processo ou sistema dinâmico que se quer estudar ou, no presente caso, controlar. Neste contexto, assim enunciamos os objetivos a serem atingidos:

- Determinar uma função de entrada $g(\cdot)$ para que o sistema em estudo se comporte de uma maneira adequada, definida a priori, através de especificações de projeto que podem envolver o seu comportamento durante o transitório, o seu comportamento em regime permanente, a supressão de ruídos e apresente margens seguras de estabilidade.

Em seguida, discutimos esses objetivos que são comuns a qualquer projeto de sistema de controle. As várias implicações e dificuldades teóricas a serem enfrentadas são explicitadas para que se possa conseguir um procedimento viável de projeto a ser adotado no âmbito de controle de sistemas dinâmicos, tendo em vista aplicações práticas de interesse.

2.2.1 Perspectivas

Para colocarmos os objetivos anteriormente enunciados dentro de um contexto adequado é preciso ficar claro o significado da relação (2.2). Ela pode ser vista como uma regra que identifica pares de funções $(g(\cdot), y(\cdot))$ que a satisfazem. Normalmente, dada uma função $g(\cdot)$, deseja-se determinar o outro elemento do par, isto é, a função $y(\cdot)$. Para obtê-la, temos que resolver a equação $D[y] = g$, onde $g(\cdot)$ é dada e $y(\cdot)$ é a incógnita. Inversamente, se $y(\cdot)$ for dada não há dificuldade alguma para se determinar o outro elemento do par através do cálculo de $g = D[y]$.

Portanto, se o comportamento desejado de um determinando sistema dinâmico for traduzido por uma função de saída $y_{par}(\cdot)$ eleita como paradigma, não se teria nenhuma dificuldade em fazer com que o sistema assim se comportasse através da adoção da função de entrada $g_{par} = D[y_{par}]$. Como vimos anteriormente, essa solução, denominada de malha aberta, por demais simples, não atende aos seguintes aspectos relevantes de um bom projeto, que passamos a discutir:

- **Modelo matemático.** Um modelo matemático que seja mais preciso possível e, simultaneamente, o mais simples possível é fundamental para que as características relevantes do sistema em estudo sejam levadas em conta no projeto. É importante notar que o projeto se faz com o modelo matemático, mas o que se deseja é controlar o sistema real.

- **Parâmetros.** Modelos matemáticos dependem de parâmetros que devem ser obtidos (em alguns casos através de ensaios), tornando explícitas as precisões envolvidas. É preciso levar em consideração que, ao trabalhar com os valores nominais, estamos apenas adotando um modelo aproximado da realidade.

- **Condições iniciais.** Geralmente, as condições iniciais não precisam ser explicitadas. Para modelos lineares, um bom projeto de controle deve ser bom para qualquer condição inicial.

- **Estabilidade.** Este sempre será um dos atributos básicos exigidos em qualquer projeto de controle. Ademais, para sistemas estáveis, o efeito das condições iniciais desaparece no decorrer do tempo. Assim sendo, elas só têm importância durante o transitório.

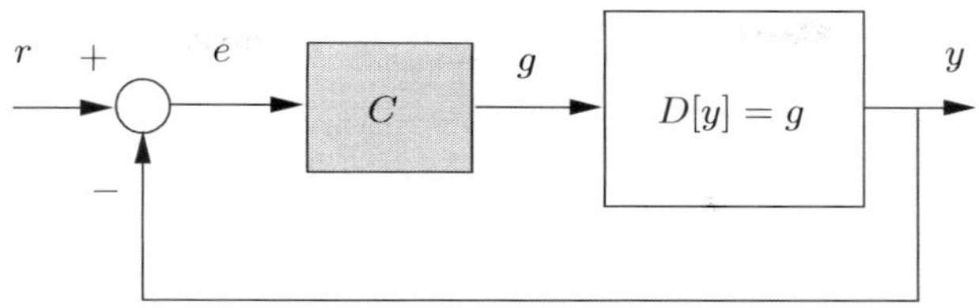

Figura 2.2: Estrutura de controle em malha fechada

- **Fatores não modelados.** É preciso levar em conta a existência de imprecisões e de fatores não modelados - *ruídos* - que acabam influenciando o desempenho. Neste sentido, devemos impor certa robustez ao resultado de um projeto de controle, como forma de levar em conta a existência de diferenças entre sistemas reais e seus respectivos modelos.

Uma das maneiras mais adequadas de levar em conta essas importantes características nos projetos de sistemas de controle é impor uma estrutura em malha fechada, a qual, como já dissemos, será objeto de atenção central neste livro. Em linhas gerais, define-se um sinal de referência r que expressa o paradigma. Em cada instante de tempo, determina-se o sinal de erro $e = r - y$ e define-se o sinal de entrada na forma $g = C(e)$, onde C é um operador diferencial ou a diferenças finitas que deve ser projetado. A Figura 2.2 ilustra esta estrutura.

De fato, trata-se de um diagrama onde o fluxo de informações definido pelos ramos e as operações definidas pelos blocos estão explicitadas. Esse diagrama é denominado *diagrama de blocos* e pode ser apresentado tanto no domínio do tempo (contínuo ou discreto) como no domínio das transformadas (Laplace ou $\mathcal{Z}$). É claro que, em cada um desses domínios, é imperativo realizar as operações adequadas para obter a saída em função da entrada de cada bloco.

O objetivo deste livro é de introduzir métodos e procedimentos para projetar o bloco C da Figura 2.2, denominado *controlador*, de tal forma que o sistema em malha fechada apresente um desempenho que atenda certos critérios previamente estabelecidos. Para melhor compreensão, discutimos a seguir dois exemplos ilustrativos.

2.2.2 Motor de Corrente Contínua

A Figura 2.3 mostra o modelo bem conhecido de um motor de corrente contínua com o qual se deseja movimentar uma carga com momento de inércia J_c através de um eixo com coeficiente de atrito viscoso torcional b. O rotor tem

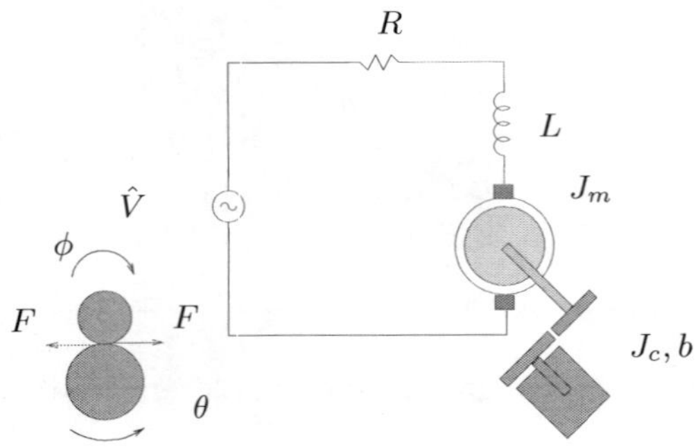

Figura 2.3: Motor de corrente contínua

momento de inércia J_m. A carga é movimentada através de duas engrenagens com raios r_m e r_c, respectivamente. O objetivo é fazer com que a carga se movimente com uma velocidade angular constante ν_{perm} preestabelecida e que não dependa das suas características específicas, isto é, dos parâmetros J_c e b. O rotor, constituído por um conjunto de espiras, é modelado por um circuito RL série alimentado pela tensão externa V. Na mesma figura mostramos as forças tangenciais nas engrenagens.

Em relação aos referenciais indicados, o seguinte modelo matemático rege o comportamento dinâmico do motor:

- **Parte Elétrica.** O circuito RL série fornece

$$L\frac{d}{dt}i + Ri = V - K\frac{d}{dt}\phi \tag{2.3}$$

  onde se nota o acoplamento através da velocidade angular do rotor.

- **Parte Mecânica.** O motor gera um torque total $T_{tot} = Ki$, que é transferido à carga através do rotor. Portanto, obtemos as equações

$$J_m\frac{d^2}{dt^2}\phi + Fr_m = T_{tot} \ , \ J_c\frac{d^2}{dt^2}\theta + b\frac{d}{dt}\theta = Fr_c \tag{2.4}$$

  as quais, levando em conta as relações algébricas $r_m\phi = r_c\theta$ e $c = r_c/r_m$, permitem determinar o deslocamento angular da carga na forma

$$\left(J_c + J_mc^2\right)\frac{d^2}{dt^2}\theta + b\frac{d}{dt}\theta = cKi \tag{2.5}$$

  onde se nota o acoplamento através da corrente elétrica que circula no rotor.

A velocidade angular da carga $\nu(t) = \dot{\theta}(t)$ deve ser controlada através da tensão de entrada $V(t)$ aplicada no rotor. O objetivo, portanto, é determinar $V(t)$, para todo $t \geq 0$, de tal forma que a velocidade angular da carga em regime permanente possa ser especificada independentemente dos seus parâmetros físicos.

Sob condições iniciais nulas, aplicando a transformada de Laplace em (2.3) e (2.5), obtemos

$$(Ls + R)\hat{\imath} + cK\hat{\nu} = \hat{V} \tag{2.6}$$

$$\left(\left(J_c + J_m c^2\right) s + b\right) \hat{\nu} = cK\hat{\imath} \tag{2.7}$$

onde já foi utilizada a relação $\hat{\nu} = s\hat{\theta}$. Substituindo na segunda equação a transformada de Laplace da corrente fornecida pela primeira equação, obtemos a função de transferência entre a tensão de entrada $\hat{V}$ e a velocidade angular da carga $\hat{\nu}$, ou seja, $\hat{\nu} = G(s)\hat{V}$, na forma

$$G(s) = \frac{cK}{((J_c + J_m c^2)s + b)(Ls + R) + c^2K^2} \tag{2.8}$$

Esta função de transferência admite duas importantes conclusões: em primeiro lugar, trata-se de uma função de transferência com dois polos e nenhum zero. Em segundo lugar, como todos os coeficientes da sua equação característica

$$((J_c + J_m c^2)s + b)(Ls + R) + c^2K^2 = 0 \tag{2.9}$$

são positivos, ela admite duas raízes com parte real negativa. Em outras palavras, o sistema dinâmico em estudo é sempre *assintoticamente estável*, para quaisquer valores específicos de seus parâmetros. Portanto, para a entrada em degrau $\hat{V}(s) = V_0/s$, onde V_0 é uma tensão constante, o teorema do valor final se aplica e fornece a velocidade angular da carga em regime permanente

$$\nu_{perm} = \frac{cK}{Rb + c^2K^2} V_0 \tag{2.10}$$

a qual, como notamos, depende de vários parâmetros do motor e da carga. O próximo exemplo coloca em evidência um aspecto importante a ser bem entendido.

Exemplo 2.1 A determinação dos valores nominais dos parâmetros de um motor e de uma carga específica fornece a função de transferência

$$G(s) = \frac{1}{14s^2 + 15s + 2}$$

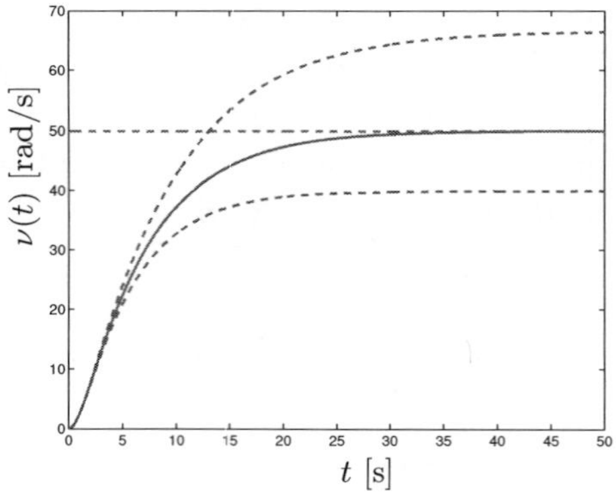

Figura 2.4: Velocidade angular da carga

sendo que, neste caso, o valor nominal do coeficiente de atrito viscoso torcional é $b =$ 1,0 [Nms/rad]. É interessante notar que, a partir da função de transferência $G(s)$, podemos obter o modelo do motor no domínio do tempo, isto é,

$$14\ddot{\nu}(t) + 15\dot{\nu}(t) + 2\nu(t) = V(t)$$

que é expresso na forma $D[\nu] = V$, onde $D[\nu]$ é um operador diferencial de segunda ordem. Portanto, se desejarmos que a velocidade angular em regime permanente seja 50 [rad/s], basta aplicar uma tensão constante $V(t) = V_0 = 100$ [V], $\forall\, t \geq 0$. Entretanto, se aplicarmos a mesma tensão constante em situações em que o atrito viscoso é ligeiramente diferente do nominal (note que o coeficiente b depende de vários fatores, inclusive ambientais), verificamos que a velocidade angular da carga, em regime permanente, muda. A Figura 2.4 ilustra esta afirmação para três valores diversos do coeficiente de atrito, sendo que o gráfico em linha contínua corresponde ao valor nominal $b = 1{,}0$ [Nms/rad]. Para manter a velocidade no valor desejado de 50 [rad/s], seria necessário determinar o valor exato do coeficiente de atrito b. Como já comentado anteriormente, concluímos que esta é uma estrutura de controle em malha aberta. □

Exemplo 2.2 O mesmo modelo do motor de corrente contínua, tratado no exemplo anterior, é novamente considerado. Porém, no presente caso, implementamos a estrutura de controle em malha fechada descrita na Figura 2.2. Nesse sentido, a partir do sinal de referência $r(t) = 50$, $\forall t \geq 0$, a tensão de entrada é dada por

$$V(t) = 0{,}25 \int_0^t e(\tau) d\tau \ , \ \forall t \geq 0$$

onde $e(t) = r(t) - \nu(t)$ é o erro entre a referência (o valor da velocidade angular da carga em regime permanente) e a velocidade da carga em um instante de tempo $t \geq 0$ genérico. É interessante observar que, aplicando a transformada de Laplace na equação acima obtemos $\hat{V} = (0{,}25/s)\hat{e}$, o que mostra que a função de transferência do controlador é $C(s) = 0{,}25/s$. Este controlador fornece um sinal proporcional à integral do erro, cujo

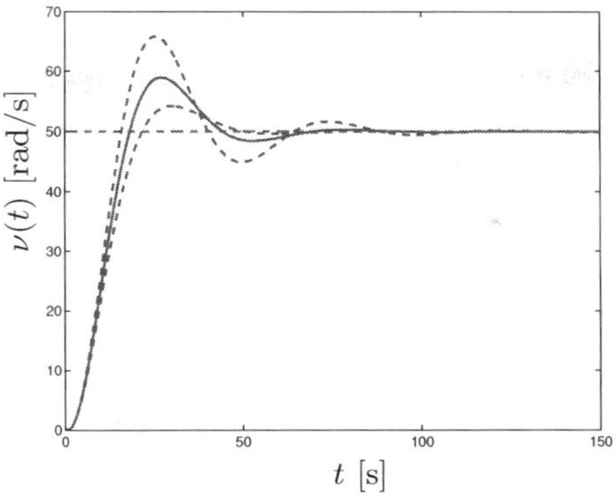

Figura 2.5: Velocidade angular da carga

ganho foi determinado para assegurar a estabilidade do sistema em malha fechada. A Figura 2.5, obtida sob as mesmas condições da Figura 2.4, mostra que variando o valor do coeficiente de atrito viscoso a velocidade em regime permanente da carga se mantém no valor desejado. Observe que, como consequência da variação de b, o transitório se modifica. □

Esse exemplo coloca em evidência, mais uma vez, que a estrutura de controle em malha fechada permite um desempenho superior quando comparada com a estrutura de controle em malha aberta. O motivo central para que isto ocorra é que, no primeiro caso, a implementação da lei de controle exige que a variável a ser controlada (no caso, a velocidade angular da carga) seja medida em todo instante de tempo $t \geq 0$. Em princípio, a estratégia é fazer com que o erro entre o que se deseja e o seu valor real seja reduzido no decorrer do tempo. Na verdade, manipular apenas o valor instantâneo do erro pode não ser suficiente para se projetar um bom sistema de controle. Em muitos casos um controlador $C(s)$, com uma dinâmica própria, precisa ser adotado para atender as exigências do projeto. Outros aspectos, igualmente importantes, são analisados através do próximo exemplo.

2.2.3 Pêndulo Invertido

A Figura 2.6 mostra um pêndulo invertido com massa m e comprimento ℓ montado sobre um carro com massa M. O sistema está imerso em um meio isento de atrito. Deseja-se levantar o pêndulo para a posição vertical $\phi_0 = +90^o$, movimentando o carro através da aplicação da força horizontal F. Com o pêndulo posicionado na posição vertical, o carro deve estar na sua posição original $x = 0$.

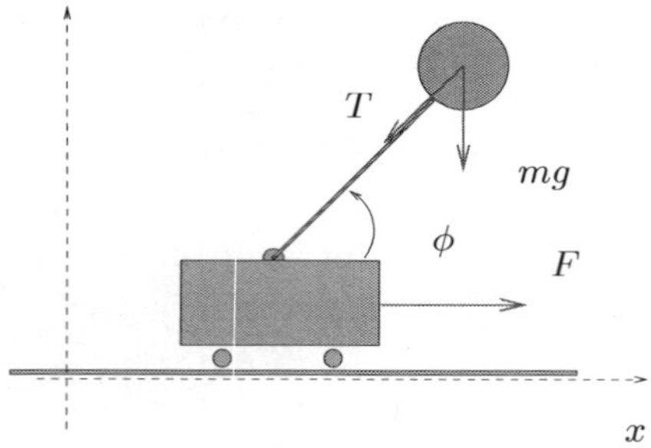

Figura 2.6: Pêndulo invertido

A mesma figura coloca em evidência o diagrama de forças que permite estabelecer o seguinte modelo matemático para o deslocamento do carro e do pêndulo.

- **Deslocamento horizontal do carro.** Sendo x o deslocamento horizontal do carro, segundo o referencial inercial adotado, temos

$$M\frac{d^2}{dt^2}x = T\cos(\phi) + F \tag{2.11}$$

- **Deslocamento horizontal do pêndulo.** Sendo $x + \ell\cos(\phi)$ a posição horizontal do pêndulo, segundo o mesmo referencial, vem

$$m\frac{d^2}{dt^2}(x + \ell\cos(\phi)) + T\cos(\phi) = 0 \tag{2.12}$$

- **Deslocamento vertical do pêndulo.** Finalmente, sendo $\ell\text{sen}(\phi)$ a posição vertical do pêndulo, obtemos

$$m\frac{d^2}{dt^2}(\ell\text{sen}(\phi)) + T\text{sen}(\phi) + mg = 0 \tag{2.13}$$

Estas equações podem ser simplificadas ao eliminarmos a força de tração no fio T sobre a qual não recai nosso interesse. As duas primeiras equações permitem reescrever o deslocamento horizontal do carro na forma

$$(M + m)\ddot{x} - m\ell\text{sen}(\phi)\ddot{\phi} - m\ell\cos(\phi)\dot{\phi}^2 = F \tag{2.14}$$

enquanto que a equação (2.12) multiplicada por $-\text{sen}(\phi)$ adicionada à equação (2.13) multiplicada por $\cos(\phi)$ fornece

$$\ell\ddot{\phi} - \text{sen}(\phi)\ddot{x} + g\cos(\phi) = 0 \tag{2.15}$$

Portanto, os deslocamentos do carro e do pêndulo, sob a ação da força externa F, são descritos por um modelo matemático composto por duas equação diferenciais não lineares de segunda ordem acopladas. Dadas as condições iniciais de posição e velocidade do carro e do pêndulo, bem como a força F que atua no carro, o sistema de equações diferenciais (2.14)-(2.15), ao ser resolvido, fornece o movimento do carro e do pêndulo no decorrer do tempo. Tendo em vista a sua natureza não linear, esse sistema de equações diferenciais só pode ser resolvido numericamente, fazendo com que a determinação de uma força F que atenda os requisitos de projeto seja bastante difícil. A estrutura de controle em malha fechada torna possível a realização do controle com as características desejadas.

Inicialmente, vamos determinar um modelo linear simplificado, válido em uma vizinhança do ponto de interesse $(x_0, \phi_0) = (0, +90^o)$. Definido o deslocamento do pêndulo medido a partir da vertical, ou seja, $\theta(t) = \phi(t) - \phi_0$, e lembrando as aproximações de primeira ordem fornecidas pela série de Taylor para $\cos(\phi) \approx -\theta$ e $\text{sen}(\phi) \approx 1$, as equações diferenciais (2.14)-(2.15) são aproximadas por

$$(M+m)\ddot{x} - m\ell\ddot{\theta} = F \tag{2.16}$$

$$\ell\ddot{\theta} - \ddot{x} - g\theta = 0 \tag{2.17}$$

Como era de se esperar, esse sistema dinâmico é *instável*. De fato, se em $t = 0$ o pêndulo estiver ligeiramente fora da posição vertical e o carro for mantido parado, o pêndulo cai. Este comportamento é previsto pela equação (2.17) com $\ddot{x} = 0$.

Exemplo 2.3 Consideramos um sistema caracterizado pelos seguintes dados numéricos: $M = 10{,}0$ [kg], $m = 2{,}0$ [kg], $\ell = 1{,}0$ [m] e $g = 9{,}8$ [m/s^2]. Supondo que em $t = 0$ o pêndulo esteja fora da vertical, o objetivo é determinar a força F de tal forma que em regime permanente tenhamos $(x, \dot{x}, \theta, \dot{\theta}) = (0, 0, 0, 0)$. Ou seja, o carro para em $x = 0$ com o pêndulo parado na posição vertical $\theta = 0$. Novamente, implementamos a estrutura de controle em malha fechada assumindo que podemos medir, em cada instante de tempo $t \geq 0$, as grandezas $(x(t), \dot{x}(t), \theta(t), \dot{\theta}(t))$. Por tentativa e erro determinamos

$$F(t) = 10x(t) + 50\dot{x}(t) - 300\theta(t) - 100\dot{\theta}(t)$$

como sendo um controle adequado. É interessante observar que desde o início assumimos que o pêndulo e o carro estão em um ambiente desprovido de atrito. Por consequência, nas equações (2.16)-(2.17) não aparece explicitamente a velocidade linear do carro e a velocidade angular do pêndulo. Ao depender dessas quantidades, a lei de controle funciona como se algum tipo de atrito viscoso fosse introduzido entre o carro, o pêndulo e o meio onde eles se movimentam. A Figura 2.7 mostra a simulação do carro e do pêndulo partindo do repouso em $t = 0$ nas posições $x = 0$ [m] e $\phi = \pi/4$ [rad], respectivamente. A lei de controle proposta é efetiva para equilibrar o pêndulo na posição vertical e fazer o carro retornar à origem do sistema de referência. Devemos salientar que o controle foi projetado a partir do sistema linearizado, que é apenas uma aproximação do sistema

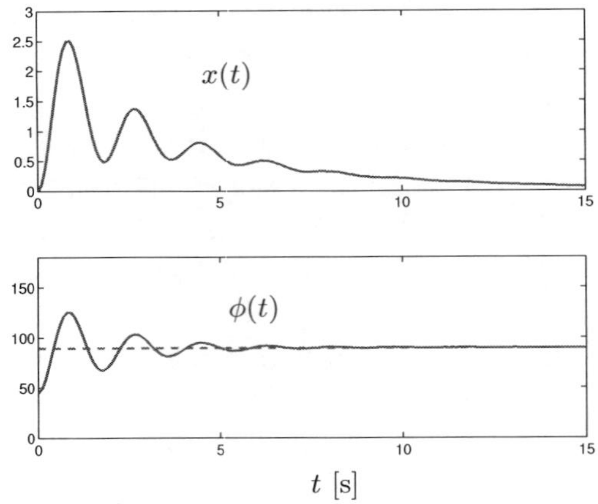

Figura 2.7: Simulação do pêndulo invertido

real não linear. O seu desempenho, frente ao sistema real, deve ser objeto de validação *a posteriori* para colocar em evidência as suas limitações. □

Esperamos ter ilustrado, através de alguns exemplos retirados da vida real, que a estrutura denominada *controle em malha fechada* ou *controle com realimentação* é a mais adequada para ser adotada no projeto de controle de sistemas dinâmicos. Em seguida, passamos a estudar os seus mais variados aspectos e propriedades para podermos projetar controladores em um contexto bastante geral, tendo em vista possíveis aplicações práticas de importância no mundo real.

2.3 Sistemas de Controle com Realimentação

A estrutura básica de um sistema de controle com realimentação ou sistema de controle em malha fechada é dada na Figura 2.8. Trata-se de um diagrama de blocos que representa um sistema linear invariante no tempo, onde cada bloco é definido por uma relação entrada/saída. Duas descrições equivalentes são possíveis, a saber: no domínio do tempo ou no domínio da frequência. No primeiro caso, cada bloco é definido pela sua resposta ao impulso unitário e, por conseguinte, a sua saída é dada pela convolução da entrada pela sua resposta ao impulso. No segundo caso, cada bloco é definido por sua função de transferência, que nada mais é que a transformada de Laplace (tempo contínuo) ou a transformada $\mathcal{Z}$ (tempo discreto) de sua resposta ao impulso unitário. Assim sendo, a sua saída é dada pelo produto da transformada da função de entrada pela função de transferência.

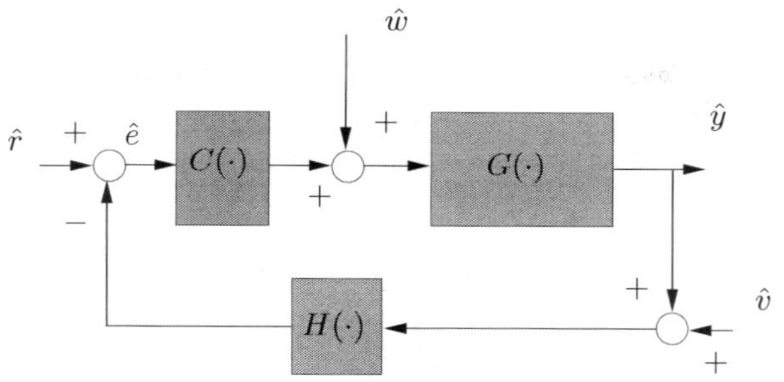

Figura 2.8: Estrutura de controle com realimentação

Deve ser observado que, assim procedendo, estamos tratando indistintamente os sistemas a tempo contínuo e os sistemas a tempo discreto. Entretanto, na prática, como aliás ocorre nos exemplos já tratados, geralmente os sistemas dinâmicos são sistemas a tempo contínuo, havendo interesse de que a implementação de um determinado controlador seja feita por meio digital, ou seja, em tempo discreto. Este importante aspecto será objeto de estudo a ser realizado mais adiante.

2.3.1 Estrutura Básica

É preciso entender todos os elementos da estrutura básica de controle dada na Figura 2.8, pois ela será o objeto principal de estudo até o final deste livro. Deste ponto em diante, assumimos que o diagrama de blocos da Figura 2.8 representa um sistema a tempo contínuo. Na verdade, será o controlador definido pela função de transferência $C(s)$ que receberá a atenção principal, tendo em vista que é ele que deve ser projetado, para impor ao sistema em malha fechada um determinado desempenho previamente estabelecido. Em relação àquele diagrama de blocos, as seguintes considerações são pertinentes:

- O sinal r é chamado sinal de referência e representa o *paradigma* de projeto. Assim sendo, em um bom sistema de controle, após um período de tempo (transitório) a saída controlada do sistema em malha fechada deve se aproximar do sinal de referência.

- Os sinais w e v definem perturbações externas não modeladas. Tipicamente, o sinal w representa perturbações que atuam na mesma faixa de frequências que o sinal de referência. O sinal v representa um ruído de alta frequência introduzido pelo dispositivo de medida.

- O sinal y é a saída a ser controlada. O objetivo é fazer com que, em alguma métrica, o erro $\varepsilon = r - y$ seja o menor possível. Note que e e ε são grandezas distintas.

- $H(s)$ é a função de transferência do dispositivo que mede y. Um bom medidor é caracterizado por um mero ganho estático, aqui normalizado em $H(s) \approx 1$.

- $G(s)$ é a função de transferência em malha aberta do sistema que se deseja controlar, isto é,
$$\hat{y} = G(s)\hat{g} \tag{2.18}$$

- $C(s)$ é a função de transferência do controlador que se quer projetar. O objetivo é cumprir as especificações de transitório e de regime permanente de tal forma que $\varepsilon \to 0$.

A estrutura básica dada na Figura 2.8 é bastante geral para os nossos propósitos, mas não é a mais abrangente possível. Por exemplo, a possibilidade de tratarmos sistemas com imprecisões paramétricas não está contemplada. Este e outros casos de real interesse prático serão discutidos oportunamente.

Entretanto, um caso particular importante deve ser desde logo considerado. Trata-se da chamada *realimentação unitária*, caracterizada por $H(s) = 1$, que é obtida quando o medidor é considerado ideal. Na prática, essa hipótese é bastante realista como consequência da qualidade crescente dos dispositivos de medida disponíveis. Por este motivo assumimos que $H(s) = 1$.

2.3.2 Função de Transferência em Malha Fechada

A partir do diagrama de blocos da Figura 2.8, adotando a descrição no domínio da frequência para cada bloco e aplicando a transformada de Laplace, obtemos as seguinte relações

$$\hat{y} = G(s)(\hat{w} + C(s)\hat{e}) \tag{2.19}$$
$$\hat{e} = \hat{r} - H(s)(\hat{y} + \hat{v}) \tag{2.20}$$

com as quais, substituindo (2.20) em (2.19), obtemos

$$\hat{y} = \frac{CG}{1+CG}\hat{r} + \frac{G}{1+CG}\hat{w} - \frac{CG}{1+CG}\hat{v} \tag{2.21}$$

onde é importante salientar que as três parcelas têm o mesmo denominador, o qual depende da função de transferência $C(s)$ que se deseja projetar. A relação acima mostra como a saída é influenciada pelo sinal de referência $\hat{r}$ e pelos ruídos $\hat{w}$ e $\hat{v}$. Para $\hat{w} = 0$ e $\hat{v} = 0$ obtemos $\hat{y} = F(s)\hat{r}$, em que

$$F(s) = \frac{C(s)G(s)}{1 + C(s)G(s)} \tag{2.22}$$

é denominada *função de transferência em malha fechada.* Assumindo que as funções $C(s)$ e $G(s)$ sejam racionais, o mesmo ocorre com a função $F(s)$, cujo comportamento temporal depende sobremaneira de seus polos que são as raízes de

$$1 + C(s)G(s) = 0 \tag{2.23}$$

denominada *equação característica do sistema em malha fechada.* É claro que, se todas as suas raízes estiverem localizadas no semiplano esquerdo complexo, o sistema em malha fechada será assintoticamente estável. Mencionamos mais uma vez que, dada a função $G(s)$, os polos de $F(s)$ podem ser alterados através de uma escolha conveniente da função de transferência $C(s)$.

Exemplo 2.4 O motor de corrente contínua tratado no Exemplo 2.2 pode ser colocado na forma do diagrama de blocos da Figura 2.8 com $\hat{w} = \hat{v} = 0$ e

$$G(s) = \frac{1}{14s^2 + 15s + 2}\ , \ C(s) = \rho/s$$

onde $\rho = 0{,}25$. A função de transferência em malha fechada é imediatamente calculada como sendo

$$F(s) = \frac{\rho}{14s^3 + 15s^2 + 2s + \rho}$$

bem como seus polos, raízes da equação característica $14s^3 + 15s^2 + 2s + \rho = 0$. Podemos verificar numericamente que as três raízes têm parte real negativa desde que $0 < \rho < 15/7$. Para $\rho = 0{,}25$ os seus polos são $\{-0{,}9396; -0{,}0659 \pm j0{,}1211\}$. □

Exemplo 2.5 O sistema de controle em malha fechada do pêndulo invertido tratado no Exemplo 2.3 pode ser reescrito na forma

$$\begin{aligned} 12\ddot{x} - 2\ddot{\theta} &= 10x + 50\dot{x} - 300\theta - 100\dot{\theta} \\ \ddot{\theta} - \ddot{x} &= 9{,}8\theta \end{aligned}$$

cuja transformada de Laplace, sob as condições iniciais anteriormente consideradas, fornece

$$\begin{bmatrix} 12s^2 - 50s - 10 & -2s^2 + 100s + 300 \\ -s^2 & s^2 - 9{,}8 \end{bmatrix} \begin{bmatrix} \hat{x} \\ \hat{\theta} \end{bmatrix} = \begin{bmatrix} s\pi/2 - 25\pi \\ -s\pi/4 \end{bmatrix}$$

Portanto, o polinômio característico do sistema em malha fechada é dado pelo determinante da matriz acima indicada, isto é,

$$10s^4 + 50s^3 + 172{,}40s^2 + 490s + 98 = 0$$

cujas raízes são $\{-3{,}7174; -0{,}5336 \pm j3{,}4580; -0{,}2153\}$. Embora o sistema em malha aberta seja instável, pois sua equação característica é $10s^4 - 117{,}6s^2 = 0$, o sistema em malha fechada é assintoticamente estável. Isso é necessário para assegurar que os atributos do projeto possam ser alcançados, ou seja, posicionar o pêndulo na vertical e o carro na origem do sistema de referência. □

De maneira geral, o projeto de um controlador é feito sob a hipótese de que os sinais $\hat{w}$ e $\hat{v}$ são nulos, ou seja, sob a hipótese de que o sistema em malha fechada não está sujeito a perturbações ou ruídos externos. Portanto, uma vez que o controlador com função de transferência $C(s)$ tenha sido determinado, é imperativo validar o seu desempenho sob condições reais, ou seja, sob a ação de perturbações externas não modeladas e possível variação dos parâmetros em uma vizinhança dos valores nominais utilizados.

2.3.3 Sensibilidade

O estudo de *sensibilidade* é importante para o projeto de sistemas de controle. Para melhor entendimento, vamos considerar inicialmente um caso bastante simples, isto é, um sistema de controle em malha aberta com função de transferência $G(s)$ de tal forma que $\hat{y} = G(s)\hat{g}$. Considerando que $G(s)$ não seja exatamente conhecida, mas que possa variar para $G(s) + \Delta G(s)$, a saída correspondente seria $\hat{y} + \Delta\hat{y}$, onde $\Delta\hat{y} = \Delta G(s)\hat{g}$. Portanto, definindo a *função de sensibilidade* como sendo

$$\mathcal{S}(s) = \frac{\Delta\hat{y}/\hat{y}}{\Delta G(s)/G(s)} \tag{2.24}$$

obtemos imediatamente $\mathcal{S}(s) = 1$. Ou seja, uma variação percentual da função de transferência em relação ao seu valor nominal reflete-se integralmente na variação da saída em relação ao seu valor nominal. Passando ao limite, podemos determinar a sensibilidade através de simples derivação, na forma

$$\mathcal{S}(s) = \left(\frac{d\hat{y}}{dG}\right)\left(\frac{G}{\hat{y}}\right) = \frac{d(\ln\hat{y})}{d(\ln G)} \tag{2.25}$$

Sem dificuldades, aplicamos este mesmo conceito no sistema em malha fechada dado por $\hat{y} = F(s)\hat{r}$, em que $F(s)$ é fornecida em (2.22). Obtemos

$$\begin{aligned} \frac{d\hat{y}}{dG} &= \frac{dF}{dG}\hat{r} \\ &= \frac{C}{(1+CG)^2}\hat{r} \end{aligned} \tag{2.26}$$

que, substituída em (2.25), leva ao resultado final

$$\mathcal{S}(s) = \frac{1}{1 + C(s)G(s)} \tag{2.27}$$

Essa função de sensibilidade é muito diferente daquela obtida para o sistema em malha aberta. Nesse caso, ela depende da função de transferência do controlador $C(s)$, a qual, em princípio, pode ser determinada de tal forma que a função de sensibilidade assuma somente valores muito menores do que um. Assim procedendo, o sistema em malha fechada torna-se pouco sensível às variações na função de transferência em malha aberta. É preciso ficar claro o significado da função de sensibilidade $\mathcal{S}(s)$. Considerando que $G(s)$ seja alterada para $G(s) + \Delta G(s)$, isso faz com que a saída se altere aproximadamente para $\hat{y} + \Delta\hat{y}$, onde

$$\frac{\Delta\hat{y}}{\hat{y}} = \mathcal{S}(s)\frac{\Delta G(s)}{G(s)} \tag{2.28}$$

a transformada inversa de Laplace de $\mathcal{S}(s)$ fornece um ganho, variante no tempo, que permite determinar a variação temporal da saída $\Delta y(t)$ associada a uma variação na função de transferência em malha aberta. De forma análoga, o mesmo resultado pode ser interpretado no domínio da frequência. De fato, $S(j\omega)$ é o ganho em cada frequência que determina $\Delta\hat{y}(j\omega)$ a partir de $\Delta G(j\omega)$.

O estudo de sensibilidade torna-se bastante importante, na medida em que uma interpretação adicional pode ser dada. Mais uma vez, considerando o sistema em malha fechada da Figura 2.8, com a relação (2.21) obtemos o erro $\hat{\varepsilon} = \hat{r} - \hat{y}$ entre o sinal de referência e o sinal de saída como sendo

$$\hat{\varepsilon} = \frac{1}{1 + CG}(\hat{r} - G\hat{w}) + \frac{CG}{1 + CG}\hat{v} \tag{2.29}$$

o qual pode ser reescrito na forma

$$\hat{\varepsilon} = \mathcal{S}(s)(\hat{r} - G(s)\hat{w}) + \mathcal{T}(s)\hat{v} \tag{2.30}$$

onde $\mathcal{T}(s)$ é a chamada *função de sensibilidade complementar*, dada por

$$\mathcal{T}(s) = \frac{C(s)G(s)}{1 + C(s)G(s)} \tag{2.31}$$

Nesse ponto, dois aspectos devem ser ressaltados: o primeiro é que os domínios das funções $\mathcal{S}(s)$ e $\mathcal{T}(s)$ são os mesmos, pois ambas têm os mesmos denominadores e, por consequência, os mesmos polos. Para todo $s \in \mathbb{C}$ dos seus domínios, tem-se $\mathcal{S}(s) + \mathcal{T}(s) = 1$, ficando evidente que não podemos reduzir simultaneamente ambas as funções. Para diminuir uma delas, paga-se o preço de ter,

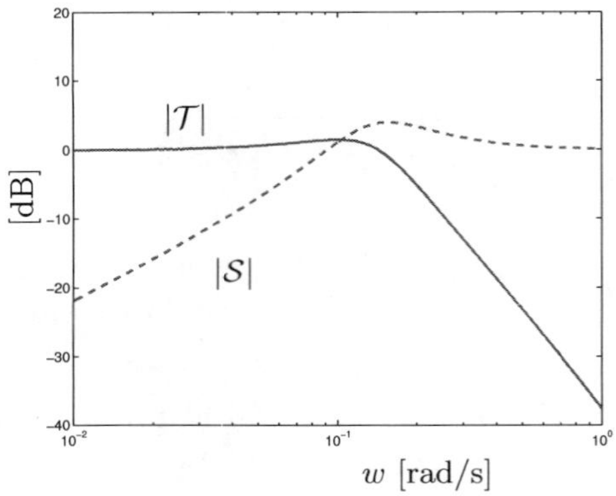

Figura 2.9: Funções de sensibilidade e sensibilidade complementar

necessariamente, que aumentar a outra. O segundo é que as funções de sensibilidade e sensibilidade complementar se relacionam com a função de transferência em malha fechada através de $\mathcal{S}(s) = 1 - F(s)$ e $\mathcal{T}(s) = F(s)$.

Exemplo 2.6 Para o motor de corrente contínua tratado no Exemplo 2.4 temos

$$\begin{aligned} \mathcal{S}(s) &= \frac{14s^3 + 15s^2 + 2s}{14s^3 + 15s^2 + 2s + 0{,}25} \\ \mathcal{T}(s) &= \frac{0{,}25}{14s^3 + 15s^2 + 2s + 0{,}25} \end{aligned}$$

A Figura 2.9 mostra os módulos da função de sensibilidade $|\mathcal{S}(j\omega)|$ e da função de sensibilidade complementar$|\mathcal{T}(j\omega)|$ expressos em dB. Deve-se observar que $|\mathcal{S}(j\omega)| \ll 1$ para baixas frequências e que $|\mathcal{T}(j\omega)| \ll 1$ para altas frequências. Este é um comportamento típico destas funções. □

A equação (2.30) é muito importante e merece ser analisada com maiores detalhes. Geralmente, é possível estabelecer um valor de frequência ω_c de tal forma que o ruído $|\hat{v}(j\omega)|$ seja significativo apenas para $\omega > \omega_c$ e o sinal de referência $|\hat{r}(j\omega)|$ e a perturbação externa $|\hat{w}(j\omega)|$ sejam significativos apenas para $\omega < \omega_c$. Sabemos que não é possível fazer $|\mathcal{S}(j\omega)| \ll 1$ e $|\mathcal{T}(j\omega)| \ll 1$ simultaneamente, entretanto, como foi feito no Exemplo 2.6, podemos perfeitamente fazer $|\mathcal{S}(j\omega)| \ll 1$ para $\omega < \omega_c$ e $|\mathcal{T}(j\omega)| \ll 1$ para $\omega > \omega_c$. Assim procedendo, a relação (2.30) permite concluir que o módulo do erro $|\hat{\varepsilon}(j\omega)|$ será pequeno, $\forall w \in \mathbb{R}$. Ou seja, podemos concluir que o erro entre a referência e a saída permanecerá limitado em toda a faixa de frequências mesmo sob a ocorrência de perturbações externas e ruídos de medição.

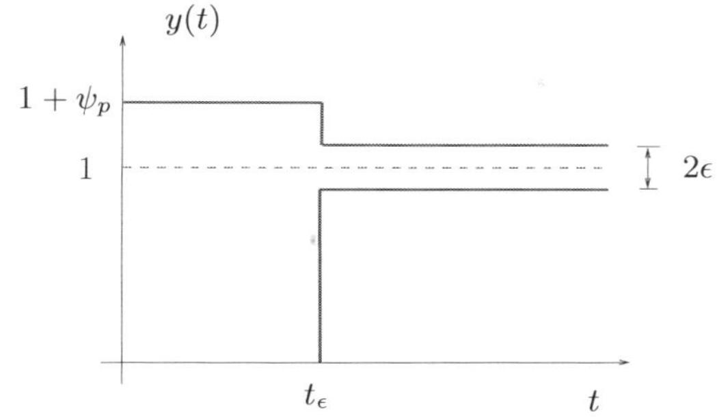

Figura 2.10: Perfil para resposta ao degrau

2.3.4 Critérios de Desempenho

Nosso objetivo, nesta seção, é explicitar alguns critérios que permitam caracterizar comportamentos adequados para sistemas de controle em malha fechada. Considerando a estrutura de controle em malha fechada estudada anteriormente com $\hat{w} = \hat{v} = 0$, introduzimos os seguintes critérios a serem atendidos pela escolha acertada de um determinado controlador com função de transferência $C(s)$:

1. O sistema em malha fechada deve ser assintoticamente estável e seguir com erro nulo um degrau unitário.

2. Para condições iniciais nulas, sua resposta ao degrau unitário deve obedecer ao perfil dado na Figura 2.10, definido pelos parâmetros $(\psi_p, \epsilon, t_\epsilon)$.

As especificações acima definem o comportamento adequado do sistema para uma entrada particular, no caso, o degrau unitário. Especifica-se o seu comportamento durante o transitório e em regime permanente. De fato, estes critérios exigem que $\varepsilon(t) = r(t) - y(t)$ tenda para zero quando $t \to +\infty$ e que $|\varepsilon(t)| \leq \epsilon$ para todo $t \geq t_\epsilon$. Em adição, o valor de pico da saída medido em relação à entrada não pode exceder o valor ψ_p estipulado.

Neste ponto devemos nos perguntar se é possível traduzir esses critérios, que dependem da resposta temporal $y(t)$ do sistema, em condições sobre a sua função de transferência $F(s)$. A resposta é afirmativa e, como veremos a seguir, eles se traduzem em impor o valor de $F(s)$ para $s = 0$, bem como a localização dos seus polos no interior de uma região específica Ω do plano complexo.

Lembrando que $\hat{y} = F(s)\hat{r}$ e $\hat{r} = 1/s$, como pelo primeiro critério o sistema deve ser assintoticamente estável, o teorema do valor final fornece

$$\begin{aligned} \lim_{t\to+\infty} \varepsilon(t) &= \lim_{s\to 0}(1 - F(s))s\hat{r} \\ &= 1 - F(0) \end{aligned} \tag{2.32}$$

Assim sendo, o primeiro critério é atendido sempre que os polos de $F(s)$ estejam localizados no interior do semiplano esquerdo e $F(0) = 1$.

O estudo do segundo critério é feito através da chamada *aproximação de polos dominantes*, a qual requer que a função de transferência em malha fechada $F(s)$ seja decomposta na forma

$$F(s) = F_{ap}(s) + Q(s) \tag{2.33}$$

onde os polos das duas parcelas $F_{ap}(s)$ e $Q(s)$ constituem dois conjuntos disjuntos. Isto é, existe $d > 0$ tal que os polos de $F_{ap}(s)$ satisfazem $-d \ll \mathrm{Re}(s) < 0$ e os polos de $Q(s)$ satisfazem $\mathrm{Re}(s) \ll -d$. Neste caso, os polos ditos dominantes de $F(s)$ são retidos em $F_{ap}(s)$. Ademais, na transformada inversa de $F(s)$, os termos devidos aos polos dominantes permanecem, enquanto que os demais desaparecem no decorrer do tempo. Assim sendo, após um curto intervalo de tempo, o efeito de $Q(s)$ em $F(s)$ desaparece, o que permite que a aproximação $F(s) \approx F_{ap}(s)$ seja adotada.

Vamos considerar os dois casos mais simples e de maior interesse. Inicialmente, consideramos que $F(s)$ apresenta um único polo dominante, ou seja,

$$F_{ap}(s) = \frac{\sigma}{s + \sigma} \tag{2.34}$$

que é assintoticamente estável desde que $\sigma > 0$ e $F_{ap}(0) = 1$. Sua resposta ao degrau unitário sendo dada por

$$y(t) \approx 1 - e^{-\sigma t} \tag{2.35}$$

permite concluir que o perfil da Figura 2.10, definido por $(\psi_p, \epsilon, t_\epsilon)$, é atendido desde que $\sigma > \sigma_\epsilon = -\ln(\epsilon)/t_\epsilon > 0$. Em conclusão, se $F(s)$ admite um polo real dominante, então o perfil dado será atendido desde que os polos de $F(s)$ estejam localizados na região $\mathrm{Re}(s) < -\sigma_\epsilon < 0$.

Consideramos agora um outro caso importante em que dois polos complexos conjugados são dominantes, ou seja,

$$F_{ap}(s) = \frac{\omega_n^2}{s^2 + 2\xi\omega_n s + \omega_n^2} \tag{2.36}$$

onde $0 < \xi < 1$ é o *fator de amortecimento*, ω_n é a *frequência natural não amortecida* e ω_d é a *frequência natural amortecida*. Trata-se de uma função de transferência assintoticamente estável com polos $s = -\sigma \pm j\omega_d$, onde $\sigma = \xi\omega_n$ e $\omega_d = \omega_n\sqrt{1-\xi^2}$ e que satisfaz a condição $F_{ap}(0) = 1$. Sem dificuldades podemos determinar a resposta associada à entrada degrau unitário $r(t) = 1$, $\forall t \geq 0$, ou seja,

$$y(t) \approx 1 - e^{-\sigma t}\left(\cos(\omega_d t) + \frac{\xi\omega_n}{\omega_d}\text{sen}(\omega_d t)\right) \tag{2.37}$$

a qual permite explicitar duas características principais, a saber:

- **Valor de pico máximo:** Simples derivação em relação ao tempo mostra que $\dot{y}(t) = 0$ desde que $\text{sen}(\omega_d t) = 0$. Portanto, o máximo de $y(t)$ ocorre em $t = \pi/\omega_d$ e $\max_{t\geq 0} y(t) = 1 + \psi(\xi)$, onde

$$\psi(\xi) = e^{-\pi\xi/\sqrt{1-\xi^2}} \tag{2.38}$$

  Como $\psi(\xi)$ é uma função decrescente, o seu valor máximo é $\psi(0) = 1$ e ela tende para zero quando o fator de amortecimento tende para um. Portanto, determinando ξ_p tal que $\psi(\xi_p) = \psi_p$, concluímos que para todo $\xi \geq \xi_p > 0$ a desigualdade $\psi(\xi) \leq \psi_p$ é satisfeita. Em outros termos, qualquer fator de amortecimento maior ou igual a ξ_p assegura que o pico máximo de $y(t)$, medido em relação à entrada, não ultrapassa ψ_p.

- **Tempo de estabilização:** Como os pontos de máximo e mínimo locais de $y(t)$ ocorrem em instantes de tempo tais que $\text{sen}(\omega_d t) = 0$, então com (2.37) verificamos que eles se localizam sobre as funções $1 + e^{-\sigma t}$ e $1 - e^{-\sigma t}$, respectivamente. Portanto, a condição $\sigma > \sigma_\epsilon = -\ln(\epsilon)/t_\epsilon > 0$ assegura, aproximadamente, que $|\varepsilon(t)| \leq \epsilon$ para $\forall t \geq t_\epsilon$.

Dado um perfil temporal da resposta ao degrau unitário definido pelos parâmetros $(\psi_p, \epsilon, t_\epsilon)$, determinamos o par (ξ_p, σ_ϵ) através de $\psi(\xi_p) = \psi_p$ e $\sigma_\epsilon = -\ln(\epsilon)/t_\epsilon$ bem como o conjunto $\Omega \subset \mathbb{C}$ ilustrado na Figura 2.11, que, como vemos, é um subconjunto inteiramente contido no semiplano esquerdo complexo.

Pelos cálculos realizados, podemos afirmar que, se o polo $s \in \mathbb{R}$ de uma função de transferência de primeira ordem estiver no interior de Ω, então $\text{Re}(s) < -\sigma_\epsilon$, o que faz com que o perfil temporal seja atendido. Da mesma forma, se os polos complexos conjugados de uma função de transferência de segunda ordem estiverem no interior de Ω, então $\sigma = |\text{Re}(s)| > \sigma_\epsilon$, $\xi = |\text{Re}(s)|/|s| \geq \xi_p$ e, novamente, o perfil temporal é atendido. Os exemplos dados a seguir ilustram alguns aspectos desses resultados.

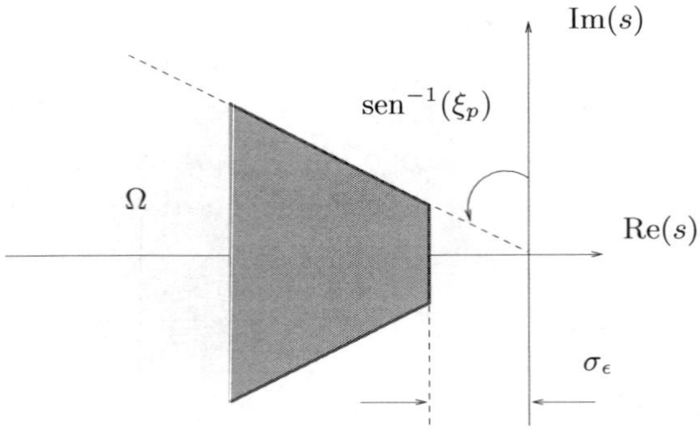

Figura 2.11: O conjunto Ω

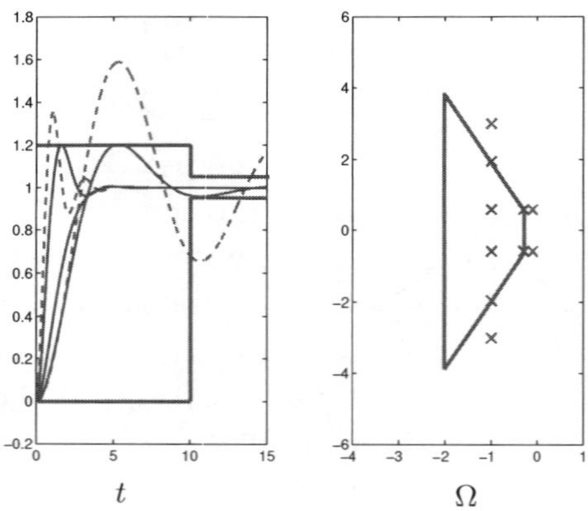

Figura 2.12: Resposta ao degrau unitário e o conjunto Ω

Exemplo 2.7 Considere que o perfil da resposta temporal ao degrau unitário seja definido por $(\psi_p, \epsilon, t_\epsilon) = (0{,}2; 0{,}05; 10{,}0)$. Isso indica que a resposta ao degrau unitário pode ter uma sobre-elevação máxima de 20% e o módulo do erro entre a saída e a entrada deve ser menor do que 5%, transcorridos 10,0 [s]. Determinamos $\sigma_\epsilon = -\ln(0{,}05)/10 = 0{,}3$ e $\xi_p = 0{,}455$ que satisfaz $\psi(\xi_p) = 0{,}2$. Com estes dois parâmetros, o conjunto Ω da Figura 2.11 é imediatamente determinado. A Figura 2.12 mostra à esquerda as respostas ao degrau unitário e o perfil temporal desejado e, à direita, os polos e o conjunto Ω calculado para cinco funções de transferência de segunda ordem do tipo (2.36). Nota-se uma forte concordância com os resultados apresentados. Funções com polos no interior de Ω geram respostas temporais que obedecem o perfil e, inversamente, funções com polos no exterior de Ω geram respostas temporais que não obedecem o mesmo perfil. □

Exemplo 2.8 É importante salientar que, para a determinação do conjunto Ω, introduzimos uma aproximação para o tempo de estabilização, fazendo com que ele dependesse exclusivamente do valor do parâmetro σ. A resposta ao degrau unitário (2.37) pode ser escrita na forma alternativa

$$y(t) \approx 1 - \frac{e^{-\sigma t}}{\sqrt{1-\xi^2}} \cos\left(\omega_d t - \text{sen}^{-1}(\xi)\right)$$

permitindo concluir que $\sigma > -\ln(\sqrt{1-\xi^2}\epsilon)/t_\epsilon$ assegura $|\varepsilon(t)| \leq \epsilon$ para todo $t \geq t_\epsilon$. Como esta relação depende explicitamente do fator de amortecimento, se tivesse sido usada, não resultaria em uma região no plano complexo tão simples quanto aquela obtida anteriormente através do cálculo aproximado do tempo de estabilização. □

O conjunto Ω associado a um determinado perfil da resposta ao degrau unitário foi determinado para funções de transferência com apenas um ou dois polos. Para uma função de transferência qualquer $F(s)$, o mesmo conjunto pode ser determinado desde que a aproximação de polos dominantes seja válida. Quando esta aproximação não é válida, não há como aproximar $F(s)$ por funções de primeira ou de segunda ordens sem que erros importantes sejam introduzidos na análise. Um maneira simples de contornar esta dificuldade é impor que todos os polos de $F(s)$ estejam localizados no interior de Ω, o que resulta no seguinte critério de desempenho consolidado: *Todos os polos da função de transferência em malha fechada* $F(s)$, *raízes da equação característica* $1+C(s)G(s) = 0$, *devem estar localizados no interior de* Ω.

Neste ponto, alguns comentários são pertinentes e devem ser levados em conta para a realização adequada de projetos específicos. Em primeiro lugar devemos mais uma vez enfatizar que a aproximação de polos dominantes, para ser precisa, necessita que os demais polos da função de transferência em estudo estejam afastados - mais à esquerda - daqueles considerados dominantes. Quanto maior o afastamento (em termos da parte real dos polos), melhor será a aproximação. Em segundo lugar, a resposta ao degrau unitário de um sistema de controle em malha fechada assintoticamente estável, com função de transferência $F(s)$ com n polos distintos e $F(0) = 1$, pode ser decomposta via frações parciais na forma

$$\hat{y}(s) = \frac{1}{s} + \sum_{i=1}^{n} \frac{\alpha_i}{s - p_i} \tag{2.39}$$

sendo que os valores numéricos dos parâmetros $\alpha_1, \cdots, \alpha_n$ dependem de $F(s)$ e, em particular, dos seus zeros e polos. Dessa forma, como era de se esperar, os zeros de $F(s)$ alteram a contribuição dos polos dominantes em $y(t)$.

Mais à frente veremos alguns outros critérios de desempenho que também podem ser adotados para expressar um paradigma de projeto. Nesse sentido, podemos citar:

- Margens de fase e de ganho.

- Energia mínima.

O primeiro é um critério que especifica margens, isto é, distâncias seguras, para que o sistema em malha fechada permaneça assintoticamente estável, sendo calculadas através da resposta em frequência da função de transferência em malha aberta $C(j\omega)G(j\omega)$. O segundo está associado à determinação da função de transferência $C(s)$ de um controlador, fazendo com que a quantidade

$$J(C) = \int_0^\infty \varepsilon(t)^2 dt \tag{2.40}$$

seja mínima. Neste caso, determina-se um controlador que minimiza a *energia* contida no erro $\varepsilon(t) = r(t) - y(t)$ durante o período transitório. Como veremos, este procedimento de projeto é muito importante na medida em que, nos casos de interesse, o problema de minimização de $J(C)$ em relação a $C(s)$ pode ser resolvido de maneira bastante simples do ponto de vista teórico e eficaz do ponto de vista numérico. Como $J(C)$ finito implica em que $\lim_{t\to\infty} \varepsilon(t) = 0$, o controlador que minimiza $J(C)$ assegura a estabilidade assintótica do sistema em malha fechada.

2.4 Classes de Controladores e Discretização

Nesta seção, o nosso objetivo é discutir dois aspectos de sistemas de controle que têm grande impacto na prática. O primeiro diz respeito a limitarmos nossos estudos a três classes de controladores, tendo em vista que são as mais importantes tanto do ponto de vista teórico como de implementação prática. O segundo trata da implementação digital de controladores a tempo contínuo. Nos dias atuais, este último aspecto ganha particular importância dada a disponibilidade cada vez maior de dispositivos digitais com maior capacidade de processamento, maior velocidade e maior capacidade de memória, com custos decrescentes.

2.4.1 Classes de Controladores

O projeto de sistemas de controle depende, como já vimos, de critérios que explicitam determinados paradigmas que se tenta atingir através da escolha adequada da função de transferência do controlador $C(s)$. Entretanto, na prática, critérios adicionais que envolvem custos e facilidade de implementação devem também ser levados em conta. Com esse propósito, no decorrer dos anos, foram adotadas três classes de controladores que estabeleceram padrões para a implementação de sistemas de controle nos mais diversos ambientes industriais, a saber:

- **Controladores PID:** Trata-se da sigla para os denominados controladores *proporcional-integral-derivativo* cuja função de transferência é dada por

$$C(s) = k_p + \frac{k_i}{s} + k_d s \tag{2.41}$$

onde $k_p \geq 0$, $k_i \geq 0$ e $k_d \geq 0$ são parâmetros a determinar. Impondo-se alguns deles iguais a zero, obtêm-se os controladores mais simples P, PI e PD. Como a sua função de transferência tem dois zeros e apenas um polo, ela só é realizável de forma aproximada

$$C(s) = k_p + \frac{k_i}{s} + k_d \frac{s}{\tau s + 1} \tag{2.42}$$

sendo que a constante de tempo $\tau > 0$, suficientemente pequena, deve ser adequadamente determinada. Observe que apenas os zeros de $C(s)$ são deslocados no plano complexo a partir de uma escolha específica dos seus parâmetros.

- **Controladores Atraso/Avanço:** São aqueles com função de transferência da forma

$$C(s) = k_c \frac{s + z}{s + p} \tag{2.43}$$

onde $k_c \geq 0$, $z \geq 0$ e $p \geq 0$ são os parâmetros a determinar. Note que se $p < z$ $(p > z)$ a fase de $C(j\omega)$ é sempre negativa (positiva), de onde vem a denominação de *atraso ou avanço de fase.*

- **Controladores de ordem completa:** São os controladores cuja função de transferência tem a mesma ordem (isto é, o mesmo número de polos) que a do sistema em malha aberta. Geralmente a sua função de transferência é expressa através da representação de estado

$$\dot{x}_c = A_c x_c + B_c e \tag{2.44}$$

$$y_c = C_c x_c + D_c e \tag{2.45}$$

onde (A_c, B_c, C_c, D_c) são matrizes a determinar. A importância desta classe de controladores reside no fato de ela ser a mais abrangente possível. Geralmente, não é possível melhorar o desempenho aumentando a ordem da função de transferência do controlador além da ordem da função de transferência do sistema em malha aberta $G(s)$.

É preciso enfatizar que a classe de controladores de ordem completa não só é a mais abrangente como é aquela que permite uma maior sistematização para a determinação das matrizes (A_c, B_c, C_c, D_c) da representação de estado e, por consequência, da sua função de transferência

$$C(s) = C_c(sI - A_c)^{-1}B_c + D_c \tag{2.46}$$

Como veremos mais adiante, é um controlador desta classe que minimiza um critério quadrático parecido com o definido em (2.40). Por esse motivo, esses controladores receberão particular atenção no decorrer dos próximos capítulos deste livro.

2.4.2 Discretização

Geralmente, tratamos no dia a dia com sistemas dinâmicos a tempo contínuo. De fato, os sistemas físicos têm como variável independente o tempo $t \in \mathbb{R}$. São, portanto, classificados como sistemas a tempo contínuo e devem ser assim modelados. Como consequência natural, os projetos de controladores resultam na determinação de funções de transferência $C(s)$ ou, de forma equivalente, das suas respectivas respostas ao impulso $c(t) = \mathcal{L}^{-1}(C(s))$.

Entretanto, atualmente, com a disseminação de dispositivos digitais, ganha interesse a possibilidade de que a ação de controle se dê em tempo discreto. Ou seja, deseja-se implementar a lei de controle definida pela convolução

$$\begin{aligned} y_c(t) &= c(t) * e(t) \\ &= \int_0^t c(t-\tau)e(\tau)d\tau \end{aligned} \tag{2.47}$$

através de um dispositivo que opera em tempo discreto, resultando então o chamado *controle digital*. A partir das amostras de $e(t)$ obtidas em $t = kT$ com $k \in \mathbb{N}$, sendo $T > 0$ o período de amostragem, a saída $y_c(kT)$ é determinada e mantida constante até $t = (k+1)T$. Assim sendo, devemos determinar a função de transferência $C_D(z)$ e a sua resposta ao impulso discreto $c_D(kT) = \mathcal{Z}^{-1}(C_D(z))$ de tal forma que a convolução discreta

$$\begin{aligned} y_c(kT) &= c_D(kT) * e(kT) \\ &= \sum_{i=0}^{k} c_D(kT - iT)e(iT) \end{aligned} \tag{2.48}$$

forneça os valores das amostras da saída do controlador. Existem diversas maneiras de se obter $C_D(z)$ a partir de $C(s)$, e a mais usada é através da determinação da chamada *função de transferência pulsada*. Lembrando que a função de transferência do segurador de ordem zero (SOZ) é dada por

$$S(s) = \frac{1 - e^{-Ts}}{s} \tag{2.49}$$

com a sua resposta ao impulso $s(t) = \mathcal{L}^{-1}(S(s))$, adotamos a aproximação

$$e(t) \approx s(t) * \sum_{i=0}^{\infty} e(iT)\delta(t - iT) \tag{2.50}$$

ou seja, durante todo o intervalo de tempo $t \in [kT, (k+1)T)$ o sinal $e(t)$ é aproximado pelo valor constante $e(kT)$ do início do respectivo intervalo, para todo $k \in \mathbb{N}$. Definindo $h(t) = c(t) * s(t)$, a aproximação (2.50) substituída em (2.47) fornece

$$\begin{aligned} y_c(t) &= h(t) * \sum_{i=0}^{\infty} e(iT)\delta(t - iT) \\ &= \sum_{i=0}^{\infty} h(t - iT)e(iT) \end{aligned} \tag{2.51}$$

permitindo a conclusão de que os valores da saída do controlador nos instantes de amostragem $y_c(kT)$ para serem dados por (2.48) impõem que $c_D(kT) = h(kT)$ para todo $k \in \mathbb{N}$. Ou seja, a função de transferência a tempo discreto do controlador é dada pela transformada $\mathcal{Z}$ das amostras em $t = kT$ da função $h(t)$ para $k \in \mathbb{N}$. De forma equivalente, determinamos $C_D(z) = \mathcal{Z}(h(kT))$, onde

$$h(t) = \mathcal{L}^{-1}\left(\frac{1 - e^{-Ts}}{s} C(s)\right) \tag{2.52}$$

A determinação deste controlador digital é bastante simples. Tendo sido determinada a função de transferência $C(s)$ do controlador a tempo contínuo, estipula-se o período de amostragem $T > 0$ e determina-se com (2.52) a função $h(t)$. A transformada $\mathcal{Z}$ das amostras $h(kT)$ é a função de transferência da aproximação a tempo discreto $C_D(z)$ do controlador original $C(s)$ a tempo contínuo. Por outro lado, a implementação em tempo real deste controlador também é simples. No instante $k \in \mathbb{N}$, o valor de $e(kT)$ é obtido através de um conversor analógico-digital. Como a resposta ao impulso $c_D(kT)$ para todo $k \in \mathbb{N}$ é conhecida, obtém-se com (2.48) o valor de $y_c(kT)$ que é mantido na saída do controlador para todo $t \in [kT, (k+1)T)$, através de um conversor digital-analógico.

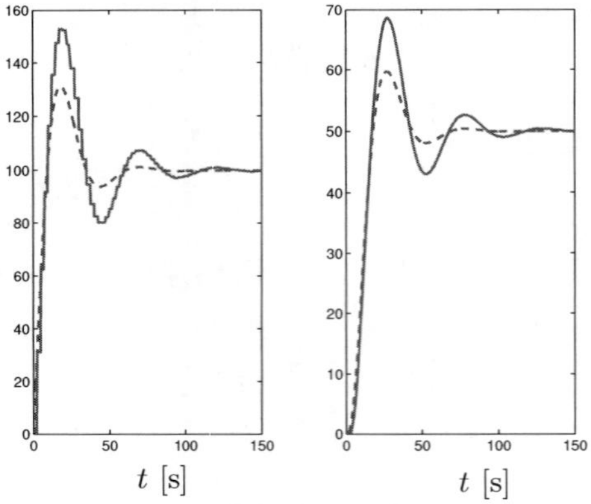

Figura 2.13: Motor com controle digital

Exemplo 2.9 Para um controlador do tipo integrador puro $C(s) = 1/s$ obtemos

$$h(t) = \begin{cases} t & , \quad 0 \leq t < T \\ T & , \quad t \geq T \end{cases}$$

portanto, $h(0) = 0$ e $h(kT) = T$ para todo $k \geq 1$. Consequentemente

$$\begin{aligned} C_D(z) &= \sum_{k=1}^{\infty} T z^{-k} \\ &= \frac{T}{z-1} \end{aligned}$$

Por outro lado, aplicando a transformada $\mathcal{Z}$ inversa na relação $\hat{y}_c = C_D(z)\hat{e}$, obtemos $y_c((k+1)T) = y_c(kT) + Te(kT)$ para todo $k \in \mathbb{N}$, que nada mais é que o método de integração de Euler aplicado à entrada $e(t)$ do controlador. □

Exemplo 2.10 Para o motor de corrente contínua tratado no Exemplo 2.2 foi proposto o controlador com função de transferência $C(s) = 0{,}25/s$. Consideramos a sua implementação digital com dois períodos de amostragem, a saber, $T_1 = 0{,}25$ [s] e $T_2 = 2{,}5$ [s], com os quais determinamos a partir do resultado do exemplo anterior as funções de transferência a tempo discreto

$$C_{D1}(z) = \frac{0{,}0625}{z-1} \; , \; C_{D2}(z) = \frac{0{,}6250}{z-1}$$

A estrutura básica de controle da Figura 2.8 foi implementada, mas com o bloco $C(s)$ substituído pela sua versão a tempo discreto que incorpora um segurador de ordem zero na sua entrada. O lado esquerdo da Figura 2.13 mostra as trajetórias do sinal de controle $y_c(t)$ na saída do bloco do controlador, enquanto que, no lado direito da mesma figura, mostramos a velocidade angular da carga $\nu(t)$. As linhas tracejadas correspondem ao controlador com período de amostragem T_1 e, ao serem comparadas com as da Figura 2.5, indicam que os desempenhos do controlador a tempo contínuo $C(s)$ e de sua aproximação discreta $C_{D1}(z)$ são praticamente os mesmos. Aumentando o período de amostragem para T_2, nota-se uma deterioração importante no desempenho do sistema em malha fechada com o controlador a tempo discreto $C_{D2}(z)$, em comparação com o controlador a tempo contínuo $C(s)$. □

Exemplo 2.11 Uma outra maneira muito empregada para a determinação de uma versão alternativa a tempo discreto de $C(s)$ é a chamada *aproximação de Tustin*. Para $C(s) = 1/s$ temos

$$y_c(t) = \int_0^t e(\tau)d\tau$$

Com $T > 0$ a aproximação trapezoidal desta integral fornece para todo $k \in \mathbb{N}$

$$y_c((k+1)T) = y_c(kT) + (T/2)(e((k+1)T) + e(kT))$$

cuja transformada $\mathcal{Z}$ permite determinar $\hat{y}_c = C_D(z)\hat{e}$, onde

$$C_D(z) = \frac{T}{2}\frac{z+1}{z-1}$$

A aproximação de Tustin generaliza esse resultado para qualquer função de transferência, tendo em vista que, se a aproximação para o operador s^{-1} é $(T/2)(z+1)/(z-1)$, então

$$C_D(z) = C(s)|_{s=\frac{2}{T}\frac{z-1}{z+1}}$$

Deve ser observado que a aproximação de Tustin é bastante simples de ser obtida a partir de $C(s)$. Por outro lado, ela também produz melhores resultados conforme o período de amostragem diminui. □

Neste ponto, resta ainda estudar a implementação digital de um controlador a tempo contínuo definido pela sua representação de estado

$$\dot{x}_c = A_c x_c + B_c e \tag{2.53}$$

$$y_c = C_c x_c + D_c e \tag{2.54}$$

Tendo sido escolhido um período de amostragem $T > 0$, para todo $t \geq kT, k \in \mathbb{N}$, a solução de (2.53) pode ser escrita na forma

$$x_c(t) = e^{A_c(t-kT)}x(kT) + \int_{kT}^{t} e^{A_c(t-\tau)}B_c e(\tau)d\tau \tag{2.55}$$

Por outro lado, supondo que $e(t) = e(kT)$, para todo $t \in [kT, (k+1)T)$ devido à introdução de um segurador de ordem zero na entrada, a solução da equação de estado (2.55) fornece

$$x_c((k+1)T) = e^{A_c T}x(kT) + \int_0^T e^{A_c\tau}B_c d\tau \; e(kT) \tag{2.56}$$

Ou seja, a representação de estado da aproximação a tempo discreto do controlador em estudo é dada por

$$x_c((k+1)T) = F_c x_c(kT) + J_c e(kT) \tag{2.57}$$
$$y_c(kT) = C_c x_c(kT) + D_c e(kT) \tag{2.58}$$

onde as matrizes F_c e J_c, de dimensões apropriadas, resultam de (2.56), ou seja,

$$F_c = e^{A_c T} \ , \ J_c = \int_0^T e^{A_c \tau} B_c d\tau \tag{2.59}$$

Determinar as matrizes F_c e J_c a partir das matrizes A_c e B_c e do período de amostragem $T > 0$ não parece ser uma tarefa simples do ponto de vista numérico, sobretudo devido à integral envolvida no cálculo de J_c. Entretanto, essas duas matrizes podem ser calculadas simultaneamente com um único procedimento bastante eficiente, que envolve a determinação de uma exponencial de matriz. De fato, para a matriz quadrada

$$\Gamma_c = \begin{bmatrix} A_c & B_c \\ 0 & 0 \end{bmatrix} \tag{2.60}$$

e $t \geq 0$, determinamos a exponencial

$$\begin{aligned} e^{\Gamma_c t} &= \mathcal{L}^{-1}\left\{ \begin{bmatrix} sI - A_c & -B_c \\ 0 & s \end{bmatrix}^{-1} \right\} \\ &= \mathcal{L}^{-1}\left\{ \begin{bmatrix} (sI - A_c)^{-1} & (sI - A_c)^{-1} B_c / s \\ 0 & 1/s \end{bmatrix} \right\} \\ &= \begin{bmatrix} e^{A_c t} & \int_0^t e^{A_c \tau} B_c d\tau \\ 0 & 1 \end{bmatrix} \end{aligned} \tag{2.61}$$

a qual permite concluir que

$$e^{\Gamma_c T} = \begin{bmatrix} F_c & J_c \\ 0 & 1 \end{bmatrix} \tag{2.62}$$

Portanto, a partir da matriz aumentada Γ_c, o cálculo de sua exponencial fornece imediatamente as matrizes da representação de estado do controlador a tempo discreto. Basta extrair da exponencial as submatrizes F_c e J_c como indicadas em (2.62). Note que as matrizes C_c e D_c da representação de estado a tempo contínuo permanecem inalteradas na representação de estado a tempo discreto.

2.5 Notas Bibliográficas

Este capítulo, embora introduza uma visão própria dos autores a respeito dos problemas de síntese controle, contém material que já se tornou clássico na área. Uma discussão similar a respeito das vantagens estruturais dos sistemas de controle com realimentação ou em malha fechada em comparação com os sistemas em malha aberta pode ser encontrada na maioria dos livros de controle, tais como [15], [25], [27] e [30]. Muito embora a estrutura de controle em malha fechada possa, por si só, suportar maiores erros de modelagem, em nossa opinião a modelagem matemática tem importância estratégica nessa área. Trabalhar com bons modelos resulta, quase sempre, em melhores projetos de sistemas de controle. Nesse sentido, é imperativo consultar as referências [1], [6], [16] e [35] para uma visão geral dos modelos nas áreas de mecânica e de circuitos elétricos. A implementação prática dos sistemas de controle foi abordada sob a ótica do chamado controle digital, mas de forma muito menos abrangente quando comparada com outros textos clássicos, por exemplo, [14]. No entanto, acreditamos ter tratado com profundidade os pontos essenciais a esse respeito. Neste capítulo, assim como nos demais, utilizamos um conjunto de ferramentas matemáticas, em particular a transformada de Laplace e a transformada $\mathcal{Z}$, que requerem conhecimento sólido e desenvoltura que podem ser adquiridos com as referências [3], [11], [13] e [16].

2.6 Exercícios

Exercício 2.1 *Resolva as equações diferenciais a seguir pelo método dos coeficientes a determinar para todo $t \geq 0$.*

a) $\ddot{y} + 2\dot{y} + 5y = t \ , \ y(0) = 0 \ , \ \dot{y}(0) = 0$

b) $\ddot{y} + 8\dot{y} + 15y = 2e^{-3t} + 5 \ , \ y(0) = 0 \ , \ \dot{y}(0) = 1$

c) $\ddot{y} + 3\dot{y} + 2y = 8e^{-t}\text{sen}(t) \ , \ y(0) = 1 \ , \ \dot{y}(0) = 1$

Exercício 2.2 *Resolva as equações diferenciais a seguir via transformada de Laplace para todo $t \geq 0$, lembrando que $\delta(t)$ é o impulso unitário e $\upsilon(t)$ é o degrau unitário.*

a) $\ddot{y} + 2\dot{y} + y = \delta(t) + 2\upsilon(t) \ , \ y(0) = 0 \ , \ \dot{y}(0) = 0$

b) $\ddot{y} + 5\dot{y} + 4y = te^{-2t} \ , \ y(0) = 1 \ , \ \dot{y}(0) = 1$

c) $\ddot{y} + 6\dot{y} + 34y = e^{-3t}\text{sen}(5t + \pi/2) \ , \ y(0) = 0 \ , \ \dot{y}(0) = 1$

Exercício 2.3 *Resolva as equações a diferenças pelo método dos coeficientes a determinar para todo $k \geq 0$.*

a) $y(k+2)+3y(k+1)+2y(k)=11(-2)^k$, $y(0)=1$, $y(1)=1$

b) $y(k+2)-12y(k+1)+20y(k)=9k^2-2k+1+75{,}24(0,1)^k$, $y(0)=0$, $y(1)=0,4$

c) $y(k+2)+5y(k+1)+6y(k)=10\cos(\pi k/2)$, $y(0)=1$, $y(1)=0$

Exercício 2.4 *Resolva as equações a diferenças via transformada $\mathcal{Z}$, $\forall k \geq 0$.*

a) $y(k+2)+9y(k+1)+14y(k)=5^k$, $y(0)=2$, $y(1)=1$

b) $y(k+2)+6y(k+1)+5y(k)=32\ k\ 3^k$, $y(0)=1$, $y(1)=2$

c) $y(k+2)-y(k+1)-2y(k)=2^k$, $y(0)=0$, $y(1)=1$

Exercício 2.5 *A resposta de um sistema a tempo contínuo, sob condições iniciais nulas, para uma entrada do tipo rampa unitária é dada por*

$$y(t)=20t-30+40\mathrm{e}^{-t}-10\mathrm{e}^{-2t} \ , \ \forall t \geq 0$$

a) Qual é sua função de transferência?

b) Qual é sua resposta ao impulso?

c) Para a entrada $g(t)=30\ \mathrm{sen}(20t)$ qual é sua resposta em regime permanente?

Exercício 2.6 *A resposta de um sistema a tempo discreto, sob condições iniciais modificadas nulas, para uma entrada do tipo degrau unitário é dada por*

$$y(k)=10-(0{,}4)^k+(-0{,}5)^k \ , \ \forall k \in \mathbb{N}$$

a) Qual é sua função de transferência?

b) Qual é sua resposta ao impulso?

c) Para a entrada $g(k)=\mathrm{sen}(\pi k/6)$ qual é sua resposta em regime permanente?

Exercício 2.7 *Um sistema a tempo contínuo de fase mínima (aquele em que todos os seus polos e zeros estão situados no semiplano esquerdo complexo) apresenta o diagrama de Bode assintótico de módulo segundo a Figura 2.14. Sabendo que este sistema apresenta um par de polos complexos conjugados com fator de amortecimento igual a 0,5; determine a função de transferência $G(s)$ do sistema e esboce seu diagrama de Bode de fase. Se este sistema for excitado por um sinal senoidal de frequência 10 [rad/s], calcule a sua saída em regime permanente utilizando os diagramas de Bode.*

Exercício 2.8 *Um sistema a tempo contínuo de fase mínima apresenta o diagrama de Bode assintótico de módulo segundo a Figura 2.15, sendo que todos os seus polos e os zeros são reais. Determine a função de transferência $G(s)$ do sistema e esboce seu diagrama de Bode de fase. Se este sistema for excitado por um sinal senoidal de frequência 4 [rad/s], calcule a sua saída em regime permanente utilizando os diagramas de Bode.*

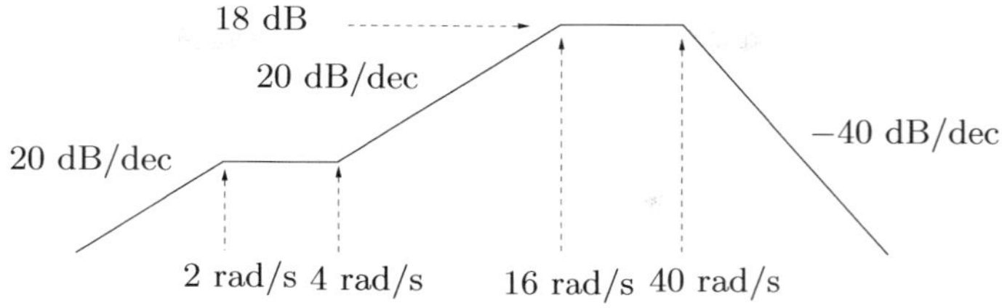

Figura 2.14: Diagrama de Bode de módulo

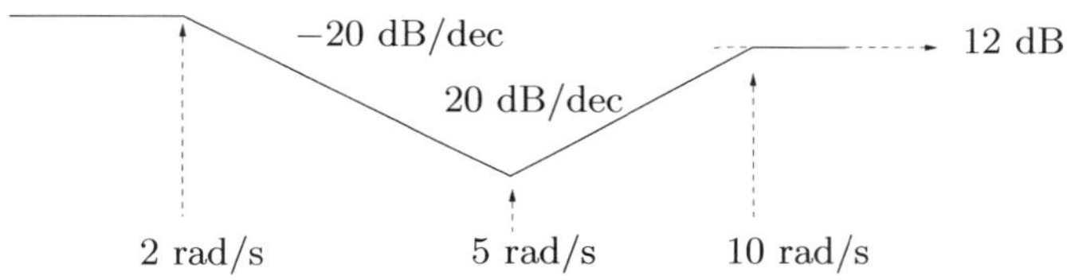

Figura 2.15: Diagrama de Bode de módulo

Exercício 2.9 *Na Figura 2.16 o veículo 2 persegue o veículo 1, segundo o modelo* $\tau\dot{v}_2 + v_2 = v_1$ *com* $\tau = 3$ [s]. *O condutor do veículo 1 imprime a velocidade* $v_1(t)$ *apresentada na mesma figura.*

a) Se $v_2(0) = 0$, *esboce* $v_2(t)$ *para* $t \geq 0$.

b) Em $t = 15$ [s] *qual é a diferença de velocidade entre os dois veículos?*

c) Em $t = 15$ [s] *qual é a velocidade do veículo 2?*

d) Repita os dois itens anteriores para $t = 50$ [s].

e) Se em $t = 0$ *mediu-se* $d = 40$ [m], *qual é a distância entre os dois veículos em* $t = 20$ [s]*?*

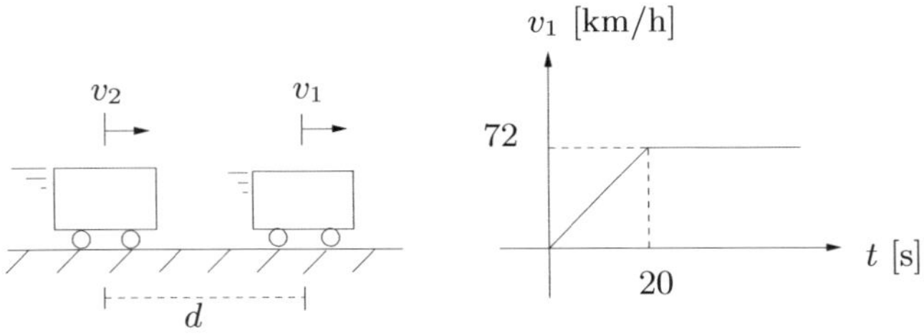

Figura 2.16: Veículos em perseguição

Exercício 2.10 *Uma mola com constante elástica* κ *e comprimento em repouso* l_0 *está presa por uma extremidade ao teto. Em sua outra extremidade há uma massa* m*, de acordo com a Figura 2.17. Considerando que durante o movimento a mola não se dobra:*

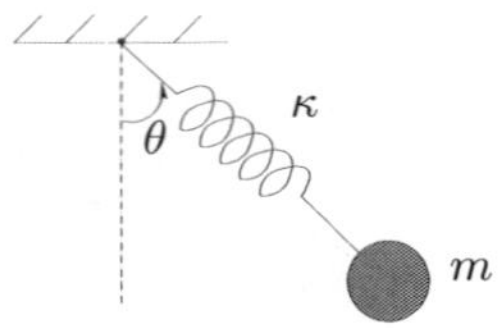

Figura 2.17: Pêndulo com mola

a) Obtenha o modelo matemático que descreve o movimento da massa.

b) Encontre um ponto de equilíbrio do sistema.

c) Linearize o modelo em torno do ponto de equilíbrio calculado no item anterior.

Exercício 2.11 *A Figura 2.18 mostra uma corda de massa* m *uniformemente distribuída em seu comprimento, que se apoia sobre uma roldana de raio* r *e momento de inércia* J*. Em* $t = 0$ *a corda começa a escorregar exclusivamente sob a ação de seu peso e, sem patinar, faz a roldana se movimentar. Determine o tempo decorrido para que a corda comece a cair em queda livre, isto é, o instante imediatamente após ela deixar de ter qualquer contato com a roldana. Considere que o comprimento da corda é muito maior que o raio da roldana.*

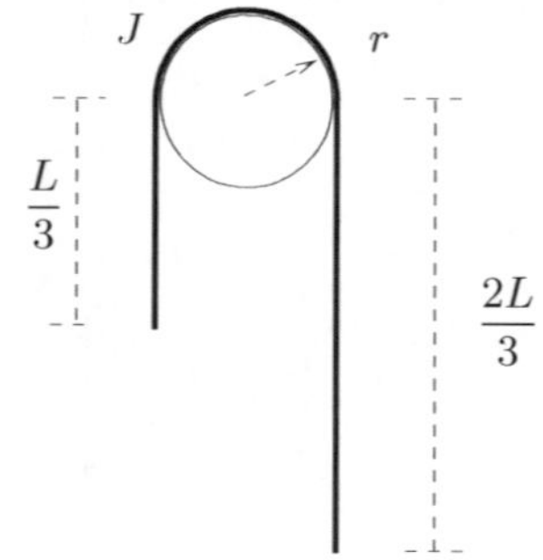

Figura 2.18: Massa distribuída em movimento

Exercício 2.12 *Considere o sistema dinâmico representado na Figura 2.19, no qual* J *é o momento de inércia da barra em relação ao ponto fixo* $\mathcal{O}$*.*

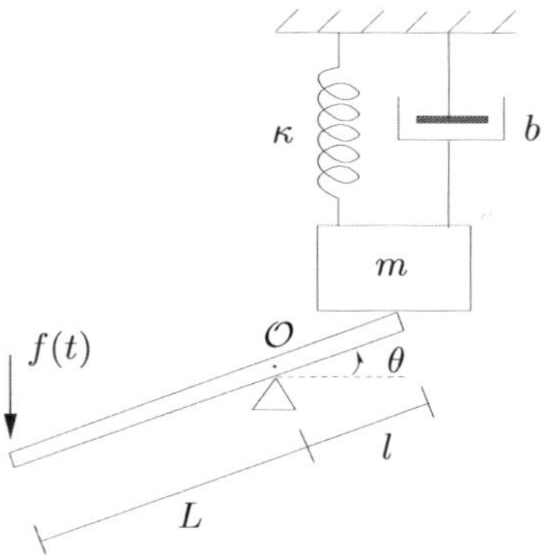

Figura 2.19: Oscilador apoiado sobre uma barra

a) Determine o modelo matemático para $\theta(t)$.

b) Sob a hipótese de pequenas perturbações, qual é a frequência natural de oscilação da barra?

c) Para $f(t) = f_0$ constante, qual o valor de $\theta(t)$ para $t \geq 0$ suficientemente grande, fornecido pela solução do modelo matemático linearizado?

Exercício 2.13 *Considere uma barra cujo momento de inércia em relação ao seu centro de massa $\mathcal{O}$ é denotado por J. Ela se encontra apoiada sobre um sistema amortecedor, de acordo com a Figura 2.20. Supondo que o ponto $\mathcal{O}$ está fixo, escreva as equações do movimento para o sistema em termos do ângulo que a barra faz com a horizontal, considerando pequenos deslocamentos.*

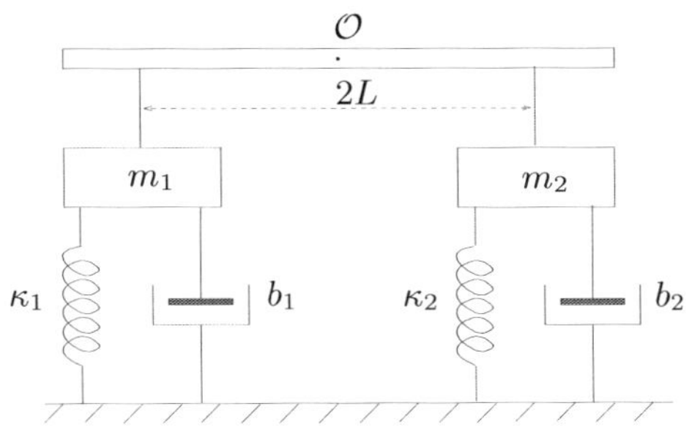

Figura 2.20: Sistema amortecedor

Exercício 2.14 *No sistema da Figura 2.21, o cilindro tem raio r e momento de inércia J_1 e a barra tem comprimento $2L$ e momento de inércia J_2, sendo que ambos giram em* *torno de eixos fixos e perpendiculares ao plano da página. A superfície de contato entre a massa m e o solo é perfeitamente lisa e a superfície de contato entre o cilindro e a massa m é perfeitamente aderente; b é o coeficiente de atrito viscoso entre a massa m e o ar. Determine as equações diferenciais que descrevem a dinâmica do sistema linearizado em torno de um ponto de equilíbrio, bem como a sua representação de estado considerando como entrada $f(t)$ e como saídas $y(t)$ e $\theta(t)$.*

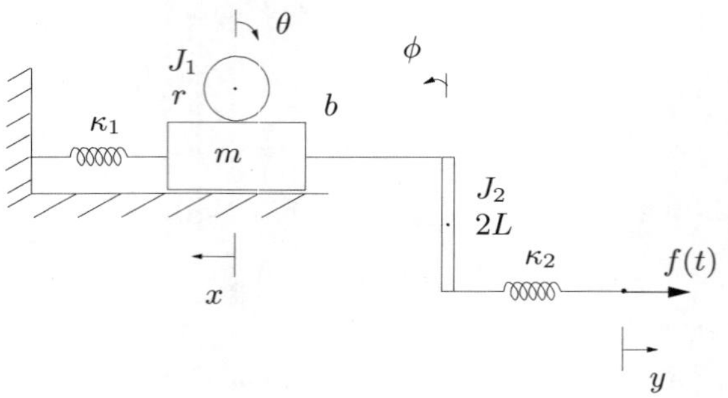

Figura 2.21: Cilindro e barra em movimento de rotação

Exercício 2.15 *No sistema dinâmico representado na Figura 2.22, uma massa M está presa à parede por uma mola de constante elástica κ e o coeficiente de atrito viscoso entre a massa e o ar é denotado por b. Essa massa está conectada a um sistema de engrenagens cujos momentos de inércia são J_1 e J_2 e seus respectivos raios são denotados por r_1 e r_2. O conjunto é movimentado por uma força externa $f(t)$.*

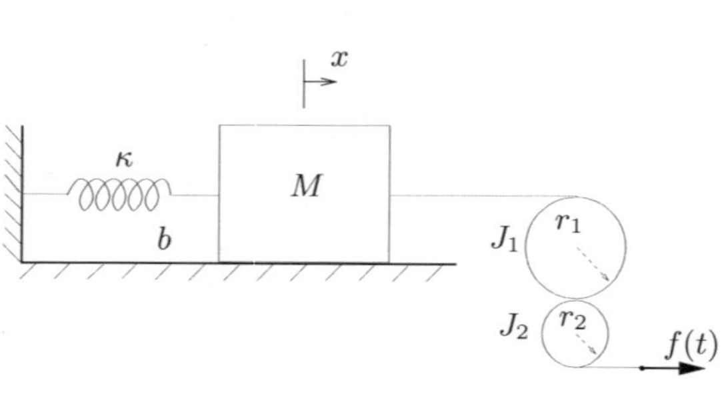

Figura 2.22: Sistema massa-mola-engrenagens

a) Determine o modelo matemático que relaciona o deslocamento da massa M com a força $f(t)$.

b) Qual a frequência natural de oscilação da massa M?

c) *Para uma força $f(t)$ do tipo degrau unitário qual o valor da posição da massa M para $t \geq 0$ suficientemente grande?*

d) *Considerando M = 1,5 [kg], b = 1,5 [Ns/m], κ = 0,25 [N/m], $J_1 = 3{,}6 \times 10^{-2}$ [kg m^2], $J_2 = 1{,}0 \times 10^{-3}$ [kg m^2], r_1 = 0,3 m e r_2 = 0,1 m, qual é o comportamento da posição da massa M para $t \geq 0$ suficientemente grande quando a força aplicada é do tipo $f(t) = \text{sen}(2t)$?*

e) *Queremos fazer com que a massa M se desloque até a posição x_{ref} e nela permaneça por tempo indeterminado. Para atender tal especificação, é necessário projetar um sistema de controle em malha fechada de modo que o erro entre a posição desejada $r(t) = x_{ref}$, $t \geq 0$, e a posição atual $x(t)$ seja processado por um controlador $C(s)$, a fim de sintetizar a força $f(t)$ adequada. Esquematize o diagrama de blocos referente ao sistema em malha fechada descrito.*

f) *Se implementarmos um controlador do tipo proporcional $C(s) = k_p$, qual é a função de transferência do sistema em malha fechada? Qual é o valor de regime da posição $x(t)$ para uma referência do tipo degrau de amplitude x_{ref}?*

g) *Ao substituirmos o controlador do item anterior por um controlador integral $C(s) = k_i/s$ qual é o valor de regime da posição $x(t)$ para a mesma entrada degrau utilizada no item anterior? Discuta se é possível utilizar qualquer valor de ganho k_i.*

h) *Suponha que a saída do controlador $C(s)$ seja afetada por um ruído aditivo $w(t)$. Represente, no diagrama de blocos do item e), a influência deste ruído e determine a função de transferência em malha fechada entre o ruído $\hat{w}(s)$ e a posição $\hat{x}(s)$ da massa M.*

Exercício 2.16 *Uma massa M desliza sem atrito pelo teto de um galpão com um pêndulo simples preso a ela, o qual pode oscilar livremente e sem a interferência de atrito viscoso, segundo a Figura 2.23.*

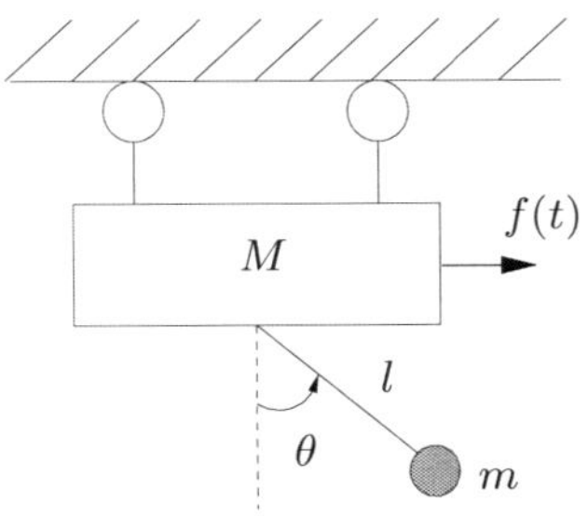

Figura 2.23: Pêndulo com translação

a) *Determine o modelo matemático que descreve os deslocamentos da massa e do pêndulo.*

b) *Linearize o modelo obtido em torno de um ponto de equilíbrio.*

c) *Determine a frequência natural de oscilação do sistema linearizado.*

d) *Calcule a função de transferência entre o deslocamento angular $\theta(t)$ e a força aplicada $f(t)$.*

e) *Calcule a função de transferência entre a posição horizontal $x(t)$ da massa M e a força aplicada $f(t)$.*

f) *Considerando $f(t) = f_0$ constante, determine o comportamento do deslocamento angular $\theta(t)$ do pêndulo em regime permanente.*

g) *Queremos controlar a posição horizontal da massa M, fazendo-a se deslocar até a posição $r(t) = x_{ref}$. Para atender tal objetivo, sintetizaremos a força $f(t)$ processando-se o erro $r(t) - x(t)$ utilizando um controlador $C(s)$. Esquematize o diagrama de blocos referente ao sistema em malha fechada descrito.*

h) *Utilizando um controlador do tipo proporcional-derivativo $C(s) = \kappa_p + \kappa_d s$ para controlar a posição da massa M, calcule a função de transferência do sistema em malha fechada entre a referência $r(t)$ e a posição $x(t)$.*

i) *Para o controlador do item anterior, com $\kappa_p > 0$ e $\kappa_d > 0$, calcule a função de transferência entre a referência $r(t)$ e a posição do pêndulo $\theta(t)$. A seguir, determine o comportamento em regime permanente de $\theta(t)$ para uma referência do tipo degrau de amplitude x_{ref}.*

j) *Considere que exista um ruído aditivo $v(t)$ na entrada do sensor que mede a posição $x(t)$ da massa M e que o sensor não seja ideal, mas seja um sistema de primeira ordem do tipo $H(s) = 1/(\tau s + 1)$. Modifique o diagrama de blocos do item g) de modo a incluir este ruído e calcule a função de transferência entre o ruído $\hat{v}(s)$ e a posição $\hat{x}(s)$.*

Exercício 2.17 *Dois corpos de massas M e m estão conectados entre si através de um amortecedor, conforme ilustra a Figura 2.24, e se deslocam sobre um plano horizontal perfeitamente liso. Uma das extremidades de uma mola de constante elástica κ está conectada ao corpo de massa m, enquanto, em sua outra extremidade, é aplicada uma força $f(t)$.*

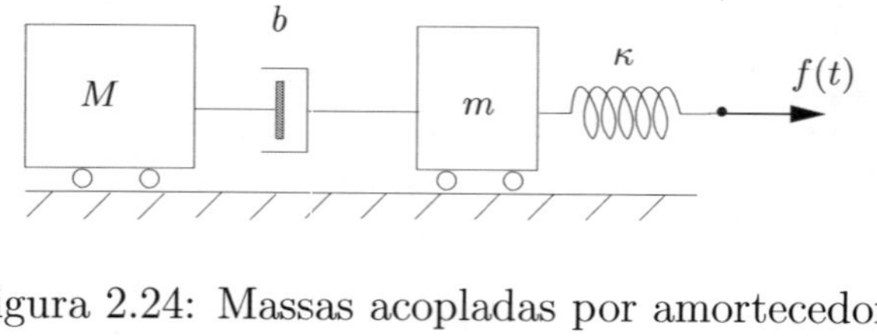

Figura 2.24: Massas acopladas por amortecedor

a) *Escreva as equações diferenciais que descrevem o seu modelo matemático.*

b) *Calcule a função de transferência entre a velocidade da massa M e a força aplicada $f(t)$.*

c) *Calcule a função de transferência entre o deslocamento $z(t)$ da extremidade da mola e a força $f(t)$.*

d) *Obtenha a representação de estado correspondente à função de transferência calculada no item anterior.*

e) *Deseja-se controlar a velocidade da massa M utilizando um sistema de controle em malha fechada e, para isso, um projetista decidiu medir a posição $z(t)$ da extremidade submetida à força $f(t)$ e compará-la com um sinal de referência $r(t)$ adequado. O erro entre $r(t)$ e $z(t)$ deve ser processado por um controlador $C(s)$ para sintetizar a força $f(t)$. Esquematize o diagrama de blocos do sistema em malha fechada descrito.*

f) *Calcule a função de transferência em malha fechada entre o sinal de referência $r(t)$ e a velocidade da massa M.*

g) *Se utilizarmos um controlador proporcional $C(s) = k_p$, qual o tipo de sinal de referência $r(t)$ que deve ser empregado para fazer com que a massa M se desloque com velocidade constante em regime permanente?*

Exercício 2.18 *No sistema mecânico da Figura 2.25, uma massa m encontra-se no interior de uma caixa aberta de massa M. O coeficiente de atrito viscoso entre as superfícies das duas massas é b e a superfície sobre a qual se encontra a caixa é perfeitamente lisa. Determine as funções de transferência e suas respectivas representações de estado que relacionam:*

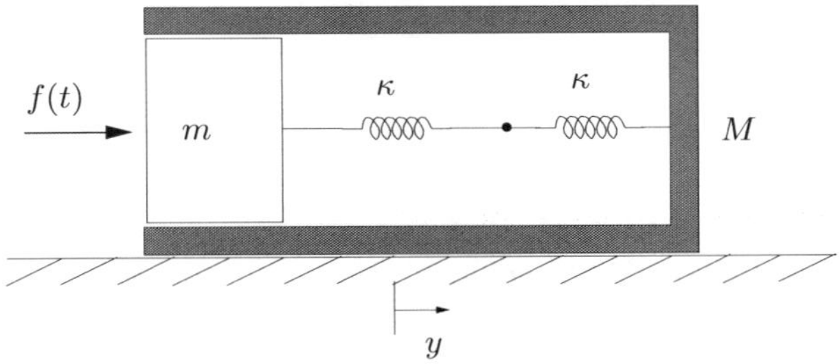

Figura 2.25: Sistema mecânico

a) *o deslocamento $x(t)$ da massa m e a força aplicada $f(t)$.*

b) *o deslocamento $y(t)$ da massa M e a força aplicada $f(t)$.*

c) o deslocamento $z(t)$ do ponto entre as duas molas e a força aplicada $f(t)$.

Queremos controlar o deslocamento relativo da massa m em relação à caixa $x(t) - y(t)$ utilizando a medida da posição $y(t)$. Para isso, devemos implementar um sistema de controle em malha fechada no qual um sinal de referência adequado $r(t)$ é comparado com o valor atual $y(t)$. O erro entre estes sinais será a entrada de um controlador $C(s)$ que sintetizará a força $f(t)$ adequada. Esquematize o diagrama de blocos correspondente ao sistema em malha fechada descrito e calcule a função de transferência entre a referência e a grandeza de interesse.

Exercício 2.19 *O circuito elétrico representado na Figura 2.26 é alimentado por uma fonte de corrente denotada por $i(t)$. Determine a função de transferência $\hat{v}(s)/\hat{i}(s)$.*

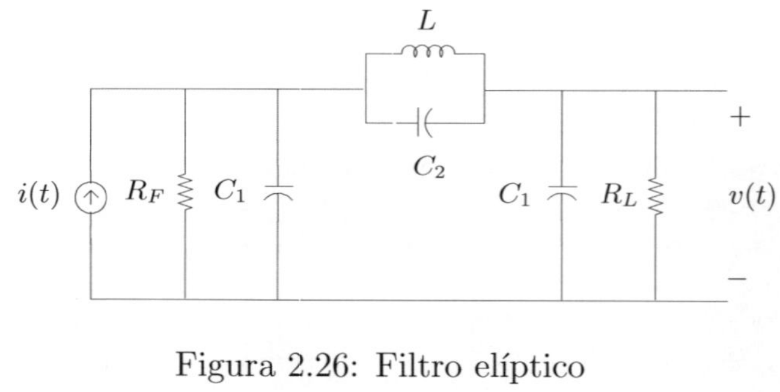

Figura 2.26: Filtro elíptico

Exercício 2.20 *O circuito elétrico representado na Figura 2.27 é alimentado por uma fonte de tensão denotada por $v_e(t)$. Determine a função de transferência $\hat{v}(s)/\hat{v}_e(s)$.*

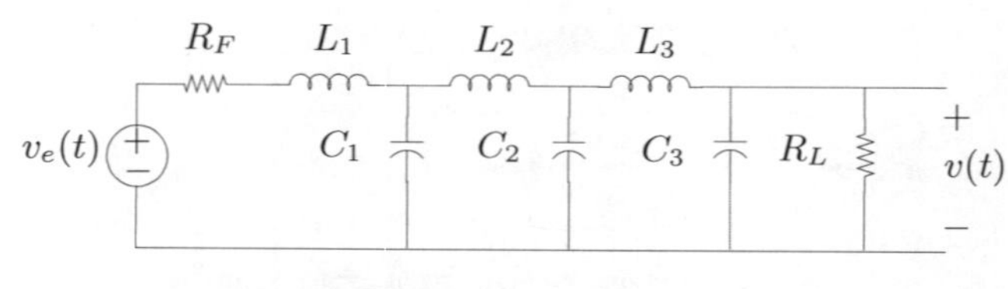

Figura 2.27: Filtro Butterworth passivo

Exercício 2.21 *O circuito eletrônico da Figura 2.28 é alimentado por uma fonte de tensão denotada por $v_e(t)$. Determine a função de transferência $\hat{v}(s)/\hat{v}_e(s)$ sabendo que o amplificador operacional, representado pela função de transferência $A(s) = A_0/(\tau s + 1)$, apresenta impedância de entrada infinita e impedância de saída nula. Verifique o que ocorre com a função de transferência do circuito quando $A_0 \to \infty$. Para esta função*

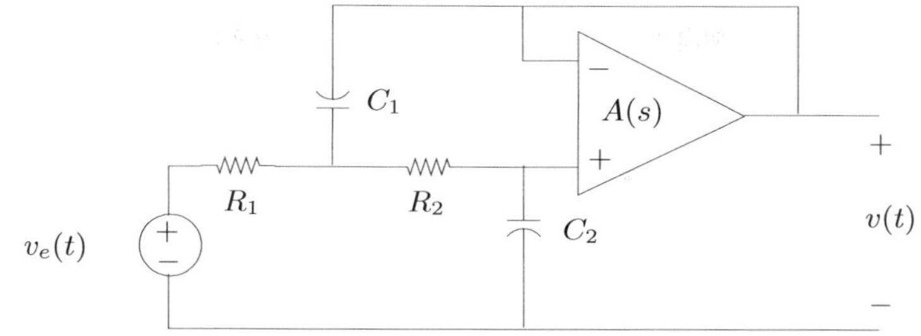

Figura 2.28: Filtro ativo

obtida e $C_1 = 1,5$ [μF], $C_2 = 0,33$ [μF], $R_1 = 10$ [kΩ] *e* $R_2 = 5$ [kΩ], *calcule o tempo de estabilização e a sobre-elevação máxima se* $v_e(t)$ *for um degrau de tensão. Calcule também a largura de faixa do circuito.*

Exercício 2.22 *No circuito da Figura 2.29,* $\hat{u}(s)$ *é uma fonte de tensão,* $A_1(s)$ *e* $A_2(s)$ *representam, respectivamente, as funções de transferência de um amplificador diferencial e de um estágio de saída, dadas por*

$$A_1(s) = \frac{A_1}{\tau_1 s + 1} \quad \text{e} \quad A_2(s) = \frac{A_2}{\tau_2 s + 1}$$

e R_1 *e* R_2 *são resistências. Considerando* $\hat{v}(s)$ *a saída de interesse e supondo que as impedâncias de entrada dos amplificadores são infinitas e suas impedâncias de saída são nulas:*

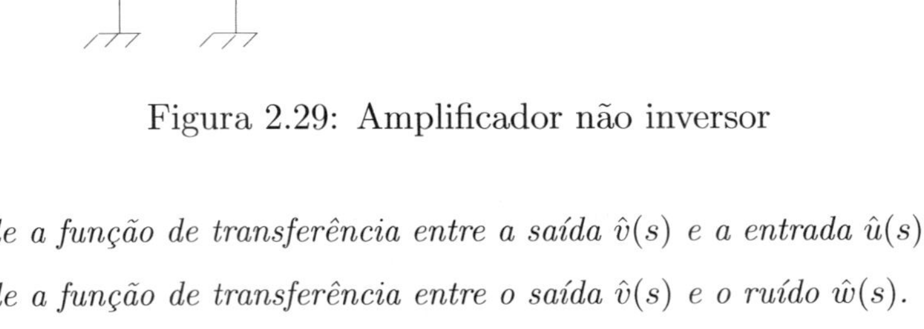

Figura 2.29: Amplificador não inversor

a) Calcule a função de transferência entre a saída $\hat{v}(s)$ *e a entrada* $\hat{u}(s)$.

b) Calcule a função de transferência entre o saída $\hat{v}(s)$ *e o ruído* $\hat{w}(s)$.

c) Esboce o diagrama de blocos correspondente ao circuito em malha fechada.

d) *Supondo* $A_1 = 20$, $A_2 = 1$, $\tau_1 = 5 \times 10^{-3}$ [s], $\tau_2 = 10^{-2}$ [s], $R_1 = R_2 = 1$ [kΩ] *e* $u(t)$ *um degrau de amplitude* 5 [V], *calcule o valor de* $v(t)$ *em regime permanente com* $w(t) = 0$.

e) *Compare a largura de faixa do sistema em malha aberta com a largura de faixa do sistema em malha fechada.*

f) *Considerando os dados do item anterior, se ocorrer uma variação de* 20% *no valor de* A_1, *qual será a variação percentual no valor de regime de* $v(t)$*?*

g) *Supondo que o ruído seja do tipo* $w(t) = 0{,}1\text{sen}(100t)$ [V], *determine a relação sinal-ruído existente na saída do amplificador para o sistema em malha aberta e para o sistema em malha fechada.*

Exercício 2.23 *Para cada função de transferência dada a seguir, localize no plano complexo a menor região* Ω *em que se encontram todos os seus polos. Estime o valor do tempo de estabilização para uma entrada do tipo degrau unitário e compare com os resultados obtidos via simulação numérica. Discuta a validade da aproximação via polos dominantes.*

a) $H(s) = \dfrac{13}{s^2 + 4s + 13}$

b) $H(s) = \dfrac{130}{(s+10)(s^2 + 4s + 13)}$

c) $H(s) = \dfrac{39}{(s+3)(s^2 + 4s + 13)}$

d) $H(s) = \dfrac{340(s+1)}{(s+10)(s^2 + 10s + 34)}$

e) $H(s) = \dfrac{50(s+4)}{(s^2 + 4s + 20)(s^2 + 6s + 10)}$

f) $H(s) = \dfrac{50(s+1)(s+5)}{(s+2)(s^2 + 8s + 25)}$

g) $H(s) = \dfrac{(1632/25)(s^2 + 8s + 25)}{(s+3)(s+4)(s^2 + 12s + 136)}$

h) $H(s) = \dfrac{-(13/4)(s-1)(s+4)}{(s+1)(s^2 + 6s + 13)}$

Exercício 2.24 *Para as funções de transferência do exercício anterior esboce seus respectivos diagramas de Bode de módulo e fase e calcule, para cada caso, sua largura de faixa.*

Exercício 2.25 *Considere o circuito eletrônico da Figura 2.30, na qual o amplificador operacional é representado pela função de transferência* $A(s) = A_0/(\tau s + 1)$. *Calcule a função de transferência entre a entrada* $\hat{v}_e(s)$ *e a saída* $\hat{v}(s)$ *para as seguintes situações:*

a) *Considerando* Z_1 *uma resistência de valor* R *e* Z_2 *uma capacitância de valor* C.

b) *Considerando* Z_1 *uma capacitância de valor* C *e* Z_2 *uma resistência de valor* R.

Em seguida, para cada função de transferência obtida, suponha que $A_0 \to \infty$ *e determine a nova função de transferência. Verifique que, na primeira situação, obtemos a função de transferência de um controlador proporcional-derivativo (PD), enquanto na segunda obtemos a função de transferência de um controlador proporcional-integral (PI).*

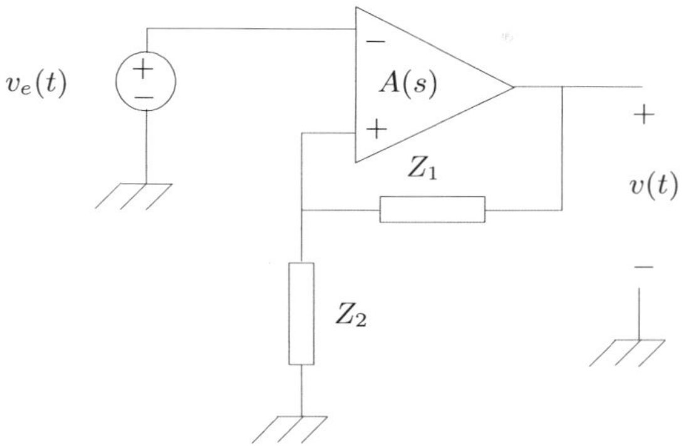

Figura 2.30: Controlador analógico

Exercício 2.26 *Ao escolher a estrutura de um controlador para o projeto de um sistema em malha fechada, um dos pontos a que se deve atentar é sobre a qualidade do sinal de saída do controlador na presença de ruídos aditivos em seu canal de entrada. Considerando os controladores proporcional-derivativo (PD) e proporcional-integral (PI) calculados no exercício anterior, calcule a amplitude da relação sinal-ruído que existiria na entrada e na saída dos controladores considerando que o sinal de entrada é dado por* $v_e(t) = s(t) + r(t)$, *em que* $s(t) = A\text{sen}\,(0{,}01t/(RC))$ *é o sinal e* $r(t) = A\text{sen}\,(100t/(RC))$ *é o ruído aditivo.*

Exercício 2.27 *Considere os sistemas de controle esquematizados nas Figuras 2.31, 2.32 e 2.33. Para cada uma das configurações, calcule a função de transferência em malha fechada entre a entrada* $\hat{r}(s)$ *e a saída* $\hat{y}(s)$ *e também entre o distúrbio* $\hat{d}(s)$ *e a saída* $\hat{y}(s)$.

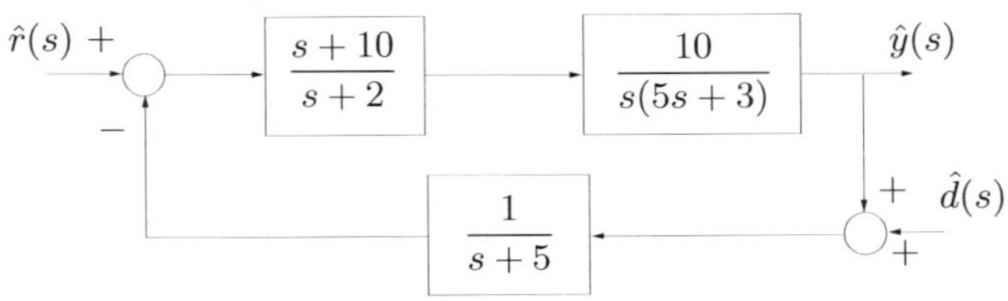

Figura 2.31: Diagrama de blocos (*a*)

Exercício 2.28 *Dados os controladores a seguir no contexto de sistemas a tempo contínuo, obtenha os equivalentes discretos utilizando a discretização via segurador de*

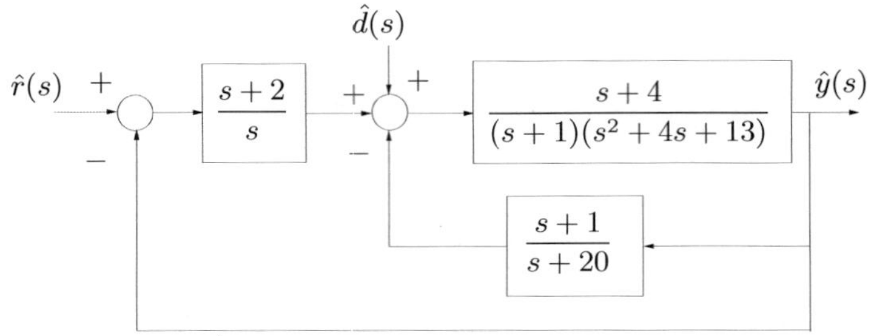

Figura 2.32: Diagrama de blocos (b)

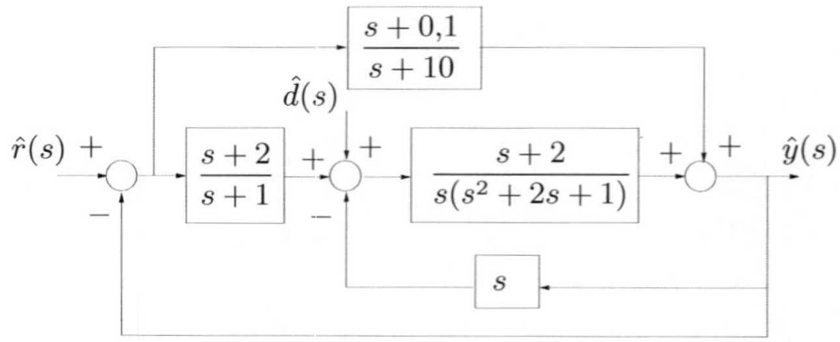

Figura 2.33: Diagrama de blocos (c)

ordem zero e pela fórmula de Tustin com períodos de amostragem $T_1 = 50$ [ms] *e* $T_2 = 0{,}5$ [s].

a) $C_1(s) = 2 \times 10^{-4}\left(\frac{s+0{,}5}{s}\right)$

b) $C_2(s) = 2 \times 10^{-4}\left(\frac{s+0{,}5}{s+2}\right)$

c) $C_3(s) = 3 \times 10^{-5}\left(\frac{s+4}{s+2}\right)$

Esses controladores foram projetados para controlar, em malha fechada de acordo com a Figura 2.34, um sistema de engrenagens cuja função de transferência entre o deslocamento $\theta(t)$ *e o torque aplicado* $T_a(t)$ *é dada por*

$$G(s) = \frac{\kappa}{s(Js+c)}$$

onde $\kappa = 5{,}7669$, $J = 8{,}2067 \times 10^{-4}$ *e* $c = 1{,}1 \times 10^{-3}$, *em unidades coerentes do SI. Para cada um dos controladores dados determine numericamente:*

a) o valor de pico e o tempo de estabilização do sistema em malha fechada.

b) os valores das grandezas do item anterior através da aproximação de polos dominantes e compare os resultados.

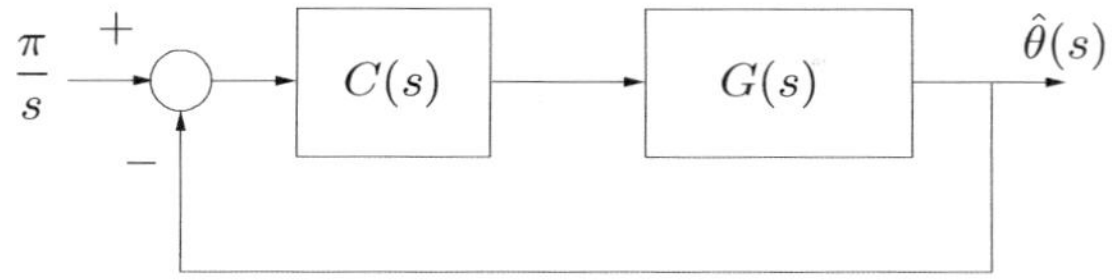

Figura 2.34: Controle em malha fechada

Substituindo os controladores contínuos pelos equivalentes discretos:

c) refaça o item a) com os dois períodos de amostragem. Comente.

d) determine o maior valor do período de amostragem T para assegurar a estabilidade do sistema em malha fechada.

Capítulo 3

Fundamentos Matemáticos

3.1 Introdução

Este capítulo é inteiramente dedicado a expor detalhadamente todas as ferramentas matemáticas que serão utilizadas nos capítulos seguintes. Os tópicos serão tratados de maneira precisa, com a preocupação de dar ênfase aos aspectos teóricos realmente importantes para os desenvolvimentos futuros. Embora sejam bastante conhecidos, pretendemos expô-los de forma diversa, tendo em vista os nossos próprios objetivos. Vários exemplos numéricos serão resolvidos com o intuito de ilustrar os conceitos e as manipulações algébricas introduzidas. Este capítulo requer alguns conhecimentos básicos de funções de variáveis complexas e de matrizes.

3.2 Princípio da Variação do Argumento

Antes de estudarmos o chamado princípio da variação do argumento, resultado central no estudo de sistemas de controle, é preciso recordar alguns conceitos básicos de funções de variáveis complexas. Seja $f(z) : \mathcal{D} \subset \mathbb{C} \to \mathcal{F} \subset \mathbb{C}$ uma função que leva elementos de um subconjunto dos números complexos para elementos de um outro subconjunto dos números complexos. É importante salientar que $\mathcal{D}$, o domínio de $f(z)$, é um subconjunto aberto de $\mathbb{C}$, sendo $\mathcal{F}$ sua imagem ou contradomínio. O conceito de limite é de particular importância. Para $z_0 \in \mathcal{D}$, calcular o limite

$$f_0 = \lim_{z \to z_0} f(z) \tag{3.1}$$

indica que para todo $\epsilon > 0$ existe $\delta > 0$ tal que $|f(z) - f_0| < \epsilon$ para todo $|z - z_0| < \delta$. A interpretação desse conceito é que, no plano complexo definido por $\text{Re}(z) \times \text{Im}(z)$, qualquer trajetória que leve z para z_0 faz com que $f(z)$ seja levada a f_0. Se ocorrer a igualdade $f_0 = f(z_0)$, a função é dita *contínua* em $z_0 \in \mathcal{D}$. A *derivada* de $f(z)$ em relação a z em $z_0 \in \mathcal{D}$ é definida por

$$f'(z_0) = \lim_{z \to z_0} \frac{f(z) - f(z_0)}{z - z_0} \tag{3.2}$$

onde se deve obviamente exigir que o limite indicado exista, ou seja, que a relação seja invariante em relação a qualquer trajetória segundo a qual z tende a z_0. Devido a esta invariância, algo semelhante a se exigir que a derivada direcional de uma função de duas variáveis seja invariante com a direção escolhida, a existência de $f'(z)$ para $z \in \mathcal{D}$ requer que duas condições, denominadas *condições de Cauchy-Riemann*, sejam satisfeitas. Elas também tornam operacional o cálculo de derivadas das mais variadas funções. O conceito de derivada permite introduzir a seguinte definição, que é central no estudo de funções de variáveis complexas.

Definição 3.1 (Função analítica) *Uma função de variável complexa $f(z)$, definida em um domínio $\mathcal{D} \subset \mathbb{C}$, é analítica em $\mathcal{D}$ se $f'(z)$ existir em todo $z \in \mathcal{D}$.*

As condições de Cauchy-Riemann, aplicadas a todos os pontos $z \in \mathcal{D}$, permitem identificar se $f(z)$ é uma função analítica. A existência da derivada $f'(z)$ por ser, como vimos anteriormente, uma operação singular, faz com que a derivada de funções analíticas se escreva diretamente em termos da variável complexa $z \in \mathcal{D}$, como sendo uma expressão idêntica àquela que seria obtida considerando z uma variável real. Por exemplo $f(z) = \sum_{i=0}^{n} a_i z^i$ e $f(z) = e^z$ são funções analíticas em todo o plano complexo. A soma, o produto e a divisão de funções analíticas em $\mathcal{D}$ são analíticas em $\mathcal{D}$ desde que, na divisão, $\mathcal{D}$ não contenha nenhum ponto onde o denominador se anule. Assim sendo, uma função racional é analítica em todo domínio que não contenha nenhum de seus polos.

Decorre das condições de Cauchy-Riemann um importante resultado conhecido como *teorema integral de Cauchy*. Seja $f(z)$ uma função analítica em um domínio $\mathcal{D}$ e seja C uma curva fechada simples inteiramente contida em $\mathcal{D}$, isto é, todos os pontos de C e todos os pontos do seu interior pertencem a $\mathcal{D}$. Nesse caso, vale a igualdade

$$\oint_C f(z)dz = 0 \tag{3.3}$$

onde o sentido de percurso é o anti-horário. Quando a curva fechada C envolver uma região do domínio de $f(z)$, onde ela deixa de ser analítica, o resultado acima não se aplica, fazendo com que, geralmente, o valor da integral em (3.3) não seja nulo. Observe, entretanto, que o resultado será o mesmo independentemente da escolha específica de C. Por exemplo, considere $f(z)$ uma função analítica em um domínio $\mathcal{D}$, uma curva fechada C no seu interior e z_0 um ponto no interior de C. Sob estas condições, a *fórmula integral de Cauchy* estabelece que

$$\oint_C \frac{f(z)}{z - z_0} dz = 2\pi j f(z_0) \tag{3.4}$$

Note que o teorema integral de Cauchy não se aplica neste caso pois, embora $f(z)$ seja analítica, a função $f(z)/(z - z_0)$ não é analítica em $z = z_0$ sempre que $f(z_0) \neq 0$. Note que o resultado da integral é invariante com a escolha de C que contém z_0 e que está contida em $\mathcal{D}$.

Uma função $f(z)$ analítica em um domínio $\mathcal{D}$ pode ser desenvolvida em *série de Taylor*. Isto é, considerando $z_0 \in \mathcal{D}$, o valor de $f(z)$ para todo z pertencente à região circular $\{|z - z_0| < R\} \subset \mathcal{D}$ é dado por

$$f(z) = \sum_{i=0}^{\infty} c_i (z - z_0)^i \tag{3.5}$$

onde $c_i = f^{(i)}(z_0)/i!$ para $i = 0, 1, \cdots, +\infty$ são os coeficientes da série. A série de Taylor, calculada em z_0, converge para todo z situado no interior da maior região circular acima definida, inteiramente contida em $\mathcal{D}$.

Uma generalização importante da série de Taylor é a chamada *série de Laurent*. Ela é empregada quando existe no interior de $\mathcal{D}$ uma região ou um ponto isolado em que a função $f(z)$ não é analítica. Seja $z_0 \in \mathcal{D}$ um ponto qualquer do domínio $\mathcal{D}$ onde $f(z)$ não é analítica. O valor de $f(z)$ em qualquer ponto no interior do anel $\{r < |z - z_0| < R\} \subset \mathcal{D}$ em que ela seja analítica é dado por

$$f(z) = \sum_{i=-\infty}^{+\infty} c_i (z - z_0)^i \tag{3.6}$$

onde c_i, $i = -\infty, \cdots, +\infty$ são os coeficientes da série. A diferença entre a série de Taylor e a de Laurent é que a segunda contém termos com potências negativas. Nesse sentido, é óbvio que a segunda é uma generalização da primeira, que é obtida para $c_i = 0$ para todo $i = -1, \cdots, -\infty$ quando a função for analítica.

Exemplo 3.1 A função exponencial $f(z) = e^z$ é analítica em todo o plano complexo. Considerando $z_0 = 0$, obtemos

$$e^z = \sum_{i=0}^{\infty} \frac{z^i}{i!}$$

que é válida para todo $z \in \mathbb{C}$. □

Exemplo 3.2 A função racional $f(z) = 2z/(z+1)(z-1)$ é analítica em todo o plano complexo, salvo em seus polos, que são os pontos isolados $\{-1, 1\}$. Através da decomposição em frações parciais temos

$$f(z) = \frac{1}{z+1} + \frac{1}{z-1}$$

sendo que, nos pontos onde cada parcela for analítica, as suas derivadas sucessivas são dadas por

$$\frac{d^i}{dz^i}\left(\frac{1}{z+1}\right) = \frac{(-1)^i i!}{(z+1)^{i+1}}, \quad \frac{d^i}{dz^i}\left(\frac{1}{z-1}\right) = \frac{(-1)^i i!}{(z-1)^{i+1}}$$

A função $f(z)$ pode ser desenvolvida em série de Taylor em $z_0 = 0$. De fato, calculando as derivadas acima em $z_0 = 0$, vem

$$f(z) = \sum_{i=0}^{\infty} \left((-1)^i - 1\right) z^i$$

que é válida na região circular $|z| < 1$. Observe que essa é a maior região circular com centro em $z_0 = 0$ onde $f(z)$ é analítica em todos os seus pontos. Podemos desenvolver essa mesma função em série de Laurent em $z_0 = -1$. Para isto, é imperativo notar que, sendo a parcela $1/(z-1)$ analítica em $z_0 = -1$, ela pode ser desenvolvida em série de Taylor, ou seja,

$$f(z) = \frac{1}{z+1} - \sum_{i=0}^{\infty} \frac{1}{2^{i+1}}(z+1)^i$$

que é válida para qualquer ponto pertencente ao anel $0 < |z+1| < 2$. Novamente, é interessante observar que esse é o maior anel com centro em $z_0 = -1$ onde $f(z)$ é analítica. De maneira similar, a série de Laurent em $z_0 = 1$ se expressa na forma

$$f(z) = \frac{1}{z-1} + \sum_{i=0}^{\infty} \frac{(-1)^i}{2^{i+1}}(z-1)^i$$

que é válida para todo $z \in \mathbb{C}$ pertencente ao anel $0 < |z-1| < 2$. Este exemplo mostra que não há maiores dificuldades para se desenvolver qualquer função racional em série de Taylor ou de Laurent. □

Um ponto $z_0 \in \mathbb{C}$ é uma *singularidade isolada* da função $f(z)$ se $f(z)$ for analítica em todos os pontos de uma vizinhança de z_0, mas não for analítica em z_0. A função racional $f(z) = N(z)/D(z)$, onde $N(z)$ e $D(z)$ são polinômios com coeficientes reais, é analítica em todos os pontos do plano complexo à exceção dos seus polos, ou seja, as raízes da equação algébrica $D(z) = 0$. Portanto, todos os polos de uma função racional são pontos singulares isolados.

Definição 3.2 (Resíduo) *O resíduo de $f(z)$ em z_0, denotado por $R(f, z_0)$, é o coeficiente c_{-1} da expansão em série de Laurent de $f(z)$ em z_0.*

Desta definição podemos concluir que, se $f(z)$ for analítica em todos os pontos de um domínio $\mathcal{D}$ e z_0 for um ponto qualquer do seu interior, então a função $f(z)$ pode ser desenvolvida em série de Taylor e, assim, o resíduo em z_0 é nulo. Se, entretanto, o ponto z_0 for um ponto singular isolado o desenvolvimento de $f(z)$ em série de Laurent fornece o resíduo em z_0.

Uma das mais importantes propriedades do resíduo de uma função $f(z)$, analítica em todos os pontos do domínio $\mathcal{D}$ à exceção de um ponto singular isolado $z_0 \in \mathcal{D}$, é que

$$\oint_C f(z)dz = 2\pi j R(f, z_0) \tag{3.7}$$

para toda curva fechada $C \subset \mathcal{D}$ que contém z_0 no seu interior. Como anteriormente, o resultado é invariante com a escolha da curva C desde que ela esteja em $\mathcal{D}$ e tenha z_0 no seu interior.

O *teorema dos resíduos de Cauchy* generaliza esse resultado para funções que admitem vários pontos singulares isolados. Seja $f(z)$ uma função analítica em um domínio $\mathcal{D}$ e sejam $z_k \in \mathcal{D}$ para $k = 1, \cdots, n$ seus pontos singulares isolados, então

$$\oint_C f(z)dz = 2\pi j \sum_{k=1}^{r} R(f, z_k) \tag{3.8}$$

onde C é uma curva fechada qualquer contida em $\mathcal{D}$ e que contém no seu interior os pontos singulares isolados $z_1, z_2, \cdots, z_r$. É claro que se C for escolhida de tal forma a não conter nenhum ponto singular isolado de $f(z)$, a integral em (3.8) se anula, em conformidade com (3.3).

Exemplo 3.3 A função obtida pela transformada de Laplace da resposta ao impulso do segurador de ordem zero

$$f(z) = \frac{1 - e^{-Tz}}{z}$$

é analítica em todo o plano complexo $\mathbb{C}$, inclusive em $z_0 = 0$. Desenvolvendo e^{-Tz} em série de Taylor em $z_0 = 0$, obtemos imediatamente

$$f(z) = T \sum_{i=0}^{\infty} \frac{(-Tz)^i}{(i+1)!}$$

Portanto, o resíduo em $z_0 = 0$ é zero. A função $f(z) = (1 + e^{-Tz})/z$ tem um ponto singular isolado em $z_0 = 0$. Nesse ponto, o resíduo é 2. □

Exemplo 3.4 A decomposição em frações parciais é uma ferramenta poderosa para determinar os resíduos dos polos de uma função racional. Seja $f(z) = N(z)/D(z)$ uma função racional com polos $z_1, \cdots, z_n$. A decomposição em frações parciais permite escrevê-la na forma alternativa

$$f(z) = \sum_{k=1}^{n_d} \sum_{i=1}^{m_k} \frac{f_{ki}}{(z - z_k)^i}$$

onde m_k denota a multiplicidade do polo z_k e n_d o número de polos distintos. Com os resultados anteriores (veja o Exemplo 3.2), concluímos imediatamente que $R(f, z_k) = f_{k1}$ para todo $k = 1, \cdots, n_d$. Ou seja, a decomposição em frações parciais fornece como subproduto os resíduos de todos os polos da função racional em estudo. □

Estamos em condições de aplicar o teorema dos resíduos de Cauchy para calcular a integral de uma função de variável complexa, pertencente a uma classe muito especial que será bastante usada em seguida. Trata-se da função definida na forma

$$f(z) = \frac{g'(z)}{g(z)} \ : \ \mathbb{C} \to \mathbb{C} \tag{3.9}$$

onde $g(z)$ é uma função dada. Em primeiro lugar é imperativo estudar em que regiões do plano complexo uma função assim definida é analítica. Como $f(z)$ é o resultado da divisão de duas funções, supondo que $g(z)$ seja uma função analítica em todo o plano complexo à exceção de um número finito de pontos singulares isolados $p_1, \cdots, p_n$ e que ela se anule nos pontos $z_1, \cdots, z_m$ concluímos que $f(z)$ é analítica em todos os pontos do plano complexo à exceção de $p_1, \cdots, p_n$ e de $z_1, \cdots, z_m$. Em segundo lugar, passamos a calcular o resíduo da função $f(z)$ em relação a cada um desses pontos. Para todo $i = 1, \cdots, n$ denotando por m_i a multiplicidade do polo p_i de $g(z)$, existe uma função $q_i(z)$ analítica em p_i tal que

$$g(z) = \frac{q_i(z)}{(z - p_i)^{m_i}} \tag{3.10}$$

e assim obtemos

$$f(z) = -\frac{m_i}{(z - p_i)} + \frac{q_i'(z)}{q_i(z)} \tag{3.11}$$

Como $q_i(p_i) \neq 0$ e $q_i(z)$ é analítica em p_i, a relação $q_i'(z)/q_i(z)$ pode ser desenvolvida em série de Taylor e assim $R(f, p_i) = -m_i$ para todo $i = 1, \cdots, n$.

Da mesma forma, para todo $j = 1, \cdots, m$ denotando por n_j a multiplicidade do zero z_j de $g(z)$, existe uma função $p_j(z)$ analítica em z_j tal que $g(z) = (z - z_j)^{n_j} p_j(z)$ e, portanto,

$$f(z) = \frac{n_j}{(z - z_j)} + \frac{p_j'(z)}{p_j(z)} \tag{3.12}$$

Novamente, como $p_j(z_j) \neq 0$ e $p_j(z)$ é analítica em z_j, a relação $p_j'(z)/p_j(z)$ pode ser desenvolvida em série de Taylor e, assim, $R(f, z_j) = n_j$ para todo

$j = 1, \cdots, m$. Em resumo, a função (3.9) tem como pontos singulares isolados todos os zeros e os polos da função $g(z)$. De maneira equivalente, podemos dizer que os polos da função $f(z)$ são os polos e os zeros da função $g(z)$. O resíduo de $f(z)$ em cada polo de $g(z)$ é igual à sua multiplicidade com sinal trocado, enquanto que o resíduo de $f(z)$ em cada zero de $g(z)$ é igual à sua multiplicidade. Com base nestes cálculos o seguinte resultado é estabelecido.

Lema 3.1 *Seja $g(z)$ uma função dada e C uma curva fechada. A igualdade*

$$\frac{1}{2\pi j}\oint_C \frac{g'(z)}{g(z)}\, dz = N_z - N_p \tag{3.13}$$

onde N_z e N_p são, respectivamente, o número de zeros e o número de polos de $g(z)$ situados no interior de C, se verifica.

Prova: Com o teorema dos resíduos aplicado à função $f(z)$, definida em (3.9), temos

$$\begin{aligned}\frac{1}{2\pi j}\oint_C f(z)dz &= \sum_{z_j \in \text{ interior } C} R(f, z_j) + \sum_{p_i \in \text{ interior } C} R(f, p_i) \\ &= \sum_{z_j \in \text{ interior } C} n_j - \sum_{p_i \in \text{ interior } C} m_i \\ &= N_z - N_p \end{aligned} \tag{3.14}$$

onde N_z e N_p são, respectivamente, o número (contadas as eventuais multiplicidades) de zeros e polos de $g(z)$ situados no interior da curva C. Isto prova o lema proposto. □

A igualdade (3.13) se verifica como uma consequência direta do teorema dos resíduos tendo em vista que, como determinamos anteriormente, os polos de $f(z)$ são os polos e os zeros de $g(z)$. Alternativamente, a integral que aparece no lado esquerdo da equação (3.13) pode ser calculada de uma maneira diversa, ou seja,

$$\begin{aligned}\oint_C \frac{g'(z)}{g(z)}\, dz &= \oint_C d\ln(g(z)) \\ &= j \arg\left(g(z)\right)\big|_C \end{aligned} \tag{3.15}$$

onde o lado direito da segunda igualdade indica o cálculo do argumento de $g(z)$ enquanto z percorre a curva fechada C. Com base nessa igualdade e naquela do Lema 3.1, podemos enunciar um dos mais importantes resultados, que será exaustivamente utilizado no decorrer do estudo de estabilidade de sistemas dinâmicos, a ser apresentado mais adiante neste capítulo.

Princípio 3.1 (Variação do argumento) *A variação do argumento de $g(z)$, quando z percorre a curva fechada C, é igual à diferença entre o número de zeros e o número de polos de $g(z)$ que se encontram no interior de C, ou seja,*

$$\frac{1}{2\pi}\Delta_C \arg(g(z)) = N_z - N_p \tag{3.16}$$

A igualdade (3.16) pode ser verificada sem grandes dificuldades. Nesse sentido, as seguintes etapas podem ser estabelecidas:

1. Dada uma função $g(z)$ e uma curva fechada C, determinam-se os polos e os zeros de $g(z)$ e, por consequência, o número de polos (N_p) e de zeros (N_z) que se encontram no interior de C. Para que esta operação se realize, a curva C escolhida não pode passar sobre nenhum polo ou zero de $g(z)$.

2. Em seguida, determina-se o mapeamento de todos os pontos de C através da função $g(z)$ dada. Como C é uma curva fechada o mapeamento dos pontos do plano $\text{Re}(z) \times \text{Im}(z)$ pertencentes a C resulta em uma curva fechada no plano $\text{Re}(g(z)) \times \text{Im}(g(z))$. A variação do argumento de $g(z)$ dividida por 2π que aparece no lado esquerdo de (3.16) nada mais é que o número de voltas que o mapeamento dá em torno da origem do plano $\text{Re}(g(z)) \times \text{Im}(g(z))$. Note que essa quantidade tem sinal algébrico positivo se o sentido de percurso de C e de seu mapeamento coincidem e negativo caso contrário.

A parte mais difícil de ser executada é, sem dúvida, a determinação do mapeamento dos pontos de C através de $g(z)$. Entretanto, como desejamos apenas contar o número de voltas que ele dá em torno da origem, apenas alguns pontos (cruzamentos com os eixos do plano $\text{Re}(g(z)) \times \text{Im}(g(z))$) precisam ser calculados com precisão. Geralmente, um mero esboço do mapeamento é suficiente.

Exemplo 3.5 Considere a função racional $g(z) = 1/(z + 0{,}5)(z - 2)$ e os contornos fechados A, B e C como mostrados na Figura 3.1. A função $g(z)$ não tem nenhum zero e tem dois polos que são indicados por "$\times$" na mesma figura. Ela também indica com "$\circ$" os zeros da função $h(z) = 0{,}6 + g(z)$ cujos polos são os mesmos que os de $g(z)$.

Por simples inspeção, verificamos que, para a função $g(z)$, temos

$$g(z) : \begin{cases} N_z = 0 & N_p = 1 & \text{contorno } A \\ N_z = 0 & N_p = 1 & \text{contorno } B \\ N_z = 0 & N_p = 2 & \text{contorno } C \end{cases}$$

enquanto que para a função $h(z)$ temos

$$h(z) : \begin{cases} N_z = 2 & N_p = 1 & \text{contorno } A \\ N_z = 0 & N_p = 1 & \text{contorno } B \\ N_z = 2 & N_p = 2 & \text{contorno } C \end{cases}$$

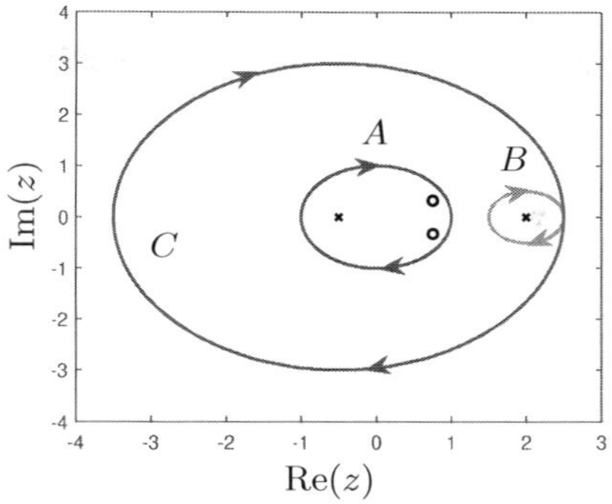

Figura 3.1: Contornos fechados

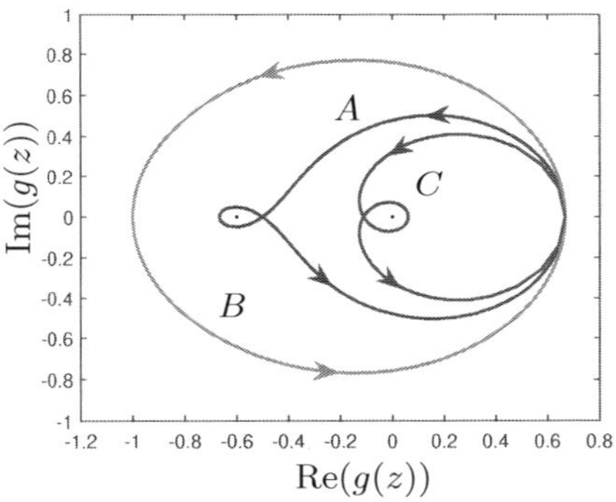

Figura 3.2: Mapeamentos

A Figura 3.2 mostra os mapeamentos dos contornos A, B e C obtidos com a função $g(z)$, bem como coloca em evidência os pontos $(0;0)$ e $(-0{,}6;0)$. Levando em conta os sentidos dos percursos, o número de voltas em torno da origem $(0;0)$ é determinado, ou seja,

$$\frac{1}{2\pi}\Delta_C \arg(g(z)) = \begin{cases} -1 & \text{contorno } A \\ -1 & \text{contorno } B \\ -2 & \text{contorno } C \end{cases}$$

sendo que em todos os três casos, como não poderia ser de outra maneira, a igualdade (3.16) é verificada. Neste exemplo, fica evidente que a maior dificuldade para a verificação do Princípio da Variação do Argumento reside na determinação correta do mapeamento da curva fechada através da função $g(z)$. Como fica claro, para funções racionais, essa dificuldade depende basicamente do contorno que se deseja mapear.

Para verificar a igualdade (3.16) para a função $h(z)$, não é preciso determinar os mapeamentos dos contornos fechados A, B e C com $h(z)$. De fato, como $h(z)$ e $g(z)$ diferem entre si de uma quantidade real constante, os mapeamentos dos mesmos contornos fechados, através de $g(z)$ e $h(z)$, são idênticos a menos de uma translação do eixo imaginário correspondente àquela constante real. Portanto, com os mesmos mapeamentos da Figura 3.2, obtemos

$$\frac{1}{2\pi}\Delta_C \arg(h(z)) = \begin{cases} 1 & \text{contorno } A \\ -1 & \text{contorno } B \\ 0 & \text{contorno } C \end{cases}$$

onde o número de voltas em torno do ponto $(-0{,}6; 0)$ para cada contorno fechado é determinado, novamente, por simples inspeção. □

De forma geral, ao fazermos o mapeamento de $g(z)$, podemos verificar a validade da igualdade (3.16) para qualquer função do tipo $h(z) = \alpha + \beta g(z)$ com $\alpha \in \mathbb{R}$ e $\beta \neq 0 \in \mathbb{R}$, pois a variação do argumento de $h(z)$ na origem do plano $\text{Re}(h(z)) \times \text{Im}(h(z))$ pode ser obtida avaliando-se a variação do argumento de $g(z)$ no ponto $-\alpha/\beta + j0$ do plano $\text{Re}(g(z)) \times \text{Im}(g(z))$.

De fato, para mostrar a validade deste procedimento, devemos avaliar a variação do argumento de $g(z)$ no ponto $-\alpha/\beta + j0$ do plano $\text{Re}(g(z)) \times \text{Im}(g(z))$. Ou seja, devemos avaliar, neste plano, a variação do argumento do vetor $\phi(z)$ com origem em $-\alpha/\beta + j0$ e extremidade em $g(z)$, ou seja, $\phi(z) = g(z) + \alpha/\beta$. A partir da relação

$$\begin{aligned} \arg(\phi(z)) &= \arg(g(z) + \alpha/\beta) \\ &= \arg((\beta g(z) + \alpha)/\beta) \\ &= \arg(h(z)/\beta) \end{aligned} \tag{3.17}$$

concluímos que, se $\beta > 0$, então $\arg(\phi(z)) = \arg(h(z))$ e, por outro lado, se $\beta < 0$, então $\arg(\phi(z)) = \arg(h(z)) + \pi$. Em ambos os casos, os argumentos de $\phi(z)$ e de $h(z)$ são iguais ou diferem de uma constante, o que não altera o número de voltas dadas em torno do ponto de interesse $-\alpha/\beta + j0$. Por sua importância, neste contexto, o ponto $-\alpha/\beta + j0$ é denominado *ponto crítico*.

Em seguida passamos a estudar alguns aspectos importantes relacionados a vetores, matrizes e determinantes que envolvem, em especial, o cálculo de zeros e polos de funções racionais e a caracterização de matrizes simétricas por meio dos sinais dos seus autovalores.

3.3 Matrizes e Determinantes

Embora já tenhamos manipulado vetores no capítulo anterior, quando descrevemos um sistema dinâmico através de suas equações de estado, retomamos aqui esse conceito. Vetor é uma coleção de n escalares, denominados componentes, que assumimos estarem dispostos em coluna. Assim, $x \in \mathbb{R}^n$ indica um vetor com n

componentes reais, enquanto que $x \in \mathbb{C}^n$ indica um vetor com n componentes complexas. O vetor linha $x' \in \mathbb{R}^n$ é o *transposto* do vetor $x \in \mathbb{R}^n$, enquanto que $x^\sim \in \mathbb{C}^n$ é o vetor *conjugado transposto* de $x \in \mathbb{C}^n$. É claro que, se $x \in \mathbb{R}^n$ é um vetor real, então $x^\sim = x' \in \mathbb{R}^n$. Um operação particularmente importante envolvendo dois vetores de mesmas dimensões $y \in \mathbb{C}^n$ e $x \in \mathbb{C}^n$ é o chamado *produto escalar*

$$\langle x, y \rangle = \sum_{i=1}^{n} x_i y_i^* = y^\sim x \tag{3.18}$$

Observe que, para vetores reais, $\langle x, y \rangle = y'x = x'y = \langle y, x \rangle$ e que $\langle x, y \rangle = 0$ indica que os vetores $x \in \mathbb{R}^n$ e $y \in \mathbb{R}^n$ são *ortogonais*. Este produto escalar induz a chamada *norma euclidiana*, que é dada por $\|x\|^2 = \langle x, x \rangle = x'x$.

Matriz é uma coleção de nm escalares denominados elementos, dispostos em linhas e colunas. A notação $A \in \mathbb{R}^{n \times m}$ indica que A é uma matriz com todos os elementos reais dispostos em n linhas e m colunas. Os números n e m indicam suas dimensões e a_{ij} indica o elemento genérico da posição (i, j) com $1 \leq i \leq n$ e $1 \leq j \leq m$. A matriz $B = A'$ é denominada matriz transposta e é obtida pela simples conversão de linhas em colunas, ou seja, o elemento genérico da matriz transposta é dado por $b_{ij} = a_{ji}$. Matrizes podem ser multiplicadas por escalares e, sob certas condições, podem também ser somadas, multiplicadas e invertidas.

Algumas operações envolvendo matrizes só são definidas para a classe de matrizes quadradas, caracterizadas por terem o mesmo número de linhas e de colunas, isto é, $n = m$. Uma matriz quadrada $A \in \mathbb{R}^{n \times n}$ só pode ser invertida se o seu determinante não for nulo, ou seja, se $\det(A) \neq 0$.

Um vetor $v \in \mathbb{R}^n$ pode ser multiplicado por uma matriz quadrada $A \in \mathbb{R}^{n \times n}$, resultando em um novo vetor de mesma dimensão Av. Alguns vetores são especiais, ao serem multiplicados por uma matriz resultam em vetores colineares aos primeiros. Esses vetores são chamados *autovetores*. A equação nas variáveis (λ, v) com $\lambda \in \mathbb{C}$ e $v \neq 0 \in \mathbb{C}^n$

$$(\lambda I - A)v = 0 \tag{3.19}$$

permite calcular o autovetor v e o *autovalor* λ a ele associado. Como se procura por soluções não triviais $v \neq 0$ de (3.19), os autovalores são dados pelas soluções da equação algébrica

$$\Delta(\lambda) = \det(\lambda I - A) = 0 \tag{3.20}$$

denominada *equação característica* de A. Trata-se de uma equação algébrica de grau n com coeficientes reais, assim sendo, admite n e somente n raízes em $\mathbb{C}$. Portanto, uma matriz $A \in \mathbb{R}^{n \times n}$ tem n e somente n autovalores, contando as suas multiplicidades. Para cada $\lambda \in \mathbb{C}$ assim determinado, calcula-se o autovetor associado através de $(\lambda I - A)v = 0$. Como este sistema de equações lineares admite, por construção, infinitas soluções, pode-se adotar a normalização $\|v\| = 1$. Nota-se que, em geral, a determinação dos autovalores e dos autovetores de uma matriz exige rotinas numéricas.

Sendo V uma matriz não singular, é interessante determinar a relação entre os autovalores e os autovetores das matrizes A e $V^{-1}AV$. Multiplicando a equação $(\lambda I - V^{-1}AV)u = 0$ à esquerda pela matriz V obtemos $(\lambda I - A)v = 0$, onde $v = Vu$, mostrando que as duas matrizes têm os mesmos autovalores e que seus autovetores estão relacionados por $v = Vu$. A operação $V^{-1}AV$ é denominada *transformação de similaridade*. Em muitos casos, a matriz V pode ser determinada para que $\Lambda = V^{-1}AV$ tenha uma estrutura particular, por exemplo, uma matriz diagonal formada pelos autovalores de A. Essa estrutura é conveniente para estudar várias propriedades dos determinantes, como a igualdade $\det(AB) = \det(A)\det(B)$, que é válida para quaisquer matrizes quadradas de mesmas dimensões. Essa propriedade, por sua vez, permite estabelecer a igualdade

$$\begin{aligned} \det\begin{bmatrix} A & B \\ C & D \end{bmatrix} &= \det(A)\det(D - CA^{-1}B) \\ &= \det(D)\det(A - BD^{-1}C) \end{aligned} \tag{3.21}$$

onde as matrizes indicadas têm dimensões compatíveis e A e D são não singulares. De fato, calculando os determinantes de ambos os lados das igualdades

$$\begin{aligned} \begin{bmatrix} A & B \\ C & D \end{bmatrix} &= \begin{bmatrix} I & 0 \\ CA^{-1} & I \end{bmatrix}\begin{bmatrix} A & B \\ 0 & D - CA^{-1}B \end{bmatrix} \\ &= \begin{bmatrix} I & BD^{-1} \\ 0 & I \end{bmatrix}\begin{bmatrix} A - BD^{-1}C & 0 \\ C & D \end{bmatrix} \end{aligned} \tag{3.22}$$

obtemos imediatamente as relações (3.21), tendo em vista as estruturas triangulares das matrizes no lado direito de (3.22) cujos determinantes são os determinantes das matrizes localizadas nas diagonais principais. O *teorema de Silvestre* pode ser diretamente obtido pela aplicação da igualdade (3.21) para o caso particular caracterizado por $A = I$ e $D = I$, o que leva a $\det(I - BC) = \det(I - CB)$. Outras propriedades muito usadas dos determinantes são $\det(A^{-1}) = 1/\det(A)$ para A não singular e $\det(A') = \det(A)$. Finalmente, é importante citar que o determinante de uma matriz pode ser calculado pelo produto de todos os seus autovalores, ou seja,

$$\det(A) = \prod_{i=1}^{n} \lambda_i(A) \tag{3.23}$$

Algumas funções são importantes para o estudo de sistemas dinâmicos. Esse é, certamente, o caso da *função exponencial* $e^{At} : \mathbb{R} \to \mathbb{R}^{n \times n}$ definida através da série

$$e^{At} = \sum_{i=0}^{\infty} \frac{(At)^i}{i!} \tag{3.24}$$

que sempre converge para todo $t \in \mathbb{R}$. A partir desta definição, podemos determinar a sua derivada em relação ao tempo

$$\begin{aligned} \frac{de^{At}}{dt} &= \sum_{i=0}^{\infty} A \frac{(At)^i}{i!} \\ &= Ae^{At} \end{aligned} \tag{3.25}$$

sendo que a última relação revela que qualquer matriz comuta com a sua exponencial, isto é, $Ae^{At} = e^{At}A$. Uma outra função importante, nesse mesmo contexto, é a *função racional* $C(sI - A)^{-1}B + D : \mathbb{C} \to \mathbb{C}$ com $A \in \mathbb{R}^{n \times n}$, $B \in \mathbb{R}^{n \times 1}$, $C \in \mathbb{R}^{1 \times n}$ e $D \in \mathbb{R}$. Essa função pode ser escrita na forma equivalente

$$C(sI - A)^{-1}B + D = \frac{N(s)}{D(s)} \tag{3.26}$$

onde $D(s) = \det(sI - A)$ é o polinômio característico de A. Por outro lado, com a relação (3.21), obtemos

$$\begin{aligned} \det \begin{bmatrix} sI - A & -B \\ C & D \end{bmatrix} &= \det(sI - A)\det(D + C(sI - A)^{-1}B) \\ &= N(s) \end{aligned} \tag{3.27}$$

sendo que a segunda igualdade decorre de (3.26). Isto mostra que os dois polinômios, que definem uma função racional qualquer, podem ser escritos como determinantes de duas matrizes propriamente definidas. Os seus polos e zeros são os valores de $s \in \mathbb{C}$ que tornam esses determinantes nulos. Finalmente, temos a *função traço* $\text{Tr}(A) : \mathbb{R}^{n \times n} \to \mathbb{R}$ definida para toda matriz quadrada por $\text{Tr}(A) = \sum_{i=1}^{n} a_{ii}$ e que pode ser calculada através dos seus autovalores

$$\text{Tr}(A) = \sum_{i=1}^{n} \lambda_i(A) \tag{3.28}$$

Essa função tem a propriedade bastante útil $\text{Tr}(AB) = \text{Tr}(BA)$, válida para quaisquer matrizes de dimensões compatíveis.

Uma classe importante de matrizes quadradas é a classe das *matrizes simétricas*. Uma matriz real $Q \in \mathbb{R}^{n \times n}$ é simétrica se os seus elementos são tais que

$q_{ij} = q_{ji}$ para todo $1 \leq i \leq n$ e $1 \leq j \leq n$. Ou seja, todos os seus elementos situados em posições simétricas em relação à diagonal principal são iguais, levando à condição $Q = Q'$ para garantir que Q seja uma matriz simétrica. O lema seguinte estabelece duas das mais importantes propriedades das matrizes simétricas.

Lema 3.2 *Seja $Q \in \mathbb{R}^{n\times n}$ uma matriz simétrica. As duas afirmações seguintes são verdadeiras:*

1. *Todos os seus autovalores $\{\lambda_1, \cdots, \lambda_n\}$ são reais.*

2. *Todos os seus autovetores $\{v_1, \cdots, v_n\}$ são reais e os autovetores associados a autovalores distintos são ortogonais entre si.*

Prova: Multiplicando $Qv = \lambda v$ à esquerda por $v^\sim$ obtemos $v^\sim Qv = \lambda v^\sim v$. Por outro lado, considerando que a matriz Q é simétrica, calculando o conjugado daquela expressão, obtemos $v^\sim Qv = \lambda^* v^\sim v$, o que implica em $\lambda = \lambda^*$. Desta forma, $\lambda \in \mathbb{R}$, como requer a primeira parte do lema.

Como $\lambda \in \mathbb{R}$, temos $v \in \mathbb{R}^n$, solução de $(\lambda I - A)v = 0$. Por outro lado, considerando $Qv_i = \lambda_i v_i$ e $Qv_j = \lambda_j v_j$ dois pares de autovalores e de autovetores, multiplicando a primeira igualdade por v_j' e a segunda por v_i', obtemos $v_j'Qv_i = \lambda_i v_j' v_i$ e $v_i'Qv_j = \lambda_j v_i' v_j$. Calculando o transposto da primeira igualdade e levando em conta que Q é uma matriz simétrica, temos $v_i'Qv_j = \lambda_i v_i' v_j$, a qual, devido à segunda igualdade, implica que $(\lambda_j - \lambda_i)v_i'v_j = 0$. Portanto, $\lambda_i \neq \lambda_j$ impõe que $v_i'v_j = 0$, ou seja, os dois autovetores são ortogonais entre si. Isto prova a segunda parte do lema proposto. □

Mesmo que dois ou mais autovalores sejam iguais, nada impede que os autovetores correspondentes sejam ortogonais entre si. Portanto, dada uma matriz simétrica $Q \in \mathbb{R}^{n\times n}$ é sempre possível determinar os seus autovetores $v_i \in \mathbb{R}^n, i = 1, \cdots, n$ satisfazendo

$$v_i'v_j = \begin{cases} 1 & , \quad i = j \\ 0 & , \quad i \neq j \end{cases} \tag{3.29}$$

de tal forma que a matriz $V = [v_1 \cdots v_n] \in \mathbb{R}^{n\times n}$, que tem como colunas os autovetores de Q, seja uma *matriz unitária*. De fato, em consequência de (3.29) ela satisfaz $V'V = I$, o que implica em que $V^{-1} = V'$. O cálculo da inversa de uma matriz unitária reduz-se à determinação de sua transposta.

Uma matriz simétrica $Q \in \mathbb{R}^{n\times n}$ é *definida positiva*, denotada por $Q > 0$, se

$$x'Qx > 0 \ , \ x \neq 0 \in \mathbb{R}^n \tag{3.30}$$

De maneira similar podemos definir $Q \geq 0$ (semidefinida positiva), $Q < 0$ (definida negativa) e $Q \leq 0$ (semidefinida negativa). O lema seguinte fornece um teste que permite verificar se uma dada matriz simétrica satisfaz alguma destas definições.

Lema 3.3 *Seja* $Q \in \mathbb{R}^{n\times n}$ *uma matriz simétrica com autovalores* $\lambda_1, \cdots, \lambda_n$. *As seguintes afirmações são verdadeiras:*

1. $Q > 0$ *se e somente se* $\lambda_1 > 0, \cdots, \lambda_n > 0$.

2. $Q \geq 0$ *se e somente se* $\lambda_1 \geq 0, \cdots, \lambda_n \geq 0$.

3. $Q < 0$ *se e somente se* $\lambda_1 < 0, \cdots, \lambda_n < 0$.

4. $Q \leq 0$ *se e somente se* $\lambda_1 \leq 0, \cdots, \lambda_n \leq 0$.

Prova: Com a matriz $V = [v_1 \cdots v_n] \in \mathbb{R}^{n\times n}$ construída com os autovetores associados aos respectivos autovalores temos

$$\begin{aligned} V'QV &= V' \left[\begin{array}{ccc} Qv_1 & \cdots & Qv_n \end{array} \right] \\ &= V'V\text{diag}(\lambda_1, \cdots, \lambda_n) \\ &= \Lambda \end{aligned} \tag{3.31}$$

onde $\Lambda = \text{diag}(\lambda_1, \cdots, \lambda_n)$. Lembrando que V é uma matriz unitária, podemos escrever $Q = V\Lambda V'$ e assim $x'Qx = (V'x)'\Lambda(V'x) = y'\Lambda y$ onde $y = V'x$, ou seja,

$$x'Qx = \sum_{i=1}^{n} \lambda_i y_i^2 \tag{3.32}$$

Como V é uma matriz não singular, $x \neq 0$ se e somente se $y \neq 0$, a equação (3.32) implica que $x'Qx' > 0$ para todo $x \neq 0$ se e somente se $\lambda_1 > 0, \cdots, \lambda_n > 0$, o que prova a primeira parte deste lema. As demais são provadas de forma similar. □

Uma matriz simétrica com autovalores positivos e negativos não se encaixa em nenhum dos casos estabelecidos no Lema 3.3. Trata-se de um matriz com sinal indefinido. Matrizes simétricas e definidas positivas são particularmente importantes por permitirem generalizar o conceito de distância euclidiana. De fato, com $Q = Q' \in \mathbb{R}^{n\times n}$ definida positiva, podemos definir a distância entre dois pontos quaisquer $x \in \mathbb{R}^n$ e $y \in \mathbb{R}^n$ na forma

$$d(x, y) = \sqrt{(x-y)'Q(x-y)} \tag{3.33}$$

onde nota-se que $d(x, y) = 0$ se e apenas se $x = y$ e $d(x, y) > 0$ para todo $x \neq y \in \mathbb{R}^n$. Para $Q = I$ obtemos a distância euclidiana caracterizada pelo fato de que o lugar geométrico dos pontos equidistantes da origem $x = 0$ é uma superfície esférica. No caso geral, com $Q \neq I$ o referido lugar geométrico torna-se uma superfície elíptica.

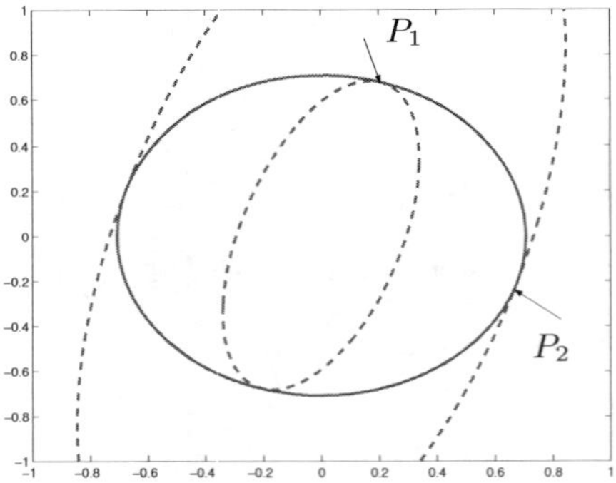

Figura 3.3: Curvas equidistantes

Exemplo 3.6 Com a matriz simétrica

$$Q = \begin{bmatrix} 1 & -1 \\ -1 & 4 \end{bmatrix}$$

que é definida positiva, como atestam seus autovalores $\{0{,}6972; 4{,}3028\}$, definimos a distância (3.33) entre dois pontos quaisquer no plano $\mathbb{R}^2$. A Figura 3.3 mostra os pontos P_1 e P_2 que estão situados a uma mesma distância da origem quando a distância é euclidiana (os pontos equidistantes da origem estão situados sobre a curva em linha contínua). Na mesma figura, através das curvas em linhas tracejadas, verifica-se que as distâncias definidas por (3.33) dos pontos P_1 e P_2 até a origem são muito diferentes. □

Os conceitos matemáticos introduzidos nesta seção são essenciais para se ter uma compreensão adequada daqueles que serão estudados em seguida. Em particular, os critérios de estabilidade para sistemas dinâmicos a tempo contínuo e a tempo discreto são, em grande medida, baseados no princípio da variação do argumento e na determinação de distâncias não euclidianas expressas através de matrizes definidas positivas.

3.4 Critérios de Estabilidade

Estabilidade é um dos atributos mais básicos de qualquer sistema de controle. De fato, em linhas gerais, a ação de controle em qualquer sistema dinâmico deve fazer com que, após um determinado intervalo de tempo que caracteriza o seu transitório, ele opere segundo um perfil previamente estabelecido pelo sinal de referência. Desta forma, no decorrer do tempo, a sua saída deve apresentar um comportamento assintótico, de tal forma a eliminar o erro entre ela própria e o sinal de referência. Concluímos assim, nesse contexto bastante amplo, que um projeto adequado de um sistema de controle certamente vai requerer que ele seja *estável*.

3.4.1 Caracterização

É importante caracterizar o conceito de *estabilidade* para sistemas dinâmicos, através do comportamento de sua função de transferência no domínio da frequência e de sua resposta ao impulso no domínio do tempo.

Definição 3.3 (Estabilidade) *Um sistema a tempo contínuo com função de transferência $H(s)$ é assintoticamente estável se todos os polos de $H(s)$ estiverem localizados na região* $\mathrm{Re}(s) < 0$.

Geralmente, omite-se o qualificativo *assintoticamente*, mas continuamos a querer dizer que todos os polos devem pertencer ao semiplano esquerdo aberto complexo, isto é, $\mathrm{Re}(s) < 0$. Concluímos imediatamente da definição de estabilidade que, se $H(s)$ é estável, então o eixo imaginário $j\omega$ sempre pertence ao seu domínio. Ou, em particular, que a origem $s = 0$ também é um elemento do seu domínio, fazendo com que o teorema do valor final possa ser aplicado para se obter

$$\lim_{t\to\infty} h(t) = \lim_{s\to 0} sH(s) = 0 \tag{3.34}$$

Isto é, a resposta ao impulso de qualquer sistema estável tende à zero no decorrer do tempo. Ademais, decompondo $H(s)$ em frações parciais, obtemos

$$H(s) = \sum_{k=1}^{n_d} \sum_{i=1}^{m_k} \frac{h_{ki}}{(s - p_k)^i} \tag{3.35}$$

onde p_k é o seu k-ésimo polo com multiplicidade m_k e n_d é o número de polos distintos de tal forma que $\sum_{k=1}^{n_d} m_k = n$, que é o grau do polinômio denominador de $H(s)$. A transformada de Laplace inversa de $H(s)$ fornece a resposta ao impulso

$$h(t) = \sum_{k=1}^{n_d} \sum_{i=1}^{m_k} \frac{h_{ki} t^{i-1}}{(i-1)!} e^{p_k t} \tag{3.36}$$

a qual permite verificar que, para todo $t \geq 0$,

$$|h(t)| < \infty \ , \ \int_0^t |h(\tau)| d\tau < \infty \tag{3.37}$$

ou seja, módulo da resposta ao impulso e a sua integral são funções limitadas no tempo. Esta última propriedade tem uma implicação interessante: considerando $|r(t)| \leq R$ a entrada limitada para todo $t \geq 0$ e $y(t)$ a saída do sistema em estudo, temos

$$\begin{aligned} |y(t)| &= \left| \int_0^t h(\tau) r(t-\tau) d\tau \right| \\ &\leq R \int_0^t |h(\tau)| d\tau \end{aligned} \tag{3.38}$$

válida para todo $t \geq 0$. Portanto, um sistema estável produz uma saída limitada como resposta a qualquer entrada limitada. Essa é uma forma equivalente de se caracterizar a estabilidade desta classe de sistemas dinâmicos.

Para concluir se um sistema a tempo contínuo é ou não estável é necessário saber se todos os seus polos estão localizados na região $\text{Re}(s) < 0$ do plano complexo. É claro que essa verificação não requer o cálculo exato de todos os polos, uma vez que a localização exata de cada um deles não é importante, sendo apenas relevante saber se todos estão na mencionada região do plano complexo. Como era de se esperar, a verificação de que uma determinada função de transferência é estável é muito menos custosa, do ponto de vista numérico, do que calcular todos os seus polos.

Se o sistema em estudo for definido pela sua função de transferência $H(s) = N(s)/D(s)$, a sua equação característica $\Delta(s) = D(s) = 0$ é uma equação algébrica de grau n com coeficientes reais. Da mesma forma, para um sistema em malha fechada, os seus polos são raízes de $1 + C(s)G(s) = 0$, que, ao ser reescrita como $1 + \kappa H(s) = 0$, faz com que a sua equação característica $\Delta(s) = D(s) + \kappa N(s) = 0$ também seja uma equação algébrica de grau n com coeficientes reais. Portanto, temos

$$\Delta(s) = \sum_{i=0}^{n} a_i s^i = 0 \tag{3.39}$$

onde normalmente se introduz, sem perda de generalidade, a normalização $a_n = 1$. Salvo expressa menção em contrário adotamos, daqui em diante, esta normalização. O lema a seguir dá uma condição necessária, mas não suficiente, para que as raízes de (3.39) estejam localizadas no semiplano esquerdo complexo.

Lema 3.4 *Uma condição necessária para que todas as raízes de* $\Delta(s) = 0$ *estejam localizadas na região* $\text{Re}(s) < 0$ *é que* $a_i > 0, i = 0, \cdots, (n-1)$.

Prova: O polinômio $\Delta(s)$, com todas as suas raízes na região $\text{Re}(s) < 0$, pode ser fatorado na forma

$$\Delta(s) = \prod_i (s + \lambda_i) \prod_j (s^2 + 2\sigma_j s + (\sigma_j^2 + \omega_j^2)) \tag{3.40}$$

onde $-\lambda_i < 0$ são suas raízes reais e $-\sigma_j \pm j\omega_j$ com $\sigma_j > 0$ e $\omega_j > 0$ são suas raízes complexas conjugadas. Como todas as parcelas de primeira e de segunda ordens em (3.40) têm coeficientes positivos, o mesmo ocorre com o $\Delta(s)$. □

Como já foi dito, infelizmente, essa condição é apenas necessária. Para validar esta afirmação, basta achar um contraexemplo. A equação algébrica de terceiro grau $s^3 + s^2 + 48s + 340 = 0$ tem todos os seus coeficientes positivos, mas duas de suas raízes, que são $\{-5,\ 2 \pm j8\}$, estão fora da região de interesse $\text{Re}(s) < 0$. Por este motivo, a seguir, estudaremos critérios expressos em termos de condições necessárias e suficientes para assegurar a estabilidade assintótica de uma função de transferência com equação característica da forma (3.39).

3.4.2 Critério de Routh-Hurwitz

Foi elaborado no final do século XIX, a partir de contribuições de dois cientistas que são homenageados com a denominação. O critério requer certo esforço para ser provado, mas, em contrapartida, é extremamente simples de ser aplicado. Ganhou, assim, grande importância até os dias atuais. Ele se baseia na construção de uma tabela chamada *tabela de Routh*, associada à equação algébrica (3.39), dada a seguir:

s^n	a_n	a_{n-2}	a_{n-4}	$\cdots$
s^{n-1}	a_{n-1}	a_{n-3}	a_{n-5}	$\cdots$
s^{n-2}	b_1	b_2	b_3	$\cdots$
$\cdots$	$\cdots$			
s^1	$\cdots$			
s^0	$\cdots$			

(3.41)

sendo que as duas primeiras linhas são construídas com os coeficientes de $\Delta(s)$ e qualquer linha subsequente é determinada a partir das duas anteriores com a regra

$$\begin{aligned} b_1 &= (a_{n-1}a_{n-2} - a_n a_{n-3})/a_{n-1} \\ b_2 &= (a_{n-1}a_{n-4} - a_n a_{n-5})/a_{n-1} \\ b_3 &= \cdots \end{aligned} \tag{3.42}$$

É fácil notar que podemos multiplicar uma linha por um número positivo sem alterar o resultado. Essa propriedade pode ser adotada para simplificar os cálculos. Ademais, quando nenhum elemento da primeira coluna for nulo (situação que será tratada oportunamente), a determinação da tabela de Routh é simples e envolve apenas operações elementares.

Teorema 3.1 *Considere que a tabela de Routh foi obtida para a equação algébrica* $\Delta(s) = 0$. *As seguintes afirmações são verdadeiras:*

1. *Todas as raízes estão situadas na região* $\text{Re}(s) < 0$ *se e somente se todos os elementos da primeira coluna da tabela de Routh forem positivos.*

2. *O número de raízes situadas na região* $\text{Re}(s) > 0$ *é igual ao número de trocas de sinal nos elementos da primeira coluna da tabela de Routh.*

O primeiro item deste teorema é conhecido como *critério de Routh-Hurwitz*, pois é uma condição necessária e suficiente para assegurar que um determinado sistema dinâmico seja estável.

A tabela de Routh só pode ser calculada inteiramente se todos os elementos da primeira coluna forem diferentes de zero. Durante a construção da tabela, a ocorrência de um elemento nulo na primeira coluna de uma determinada linha requer um tratamento especial. Dois casos especiais devem ser considerados:

- **Todos os demais elementos da linha são nulos:** Neste caso, o polinômio $\Delta(s)$ é divisível pelo polinômio gerador da linha anterior $A(s)$. A linha nula é substituída pela linha gerada por $A'(s)$.

- **Algum dos demais elementos da linha não é nulo:** Neste caso, substitui-se o elemento nulo por $\epsilon > 0$ e determina-se a tabela limite para $\epsilon \to 0^+$.

Tendo em vista o primeiro item do Teorema 3.1, se algum caso especial ocorrer então alguma raiz da equação algébrica $\Delta(s) = 0$ estará localizada na região $\text{Re}(s) \geq 0$. Neste caso, certamente, a função de transferência em estudo não será assintoticamente estável. Mesmo na eventual ocorrência de algum caso especial, o segundo item do Teorema 3.1 continua válido, o que permite determinar o número de raízes localizadas na região $\text{Re}(s) > 0$. Passamos agora à resolução de alguns exemplos ilustrativos.

Exemplo 3.7 Para o polinômio $\Delta(s) = s^3 + 4s^2 + 5s + 2$, a tabela de Routh é dada por

s^3	1	5
s^2	4	2
s^1	9/2	
s^0	2	

Como todos os elementos da primeira coluna são positivos, todas as raízes da equação $\Delta(s) = 0$ estão localizadas no semiplano esquerdo complexo. De fato, as raízes são $\{-2; -1; -1\}$. □

Nesse exemplo, todos os elementos da primeira coluna não são nulos e, assim, o Teorema 3.1 se aplica de imediato. Em contraste, no caso do exemplo dado a seguir, ocorre uma linha nula que caracteriza o primeiro caso especial. O exemplo seguinte ilustra a ocorrência de um elemento nulo na primeira coluna, com algum outro não nulo na mesma linha, caracterizando o segundo caso especial.

Exemplo 3.8 Para o polinômio $\Delta(s) = s^4 + 3s^3 + 3s^2 + 3s + 2$, a tabela de Routh fica

s^4	1	3	2
s^3	3	3	
s^2	2	2	$A(s) = 2s^2 + 2$
s^1	$0 \to 4$		
s^0	2		

Como não há nenhuma troca de sinal na primeira coluna, nenhuma raiz de $\Delta(s) = 0$ se encontra no semiplano direito complexo. As raízes de $A(s) = 0$, localizadas sobre o eixo imaginário, também são raízes de $\Delta(s) = 0$. De fato, as raízes são $\{-2; -1; \pm j\}$. □

Exemplo 3.9 Para o polinômio $\Delta(s) = s^3 - 3s + 2$, a tabela de Routh fica

s^3	1	-3
s^2	$0 \to \epsilon$	2
s^1	$-2/\epsilon$	
s^0	2	

Como há duas trocas de sinal na primeira coluna, duas raízes de $\Delta(s) = 0$ estão localizadas no semiplano direito complexo. De fato, as raízes são $\{-2; 1; 1\}$. □

No exemplo dado a seguir, ilustramos a aplicação do critério de Routh-Hurwitz para estudar a estabilidade de um sistema cujo polinômio característico depende de um parâmetro real desconhecido. O objetivo é determinar todos os valores do referido parâmetro de tal forma a assegurar que todas as raízes da equação característica estejam localizadas no semiplano esquerdo complexo.

Exemplo 3.10 Deseja-se determinar os valores de $\kappa \in \mathbb{R}$ de tal forma a assegurar que todas as raízes de $\Delta(s) = s^4 + 6s^3 + (13 + \kappa)s^2 + (12 - 2\kappa)s + (4 + \kappa)$ estejam localizadas no semiplano esquerdo complexo. A partir do Teorema 3.1 basta construir a tabela de Routh

s^4	1	$13 + \kappa$	$4 + \kappa$
s^3	3	$6 - \kappa$	
s^2	$33 + 4\kappa$	$12 + 3\kappa$	
s^1	$81 - 9\kappa - 2\kappa^2$		
s^0	$4 + \kappa$		

e impor que todos os elementos da primeira coluna sejam positivos, o que leva ao intervalo $-4 < \kappa < 4{,}5$. Embora não seja pedido, vamos estudar os dois valores extremos. Para $\kappa = -4$ todos os elementos da primeira coluna são positivos, à exceção da linha s^0, que é nula. Como $A(s) = 85s$ e $A'(s) = 85 > 0$, uma das raízes é $s = 0$ e as demais têm parte real negativa. Para $\kappa = 4{,}5$ os elementos da primeira coluna são positivos, exceto aquele da linha s^1, que é nula. Como $A(s) = 51s^2 + 25{,}5 = 0$ e $A'(s) = 102s$, concluímos que todas as raízes têm parte real negativa, à exceção das raízes de $A(s) = 0$, isto é, $\pm j1/\sqrt{2}$, as quais também são raízes de $\Delta(s) = 0$. □

Tentamos enfatizar, através do Exemplo 3.10, que o critério de Roth-Hurwitz é uma ferramenta bastante eficaz para determinar o conjunto de todos os controladores de uma certa classe que estabilizam um determinado sistema dinâmico. Neste sentido, vamos considerar novamente a estrutura básica de controle da Figura 2.8 com $H(s) = 1$ e cujos polos da função de transferência em malha fechada $F(s)$ são as raízes da equação característica em malha fechada

$$1 + C(s)G(s) = 0 \tag{3.43}$$

onde $G(s)$ é a função de transferência em malha aberta dada e $C(s)$ é a função de transferência do controlador a ser projetado. Se o controlador $C(s)$ for escolhido como um elemento da classe PID ou Atraso/Avanço, ele é completamente definido através de três parâmetros reais. Portanto, como a equação algébrica (3.43) depende destes mesmos parâmetros, a estabilidade do sistema em malha fechada pode ser imposta, fazendo com que a primeira coluna da tabela de Routh seja positiva. Assim procedendo, todos controladores da classe escolhida que estabilizam o sistema em malha fechada são determinados.

Exemplo 3.11 Vamos considerar novamente o motor de corrente contínua já tratado no Exemplo 2.1, cuja função de transferência em malha aberta é

$$G(s) = \frac{1}{14s^2 + 15s + 2}$$

Na estrutura em malha fechada desejamos considerar a classe de controladores PI, com função de transferência $C(s) = k_p + k_i/s$ onde $k_p \geq 0$ e $k_i \geq 0$, de tal forma que a equação característica em malha fechada (3.43), reescrita como

$$\Delta(s) = 14s^3 + 15s^2 + (2 + k_p)s + k_i = 0$$

tenha todas as suas raízes localizadas no semiplano esquerdo complexo. A tabela de Routh fica na forma

s^3	14	$2 + k_p$
s^2	15	k_i
s^1	$30 + 15k_p - 14k_i$	
s^0	k_i	

e assim $0 < k_i < 1{,}0714k_p + 2{,}1429$ assegura que a sua primeira coluna seja positiva e, por consequência, estabelece a estabilidade do sistema em malha fechada. Devemos, finalmente, observar que $k_p = 0$ e $k_i = 0{,}25$, como já tínhamos utilizado anteriormente, fazem com que o sistema em malha fechada seja estável. □

O critério de Routh-Hurwitz, como originalmente desenvolvido, se restringe ao estudo de estabilidade de sistemas dinâmicos a tempo contínuo. No entanto, ele pode ser generalizado para estudar a estabilidade de sistemas a tempo discreto.

Definição 3.4 (Estabilidade) *Um sistema a tempo discreto com função de transferência $H(z)$ é assintoticamente estável se todos os pólos de $H(z)$ estiverem localizados na região $|z| < 1$.*

Em outras palavras, para que um sistema a tempo discreto seja estável todos os polos de sua função de transferência devem estar localizados no interior do círculo unitário. Entretanto, existe uma transformação, denominada transformação bilinear, que mapeia os pontos do círculo unitário nos pontos do semiplano esquerdo complexo e vice-versa. De fato, essa transformação, definida na forma

$$\{z \in \mathbb{C} \,:\, |z| \leq 1\} \leftarrow z = \frac{1+s}{1-s} \rightarrow \{s \in \mathbb{C} \,:\, \mathrm{Re}(s) \leq 0\} \qquad (3.44)$$

coloca em evidência que, se com um polinômio de ordem qualquer $\Delta(z)$ determinarmos $\Delta_{mod}(s) = \Delta((1+s)/(1-s))$, então todas as raízes de $\Delta(z) = 0$ se situam no interior do círculo unitário se e somente se todas as raízes de $\Delta_{mod}(s) = 0$ se situarem no interior do semiplano esquerdo complexo. Portanto, aplicando o critério de Routh-Hurwitz em $\Delta_{mod}(s) = 0$, todas as conclusões sobre as suas raízes em relação ao conjunto $\{s \in \mathbb{C} \,:\, \mathrm{Re}(s) \leq 0\}$ serão idênticas àquelas das raízes de $\Delta(z) = 0$ em relação ao conjunto $\{z \in \mathbb{C} \,:\, |z| \leq 1\}$.

Exemplo 3.12 Desejamos verificar se todas as raízes da equação algébrica $\Delta(z) = 0$, onde $\Delta(z) = z^4 - 6z^3 + 11{,}25z^2 - 7{,}25z + 1{,}5$, estão no interior do círculo unitário. Por simples substituição, verificamos que $\Delta((1+s)/(1-s)) = 0$ é equivalente à equação algébrica de quarto grau $\Delta_{mod}(s) = 27s^4 - 4{,}5s^3 - 7{,}5s^2 + 0{,}5s + 0{,}5 = 0$. Calculando a tabela de Routh para esta equação temos

s^4	27	−7,5	0,5
s^3	−4,5	0,5	
s^2	−4,5	0,5	$A(s) = -4{,}5s^2 + 0{,}5$
s^1	$0 \rightarrow -9{,}0$		
s^0	0,5		

Como ocorrem duas trocas de sinal na primeira coluna, duas raízes de $\Delta_{mod}(s) = 0$ estão localizadas no semiplano direito complexo. Duas raízes de $A(s) = 0$, ou seja, $s = \pm 1/3$, também são raízes de $\Delta_{mod}(s) = 0$. Portanto, duas raízes de $\Delta(z) = 0$ estão localizadas fora o círculo unitário. Ademais, duas delas, $z = 1/2$ e $z = 2$, são obtidas a partir da transformação bilinear aplicada às raízes de $A(s) = 0$. As raízes de $\Delta(z) = 0$ são $\{1/2; 1/2; 2; 3\}$. □

Em conclusão, o critério de estabilidade de Routh-Hurwitz tem uma grande importância no estudo de sistemas dinâmicos lineares. Além de ser uma condição necessária e suficiente para estabilidade, a sua implementação numérica através da tabela de Routh é simples e só depende de operações elementares. Embora tenha sido desenvolvido para sistemas a tempo contínuo, ele pode ser também aplicado a sistemas a tempo discreto a partir da transformação bilinear.

3.4.3 Critério de Nyquist

O critério de estabilidade de Nyquist foi desenvolvido na primeira metade do século XX para sistemas lineares a tempo contínuo, muito embora possa ser usado, sem grandes modificações, para a análise de estabilidade de sistemas lineares a tempo discreto. O critério de Nyquist pode ser visto como um *critério frequencial*, pois sua aplicação depende exclusivamente da resposta em frequência de uma determinada função de transferência e do princípio da variação do argumento. O critério de Nyquist se aplica a uma equação algébrica $\Delta(s) = 0$ de grau n com todos os seus coeficientes reais da forma (3.39), fatorada como $\Delta(s) = D(s) + \kappa N(s) = 0$ com $\kappa \neq 0$. Retomando a notação $H(s) = N(s)/D(s)$, é claro que as raízes de $\Delta(s) = 0$ são também raízes de

$$1 + \kappa H(s) = 0 \tag{3.45}$$

pois $1 + \kappa H(s) = \Delta(s)/D(s)$. Sendo dada uma equação algébrica $\Delta(s) = 0$, é sempre possível escrevê-la na forma $D(s) + \kappa N(s) = 0$ com $\kappa \neq 0$. Entretanto, os polinômios $N(s)$ e $D(s)$, bem como o escalar $\kappa \neq 0 \in \mathbb{R}$, não são únicos. Eles devem ser determinados de tal forma que a ordem de $D(s)$ seja maior ou igual que a ordem de $N(s)$ e que as raízes de $D(s) = 0$ sejam conhecidas ou possam ser facilmente calculadas.

Adotamos o seguinte procedimento: com uma curva fechada C sobre a qual não se encontra nenhum polo da função $H(s)$, fazemos o mapeamento de $H(s)$ e determinamos a variação do argumento de $H(s)$ no ponto crítico $-1/\kappa + j0$, isto é,

$$N_{crit} = \frac{1}{2\pi} \Delta_C \arg(H(s)) \tag{3.46}$$

lembrando que N_{crit} tem sinal algébrico positivo se o sentido do percurso de C e de seu mapeamento coincidem e negativo caso contrário. Como por hipótese

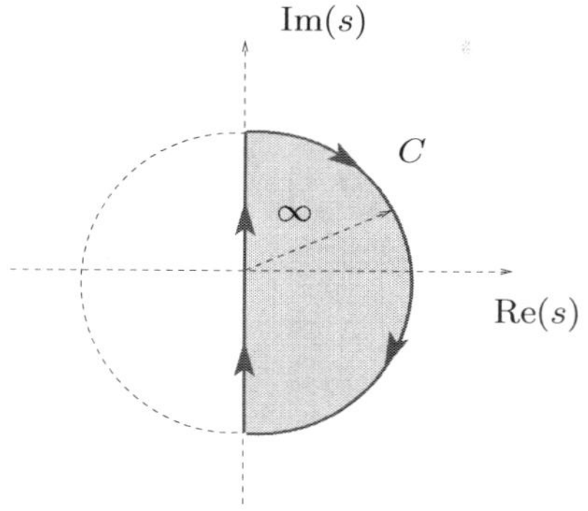

Figura 3.4: A curva C no plano s

conhecemos todas as raízes de $D(s) = 0$, podemos determinar N_p, o número de polos de $1 + \kappa H(s)$ que se encontram no interior de C. É importante lembrar que isso pode ser feito pois nenhum polo de $H(s)$ e, portanto, de $1 + \kappa H(s)$ está localizado sobre C. Como o princípio da variação do argumento estabelece que $N_{crit} = N_z - N_p$, determinamos

$$N_z = N_{crit} + N_p \tag{3.47}$$

que é o número de zeros de $1 + \kappa H(s)$ e, portanto, o número de raízes de $\Delta(s) = 0$ que se encontram no interior de C. Em outras palavras, este procedimento permite determinar o número de raízes da equação $\Delta(s) = 0$ que se encontram no interior de uma curva dada. A escolha adequada de C permite concluir que todas as raízes dessa equação estão localizadas, por exemplo, no interior do semiplano esquerdo ou no interior do círculo unitário do plano complexo.

Para estudar a estabilidade de sistemas a tempo contínuo, podemos escolher a curva fechada C, ilustrada na Figura 3.4, que envolve todo o semiplano direito complexo. Se algum polo de $H(s)$ estiver localizado sobre o eixo imaginário, ela deve ser ligeiramente alterada para que ele esteja dentro ou fora dela. Esse aspecto será ilustrado a seguir através de alguns exemplos.

Teorema 3.2 *Todas as raízes da equação algébrica $\Delta(s) = 0$ estão localizadas no semiplano esquerdo complexo definido por $Re(s) < 0$ se e somente se o mapeamento da curva fechada C dada na Figura 3.4 for tal que $N_{crit} + N_p = 0$.*

Prova: Fazendo o mapeamento da curva C com a função $H(s)$ e contando o número de voltas em torno do ponto crítico $-1/\kappa + j0$, concluímos pelo princípio da variação do argumento que o número de raízes no interior de C é $N_z =$

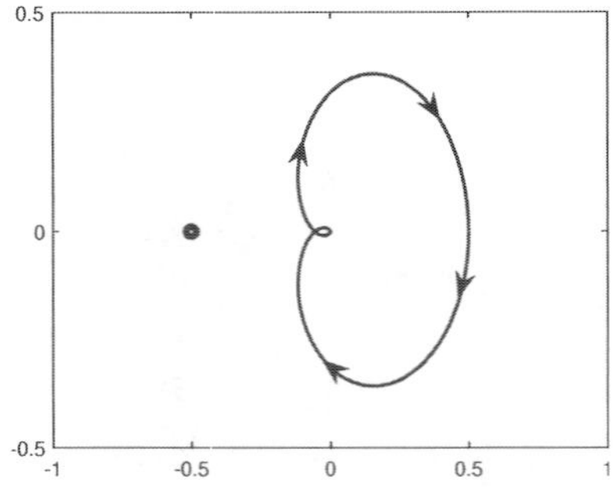

Figura 3.5: Mapeamento da curva C

$N_{crit} + N_p$. Portanto, como por hipótese $N_{crit} + N_p = 0$, o número de raízes de $\Delta(s) = 0$ no semiplano direito, incluindo o eixo imaginário, é nulo. Ou seja, todas elas se encontram no semiplano esquerdo complexo. □

Esse teorema, conhecido como *critério de estabilidade de Nyquist*, permite algumas conclusões importantes. Se os polos de $H(s)$ estiverem no semiplano esquerdo complexo, então $N_p = 0$. Neste caso, o Teorema 3.2 exige que $N_{crit} = 0$, ou seja, o mapeamento de $H(s)$ não pode envolver o ponto crítico.

O mapeamento da curva C pode ser decomposto em três partes. A primeira corresponde ao segmento do eixo imaginário definido por $s = j\omega$ com $\omega \geq 0$. O mapeamento deste segmento é dado por $H(j\omega)$ para todo $\omega \geq 0$, ou seja pela resposta em frequência de $H(s)$. A segunda parte corresponde ao semicírculo $s = |s|e^{j\angle s}$ com $|s| \to \infty$ e $\angle s \in (\pi/2, -\pi/2)$, que é mapeado em um único ponto do eixo real pois o limite $\lim_{|s|\to\infty} H(s)$ é zero quando a ordem do denominador for estritamente maior que a ordem do numerador ou é a relação entre os coeficientes dos termos de maior grau quando a ordem do denominador e a ordem do numerador forem iguais. Finalmente, a terceira parte corresponde ao segmento do eixo imaginário $s = -j\omega$ com $\omega \geq 0$. O mapeamento correspondente é dado por $H(-j\omega)$ para todo $\omega \geq 0$. Porém, como $H(-j\omega) = H(j\omega)^*$, o seu mapeamento é o complexo conjugado daquele do primeiro segmento, ou ainda é obtido traçando-se a imagem espelhada do mapeamento do primeiro segmento em relação ao eixo real. É sempre importante ter em mente que, sendo C uma curva fechada, o seu mapeamento através de $H(s)$ também será uma curva fechada.

Exemplo 3.13 Para aplicar o critério de Nyquist na equação algébrica de 3º grau $\Delta(s) = s^3 + 4s^2 + 5s + 4 = 0$, primeiramente ela deve ser escrita na forma padrão

$$1 + \frac{2}{(s+2)(s+1)^2} = 0$$

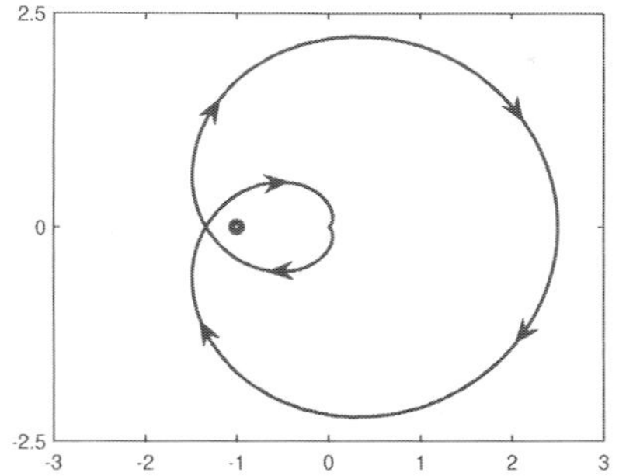

Figura 3.6: Mapeamento da curva C

As raízes de $D(s) = (s+2)(s+1)^2$ estão fora de C e, assim, $N_p = 0$. O mapeamento de C e o ponto crítico $-1/2 + j0$ ilustrados na Figura 3.5 indicam que $N_{crit} = 0$. Portanto, $N_z = 0$, todas as raízes de $\Delta(s) = 0$ estão situadas no semiplano esquerdo complexo. Para confirmar esse resultado, podemos aplicar o critério de Routh-Hurwitz na mesma equação. A tabela de Routh

s^3	1	5
s^2	4	4
s^1	4	
s^0	4	

com todos os elementos da primeira coluna positivos leva à mesma conclusão. Poderíamos também aplicar o critério de Nyquist com uma curva $\tilde{C}$ composta pelo eixo imaginário e um semicírculo de raio infinito que envolve o semiplano esquerdo complexo. O mapeamento de $\tilde{C}$ com $H(s) = 1/D(s)$ é o mesmo que o mapeamento de C, pois $\lim_{|s|\to\infty} H(s) = 0$ e, assim, $N_{crit} = 0$. Entretanto, agora, todas as raízes de $D(s) = 0$ estão dentro de $\tilde{C}$ e, assim, $N_p = 3$. Consequentemente, $N_z = N_{crit} + N_p = 3$ e a conclusão é a mesma, ou seja, todas as raízes de $\Delta(s) = 0$ estão situadas no semiplano esquerdo complexo. □

Exemplo 3.14 Considere a equação já na forma padrão

$$1 + \frac{(s+5)}{(s^2+s+1)(s+2)(s+1)^2} = 0$$

Como as raízes de $D(s) = 0$ estão fora de C, então $N_p = 0$. O mapeamento de C com $H(s)$ e o ponto crítico $-1 + j0$ ilustrados na Figura 3.6 indicam que $N_{crit} = 2$. Portanto, $N_z = N_{crit} + N_p = 2$ raízes de $\Delta(s) = 0$ situam-se no interior de C, isto é, no semiplano direito complexo. Por outro lado, podemos aplicar o critério de Routh-Hurwitz na equação $\Delta(s) = s^5 + 5s^4 + 10s^3 + 11s^2 + 8s + 7 = 0$. A primeira coluna da

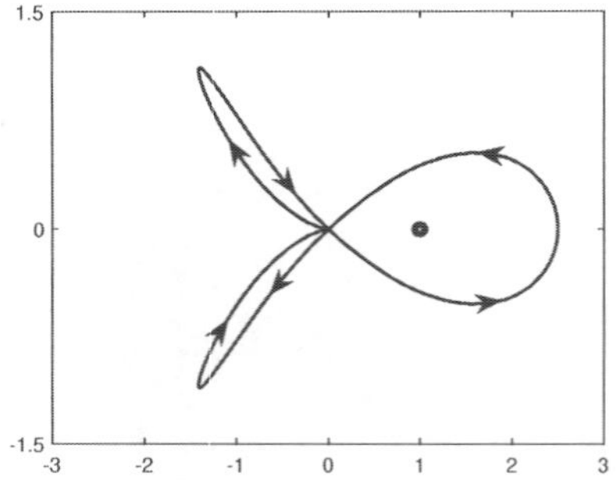

Figura 3.7: Mapeamento da curva C

tabela de Routh

s^5	1	10	8
s^4	5	11	7
s^3	39	33	
s^2	264	273	
s^1	-1935		
s^0	273		

indica duas trocas de sinal e permite a mesma conclusão anterior, ou seja, duas raízes de $\Delta(s) = 0$ situam-se no semiplano direito complexo. □

Exemplo 3.15 Considere novamente uma equação na forma padrão

$$1 - \frac{(20s^2 + 10)}{(s+2)^2(s-1)^2} = 0$$

Duas raízes de $D(s) = 0$ estão dentro de C e, assim, $N_p = 2$. O mapeamento de C com $H(s)$ e o ponto crítico $1 + j0$ ilustrados na Figura 3.7 indicam que $N_{crit} = -1$, pois o sentido de percurso de C e do seu mapeamento não são os mesmos. Como $N_z = 1$, uma raiz de $\Delta(s) = 0$ situa-se no interior do semiplano direito complexo. Para $\Delta(s) = s^4 + 2s^3 - 23s^2 - 4s - 6 = 0$, a primeira coluna da tabela de Routh

s^4	1	-23	-6
s^3	2	-4	
s^2	-21	-6	
s^1	-96		
s^0	-6		

apresenta uma troca de sinal e, portanto, como esperado, apenas uma raiz de $\Delta(s) = 0$ situa-se no semiplano direito complexo. □

Infelizmente a curva fechada C da Figura 3.4 não pode ser adotada em todos os casos. De fato, ela não pode ser adotada quando a função de transferência $H(s)$

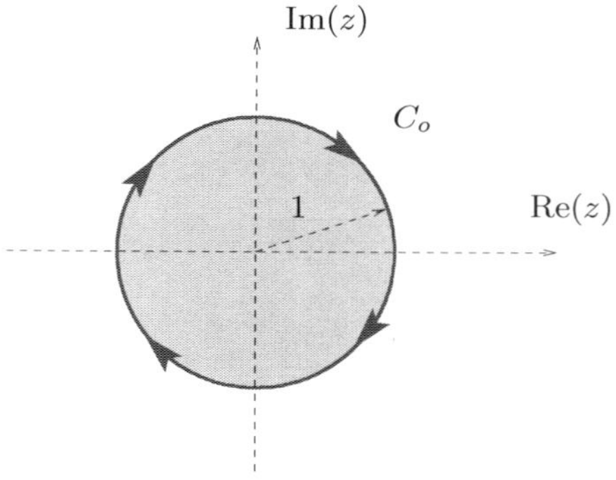

Figura 3.8: A curva C_o no plano z

tem algum polo com parte real nula. Neste caso, o mapeamento não é possível pois $H(s)$ deixa de ser analítica em algum ponto de C e, além disso, não é possível determinar N_p pois um ou mais polos de $H(s)$ não estão nem dentro, nem fora de C, mas sim sobre C. A solução é fazer contornos arbitrariamente pequenos para desviar dos polos que se situam sobre o eixo imaginário, mantendo fechada a curva resultante. A nova curva passará arbitrariamente próximo dos polos situados no eixo imaginário e, assim sendo, o mapeamento $H(j\omega)$ terá módulo arbitrariamente grande. Este aspecto tem um tratamento numérico bastante difícil.

Por outro lado, o critério de Nyquist trata a estabilidade de sistemas a tempo discreto sem nenhuma dificuldade. A primeira possibilidade, na qual o leitor já deve ter pensado, é aplicar a transformação bilinear na forma padrão $1+\kappa H(z) = 0$ para convertê-la em $1 + \kappa H_{mod}(s) = 0$, onde

$$H_{mod}(s) = H(z)\Big|_{z=\frac{1+s}{1-s}} \tag{3.48}$$

em seguida, o critério de Nyquist a tempo contínuo é aplicado em $1+\kappa H_{mod}(s) = 0$. A segunda, geralmente mais simples, reside em escolher uma curva fechada conveniente para esta finalidade, como aquela ilustrada na Figura 3.8, que tem no seu interior todos os pontos do plano complexo tais que $|z| < 1$. É importante enfatizar que a estabilidade assintótica ocorrerá desde que todas as raízes de $\Delta(z) = D(z) + \kappa N(z) = 0$ estejam localizadas no interior de C_o.

Corolário 3.1 *Todas as raízes da equação algébrica $\Delta(z) = 0$, de grau n, estão localizadas no interior do círculo unitário definido por $|z| < 1$ se e somente se o mapeamento da curva fechada C_o dada na Figura 3.8 for tal que $N_{crit} + N_p = n$.*

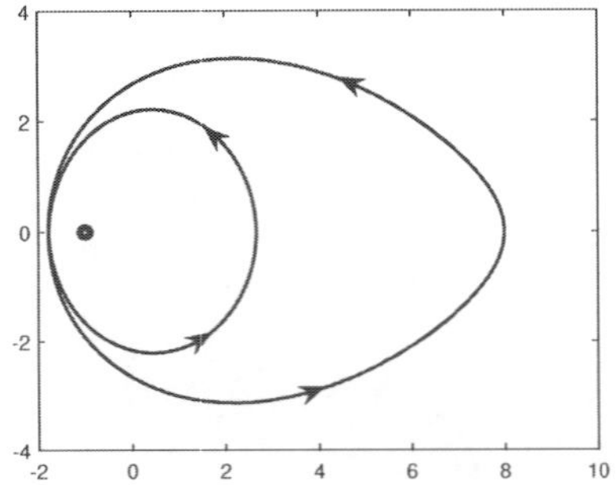

Figura 3.9: Mapeamento da curva C_o

Prova: Fazendo o mapeamento da curva C_o com a função $H(z)$ e contando o número de voltas em torno do ponto crítico $-1/\kappa + j0$, concluímos pelo princípio da variação do argumento que o número de raízes no interior de C_o é $N_z = N_{crit} + N_p$. Portanto, como por hipótese $N_{crit} + N_p = n$, todas as raízes de $\Delta(z) = 0$ se encontram no interior do círculo unitário. □

O exemplo dado a seguir ilustra esse resultado. Convém alertar que fazer o mapeamento da curva C_o com $H(z)$ geralmente não é uma tarefa muito simples. Mesmo nos casos em que $H(z)$ tem poucos zeros e poucos polos, o cálculo do mapeamento exige a implementação e o uso de uma rotina numérica.

Exemplo 3.16 Considere a equação característica de um sistema a tempo discreto, na forma

$$1 + \frac{(z+4)}{(z-1/2)(z+1/2)(z+3/2)} = 0$$

Duas raízes de $D(z) = 0$ estão no interior de C_o, então $N_p = 2$. O mapeamento de C_o com $H(z)$ e o ponto crítico $-1 + j0$ ilustrados na Figura 3.9 indicam que $N_{crit} = -2$, pois o sentido de percurso de C_o e do seu mapeamento não são os mesmos. Como $N_z = 0$, nenhuma raiz de $\Delta(z) = 0$ situa-se no interior do círculo unitário. □

Finalmente, cabe novamente ressaltar que as características essenciais do critério de Nyquist aplicado a sistemas a tempo discreto permanecem inalteradas. Em particular, o mapeamento de C_o através de $H(z)$ pode ser feito em duas partes. A primeira, referente a $z = e^{j\omega}$ com $0 \leq \omega \leq \pi$, é feita através da resposta em frequência da função de transferência, ou seja, $H(e^{j\omega})$. A segunda pode ser calculada por $z = e^{-j\omega}$ com $0 \leq \omega \leq \pi$, cujo mapeamento é $H(e^{-j\omega})$. Porém, como $H(e^{-j\omega}) = H(e^{j\omega})^*$, o seu mapeamento é o complexo conjugado da primeira parte, que é obtido traçando-se a sua imagem espelhada em relação ao eixo real. Como no caso a tempo contínuo, o critério de Nyquist pode ser aplicado a sistemas a tempo discreto tendo apenas em mãos a sua resposta em frequência.

3.4.4 Critério de Lyapunov

As primeiras ideias a respeito do que veio a ser conhecido como o *critério de estabilidade de Lyapunov* surgiram no final do século XIX, são bastante gerais e se aplicam a sistemas dinâmicos lineares ou não lineares, a tempo contínuo ou a tempo discreto, descritos através de suas equações de estado. A ideia central, simples e intuitiva, é dada a seguir.

Um ponto $x_e \in \mathbb{R}^n$ do espaço de estado de um sistema dinâmico é denominado *ponto de equilíbrio* se

$$x(0) = x_e \implies x(t) = x_e \ \forall t \geq 0 \tag{3.49}$$

ou seja, se a condição inicial for exatamente um ponto de equilíbrio, o sistema ali permanecerá para todo $t \geq 0$. Sendo $v(x)$ uma função que mede a distância de um ponto genérico $x \in \mathbb{R}^n$ no espaço de estado até um ponto de equilíbrio x_e, se para toda condição inicial $x(0) = x_0$ a função $v(x(t))$ diminuir e, consequentemente, tender para zero no decorrer do tempo, então x_e é *globalmente assintoticamente estável*. O critério de Lyapunov baseia-se na escolha de $v(x)$ a partir de uma função distância e na imposição de que $v(x(t))$ seja uma função decrescente em relação a $t \geq 0$.

Começamos nosso estudo com um sistema linear a tempo contínuo com representação de estado

$$\dot{x}(t) = Ax(t) \tag{3.50}$$

onde $x(t) \in \mathbb{R}^n$. Nota-se imediatamente que $x_e = 0$ é um ponto de equilíbrio que será único desde que a matriz $A \in \mathbb{R}^{n\times n}$ seja não singular. Escolhendo a função quadrado da distância até a origem $v(x) = x'Px$ com $P \in \mathbb{R}^{n\times n}$ simétrica definida positiva e derivando-a em relação ao tempo, obtemos

$$\begin{aligned} \dot{v} &= \dot{x}'Px + x'P\dot{x} \\ &= x'(A'P + PA)x \end{aligned} \tag{3.51}$$

onde a segunda igualdade em (3.51) foi obtida substituindo-se equação diferencial (3.50), que define o sistema dinâmico em estudo. Dada $Q \in \mathbb{R}^{n\times n}$ uma matriz simétrica definida positiva, se for possível determinar $P > 0$ solução da chamada *equação matricial de Lyapunov*

$$A'P + PA = -Q \tag{3.52}$$

então $\dot{v} = -x'Qx < 0$ para todo $x \neq 0 \in \mathbb{R}^n$, fazendo com que $v(x(t))$ seja uma função decrescente em relação ao tempo. Ademais, como Q e P são matrizes definidas positivas, sempre existe um escalar $\alpha > 0$ suficientemente pequeno tal que $\alpha P \leq Q$. Portanto

$$\begin{aligned} \dot{v} &= -x'Qx \\ &\leq -\alpha x'Px \\ &\leq -\alpha v \end{aligned} \tag{3.53}$$

permite a conclusão de que $v(t) \leq e^{-\alpha t}v(0), \forall t \geq 0$, ou seja de que $v(t)$ tende a zero e, da mesma forma, por ser o quadrado da distância de qualquer ponto do espaço de estado até a origem, $x(t)$ tende ao ponto de equilíbrio $x_e = 0$ assintoticamente. Observe que, quanto maior $\alpha > 0$, maior é a velocidade com que $x(t)$ se aproxima da origem. Por este motivo, o parâmetro $2/\alpha > 0$ fornece uma estimativa do tempo de estabilização do sistema (3.50), ou seja,

$$\text{Re}(\lambda_j(A)) \leq -\alpha/2 \ , \ j = 1, \cdots, n \tag{3.54}$$

onde $\lambda_j(A)$ denota o j-ésimo autovalor de A, raiz da sua equação característica $\det(\lambda I - A) = 0$. Como α é um escalar positivo, a desigualdade (3.54) implica que todos os autovalores de A estão localizados no semiplano esquerdo complexo e também que A é uma matriz não singular, fazendo com que a origem seja o seu único ponto de equilíbrio. Por este motivo, é comum dizer que o sistema (3.50) é assintoticamente estável, ficando implícita a menção a respeito da unicidade do seu ponto de equilíbrio.

Embora esteja fora do escopo deste livro, é possível mostrar que, em um determinado sentido, a melhor escolha para $\alpha > 0$ ocorre com $\alpha^{-1} = \max_{i=1,\cdots,n} \lambda_i(P)$, onde P é a solução simétrica definida positiva da equação matricial de Lyapunov (3.52) calculada com $Q = I$.

Teorema 3.3 *O sistema dinâmico linear a tempo contínuo $\dot{x} = Ax$ é assintoticamente estável se e somente se, para $Q > 0$ dada, existir $P > 0$ solução da equação matricial de Lyapunov $A'P + PA = -Q$.*

Prova: Para provarmos a necessidade assumimos que o sistema (3.50) seja assintoticamente estável. Uma solução (que na realidade é única) da equação matricial de Lyapunov é

$$P = \int_0^\infty e^{A't}Qe^{At}dt \tag{3.55}$$

De fato, calculando a sua transposta é imediato verificar que P é simétrica. Com $\xi \neq 0 \in \mathbb{R}^n$ um vetor qualquer temos

$$\xi'P\xi = \int_0^\infty x(t)'Qx(t)dt \tag{3.56}$$

onde $x(t) = e^{At}\xi$ é a solução de (3.50) com $x(0) = \xi$. Portanto, $\xi' P \xi > 0$ decorre de Q ser uma matriz simétrica definida positiva. Por outro lado, com (3.55) vem

$$\begin{aligned} A'P + PA &= \int_0^\infty \left(A' e^{A't} Q e^{At} + e^{A't} Q e^{At} A \right) dt \\ &= \int_0^\infty \frac{d}{dt} \left(e^{A't} Q e^{At} \right) dt \\ &= \lim_{t \to \infty} e^{A't} Q e^{At} - Q \end{aligned} \tag{3.57}$$

que é exatamente a equação (3.52), pois, como por hipótese a matriz A é assintoticamente estável, o limite acima indicado é nulo. A prova da suficiência é mais simples. Se a equação matricial de Lyapunov admite uma solução simétrica definida positiva, o quadrado da distância $v(x(t)) = x(t)' P x(t)$ de $x(t) \in \mathbb{R}^n$ até a origem é uma função decrescente e, assim, $\lim_{t\to\infty} x(t) = 0$, o que demonstra que o sistema (3.50) é assintoticamente estável. □

Este é o *critério de estabilidade de Lyapunov* aplicado ao sistema dinâmico linear a tempo contínuo (3.50). Um aspecto da equação matricial de Lyapunov (3.52) deve ficar bastante claro. Para aplicar o resultado do Teorema 3.3, considerando $A \in \mathbb{R}^{n \times n}$, como se deve procurar por uma solução simétrica, o número de incógnitas é $n(n+1)/2$, o que torna inviável o cálculo manual mesmo se tratando de uma equação linear. Além disso, tendo P em mãos, é preciso calcular todos os seus autovalores para atestar se eventualmente a solução encontrada é positiva definida.

Exemplo 3.17 Vamos aplicar o critério de Lyapunov para estudar a estabilidade de um sistema com equação característica $\Delta(s) = s^3 + 4s^2 + 5s + 4 = 0$, já considerada no Exemplo 3.13. Uma possível representação de estado é definida por

$$A = \begin{bmatrix} 0 & 1 & 0 \\ 0 & 0 & 1 \\ -4 & -5 & -4 \end{bmatrix}$$

Com $Q = I$ resolvemos numericamente a equação de Lyapunov, neste caso com 6 incógnitas, obtendo como solução

$$P = \begin{bmatrix} 2{,}1250 & 1{,}3750 & 0{,}1250 \\ 1{,}3750 & 2{,}4688 & 0{,}3750 \\ 0{,}1250 & 0{,}3750 & 0{,}2188 \end{bmatrix}$$

uma matriz simétrica positiva definida com autovalores $\{0{,}1499; 0{,}9421; 3{,}7205\}$. Portanto, todas as raízes de $\Delta(s) = 0$ estão localizadas, como já sabemos, no semiplano esquerdo complexo. Determinamos ainda $\alpha^{-1} = 3{,}7205 = \lambda_{max}(P)$ que satisfaz (3.54), sendo que os autovalores de A que também são raízes da equação característica $\Delta(\lambda) = \det(\lambda I - A) = 0$ são dados por $\{-0{,}6522 \pm j1{,}0289; -2{,}6956\}$. □

A equação de Lyapunov também pode ser útil para avaliar o desempenho durante o transitório de sistemas dinâmicos definidos na forma

$$\begin{aligned} \dot{x}(t) &= Ax(t), \; x(0) = x_0 &\quad (3.58) \\ y(t) &= Cx(t) &\quad (3.59) \end{aligned}$$

onde $x_0 \in \mathbb{R}^n$ é uma condição inicial dada e $y(t) \in \mathbb{R}^m$ é a variável de saída. Por hipótese, assumimos que este sistema seja assintoticamente estável de tal forma que $y(t) \to 0$ quando $t \to \infty$. A qualidade do seu transitório é medida pelo índice

$$J = \int_0^\infty y(t)'y(t)dt \tag{3.60}$$

cujo valor, quanto menor, indica em linhas gerais um transitório de menor duração. Calculando a solução simétrica da equação de Lyapunov (3.52) com $Q = C'C$, que é dada por

$$P = \int_0^\infty e^{A't}C'Ce^{At}dt \tag{3.61}$$

notamos que, com A estável, P pode ser semidefinida positiva, pois Q é uma matriz semidefinida positiva. Como a solução geral da equação diferencial determina a saída $y(t) = Ce^{At}x_0$ para todo $t \geq 0$, ao ser substituída em (3.60), fornece

$$\begin{aligned} J &= \int_0^\infty x_0' e^{A't}C'Ce^{At}x_0 dt \\ &= x_0' P x_0 \end{aligned} \tag{3.62}$$

ou seja, a solução da equação de Lyapunov permite determinar o valor do índice de desempenho J. Mais adiante veremos com aplicar este importante resultado na síntese de controle de sistemas dinâmicos a tempo contínuo descritos através de sua equação de estado.

Os resultados relatados para sistemas dinâmicos a tempo contínuo podem ser adaptados, sem muitas diferenças, para o tratamento de sistemas a tempo discreto definidos através da equação de estado

$$x(k+1) = Ax(k) \tag{3.63}$$

onde $x(k) \in \mathbb{R}^n$. Como $x_e = 0$ é um ponto de equilíbrio único no caso de $I - A$ ser uma matriz não singular, consideramos novamente o quadrado da distância até a origem $v(x) = x'Px$ com $P > 0$. Com a equação de estado (3.63) obtemos

$$\begin{aligned} v(x(k+1)) &= x(k)'A'PAx(k) \\ &= x(k)'(A'PA - P)x(k) + v(x(k)) \end{aligned} \tag{3.64}$$

Portanto, dada $Q > 0 \in \mathbb{R}^{n\times n}$, se for possível determinar $P > 0$ solução da chamada *equação matricial discreta de Lyapunov*

$$A'PA - P = -Q \tag{3.65}$$

então $v(x(k+1)) - v(x(k)) = x(k)'Qx(k) < 0$ para todo $x(k) \neq 0 \in \mathbb{R}^n$, fazendo com que $v(x(k))$ seja uma função decrescente em relação ao tempo, isto é para todo $k \in \mathbb{N}$. Com $\beta > 0$ suficientemente pequeno para poder satisfazer $\beta P \leq Q$, a dependência de $v(x(k))$ diretamente de $k \in \mathbb{N}$ se escreve

$$\begin{aligned} v(k+1) &= -x(k)'Qx(k) + v(k) \\ &\leq -\beta x(k)'Px(k) + v(k) \\ &\leq (1-\beta)v(k) \end{aligned} \tag{3.66}$$

implicando em que $v(k) \leq (1-\beta)^k v(0)$ para todo $k \geq 1$. Como $0 < 1-\beta < 1$, concluímos que $v(k)$ tende para zero quando k tende para o infinito. A mesma conclusão recai sobre $x(k)$, pois $v(x(k))$ é o quadrado da distância de um ponto genérico do espaço de estado até o ponto de equilíbrio $x_e = 0$. O valor de β define a velocidade com que $x(k)$ se aproxima da origem no sentido de que

$$|\lambda_j(A)| \leq \sqrt{1-\beta}\ ,\ j = 1, \cdots, n \tag{3.67}$$

onde $\lambda_j(A)$ denota o j-ésimo autovalor de A. Fica aparente pela desigualdade (3.67) que todos os autovalores de A, que também são raízes da equação característica $\det(\lambda I - A) = 0$, devem estar situados no interior do círculo unitário. Esta mesma condição implica que $I - A$ seja uma matriz não singular e $x_e = 0$ o único ponto de equilíbrio do sistema linear (3.63). Novamente, em um determinado sentido, a melhor escolha para $1 > \beta > 0$ ocorre com $\beta^{-1} = \max_{i=1,\cdots,n} \lambda_i(P)$, onde P é a solução simétrica definida positiva da equação matricial discreta de Lyapunov (3.65) calculada com $Q = I$.

Teorema 3.4 *O sistema dinâmico linear a tempo discreto $x(k+1) = Ax(k)$ é assintoticamente estável se e somente se, para $Q > 0$ dada, existir $P > 0$ solução da equação matricial discreta de Lyapunov $A'PA - P = -Q$.*

Prova: Assumimos inicialmente que o sistema (3.63) seja assintoticamente estável. Uma solução (que na realidade é única) da equação matricial discreta de Lyapunov é dada por

$$P = \sum_{k=0}^{\infty} A'^k Q A^k \tag{3.68}$$

De fato, calculando a sua transposta é imediato verificar que P é simétrica. Além disso, sendo $\xi \neq 0$ um vetor arbitrário no $\mathbb{R}^n$, temos

$$\xi' P \xi = \sum_{k=0}^{\infty} x(k)' Q x(k) \tag{3.69}$$

onde $x(k) = A^k \xi$ é a solução de (3.63) com $x(0) = \xi$. Portanto, $\xi' P \xi > 0$ decorre de Q ser uma matriz simétrica definida positiva. Por outro lado, com (3.68) vem

$$\begin{aligned} A'PA - P &= \sum_{k=0}^{\infty} \left(A'^{k+1} Q A^{k+1} - A'^k Q A^k \right) \\ &= \lim_{k \to \infty} A'^k Q A^k - Q \end{aligned} \tag{3.70}$$

que é exatamente a equação (3.65), pois, como por hipótese A é assintoticamente estável, o limite acima indicado é nulo, provando assim a necessidade. A prova da suficiência é mais simples. Se a equação matricial de Lyapunov admite uma solução simétrica definida positiva, o quadrado da distância $v(x(k)) = x(k)' P x(k)$ de $x(k) \in \mathbb{R}^n$ até a origem é uma função decrescente e, assim, $\lim_{k \to \infty} x(k) = 0$, o que demonstra que o sistema (3.63) é assintoticamente estável. □

Este é o *critério de estabilidade de Lyapunov* aplicado ao sistema dinâmico a tempo discreto (3.63). As mesmas considerações que fizemos a respeito da dificuldade de solução da equação de Lyapunov para sistemas a tempo contínuo também são válidas no presente caso. O número de incógnitas se mantém em $n(n+1)/2$, o que torna muito custosa a sua solução manual, mesmo para sistemas de baixa dimensão. A verificação de que P é definida positiva requer o cálculo de autovalores, o que esbarra em dificuldades ainda maiores para $n \geq 3$.

A qualidade do período transitório também pode ser avaliado através da solução de uma equação de Lyapunov discreta. Seja um sistema a tempo discreto assintoticamente estável, definido pelas equações de estado

$$x(k+1) = Ax(k) \ , \ x(0) = x_0 \tag{3.71}$$

$$y(k) = Cx(k) \tag{3.72}$$

onde $x_0 \in \mathbb{R}^n$ é a condição inicial e $y(k) \in \mathbb{R}^m$ é a variável de saída. O critério usado é quadrático e leva em conta o afastamento da variável de saída do valor nulo, em cada instante de tempo $k \geq 0$, ou seja,

$$J = \sum_{k=0}^{\infty} y(k)' y(k) \tag{3.73}$$

Como a solução geral de (3.71) fornece o valor da respectiva saída $y(k) = CA^k x_0$ para todo $k \geq 0$, calculamos imediatamente

$$\begin{aligned} J &= \sum_{k=0}^{\infty} x_0' A'^k C' C A^k x_0 \\ &= x_0' P x_0 \end{aligned} \tag{3.74}$$

onde P é a solução simétrica da equação discreta de Lyapunov (3.65) com $Q = C'C$, a qual, pelo fato de Q ser uma matriz semidefinida positiva, também pode ser apenas semidefinida positiva. Como foi dito anteriormente, em linhas gerais, os resultados de estabilidade para sistemas a tempo contínuo e a tempo discreto são bastante similares, a única diferença a notar reside nas duas equações de Lyapunov a serem devida e corretamente manipuladas.

Exemplo 3.18 Considere um sistema a tempo discreto com equação característica $\Delta(z) = z^3 - 0{,}50z^2 + 0{,}25 = 0$. Uma possível representação de estado é

$$A = \begin{bmatrix} 0 & 1 & 0 \\ 0 & 0 & 1 \\ -0{,}25 & 0{,}00 & 0{,}50 \end{bmatrix}$$

Com $Q = I$ resolvemos numericamente a equação de Lyapunov, neste caso com 6 incógnitas, obtendo como solução

$$P = \begin{bmatrix} 1{,}2615 & 0{,}1231 & -0{,}4923 \\ 0{,}1231 & 2{,}2615 & -0{,}1231 \\ -0{,}4923 & -0{,}1231 & 4{,}1846 \end{bmatrix}$$

que é uma matriz simétrica positiva definida com autovalores $\{1{,}1713; 2{,}2611; 4{,}2752\}$. Portanto, todas as raízes de $\Delta(z) = 0$ estão localizadas no interior do círculo unitário. Determinamos ainda $\beta^{-1} = \lambda_{max}(P) = 4{,}2752$, que satisfaz (3.67), sendo que os autovalores de A, que também são raízes da equação característica $\Delta(\lambda) = \det(\lambda I - A) = 0$, foram numericamente determinados e são dados por $\{-0{,}5000; 0{,}5000 \pm j0{,}5000\}$. □

Acabamos de estudar três critérios de estabilidade de sistemas dinâmicos lineares. Os três têm uma importante característica em comum. São baseados em condições necessárias e suficientes e, assim, são equivalentes entre si. Mas também têm suas características e particularidades próprias. O critério de Routh-Hurwitz é mais bem adaptado para trabalhar diretamente com a equação característica, o critério de Nyquist depende da resposta em frequência e, finalmente, o critério de Lyapunov é mais adequado para ser aplicado quando a representação de estado estiver disponível. A aplicação de cada um deles no contexto mais adequado depende de um aprendizado que este livro tenta passar ao leitor.

3.5 Lugar das Raízes

O lugar das raízes é uma técnica muito importante e muito usada em projetos de sistemas de controle, como aliás se verá nos capítulos seguintes. O objetivo é traçar no plano complexo todas as raízes de uma equação algébrica de grau qualquer, parametrizadas por um parâmetro real, ou, de maneira mais específica, da forma já estudada anteriormente

$$1 + \kappa H(s) = 0 \tag{3.75}$$

onde $H(s) = N(s)/D(s)$. É claro que as raízes de (3.75) são soluções da equação algébrica $\Delta(s) = D(s) + \kappa N(s) = 0$. Algumas hipóteses devem ser introduzidas:

- O polinômio $N(s)$ com coeficientes reais tem grau m. O polinômio $D(s)$ com coeficientes reais tem grau $n \geq m$. O coeficiente do termo de maior grau de cada um deles é unitário, permitindo que sejam fatorados na forma

$$N(s) = \prod_{i=1}^{m}(s - z_i)\ ,\ D(s) = \prod_{i=1}^{n}(s - p_i) \tag{3.76}$$

  onde z_i e p_i são os zeros e os polos de $H(s)$.

- O parâmetro $\kappa \in \mathbb{R}$ pertence ao intervalo $\kappa \in (0, \infty)$.

O lugar das raízes é o traçado das raízes $s_i(\kappa)$, $i = 1, \cdots, n$ da equação algébrica $\Delta(s) = 0$ com coeficientes reais e grau n, para todo $\kappa \in (0, \infty)$. Diz-se que o lugar das raízes tem n *ramos*, cada um deles corresponde a uma das raízes $s_i(\kappa)$ para todo $\kappa \in (0, \infty)$. Obter o lugar das raízes de forma exata requer resolver $\Delta(s) = 0$ para todo $\kappa \in (0, \infty)$. Portanto, e daí a sua importância, o seu traçado de forma aproximada pode ser feito com bastante facilidade utilizando-se as regras de construção dadas a seguir.

Seja $s \in \mathbb{C}$ um ponto qualquer no plano complexo, com o qual determinamos as formas polares

$$s - z_i = |s - z_i|e^{j\psi_i},\ i = 1, \cdots, m \tag{3.77}$$
$$s - p_i = |s - p_i|e^{j\phi_i},\ i = 1, \cdots, n \tag{3.78}$$

e verificamos que este ponto $s \in \mathbb{C}$ pertence a pelo menos um dos ramos do lugar das raízes para algum $\kappa \in (0, \infty)$ se as seguintes condições forem simultaneamente satisfeitas:

- **Condição de módulo:**

$$\frac{\prod_{i=1}^{m}|s-z_i|}{\prod_{i=1}^{n}|s-p_i|}=\frac{1}{\kappa} \tag{3.79}$$

- **Condição de ângulo:**

$$\sum_{i=1}^{m}\psi_i-\sum_{i=1}^{n}\phi_i=(2k+1)\pi\ ,\ k\in\mathbb{Z} \tag{3.80}$$

Estas duas condições asseguram que $H(s) = N(s)/D(s) = -1/\kappa$ para algum valor de $\kappa \in (0,\infty)$. A condição de módulo determina o ganho $\kappa > 0$, enquanto que a condição de ângulo impõe que o número complexo $H(s)$ seja, na verdade, real e negativo, como exige a equação $H(s) = -1/\kappa$ qualquer que seja $\kappa > 0$. Observe que, em (3.80), o valor de k pode ser qualquer número inteiro, fazendo com que $(2k+1)\pi$ seja igual a π mais ou menos um número qualquer de voltas inteiras.

Exemplo 3.19 Neste exemplo, vamos ilustrar a verificação das condições de módulo e de ângulo considerando o lugar das raízes de

$$1+\kappa\frac{2s+2}{s(s+2)(s+0{,}5)}=0$$

Inicialmente devemos notar o ganho $\bar{\kappa} = 2\kappa$ para que a forma padrão seja obtida. A função de transferência $H(s)$ tem um zero $z_1 = -1$ e três polos $p_1 = 0$, $p_2 = -0{,}5$ e $p_3 = -2$. Para $s = -1{,}5 + 2{,}0j$ a condição de ângulo fornece

$$\psi_1-\sum_{i=1}^{3}\phi_i\approx -215^o$$

indicando que este ponto do plano complexo não pertence ao lugar das raízes. Entretanto, para $s = -0{,}63 + j1{,}43$ a mesma condição fornece

$$\psi_1-\sum_{i=1}^{3}\phi_i\approx -180^o$$

o que mostra que este ponto pertence ao lugar das raízes. Pela condição de módulo, obtemos

$$\bar{\kappa}=\frac{\prod_{i=1}^{3}|s-p_i|}{|s-z_1|}\approx 3{,}0$$

e, assim, $s = -0{,}63 \pm j1{,}43$ são duas raízes de $1 + \kappa H(s) = 0$ para $\kappa = 1{,}5$, as quais, de fato, são dadas por $\{-0{,}6347 \pm j1{,}4265; -1{,}2306\}$. Estes cálculos mostram que podemos verificar facilmente se um ponto do plano complexo pertence ou não ao lugar das raízes. A operação inversa, ou seja, a determinação de todos os pontos que o constituem, só pode ser feita de maneira aproximada, como veremos em seguida. □

Passamos agora a expor detalhadamente seis regras que reputamos serem as mais importantes para a construção aproximada do lugar das raízes de uma equação algébrica dada. Assumimos que a equação foi fatorada na forma (3.75) e que $H(s)$ satisfaz as duas hipóteses já introduzidas.

Lema 3.5 (Regra 1) *Os n ramos do lugar das raízes começam nos polos* p_i *com* $i = 1, \cdots, n$ *para* $\kappa \to 0$ *e terminam nos zeros* z_i *com* $i = 1, \cdots, m$ *para* $\kappa \to \infty$.

Prova: Considere a equação em estudo (3.75) escrita na forma $D(s)+\kappa N(s) = 0$. Fazendo $\kappa \to 0$, as suas raízes tendem para as raízes $D(s) = 0$. Por outro lado, com a forma alternativa $\kappa^{-1}D(s) + N(s) = 0$, fazendo $\kappa \to \infty$ as suas raízes tendem para as raízes de $N(s) = 0$. □

Devemos observar que, se $n > m$, existem $n - m$ ramos cujas terminações não estão definidas pela Regra 1, pois para $\kappa \to \infty$ somente os m ramos que tendem aos zeros de $H(s)$ são considerados. Esse importante aspecto é tratado pela Regra 2.

Lema 3.6 (Regra 2) *Se* $n > m$, $n - m$ *ramos do lugar das raízes tendem para infinito assintoticamente a* $n - m$ *retas, todas com o mesmo coeficiente linear*

$$\sigma = \frac{\sum_{i=1}^{n} p_i - \sum_{i=1}^{m} z_i}{n - m} \tag{3.81}$$

e com coeficientes angulares

$$\theta_k = \frac{(2k-1)\pi}{n-m} \ , \ k = 1, \cdots, (n-m) \tag{3.82}$$

Prova: Fazendo a divisão dos polinômios $D(s) = \sum_{i=0}^{n} a_i s^i$ por $N(s) = \sum_{i=0}^{m} b_i s^i$ obtemos os dois primeiros termos do polinômio divisor

$$\begin{aligned} \frac{D(s)}{N(s)} &= s^{n-m} + (a_{n-1} - b_{m-1})s^{n-m-1} + \cdots \\ &= s^{n-m} - (n-m)\sigma s^{n-m-1} + \cdots \end{aligned} \tag{3.83}$$

sendo que a segunda igualdade decorre de (3.81) em conjunto com uma propriedade bem conhecida de equações algébricas que atesta as igualdades $a_{n-1} = -\sum_{i=1}^{n} p_i$ e $b_{m-1} = -\sum_{i=1}^{m} z_i$. Assim sendo, para $|s| \to \infty$ podemos adotar a aproximação

$$H(s) \approx \frac{1}{(s-\sigma)^{(n-m)}} \tag{3.84}$$

de tal forma que, com ela, a equação (3.75) admite as $n-m$ raízes

$$s = \sigma + \sqrt[n-m]{\kappa}\,\sqrt[n-m]{(-1)} \tag{3.85}$$

Por outro lado, lembrando que $\sqrt[n-m]{(-1)} = e^{j\theta_k}$, onde θ_k são os $n-m$ ângulos dados em (3.82), obtemos

$$s = \sigma + \sqrt[n-m]{\kappa}\, e^{j\theta_k}, \; k = 1, \cdots, n-m \tag{3.86}$$

No plano complexo, fazendo $\kappa \to \infty$, verifica-se que estas $n-m$ raízes tendem assintoticamente para $n-m$ retas que passam pelo ponto $\sigma + j0$, cada uma delas com coeficiente angular θ_k. Isto prova o lema proposto. □

Como os polos e zeros de $H(s)$ são conhecidos, as duas primeiras regras permitem determinar com muita facilidade o comportamento do lugar das raízes para $\kappa > 0$ suficientemente pequeno e suficientemente grande. Mesmo no caso bastante comum em que $n > m$, as retas assíntotas também são determinadas com muito pouco trabalho adicional. De fato, elas têm o mesmo coeficiente linear e os seus coeficientes angulares dividem o arco 2π em $n-m$ partes simétricas.

Lema 3.7 (Regra 3) *Todos os pontos do eixo real que estejam localizados à esquerda de um número ímpar de polos e zeros pertencem ao lugar das raízes.*

Prova: De fato, considere s um ponto qualquer do eixo real. Para polos e zeros complexos e seus conjugados temos $\phi_i + \phi_j = \psi_i + \psi_j = 2\pi$. Por outro lado, para polos e zeros reais situados à esquerda de s temos $\phi_p = \psi_p = 0$. Finalmente, para polos e zeros reais situados à direita de s temos $\phi_q = \psi_q = \pi$ e, quando forem em número ímpar, a condição de ângulo será satisfeita. □

Novamente, como todos os zeros e os polos de $H(s)$ são conhecidos, a determinação dos segmentos do eixo real que pertencem ao lugar das raízes é imediata a partir da aplicação da Regra 3. A regra número 4 é bastante geral e consolida propriedades já conhecidas das equações algébricas, bem como dos critérios de estabilidade anteriormente estudados.

Lema 3.8 (Regra 4) *Como todos os coeficientes dos polinômios $N(s)$ e $D(s)$ são reais, as seguintes propriedades são válidas:*

- *O lugar das raízes é simétrico em relação ao eixo real.*
- *O cruzamento do lugar das raízes com o eixo imaginário $j\omega$ pode ser calculado a partir da aplicação do critério de Routh ou do critério de Nyquist.*

Prova: A primeira propriedade decorre do fato de que, se $s \in \mathbb{C}$ é raiz de uma equação algébrica com coeficientes reais, então o mesmo ocorre com o seu conjugado. A segunda propriedade simplesmente indica que os critérios de estabilidade mencionados permitem identificar raízes imaginárias puras. □

Lema 3.9 (Regra 5) *Se em um ponto $s \in \mathbb{C}$ um ou mais ramos do lugar das raízes se cruzam, então*

$$D(s)N'(s) - N(s)D'(s) = 0 \tag{3.87}$$

Prova: Para um determinado valor de $\kappa > 0$, se em um ponto $s \in \mathbb{C}$ um ou mais ramos do lugar das raízes se cruzam, então $D(s) + \kappa N(s) = 0$ admite soluções múltiplas. Por este motivo $D'(s) + \kappa N'(s) = 0$, da qual, eliminando-se o valor de κ, obtemos o resultado desejado. Observe que se trata apenas de uma condição necessária. Assim sendo, podem existir raízes da equação (3.87) onde não ocorre cruzamento de ramos. □

Pode-se verificar que a equação (3.87) é equivalente a $H'(s) = 0$, sua forma mais compacta. Por outro lado é importante salientar que o grau da equação algébrica (3.87) é $n+m-1$ e, assim, para $n+m > 3$ a sua solução pode requerer o uso de uma rotina numérica.

Lema 3.10 (Regra 6) *Os ângulos de saída dos polos e os ângulos de chegada nos zeros podem ser determinados pela condição de ângulo.*

Prova: Como a condição de ângulo é uma das condições para que um ponto pertença ao lugar das raízes, nada há a ser provado. Entretanto, saliente-se que essa regra parece óbvia, mas a sua aplicação precisa ser muito bem entendida. Por exemplo, considere um polo qualquer p_1 e um ponto $s \in \mathbb{C}$ arbitrariamente próximo. A reta entre s e p_1 se confunde com a reta tangente ao ramo que passa por p_1. Como s e p_1 estão localizados arbitrariamente próximos um do outro, os ângulos ϕ_i, $i \neq 1$ e ψ_i são conhecidos. A condição de ângulo permite determinar ϕ_1 e, portanto, o ângulo de saída do polo p_1 que é definido pela reta tangente. □

Essas regras devem ser aplicadas em diversos exemplos para serem bem entendidas. É importante salientar que o cálculo e o traçado exatos do lugar das raízes de uma equação algébrica certamente requerem o uso de rotinas numéricas para determinar as raízes de uma equação algébrica de grau arbitrário. Aqui, o objetivo é outro, qual seja, o de obter um traçado aproximado, mas suficientemente preciso para ter uma boa ideia a respeito do comportamento de um sistema dinâmico em relação à variação de um de seus parâmetros. Como veremos mais

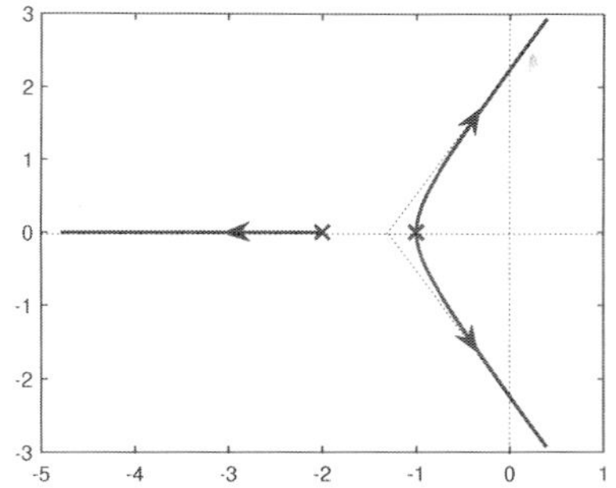

Figura 3.10: Lugar das raízes no plano s

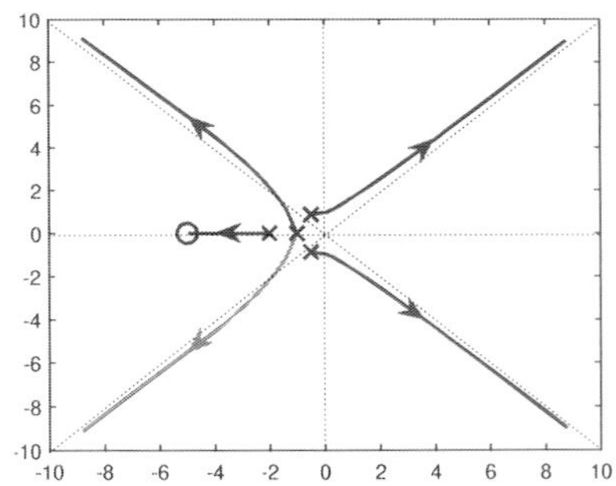

Figura 3.11: Lugar das raízes no plano s

adiante, o lugar das raízes é uma ferramenta poderosa para o projeto de sistemas de controle em malha fechada.

Exemplo 3.20 Considere a equação característica de um sistema a tempo contínuo já colocada na forma padrão

$$1 + \kappa \frac{2}{(s+2)(s+1)^2} = 0$$

A Figura 3.10 mostra o lugar das raízes parametrizado em $\bar{\kappa} = 2\kappa \in (0, \infty)$. Note que $H(s)$ tem $n = 3$ polos indicados pelo símbolo "$\times$" e nenhum zero ($m = 0$). Observe as três assíntotas definidas pelo coeficiente linear $\sigma = -4/3$ e pelos três coeficientes angulares $\{\theta_k\}_{k=1}^{3} = \{\pi/3; \pi; -\pi/3\}$. Os dois ramos correspondentes às duas raízes complexas tendem rapidamente (com a variação de $\bar{\kappa}$) para as duas assíntotas. Note também o ramo no eixo real à esquerda de um número ímpar de polos (três). □

Exemplo 3.21 A Figura 3.11 mostra o lugar das raízes para

$$1 + \kappa \frac{(s+5)}{(s^2+s+1)(s+2)(s+1)^2} = 0$$

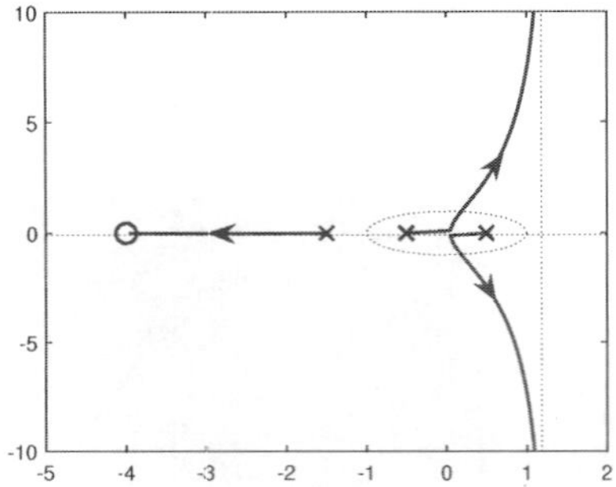

Figura 3.12: Lugar das raízes no plano z

parametrizado em $\kappa \in (0,\infty)$. Os $n = 5$ polos de $H(s)$ estão denotados por "$\times$", enquanto o seu único zero ($m = 1$) por "$\circ$". O lugar das raízes tem 5 ramos, sendo que $n - m = 4$ tendem para o infinito através das assíntotas com coeficiente linear $\sigma = 0$ e coeficientes angulares $\{\theta_k\}_{k=1}^{4} = \{\pi/4; 3\pi/4; -\pi/4; -3\pi/4\}$. O ramo restante tende para o zero localizado na posição $z_1 = -5$. Aplicando a condição de ângulo em um ponto $s \in \mathbb{C}$ arbitrariamente próximo do polo $p_1 = -0{,}5000 + j0{,}8660$, temos

$$11^o - (\phi_1 + 90^o + 60^o + 60^o + 30^o) = -180^o$$

que determina $\phi_1 = -49^o$. Finalmente, para calcular o cruzamento com o eixo imaginário, aplicamos o critério de Nyquist. O mapeamento da curva C por $H(s)$ é dado na Figura 3.6 e foi tratado no Exemplo 3.14. Determinando numericamente o cruzamento do mapeamento com o eixo real, obtemos $\omega_c = 0{,}92$ [rad/s] e $\text{Re}(H(j\omega_c)) = -1{,}34$ e, assim, o valor de $\kappa > 0$ para que duas raízes sejam imaginárias puras, isto é, $s = \pm j0{,}92$ é dado por $\kappa_c = 1/1{,}34 \approx 0{,}75$. Como já foi comentado anteriormente, os valores de ω_c e de κ_c são também facilmente determinados através dos diagramas de Bode. □

Exemplo 3.22 Deseja-se esboçar o lugar das raízes com $\kappa \in (0,\infty)$ para um sistema a tempo discreto com equação característica já colocada na forma padrão $1 + \kappa H(z) = 0$, ou seja

$$1 + \kappa \frac{(z+4)}{(z-1/2)(z+1/2)(z+3/2)} = 0$$

É claro que as regras para a construção do lugar das raízes não mudam. Entretanto, agora o ponto de cruzamento com o eixo real deixa de ter interesse e deve ser substituído pelo ponto de cruzamento com o círculo unitário. Esse lugar das raízes tem $n = 3$ ramos, um deles termina no zero e os outros dois tendem às assíntotas com coeficiente linear $\sigma = 1{,}25$ e coeficientes angulares $\{\theta_k\}_{k=1}^{2} = \{\pi/2; -\pi/2\}$. Observe os dois segmentos no eixo real. Existe também um ponto de cruzamento de ramos que pode ser obtido resolvendo-se $H'(z) = 0$, ou seja, $2z^3 + 13{,}5z^2 + 12z - 0{,}6250 = 0$, que fornece as soluções $\{-5{,}6849; -1{,}1144; 0{,}0493\}$. Como os dois primeiros pontos pertencem a segmentos do eixo real, onde sabemos que não existe lugar das raízes, no ponto $z = 0.0493$ ocorre um cruzamento de dois ramos. Finalmente, vamos determinar o cruzamento com o círculo unitário, mostrado em linha pontilhada na Figura 3.12, aplicando o critério de Routh. Inicialmente, com a transformação bilinear determinamos

$$H_{mod}(s) = H(z)\Big|_{z=\frac{1+s}{1-s}} = \frac{8(s-1{,}667)(s-1)^2}{(s-5)(s+3)(s+0{,}3333)}$$

e a equação característica modificada $1 + \kappa H_{mod}(s) = 0$, que pode ser escrita na forma

$$(1+8\kappa)s^3 - (1{,}667 + 29.33\kappa)s^2 + (34{,}67\kappa - 15{,}67)s - (5 + 13{,}33\kappa) = 0$$

Com a tabela de Routh

s^3	$1+8\kappa$	$34{,}67\kappa - 15{,}67$
s^2	$-(1{,}667 + 29{,}33\kappa)$	$-(5 + 13{,}33\kappa)$
s^1	$(\kappa^2 - 0{,}50\kappa - 0{,}0342)/(1{,}667 + 29{,}33\kappa)$	
s^0	$-(5 + 13{,}33\kappa)$	

verificamos que para $\kappa = 0$ a primeira coluna tem uma troca de sinal indicando que uma das raízes da equação original está fora do círculo unitário. Para $\kappa > 0{,}5610$ ocorrem três trocas de sinal na primeira coluna, indicando que três raízes estão fora do círculo unitário. Para $\kappa = 0{,}5610$ a linha s^1 se anula e a linha s^2 determina as raízes sobre o eixo imaginário $s = \pm j0{,}8298$ que correspondem aos pontos de cruzamento com o círculo unitário $z = (1+s)/(1-s) = 0{,}1844 \pm j0{,}9828$, segundo ilustra a Figura 3.12. □

Os últimos exemplos mostram que os critérios de estabilidade de Routh-Hurwitz e o lugar das raízes se complementam no sentido de dar ao usuário informações precisas a respeito da localização de raízes da equação característica de sistemas a tempo contínuo ou a tempo discreto, segundo a variação de um parâmetro real positivo. Portanto, estes procedimentos e os conceitos nos quais eles são baseados devem ser entendidos com bastante profundidade e precisão.

Como já foi dito, as regras para esboçar o lugar das raízes são invariantes para sistemas a tempo contínuo ou a tempo discreto. É claro que, do ponto de vista de estabilidade, no primeiro caso, são mais relevantes os eventuais cruzamentos com o eixo imaginário, enquanto que, no segundo, a importância recai sobre os cruzamentos com o círculo unitário. Entretanto, aquelas regras mudam em algumas situações. Por exemplo, as regras para o traçado do lugar das raízes para a equação

$$1 - \kappa H(s) = 0 \tag{3.88}$$

com $\kappa \in (0, \infty)$ são diferentes daquelas apresentadas anteriormente. Fazer uma análise das diferenças existentes entre elas é um excelente exercício para consolidar o entendimento e o aprendizado deste tema.

3.6 Redução de Modelos via Polos Dominantes

Muitos sistemas dinâmicos são representados por equações diferenciais ou equações a diferenças de ordem elevada. No caso linear, esses sistemas podem ser representados de forma equivalente através de suas respectivas funções de transferência. Neste contexto, coloca-se uma importante questão que se refere à possibilidade de aproximar as funções de transferência mencionadas por outras de ordens menores e, por consequência, menos complexas e mais adequadas para serem usadas em projetos de sistemas de controle.

Considere a seguinte função de transferência de um sistema a tempo contínuo $G(s)$ com n polos localizados no semiplano esquerdo complexo, isto é, $G(s)$ é suposta ser assintoticamente estável. Desejamos determinar uma função de transferência *aproximada* $G_{ap}(s)$ com $r < n$ polos bem como avaliar o erro introduzido por essa aproximação. É claro que $G(s)$ e $G_{ap}(s)$ podem apresentar zeros desde que seja em número menor ou igual aos dos seus respectivos polos.

A estratégia aqui considerada baseia-se no conceito de *polos dominantes*. Decompondo $G(s)$ em frações parciais, assumindo por simplicidade que os seus polos sejam distintos entre si, temos

$$G(s) = \sum_{i=1}^{n} \frac{\alpha_i}{s - p_i} \tag{3.89}$$

onde os polos são organizados de forma ordenada $0 > \text{Re}(p_1) \geq \cdots \geq \text{Re}(p_n)$ e $\alpha_i \in \mathbb{C}$ para todo $i = 1, \cdots, n$. A ideia é reter no modelo aproximado os r polos mais lentos, isto é, mais próximos do eixo imaginário de tal forma a termos uma boa aproximação para o regime transitório. Assim sendo, adotamos

$$G_{ap}(s) = \sum_{i=1}^{r} \frac{\beta_i}{s - p_i} \tag{3.90}$$

onde $\beta_i \in \mathbb{C}$ para $i = 1, \cdots, r$ são constantes a determinar. Neste sentido, alguns pontos devem ser ressaltados. Se um polo complexo for retido no modelo aproximado, o mesmo deve ocorrer com o seu conjugado. Os coeficientes β_i associados a polos complexos conjugados devem ser complexos conjugados para que a função aproximada $G_{ap}(s)$ seja racional. Resta definir um critério que permita determinar os coeficientes de $G_{ap}(s)$, tendo em vista que a escolha trivial $\beta_i = \alpha_i$ para todo $i = 1, \cdots, r$, geralmente não leva a uma boa aproximação. Este aspecto será ilustrado a seguir, através de um exemplo.

Como o transitório, de certa forma, já foi levado em conta ao retermos na função aproximada os r modos dominantes da função original, propomos que a escolha dos coeficientes β_i para $i = 1, \cdots, r$ leve em conta o comportamento de $G(s)$

e de $G_{ap}(s)$ em regime permanente para um conjunto de entradas previamente escolhidas. Adotamos as entradas com transformada de Laplace $\hat{r}(s) = 1/s^k$ para $k = 1, 2, \cdots$, ou seja, degrau unitário, rampa unitária etc., para as quais podemos determinar as respostas em regime permanente através de

$$\frac{G(s)}{s} = \frac{G(0)}{s} + U(s) \tag{3.91}$$

onde $U(s)$ tem os mesmos polos de $G(s)$ e cuja transformada inversa desaparece no decorrer do tempo. Da mesma forma

$$\frac{G(s)}{s^2} = \frac{G'(0)}{s} + \frac{G(0)}{s^2} + R(s) \tag{3.92}$$

onde a transformada inversa de $R(s)$ também desaparece no decorrer do tempo. Em conclusão, para o conjunto de entradas adotadas, as respostas dependem exclusivamente de $G(s)$ e de suas derivadas sucessivas calculadas em $s = 0$. Note que, sendo $G(s)$ assintoticamente estável, a origem ($s = 0$) pertence ao seu domínio e ao domínio das suas derivadas sucessivas.

Esta discussão nos leva a propor a determinação dos parâmetros $\beta_i \in \mathbb{C}$ para $i = 1, \cdots, r$, de tal forma que

$$G_{ap}^{(k)}(0) = G^{(k)}(0), \ k = 0, \cdots, r-1 \tag{3.93}$$

sendo que estas r condições fazem com que as respostas em regime permanente da função de transferência original $G(s)$ e de sua aproximação $G_{ap}(s)$ sejam idênticas, para as entradas $\hat{r}(s) = 1/s^k$ com $k = 1, \cdots, r$. Considerando (3.90), as derivadas sucessivas indicadas em (3.93) permitem escrevê-la na forma do seguinte sistema de equações lineares

$$\begin{bmatrix} \frac{-1}{p_1} & \cdots & \frac{-1}{p_r} \\ \vdots & \cdots & \vdots \\ \frac{-(r-1)!}{p_1^r} & \cdots & \frac{-(r-1)!}{p_r^r} \end{bmatrix} \begin{bmatrix} \beta_1 \\ \vdots \\ \beta_r \end{bmatrix} = \begin{bmatrix} G(0) \\ \vdots \\ G^{(r-1)}(0) \end{bmatrix} \tag{3.94}$$

que, ao ser resolvido, fornece os coeficientes $\beta_1, \cdots, \beta_r$. É importante notar que a matriz que aparece no lado esquerdo de (3.94) será composta por números complexos quando polos complexos forem retidos na função aproximada. Neste caso, como $G(s)$ e as suas derivadas sucessivas calculadas em $s = 0$ são números reais, a solução de (3.94) fornecerá valores complexos conjugados para $\beta_1, \cdots, \beta_r$.

Exemplo 3.23 Considere a função de transferência

$$G(s) = \frac{5}{(s+1)(s^2+4s+5)}$$

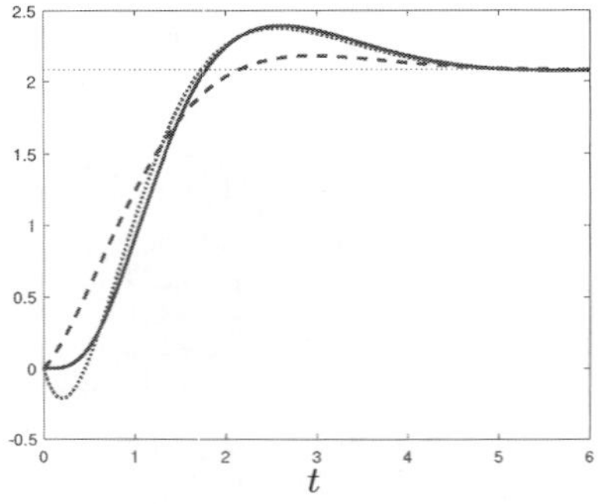

Figura 3.13: Resposta ao degrau unitário

com nenhum zero e com polos $\{-1; -2 \pm j\}$, cuja decomposição em frações parciais assume a forma

$$G(s) = \frac{2{,}5}{(s+1)} - \frac{1{,}25(1+j)}{s+2+j} - \frac{1{,}25(1-j)}{s+2-j}$$

A aproximação trivial de primeira ordem, obtida retendo-se o termo da decomposição em frações parciais correspondente ao polo dominante

$$G_{ap}(s) = \frac{2{,}5}{(s+1)}$$

é muito pobre pois, para $t > 0$ suficientemente grande, a resposta ao degrau unitário de $G(s)$ tende para 1, enquanto que a de $G_{ap}(s)$ tende para 2,5 acarretando assim um erro de 150% em regime permanente. Resolvendo (3.94), obtemos

$$G_{ap}(s) = \frac{1}{(s+1)}$$

fazendo com que o erro em regime permanente seja nulo. Este exemplo bastante simples coloca em evidência, como dissemos anteriormente, que a escolha trivial de $\beta_1 = \alpha_1 = 2{,}5$ não leva a um resultado satisfatório. □

Exemplo 3.24 Considere a função de transferência

$$G(s) = \frac{150(s+1)}{(s+2)(s^2+2s+2)(s^2+6s+18)}$$

que tem cinco polos $p_1 = -1+j$, $p_2 = -1-j$, $p_3 = -2$, $p_4 = -3+j3$, $p_5 = -3-j3$ e um zero $z_1 = -1$. As derivadas sucessivas de $G(s)$ em $s = 0$ foram calculadas como sendo

$$G(0) = 2{,}0833; \; G^{(1)}(0) = -1{,}7361; \; G^{(2)}(0) = -0{,}1157$$

Para $r = 2$ os dois polos dominantes são $p_1 = -1+j$ e $p_2 = -1-j$, com os quais a solução do sistema linear (3.94) fornece $\beta_1 = 0{,}3472 - j1{,}7361$ e $\beta_2 = 0{,}3472 + j1{,}7361$

permitindo determinar a função aproximada de segunda ordem

$$G_{ap}(s) = \frac{0{,}6944(s+6)}{s^2+2s+2}$$

Para $r = 3$, o polo dominante $p_3 = -2$ foi considerado com os dois primeiros. A solução do sistema linear (3.94) fornece a função de transferência aproximada de terceira ordem

$$G_{ap}(s) = -2{,}3148\frac{(s-3{,}445)(s+1{,}045)}{(s+2)(s^2+2s+2)}$$

que não é de fase mínima. A Figura 3.13 mostra as respostas ao degrau unitário para $G(s)$ em linha contínua e para as aproximações de segunda ordem em linha tracejada e de terceira ordem em linha pontilhada. Nota-se a boa qualidade de ambas as aproximações e que, em regime permanente, as três tendem para o mesmo valor, fazendo com que os respectivos erros sejam nulos. □

Tendo sido obtida uma função de transferência aproximada, é possível avaliar a sua qualidade calculando-se a resposta em frequência do erro de aproximação $E(s) = G(s) - G_{ap}(s)$ e verificando se

$$\max_{\omega \geq 0} |E(j\omega)| \ll \max_{\omega \geq 0} |G(j\omega)| \tag{3.95}$$

onde se exige que o máximo módulo do erro de aproximação seja muito menor que o máximo módulo da função de transferência original, que se quer aproximar. É claro que se para um determinado valor de r esta desigualdade não se verifica, pode-se aumentar o seu valor e considerar uma aproximação de ordem mais elevada. É evidente que, assim procedendo, existirá uma certa ordem $r \leq n$ para a qual a desigualdade (3.95) será satisfeita, pois o seu lado esquerdo torna-se nulo para $r = n$, caso em que a função aproximada é a própria função original.

3.7 Notas Bibliográficas

Este capítulo contém todo o material que constitui a base matemática necessária para o bom entendimento dos capítulos seguintes. Ela está apresentada de maneira genérica, e não de forma específica para tratar apenas problemas de projeto de sistemas de controle, como, aliás, é usual se ver literatura, [14], [15], [25] e [30], entre outros. Inicialmente, introduz-se as funções de variáveis complexas, dando particular atenção ao Princípio de Variação do Argumento, para em seguida serem introduzidos conceitos básicos de matrizes simétricas, material que pode ser revisto e complementado com [3], [21] e [28]. Mais além, os critérios de estabilidade são estudados com bastante profundidade, com ênfase nos sistemas a tempo contínuo, mas generalizando os resultados para o tratamento de sistemas a tempo discreto. Em nossa opinião, a abordagem do tema é nova e contém generalizações que não estão presentes nos textos clássicos de controle. O critério de Lyapunov é introduzido, sobretudo, com vistas ao cálculo de critérios de desempenho quadráticos. O lugar das raízes é tratado com especial atenção às provas das suas regras básicas de construção. O capítulo termina com um importante assunto, a redução de ordem de modelos dinâmicos lineares, que acreditamos ter tratado de forma simples e peculiar, não encontrada na literatura clássica, tendo em vista os objetivos principais do texto.

3.8 Exercícios

Exercício 3.1 *Considere o sistema de controle representado na Figura 3.14. Estude sua estabilidade em função do ganho $\kappa \in \mathbb{R}$, utilizando o critério de Routh e em seguida o critério de Nyquist, considerando as seguintes funções de transferência:*

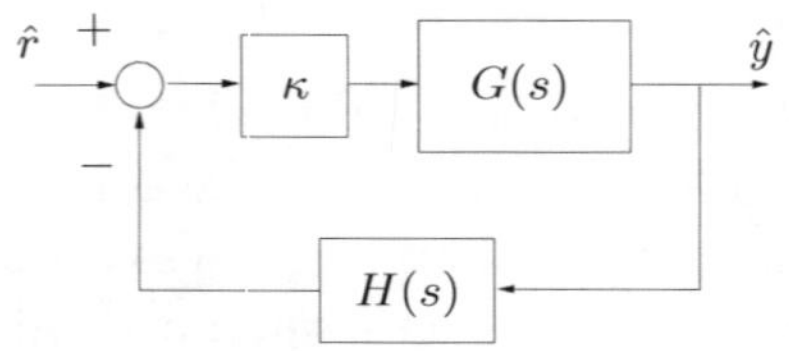

Figura 3.14: Sistema em malha fechada

a) $G(s) = \dfrac{(s+5)(s+7)}{(s+1)(s+3)}$ *e* $H(s) = 1$

b) $G(s) = \dfrac{s^2+6s+25}{s(s^2+2s+5)}$ *e* $H(s) = 1$

c) $G(s) = \dfrac{s+3}{s(s^2+4s+5)}$ *e* $H(s) = \dfrac{1}{s+1}$

d) $G(s) = \dfrac{1}{s(s^2+2s+10)}$ *e* $H(s) = \dfrac{s+2}{s+8}$

Exercício 3.2 *Considere o sistema de controle com realimentação unitária representado na Figura 3.15. Estude sua estabilidade em função do ganho $\kappa \in \mathbb{R}$ através dos critérios de Routh e de Nyquist considerando as seguintes funções de transferência:*

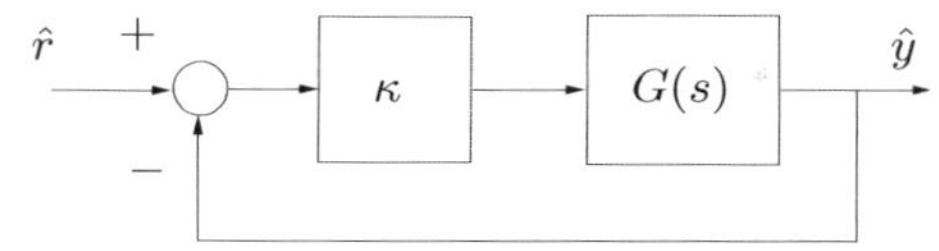

Figura 3.15: Realimentação unitária

a) $G(s) = \dfrac{s+2}{s+10}$

b) $G(s) = \dfrac{1}{(s+10)(s+2)^2}$

c) $G(s) = \dfrac{(s+1)(s+10)}{(s+100)(s+2)^3}$

d) $G(s) = \dfrac{s+1}{s^2(s+10)}$

e) $G(s) = \dfrac{s+1}{s(s+2)}$

f) $G(s) = \dfrac{1}{(s+2)(s^2+9)}$

g) $G(s) = \dfrac{(1+10s)}{(1+20s)^2(1+5s)(1+s)}$

h) $G(s) = \dfrac{s-1}{s^2(s+1)}$

i) $G(s) = \dfrac{s}{(s+2)(s+10)}$

j) $G(s) = \dfrac{s(s-1)}{(s+2)(s+10)}$

Exercício 3.3 *Considere as equações características de sistemas dinâmicos a tempo contínuo dadas a seguir. Determine no plano real $\kappa \times \lambda$ seus respectivos domínios de estabilidade.*

a) $s^2(s+1)(s+0{,}5) + \kappa(s+\lambda) = 0$

b) $s^4 + 2s^3 + \kappa s^2 + \lambda s + \kappa = 0$

Exercício 3.4 *Considere o diagrama de blocos da Figura 3.16, onde κ e λ são parâmetros reais.*

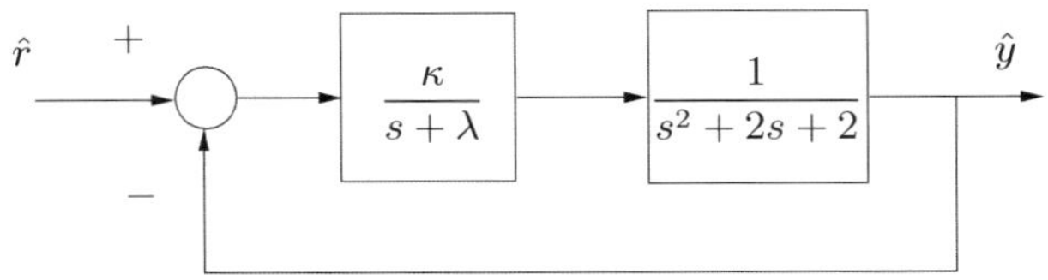

Figura 3.16: Realimentação unitária com dois graus de liberdade

a) Determine no plano $\kappa \times \lambda$ a região de estabilidade para o sistema em malha fechada.

b) Para $\lambda = 0$ aplique o critério de Nyquist e determine todos os valores de $\kappa \in \mathbb{R}$ para os quais o sistema em malha fechada seja estável.

Exercício 3.5 *Determine o número de raízes da equação* $s^4 + 6s^3 + 10s^2 - 2s - 15 = 0$ *que estão localizadas no semiplano complexo definido por* $\text{Re}\{s\} < -1$.

Exercício 3.6 *Supondo que a equação algébrica*

$$s(s+1)(s+2) + \left(\alpha + \frac{1}{\alpha}\right) = 0$$

represente a equação característica de um sistema a tempo contínuo, determine todos os valores de $\alpha > 0$ *tais que as suas raízes sejam assintoticamente estáveis.*

Exercício 3.7 *Considere o sistema de controle a tempo discreto representado na Figura 3.17. Determine os valores de* κ *tais que o sistema em malha fechada seja estável para as funções de transferência e respectivos períodos de amostragem* T *dados a seguir.*

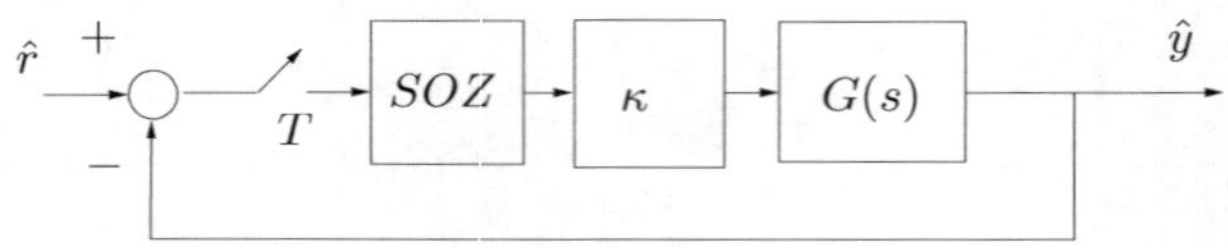

Figura 3.17: Realimentação unitária em sistemas a tempo discreto

a) $G(s) = \dfrac{1}{s(s+1)}$; $T = 0{,}1$ [s] *e* $T = 0{,}5$ [s]

b) $G(s) = \dfrac{10}{s^2 + 2s + 5}$; $T = 0{,}01$ [s] *e* $T = 0{,}1$ [s]

Exercício 3.8 *Para cada uma das funções de transferência, no contexto de sistemas a tempo contínuo, dadas a seguir, obtenha sua representação de estado e, aplicando o critério de Lyapunov, conclua sobre sua estabilidade.*

a) $G(s) = \dfrac{10}{s^2 + 7s + 10}$ *b)* $G(s) = \dfrac{10(s+1)}{s^3 + 2s^2 + 3s + 7}$

Exercício 3.9 *Para cada uma das funções de transferência, no contexto de sistemas a tempo discreto, dadas a seguir, obtenha sua representação de estado e aplique o critério de Lyapunov para concluir sobre sua estabilidade.*

a) $G(z) = \dfrac{z - 0{,}5}{z^2 - z + 0{,}26}$ *b)* $G(z) = \dfrac{z + 1}{z^2 - z + 1{,}06}$

Exercício 3.10 *Considerando a equação característica* $1 + \kappa G(s) = 0$, *esboce no plano complexo o lugar das raízes, em função do ganho* $\kappa \in [0, +\infty)$, *para as funções de transferência definidas a seguir. Utilize todas as regras possíveis.*

a) $G(s) = \dfrac{1}{(s+1)(s+5)}$

b) $G(s) = \dfrac{s^2+8s+20}{(s+2)(s^2+4s+7)}$

c) $G(s) = \dfrac{10(s-1)}{s(s^2+4s+4)}$

d) $G(s) = \dfrac{1}{(s+5)(s^2+2s+2)}$

e) $G(s) = \dfrac{s+2}{(s+1)(s^2+6s+10)}$

f) $G(s) = \dfrac{5}{s(s+4)(s^2+12s+45)}$

g) $G(s) = \dfrac{(s-1)(s-3)}{s(s+5)}$

h) $G(s) = \dfrac{s^2+16s+73}{(s+1)(s^2+8s+41)}$

i) $G(s) = \dfrac{2(s^2+6s+90)}{s(s^2+4s+13)}$

j) $G(s) = \dfrac{s+10}{(s-2)(s+4)}$

k) $G(s) = \dfrac{s^2}{(s+2)(s+5)(s+10)^2}$

l) $G(s) = \dfrac{s(s-2)}{(s+3)(s+5)}$

Exercício 3.11 *Considere um sistema de controle a tempo contínuo com realimentação unitária, de acordo com a Figura 3.15. Esboce o lugar das raízes em função do ganho $\kappa > 0$ para cada um dos seguintes valores de $\alpha \in \{1/2; 3/2; 5\}$. Considere as funções de transferência em malha aberta, dadas a seguir, e verifique a influência do valor do parâmetro α em cada caso.*

a) $G(s) = \dfrac{s+2}{(s+1)^2(s+\alpha)}$

b) $G(s) = \dfrac{s+2}{(s^2+2s+5)(s+\alpha)}$

c) $G(s) = \dfrac{s+\alpha}{(s+4)(s+2)^2}$

d) $G(s) = \dfrac{s+\alpha}{(s+4)(s^2+4s+13)}$

Exercício 3.12 *Considere a função de transferência de um sistema a tempo contínuo*

$$G(s) = \frac{1}{(s+2)(s^2+8s+16+\alpha)}$$

Para os valores do parâmetro $\alpha \in \{1; 4\}$, esboce no plano complexo o lugar das raízes da equação característica $1 + \kappa G(s) = 0$, em função do ganho $\kappa \in [0, +\infty)$.

Exercício 3.13 *A Figura 3.18 representa o diagrama de Bode de módulo assintótico de uma função de transferência estável de um sistema a tempo contínuo de fase mínima, cujos polos complexos têm fator de amortecimento $\xi = 1/4$.*

a) *A partir de seu diagrama assintótico de módulo, determine a função de transferência $G(s)$.*

b) *Escreva a expressão para a saída em regime permanente deste sistema para uma entrada rampa unitária.*

c) *Esboce o diagrama de Bode de fase de $G(s)$.*

d) *Calcule aproximadamente, via diagrama assintótico de módulo, o módulo da saída do sistema para a entrada $u(t) = \cos(12t)$.*

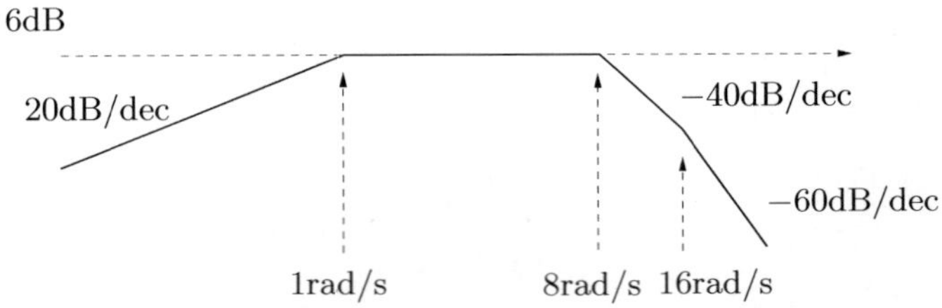

Figura 3.18: Diagrama de Bode em malha aberta

e) *Considerando o sistema com realimentação unitária da Figura 3.15 e a função determinada no item a), estude sua estabilidade em função do ganho κ, utilizando o critério de Nyquist.*

f) *Para o sistema da Figura 3.15 e $G(s)$ determinada no item a), esboce o lugar das raízes parametrizado pelo ganho $\kappa > 0$.*

Exercício 3.14 *Considere um sistema de controle a tempo contínuo com realimentação unitária de acordo com a Figura 3.19, na qual a planta é representada pela função de transferência*

$$G(s) = \frac{(s+5)(s+10)}{s^2(s+2)}$$

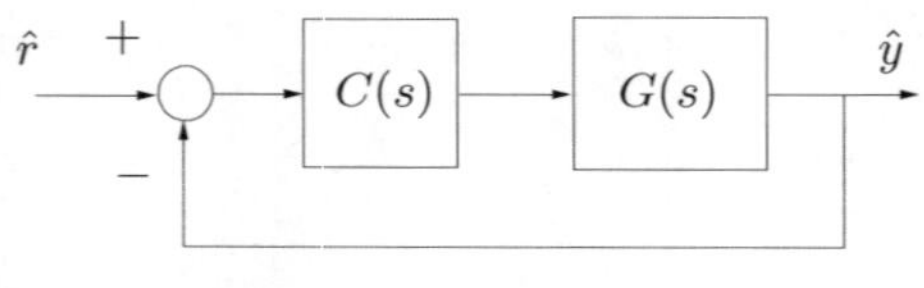

Figura 3.19: Realimentação unitária

a) *Considerando um controlador $C(s) = \kappa > 0$, através do critério de Nyquist, determine os valores de κ para os quais o sistema em malha fechada seja estável.*

b) *Para o controlador do item anterior, esboce o lugar das raízes em relação ao parâmetro $\kappa > 0$ e determine-o de modo que o sistema em malha fechada possua dois polos complexos conjugados com fator de amortecimento igual a 0,707. Utilizando uma rotina computacional, obtenha a resposta ao degrau para o sistema em malha fechada e discuta se é possível adotar uma aproximação de segunda ordem.*

c) *Considerando um controlador integral $C(s) = \kappa/s$ com $\kappa > 0$, refaça o item a) e verifique se é possível atender a especificação do item b).*

d) *Se utilizarmos um controlador proporcional integral* $C(s) = \kappa(s+20)/s$ *com* $\kappa > 0$, *refaça os itens a) e b).*

e) *Suponha que o controlador proporcional integral do item d) deva ter um zero em* $s = -2$, *ao invés de em* -20, *a fim de cancelar o correspondente polo da planta. Neste caso, esboce novamente o lugar das raízes em relação ao parâmetro* $\kappa > 0$.

Exercício 3.15 *Um sistema de controle a tempo contínuo tem como equação característica em malha fechada*

$$1 + \frac{\tau s + 3}{s(s^2 + 2s + 2)} = 0$$

Esboce o lugar das raízes desta equação característica para $\forall\ \tau > 0$.

Exercício 3.16 *Considere o sistema de controle em malha fechada da Figura 3.20.*

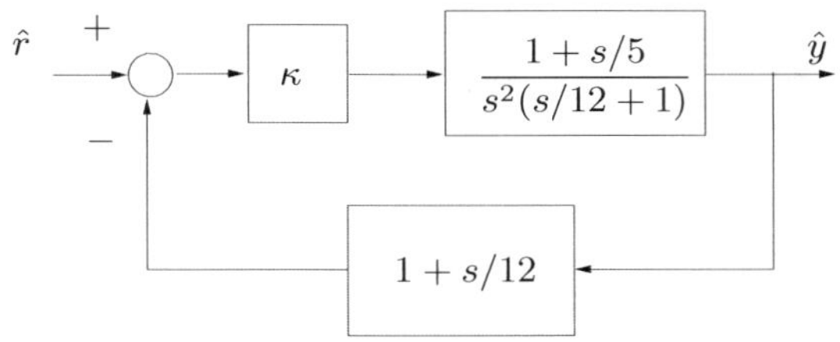

Figura 3.20: Sistema de controle com realimentação não unitária

a) *Esboce o lugar das raízes e determine* $\kappa > 0$ *de tal forma que os polos dominantes tenham constante de tempo* $1/3$ [s].

b) *Para* κ *calculado no item anterior, determine a resposta ao impulso do sistema em malha fechada.*

c) *Suponha que o polo em* $s = -12$ *da planta sofra alterações durante o funcionamento do sistema em malha fechada, resultando em seu deslocamento para* $s = -10$. *Para o valor de* κ *calculado no item anterior e utilizando uma rotina computacional, compare as respostas ao degrau unitário para as duas condições de operação do sistema em malha fechada.*

Exercício 3.17 *Considere o sistema de controle com realimentação unitária apresentado na Figura 3.21, no qual se considera* $\kappa > 0$. *Para cada uma das funções de transferência definidas a seguir*

i) $G(s) = \dfrac{1}{s(s/50 + 1)(s/100 + 1)}$

ii) $G(s) = \dfrac{10(s + 5)}{(s + 1)(s + 2)(s^2 + 8s + 25)}$

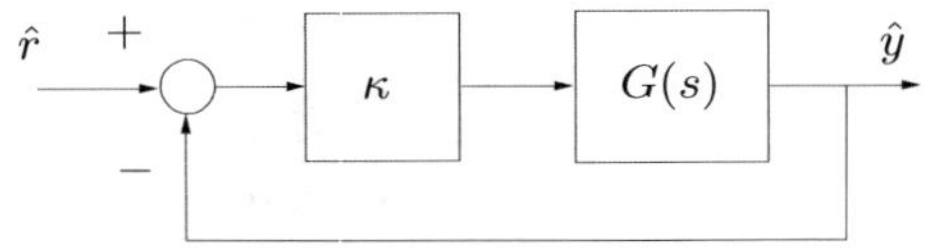

Figura 3.21: Realimentação unitária

iii) $G(s) = \dfrac{150(s+4)(s+9)}{(s^2+6s+13)(s^2+16s+100)(s+7)}$

pede-se:

a) *Esboce o lugar das raízes em função do ganho* $\kappa > 0$.

b) *Determine* $\kappa > 0$ *de maneira que os polos dominantes do sistema em malha fechada apresentem fator de amortecimento igual a* 0,5.

c) *Para* κ *determinado no item anterior encontre a saída para uma entrada degrau unitário.*

d) *Determine uma função de transferência aproximada de segunda ordem para o sistema em malha fechada e compare seu tempo de estabilização e sua máxima sobre-elevação para uma entrada degrau unitário com os respectivos valores para o sistema em malha fechada original.*

e) *Esboce os diagramas de Bode para a função de transferência em malha fechada aproximada e para a função de transferência em malha fechada original. Determine e compare as larguras de faixa.*

f) *Determine a função de transferência aproximada de segunda ordem para o sistema em malha aberta. Em seguida, através do lugar das raízes, determine o ganho* κ_{ap} *tal que os polos em malha fechada apresentem fator de amortecimento igual a* 0,5 *e determine sua resposta ao degrau unitário. Em seguida, utilize o ganho* κ_{ap} *calculado para controlar a planta* $G(s)$ *original impondo uma entrada do tipo degrau unitário. Comente sobre a validade do resultado obtido.*

Capítulo 4

Fundamentos de Projeto

4.1 Introdução

O objetivo central deste capítulo é discutir e analisar alguns procedimentos já bem estabelecidos e que foram propostos para projetar, com sucesso, diversos sistemas de controle. Critérios de desempenho serão tratados novamente, porém, dando maior ênfase àqueles expressos no domínio da frequência. Em seguida, os controladores clássicos serão analisados sem muitos detalhes, mas deixando claras as regras de projeto para cada um deles. Este capítulo termina com dois projetos de interesse prático, que foram incluídos para ilustrar as dificuldades que se deve enfrentar quando se deseja fazer projetos de controle para sistemas reais.

4.2 Critérios de Desempenho

No Capítulo 2, tivemos a oportunidade de tratar alguns critérios de desempenho a partir da resposta temporal de um sistema de controle cuja função de transferência em malha fechada tivesse sido aproximada por seus polos dominantes, de tal forma a ser escrita como $F(s) = F_{ap}(s) + Q(s)$, sendo $Q(s)$ a parte desprezada e $F_{ap}(s)$ a função de transferência correspondente aos polos dominantes.

Considerando $F_{ap}(s)$ uma função de transferência estável, de primeira ou de segunda ordem, com $F_{ap}(0) = 1$, os critérios de desempenho expressos em termos do valor de pico máximo e do tempo de estabilização da resposta ao degrau unitário foram convertidos em um conjunto $\Omega \subset \mathbb{C}$. Se todos os polos de $F(s)$, que são raízes da equação característica do sistema em malha fechada, estiverem localizados no interior de Ω, então o perfil ideal da sua resposta ao degrau unitário estará certamente atendido. Como vimos, não há nenhuma dificuldade para calcular o conjunto Ω, assumindo a validade da aproximação de polos dominantes. O conjunto Ω está situado no semiplano esquerdo complexo e impõe um limite mínimo sobre o fator de amortecimento e um limite máximo sobre a parte real das raízes da equação característica.

Os critérios de desempenho no domínio da frequência se expressam através de duas características principais, a saber:

- **Valor de pico máximo:** Corresponde ao valor do módulo da função de transferência calculada na frequência de ressonância ω_r de tal forma que

$$|F(j\omega_r)| = \max_{\omega \geq 0} |F(j\omega)| \tag{4.1}$$

  Como a função logaritmo é crescente, o máximo acima indicado pode ser calculado diretamente como sendo o valor máximo do diagrama de Bode de módulo, expresso em dB.

- **Largura de faixa:** A largura de faixa, definida pela frequência W, é o menor intervalo de frequências da forma $[0, W]$, tal que

$$|F(jW)| = \frac{1}{\sqrt{2}}|F(j0)| \tag{4.2}$$

  Assim sendo, para verificar esta relação no diagrama de Bode de módulo, basta determinar uma frequência W na qual o módulo da função de transferência esteja $10\log_{10}(2) \approx 3$ [dB] abaixo do seu valor em $w = 0$.

Passamos agora a calcular essas duas quantidades para as aproximações de polos dominantes de primeira e de segunda ordens. No primeiro caso, considerando

$$F(s) = \frac{\sigma}{s + \sigma} \tag{4.3}$$

com $\sigma > 0$, imediatamente verificamos que o seu diagrama de Bode de módulo é uma função decrescente em relação à frequência, o que permite concluir que $\omega_r = 0$ e $|F(j\omega_r)| = 1$. Por outro lado, simples substituição mostra, imediatamente, que $W = \sigma$. Como a posição do polo real define a largura de faixa, quanto maior σ, mais rápida será a sua resposta, mas em compensação maior será a largura de faixa e o sistema torna-se mais vulnerável a perturbações não modeladas, como ruídos de alta frequência eventualmente presentes na sua entrada.

Adotando agora a aproximação de segunda ordem com polos complexos conjugados

$$F(s) = \frac{\omega_n^2}{s^2 + 2\xi\omega_n s + \omega_n^2} \tag{4.4}$$

onde $0 < \xi < 1$. Definindo a variável auxiliar $\alpha \geq 0$ na forma $\sqrt{\alpha} = \omega/\omega_n$, temos que

$$|F(j\omega)| = \frac{1}{|(1-\alpha) + j2\xi\sqrt{\alpha}|} \tag{4.5}$$

e a maximização indicada em (4.1) pode ser realizada de forma equivalente pela minimização do quadrado do denominador de (4.5) em relação a $\alpha \geq 0$, ou seja,

$$\min_{\alpha \geq 0} \alpha^2 - 2(1-2\xi^2)\alpha + 1 \tag{4.6}$$

cuja solução é determinada derivando-se a função objetivo em relação a α e tendo o cuidado de levar em conta que a solução tem que ser não negativa. Assim procedendo, obtemos a solução ótima na forma

$$\alpha_r = \begin{cases} 1 - 2\xi^2 & , \quad 0 < \xi \leq 1/\sqrt{2} \\ 0 & , \quad 1/\sqrt{2} < \xi \leq 1 \end{cases} \tag{4.7}$$

com a qual determinamos a frequência de ressonância $\omega_r = \sqrt{\alpha_r}\omega_n$ e o correspondente valor máximo de pico em frequência. Para $1/\sqrt{2} < \xi \leq 1$ temos $\omega_r = 0$ e, consequentemente, $\max_{\omega \geq 0} |F(j\omega)| = |F(j0)| = 1$. Por outro lado, para $0 < \xi \leq 1/\sqrt{2}$ calculamos $\omega_r = \sqrt{1-2\xi^2}\omega_n$, que nos leva a $\max_{\omega \geq 0} |F(j\omega)| = |F(j\omega_r)| = \phi(\xi)$, onde

$$\phi(\xi) = \frac{1}{2\xi\sqrt{1-\xi^2}} \tag{4.8}$$

ficando claro que o valor máximo de pico depende exclusivamente do fator de amortecimento. Ademais, como $\phi(\xi)$ é uma função decrescente, se determinarmos ξ_q tal que $\phi(\xi_q) = \phi_q$, então verificamos que para todo $1/\sqrt{2} \geq \xi \geq \xi_q > 0$ a desigualdade $\phi(\xi) \leq \phi_q$ é satisfeita. Em outras palavras, qualquer fator de amortecimento maior ou igual a ξ_q assegura que o pico máximo de $|F(j\omega)|$ não ultrapassa o valor de ϕ_q. Impor um limitante superior no valor máximo de pico em frequência é o mesmo que impor um limitante inferior no fator de amortecimento.

Passamos, agora, a calcular a largura de faixa, a qual, no presente caso em que $|F(j0)| = 1$, é caracterizada pela frequência $\omega = W$ que satisfaz a condição $|F(j\omega)|^2 = 1/2$. Considerando novamente a variável auxiliar e a igualdade (4.5), esta última condição se expressa na forma da equação $\alpha^2 - 2(1-2\xi^2)\alpha - 1 = 0$, cuja única solução não negativa fornece

$$W = \sqrt{(1-2\xi^2) + \sqrt{(1-2\xi^2)^2 + 1}}\ \omega_n \tag{4.9}$$

Como vemos, a dependência da largura de faixa com o fator de amortecimento é bastante complicada, porém com valor médio muito próximo de um. Por este

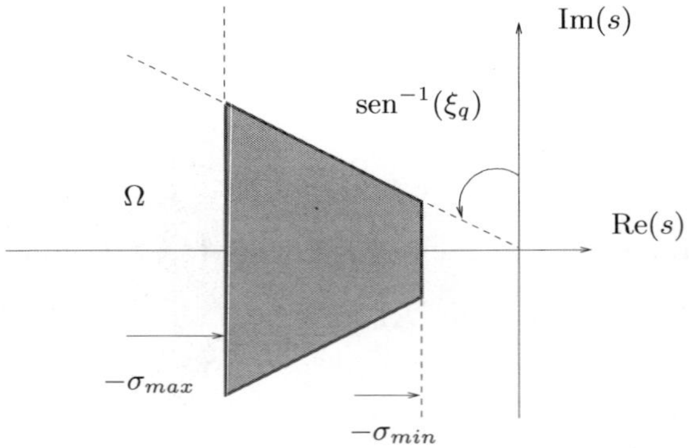

Figura 4.1: O conjunto Ω

motivo, adotamos a aproximação $W \approx \omega_n$, o que torna a largura de faixa independente do fator de amortecimento. Note que para $\xi = 1/\sqrt{2}$ a aproximação proposta torna-se exata. A partir deste resultado, podemos concluir que, para um mesmo fator de amortecimento, quanto maior a largura de faixa W, menor será o tempo de estabilização, fazendo com que a resposta temporal seja mais rápida. Em oposição, quanto maior a largura de faixa W, maior será a sensibilidade em relação a perturbações não modeladas (ruídos) presentes eventualmente na entrada do sistema.

Estas especificações no domínio da frequência determinam um conjunto Ω, onde as raízes da equação característica devem estar localizadas. De fato, com os parâmetros $(\phi_q, W_{min}, W_{max})$ que definem um limitante superior para o valor de pico e os valores máximo e mínimo para a largura de faixa, determinamos $(\xi_q, \sigma_{min}, \sigma_{max})$ através de $\phi(\xi_q) = \phi_q$, $\sigma_{min} = W_{min}$ e $\sigma_{max} = \xi_q W_{max}$, bem como o conjunto $\Omega \subset \mathbb{C}$ ilustrado pela Figura 4.1.

Se o polo $s = -\sigma \in \mathbb{R}$ de uma função de transferência de primeira ordem estiver no interior de Ω, então $W_{min} \leq \sigma \leq \xi_q W_{max} \leq W_{max}$, fazendo com que a sua largura de faixa esteja situada no intervalo especificado. Da mesma forma, se os polos complexos conjugados de uma função de transferência de segunda ordem estiverem no interior de Ω, então $\sigma_{min} \leq |\text{Re}(s)| \leq \sigma_{max}$ e $\xi = |\text{Re}(s)|/|s| \geq \xi_q$, fazendo com que as exigências dos dois critérios de desempenho sejam atendidas. Os exemplos dados a seguir ilustram estes resultados teóricos.

Exemplo 4.1 Considere que o perfil da resposta em frequência definido pelos parâmetros $(\phi_q, W_{min}, W_{max}) = (1{,}23; 0{,}30; 4{,}41)$, indicando que o valor máximo de pico não pode ultrapassar 23% do valor em $\omega = 0$ e que a largura de faixa deve se situar entre os limitantes expressos em [rad/s]. Com $\phi(\xi_q) = 1{,}23$ determina-se $\xi_q = 0{,}455$ enquanto que com os dois outros parâmetros obtêm-se $\sigma_{min} = 0{,}30$ e $\sigma_{max} = 2$, que definem completamente o conjunto Ω da Figura 4.1. É muito importante observar que o limitante

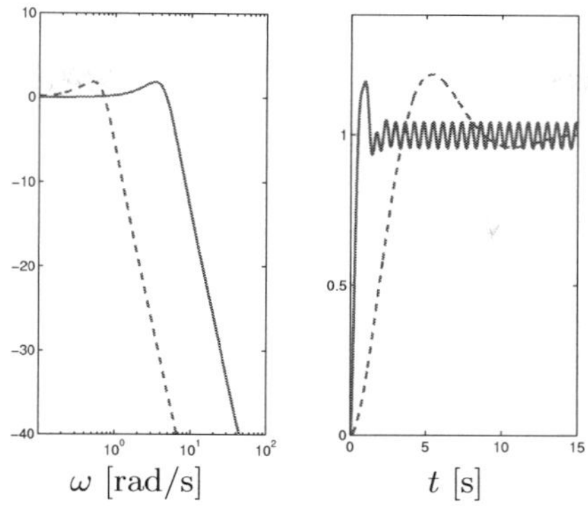

Figura 4.2: Largura de faixa e resposta temporal

inferior $-2 \leq -\sigma$ implica em limitar a sensibilidade do sistema quanto à presença de ruídos na sua entrada. □

Exemplo 4.2 Consideramos duas funções de transferência de segunda ordem com polos complexos com fator de amortecimento $\xi = 0{,}455$. Foram determinadas adotando-se a aproximação $W \approx \omega_n$ com $W_1 = 0{,}66$ [rad/s] e $W_2 = 4{,}41$ [rad/s].

$$F_1(s) = \frac{0{,}4356}{s^2 + 0{,}6006s + 0{,}4356}, \quad F_2(s) = \frac{19{,}45}{s^2 + 4{,}013s + 19{,}45}$$

Para avaliar essas aproximações, as larguras de faixa exatas foram calculadas como sendo $W_1 = 0{,}87$ [rad/s] e $W_2 = 5{,}82$ [rad/s], respectivamente. No lado esquerdo da Figura 4.2, mostramos o diagrama de Bode de módulo de $F_1(s)$ em linha tracejada e de $F_2(s)$ em linha contínua. No lado direto da mesma figura mostramos as respostas temporais de cada função de transferência para a entrada $r(t) = 1 + 0{,}2\text{sen}(10t)$ para todo $t \geq 0$ que representa um degrau unitário com um ruído senoidal a ele sobreposto. Nota-se, perfeitamente, que aquela de menor faixa $F_1(s)$ tem uma resposta mais lenta, mas que praticamente não é afetada pelo ruído. Ao contrário, aquela de maior faixa $F_2(s)$ tem resposta mais rápida, sendo então muito afetada pela presença do ruído. □

Em conclusão, os critérios de desempenho apresentados podem ser convertidos na determinação de um conjunto $\Omega \subset \mathbb{C}$ e na exigência de que todos os polos da função de transferência $F(s)$ estejam localizados no seu interior. Ou seja, todo $s \in \mathbb{C}$ raiz da equação característica $1 + C(s)G(s) = 0$ deve ser tal que $s \in \Omega$. Isso é conseguido determinando-se adequadamente a função de transferência do controlador $C(s)$.

Existem dois outros critérios de desempenho que são muito importantes não apenas pelos aspectos teóricos envolvidos, mas também por serem usados em inúmeras aplicações práticas. São as chamadas *margem de fase e margem de*

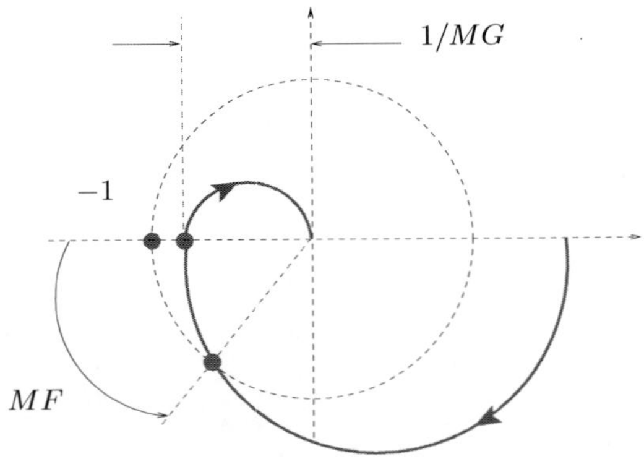

Figura 4.3: Margens de fase e de ganho

ganho. Novamente, o ponto central consiste em assegurar que um sistema em malha fechada com equação característica $1 + C(s)G(s) = 0$ seja estável. Se possível, que seja estável com alguma folga, isto é, com uma certa margem.

Vamos imaginar que um determinado sistema em malha aberta com função de transferência $C(s)G(s)$ seja estável. Aplicando o critério de Nyquist com o percurso fechado C que envolve todo semiplano direito complexo, concluímos imediatamente que $N_p = 0$. Como $N_z = N_{crit} + N_p$, a estabilidade do sistema em malha fechada estará assegurada se o mapeamento de C através de $C(s)G(s)$ não envolver o ponto crítico $-1+j0$. No plano complexo, esse *não envolvimento* pode ser evidenciado através do cálculo de dois indicadores denominados margens de fase e de ganho, como mostra a Figura 4.3. Sendo o mapeamento $C(j\omega)G(j\omega)$ para todo $w \geq 0$ mostrado em linha cheia, fazendo o seu conjugado notamos que o ponto crítico não é envolvido e, pelo critério de Nyquist, sabemos que o sistema é estável. A margem de ganho MG indica que o mapeamento de $\kappa C(j\omega)G(j\omega)$ com o ganho real $\kappa = MG \in \mathbb{R}$ passa exatamente pelo ponto crítico e que um ganho ligeiramente maior causa instabilidade. Por outro lado, a margem de fase MF indica que o mapeamento de $\kappa C(j\omega)G(j\omega)$ com o ganho complexo $\kappa = e^{-jMF} \in \mathbb{C}$ passa exatamente pelo ponto crítico e que uma fase ligeiramente maior também causa instabilidade. Para assegurar a estabilidade do sistema em malha fechada, devemos ter simultaneamente $MF > 0$ e $MG > 1$. Geralmente a margem de fase é medida em graus e a margem de ganho em [dB] e, neste caso, é necessário impor que $MG > 0$. As definições formais dessas grandezas são dadas a seguir.

Definição 4.1 (Margem de ganho) *A margem de ganho expressa em* [dB] *é dada por* $MG = -|C(j\omega_f)G(j\omega_f)|_{dB}$, *onde* $\omega_f \in \mathbb{R}$ *é a frequência de cruzamento* *com a parte negativa do eixo real, ou seja,* $\angle C(j\omega_f)G(j\omega_f) = -180^o$.

Definição 4.2 (Margem de fase) *A margem de fase expressa em graus é dada por* $MF = 180^o + \angle C(j\omega_g)G(j\omega_g)$, *onde* $\omega_g \in \mathbb{R}$ *é a frequência de cruzamento com o círculo unitário, ou seja,* $|C(j\omega_g)G(j\omega_g)|_{dB} = 0$ dB.

Com estas definições, não há dificuldades para que as margens de ganho e de fase sejam determinadas a partir dos diagramas de Bode da função de transferência $C(s)G(s)$. É preciso ficar bastante claro que as margens de ganho e de fase são calculadas a partir da função de transferência em malha aberta $C(s)G(s)$, mas indicam a estabilidade da função de transferência em malha fechada $F(s)$. Essa importante propriedade decorre imediatamente do critério de Nyquist.

Para fixar essas ideias, vamos considerar dois casos bastante simples. Para $C(s)G(s) = \sigma/s$, com $\sigma > 0$, a função de transferência em malha fechada é de primeira ordem, dada em (4.3). Imediatamente obtemos $MG = +\infty$ e $MF = 90^o$. Definindo

$$C(s)G(s) = \frac{\omega_n^2}{s(s + 2\xi\omega_n)} \tag{4.10}$$

obtemos a função de transferência de segunda ordem (4.4). A margem de ganho é $MG = +\infty$, pois o semieixo real negativo é atingido assintoticamente e o limite $\lim_{\omega\to\infty} C(j\omega)G(j\omega) = 0$ se verifica. O cálculo da margem de fase é um pouco mais complicado. Introduzindo a variável auxiliar $\sqrt{\beta} = \omega_g/\omega_n$ a condição da Definição 4.2 é colocada na forma

$$|C(j\omega_g)G(j\omega_g)| = \frac{1}{\sqrt{\beta}\ |j\sqrt{\beta} + 2\xi|} = 1 \tag{4.11}$$

ou seja, $\beta^2 + 4\xi^2\beta - 1 = 0$, cuja única solução de interesse permite obter

$$\omega_g = \sqrt{-2\xi^2 + \sqrt{(2\xi^2)^2 + 1}}\ \omega_n \tag{4.12}$$

bem como a margem de fase

$$\begin{aligned} MF &= 180^o + \angle C(j\omega_g)G(j\omega_g) \\ &= 180^o - 90^o - \mathrm{tg}^{-1}(\sqrt{\beta}/2\xi) \\ &= 180^o - 90^o - 90^o + \mathrm{tg}^{-1}(2\xi/\sqrt{\beta}) \\ &= \mathrm{tg}^{-1}\left(\frac{2\xi}{\sqrt{\sqrt{1+4\xi^4} - 2\xi^2}}\right) \end{aligned} \tag{4.13}$$

Observamos que a margem de fase depende exclusivamente do fator de amortecimento através de uma função complicada, porém crescente. Isto é, quanto maior o fator de amortecimento, maior é a margem de fase do sistema em malha fechada. Felizmente, para todos os efeitos práticos, adota-se a aproximação linear $MF \approx 100\xi$ quando a margem de fase for expressa em graus.

Um fato de grande importância em projetos de sistemas de controle resulta da comparação entre as equações (4.9) e (4.12), isto é,

$$W = \frac{\sqrt{(1-2\xi^2)+\sqrt{(1-2\xi^2)^2+1}}}{\sqrt{-2\xi^2+\sqrt{(2\xi^2)^2+1}}}\,\omega_g \tag{4.14}$$

permitindo a conclusão de que a largura de faixa W e a frequência, que define a margem de fase ω_g, dependem de forma linear uma da outra, mantendo-se constante o fator de amortecimento. Ademais, fazendo o gráfico da relação W/ω_n em função de ξ, verifica-se que ela varia pouco em todo o intervalo $\xi \in (0,1)$ e que

$$W \approx \left(\frac{3}{2}\right)\omega_g \tag{4.15}$$

é uma aproximação que pode ser adotada com uma boa precisão. Esta aproximação permite concluir que, ao fixarmos uma determinada largura de faixa, estamos também fixando a frequência que define a margem de fase e vice-versa, com consequências que serão colocadas em evidência mais adiante. Estas conclusões se baseiam em cálculos realizados para funções de transferência de primeira ou de segunda ordens. Elas permanecem válidas para $F(s)$ de ordem qualquer que admita estas funções como aproximações via polos dominantes.

Até o momento discutimos diversos critérios de desempenho no domínio do tempo e no domínio da frequência. Passamos, agora, a discutir um outro critério que leva em conta a resposta temporal do sistema em malha fechada em regime permanente. O erro em regime permanente para um sistema em malha fechada estável, definido pela relação $\hat{y}(s) = F(s)\hat{r}(s)$, é dado por

$$\varepsilon_{per} = \lim_{t\to\infty}(r(t) - y(t)) \tag{4.16}$$

e, sem levar em conta nenhuma informação *a priori* sobre o sinal de referência $r(t)$, adotam-se os seguintes sinais padronizados

$$\hat{r}(s) = \frac{1}{s^k}\ , k = 1, 2, \cdots \tag{4.17}$$

de tal forma que para $k = 1$ a entrada é um degrau unitário, para $k = 2$ uma rampa unitária, para $k = 3$ uma parábola unitária e assim sucessivamente. Note que, para $k = 0$, a entrada se reduz a um impulso unitário e $\varepsilon_{per} = 0$ como consequência da estabilidade do sistema em consideração. A definição dada abaixo coloca em evidência uma propriedade estrutural de sistemas dinâmicos que é de singular importância para o projeto de sistemas de controle.

Definição 4.3 (Tipo de sistema) *Um sistema dinâmico a tempo contínuo cuja função de transferência tem $k > 0$ polos na origem ($s = 0$) é dito sistema do tipo k. De forma similar, uma função de transferência com k polos em $s = 0$ é dita ser do tipo k.*

Alguns aspectos desta definição devem ser ressaltados. Em primeiro lugar, uma função de transferência assintoticamente estável é sempre do tipo zero e, se um determinado sistema for do tipo $k \geq 1$, ele não pode ser assintoticamente estável, pois terá k polos em $s = 0$. Em segundo lugar, a função de transferência $C(s)G(s)$, do tipo k, que resulte em uma função de transferência em malha fechada

$$F(s) = \frac{C(s)G(s)}{1 + C(s)G(s)} \tag{4.18}$$

assintoticamente estável faz com que $F(s)$ seja do tipo zero. De maneira algo surpreendente, o lema a seguir estabelece a relação entre tipo e erro em regime permanente para a estrutura de controle em malha fechada.

Lema 4.1 *Seja um sistema em malha fechada com realimentação unitária, assintoticamente estável, com função de transferência $F(s)$. O erro em regime permanente devido à entrada $\hat{r}(s) = 1/s^k$, $k = 1, \cdots$ é nulo se e somente se a função de transferência $C(s)G(s)$ for, no mínimo, do tipo k.*

Prova: Assumimos inicialmente que a função de transferência $C(s)G(s)$ seja do tipo $\ell \geq 0$. Lembrando que, por hipótese, $F(s)$ é assintoticamente estável, podemos calcular o erro em regime permanente com auxílio do teorema do valor final, ou seja,

$$\begin{aligned} \varepsilon_{per} &= \lim_{s \to 0} s(1 - F(s))\hat{r}(s) \\ &= \lim_{s \to 0} \left(\frac{s}{1 + C(s)G(s)} \right) \left(\frac{1}{s^k} \right) \\ &= \begin{cases} 1/(1 + K_0), & k = 1 \\ 1/K_{k-1}, & k \geq 2 \end{cases} \end{aligned} \tag{4.19}$$

onde as constantes acima indicadas, para $k = 1, 2, \cdots$, denominadas constantes de erro, são dadas por

$$\begin{aligned} K_{k-1} &= \lim_{s\to 0} s^{k-1}C(s)G(s) \\ &= \begin{cases} \pm\infty, & 1 \le k \le \ell \\ \text{valor finito}, & k = \ell + 1 \\ 0, & k \ge \ell + 2 \end{cases} \end{aligned} \tag{4.20}$$

e verificamos que o erro de regime permanente ε_{per} correspondente à entrada $\hat{r}(s) = 1/s^k$ é nulo se e somente se o tipo da função de transferência $C(s)G(s)$ for tal que $\ell \ge k \ge 1$, fazendo com que o seu tipo ℓ seja maior ou igual a $k \ge 1$, o que prova o lema proposto. □

Esse resultado é simples e, em alguma medida, surpreendente. Ele implica que, se desejarmos projetar um sistema de controle que siga com erro nulo, por exemplo uma rampa, basta impor que a função de transferência do controlador $C(s)$ faça com que $C(s)G(s)$ seja do tipo dois. Se $G(s)$ for de tipo zero, o que é conseguido fazendo com que $C(s)$ tenha dois polos na origem, isto naturalmente define a classe de controladores a ser considerada. Os cálculos realizados até agora permitem enfatizar alguns pontos que julgamos importantes. Se o tipo de $C(s)G(s)$ for $\ell \ge 1$, então os erros em regime permanente para todas as entradas $\hat{r}(s) = 1/s^k$ com $1 \le k \le \ell$ serão nulos. Além disso, para a entrada $\hat{r}(s) = 1/s^{\ell+1}$ o erro será finito e poderá ser calculado a partir da constante

$$K_\ell = \lim_{s\to 0} s^\ell C(s)G(s) \tag{4.21}$$

que será não nula e finita. Entretanto, para entradas $\hat{r}(s) = 1/s^k$ com $k \ge \ell + 2$, o erro em regime permanente será ilimitado. Como são as mais usadas, as três primeiras constantes K_0, K_1 e K_2 recebem denominações especiais: K_p - constante de posição; K_v - constante de velocidade; e K_a - constante de aceleração, respectivamente.

Exemplo 4.3 Para ilustrar os resultados apresentados, consideramos novamente o controle do motor de corrente contínua com função de transferência

$$G(s) = \frac{1}{14s^2 + 15s + 2}$$

Inicialmente consideramos um controlador proporcional com função de transferência $C(s) = \kappa$, o qual mantém o sistema em malha fechada estável para todo $\kappa > 0$. Porém, o erro em regime permanente para a entrada $\hat{r}(s) = 50/s$ é dado por

$$\varepsilon_{per} = 50/(1 + \kappa/2)$$

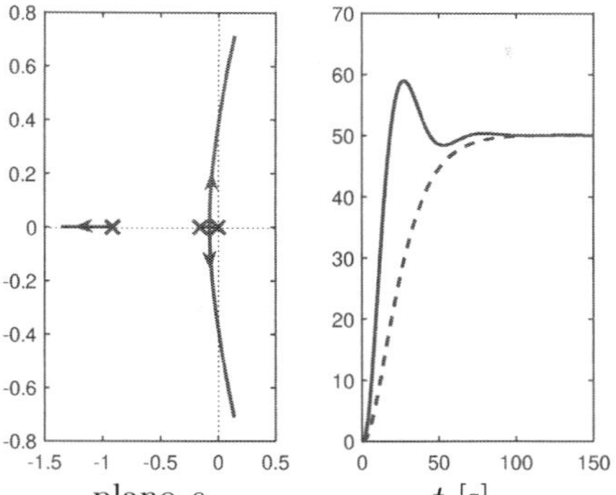

Figura 4.4: Lugar das raízes e resposta temporal

Aumentando $\kappa > 0$, o erro em regime permanente diminui, mas nunca se anula. Como se pode ver no lugar das raízes, ao tentar diminuir o erro, aumentando o ganho, a resposta se torna mais oscilatória e o fator de amortecimento diminui. Uma segunda possibilidade é considerar um controlador integral com função de transferência $C(s) = \kappa/s$. Como $C(s)G(s)$ é do tipo um, o erro para o degrau de velocidade dado anteriormente será nulo desde que o sistema em malha fechada seja estável. Com o estudo apresentado no Exemplo 3.11, aplicando o critério de Routh, a estabilidade é assegurada para todo κ tal que $0 < \kappa < 2{,}1429$. A Figura 4.4 mostra o lugar das raízes de $1 + \kappa G(s)/s = 0$ para $\kappa > 0$. O valor $\kappa = 0{,}072$ faz com que os dois polos dominantes sejam coincidentes em $s = -0{,}0744$ e essa situação corresponde ao menor tempo de estabilização e fator de amortecimento unitário. A mesma figura mostra as respostas do sistema em malha fechada para a entrada $\hat{r}(s) = 50/s$ em duas situações distintas. A curva contínua corresponde ao controlador $C(s) = 0{,}25/s$ tratado nos exemplos anteriores, enquanto que a curva tracejada corresponde ao controlador $C(s) = 0{,}072/s$. Como esperado, o segundo controlador faz com que o sistema em malha fechada deixe de oscilar e tenha um tempo de estabilização ligeiramente menor que o do primeiro. □

4.3 Alocação de Polos

Até o presente momento estabelecemos critérios para que um determinado sistema de controle tenha um comportamento adequado. Os chamados critérios de desempenho permitem determinar um conjunto $\Omega \subset \mathbb{C}$ de tal forma que o projeto se resume na determinação de um controlador $C(s)$ em que todos os polos da função de transferência em malha fechada $F(s)$ se situem no interior de Ω. Ou seja, $C(s)$ deve ser determinada impondo-se que todo $s \in \mathbb{C}$ que satisfaz $1 + C(s)G(s) = 0$ pertença a Ω. Essa operação é denominada *alocação de polos.*

Para facilitar o desenvolvimento, introduzimos a seguinte notação

$$G(s) = \frac{N_G(s)}{D_G(s)} \;,\; C(s) = \frac{N_C(s)}{D_C(s)} \tag{4.22}$$

onde os respectivos polinômios são definidos na forma

$$N_G(s) = \sum_{i=0}^{m_G} b_i s^i \;,\; D_G(s) = \sum_{i=0}^{n_G} a_i s^i \tag{4.23}$$

com $n_G \geq m_G$ e

$$N_C(s) = \sum_{i=0}^{m_C} \beta_i s^i \;,\; D_C(s) = \sum_{i=0}^{n_C} \alpha_i s^i \tag{4.24}$$

com $n_C \geq m_C$. Note que todos os coeficientes dos polinômios $N_G(s)$ e $D_G(s)$ são conhecidos, enquanto que os coeficientes dos polinômios $N_C(s)$ e $D_C(s)$ são as incógnitas a serem calculadas para que os polos de

$$F(s) = \frac{N_C(s)N_G(s)}{D_C(s)D_G(s) + N_C(s)N_G(s)} \tag{4.25}$$

estejam localizados no interior de Ω. Uma maneira simples de impor esta condição é escolher $n_C + n_G$ pontos $s_1, \cdots, s_{n_C+n_G}$ do interior de Ω e determinar o polinômio

$$P(s) = \prod_{i=1}^{n_C+n_G} (s - s_i) = \sum_{i=0}^{n_C+n_G} p_i s^i \tag{4.26}$$

sendo que os seus coeficientes p_i para todo $i = 0, \cdots, n_C + n_G$ são reais desde que os pontos escolhidos em Ω mantenham a relação de complexos conjugados. Como por construção, as raízes de $P(s) = 0$ estão no interior de Ω, a solução da equação

$$D_C(s)D_G(s) + N_C(s)N_G(s) = P(s) \tag{4.27}$$

conhecida como *equação Diofantina*, em relação aos coeficientes dos polinômios $N_C(s)$ e $D_C(s)$, suas incógnitas, determina estes polinômios e, consequentemente, o controlador $C(s)$. Observe que ao realizarmos os dois produtos de polinômios obtemos, no lado esquerdo, um polinômio de grau $n_C + n_G$ que deve ser igualado a $P(s)$. Isto é feito igualando-se todos os coeficientes dos termos de mesmo grau.

Como apenas um dos polinômios de cada produto que aparece no lado esquerdo da equação Diofantina é desconhecido, os coeficientes do polinômio resultante dependem linearmente dos coeficientes dos polinômios incógnitas. De fato, coletando nos vetores $\alpha = [\alpha_0 \ \cdots \ \alpha_{n_C}]' \in \mathbb{R}^{n_C+1}$, $\beta = [\beta_0 \ \cdots \ \beta_{m_C}]' \in \mathbb{R}^{m_C+1}$ e

$p = [p_0 \ \cdots \ p_{n_C+n_G}]' \in \mathbb{R}^{n_C+n_G+1}$ os coeficientes de $D_C(s)$, $N_C(s)$ e $P(s)$, respectivamente, definindo as matrizes de *Silvester* associadas aos polinômios $D_G(s)$ e $N_G(s)$, ou seja,

$$S_D = \begin{bmatrix} a_0 & 0 & \cdots & 0 \\ a_1 & a_0 & \cdots & 0 \\ \vdots & \vdots & \cdots & a_{n_G} \end{bmatrix} \in \mathbb{R}^{(n_C+n_G+1)\times(n_C+1)} \tag{4.28}$$

$$S_N = \begin{bmatrix} b_0 & 0 & \cdots & 0 \\ b_1 & b_0 & \cdots & 0 \\ \vdots & \vdots & \cdots & b_{m_G} \end{bmatrix} \in \mathbb{R}^{(n_C+n_G+1)\times(m_C+1)} \tag{4.29}$$

a equação (4.27) se converte em um sistema de equações lineares

$$S \begin{bmatrix} \alpha \\ \beta \end{bmatrix} = p \tag{4.30}$$

onde $S = [S_D \ S_N] \in \mathbb{R}^{(n_C+n_G+1)\times(n_C+m_C+2)}$. No caso em que S é uma matriz quadrada e não singular, o sistema (4.30) admite uma única solução que determina os coeficientes dos polinômios $D_C(s)$, $N_C(s)$ e, por consequência, a função de transferência do controlador $C(s)$. Por construção, os polos de $F(s)$ são raízes da equação $P(s) = 0$, situando-se todos no interior de Ω. A condição para que esta propriedade seja assegurada é que $n_C + n_G + 1 = n_C + m_C + 2$ ou ainda $n_C \geq m_C = n_G - 1$, pois, além de resolver a equação Diofantina, é preciso impor que $C(s)$ tenha um denominador com ordem maior ou igual a do numerador. Neste caso, obtemos

$$\begin{bmatrix} \alpha \\ \beta \end{bmatrix} = S^{-1} p \tag{4.31}$$

e construímos imediatamente a função de transferência $C(s)$.

Não há nenhum interesse em fixar $n_C \geq m_C > n_G - 1$, caso em que o número de equações em (4.30) é estritamente inferior ao número de variáveis. O sistema (4.30) admite infinitas soluções, pois a ordem do controlador é maior que a necessária ou, dito de outra maneira, procura-se um controlador com complexidade excessiva.

No outro extremo, há muito interesse em se fixar $n_C \geq m_C$, mas com $m_C < n_G - 1$, com o intuito de determinar um *controlador de ordem reduzida*. Neste caso, infelizmente, o número de equações em (4.30) torna-se estritamente maior que o número de variáveis, fazendo com que elas geralmente não admitam nenhuma solução. O problema de alocação de polos via controladores de ordem reduzida ainda não foi completamente resolvido, entretanto, propomos um enfoque que em muitos casos, mas não em todos, fornece soluções razoáveis e adequadas.

Dois polinômios de mesma ordem $P(s)$ e $\tilde{P}(s)$ são iguais se e somente se todos os seus coeficientes forem iguais. Portanto, podemos dizer que a "distância" entre dois polinômios é dada pela distância entre os vetores p e $\tilde{p}$ que contêm os seus coeficientes. Mantém-se verdadeiro o fato de que $p = \tilde{p}$ implica que ambos os polinômios são iguais. Propomos então substituir a equação linear (4.30) pelo problema de distância mínima euclidiana

$$\min_{\alpha,\beta} \left\| S \begin{bmatrix} \alpha \\ \beta \end{bmatrix} - p \right\|^2 \tag{4.32}$$

onde a norma $\|x\|^2 = x'x$ é igual ao quadrado distância entre x e a origem. Trata-se de um problema de mínimo quadrado cuja solução é bem conhecida e se escreve na forma

$$\begin{bmatrix} \alpha \\ \beta \end{bmatrix} = (S'S)^{-1}S'p \tag{4.33}$$

sendo a matriz $S'S$ quadrada e inversível, na verdade, simétrica e definida positiva. A solução dada em (4.33) produz um controlador tal que $D_C(s)D_G(s) + N_C(s)N_G(s) = \tilde{P}(s) \neq P(s)$, sendo que $\tilde{P}(s)$, no presente contexto, é o polinômio o mais próximo possível de $P(s)$. Infelizmente, nada é possível dizer a respeito das raízes de $\tilde{P}(s) = 0$, em particular, se estão no interior de Ω. Esse fato deve ser testado *a posteriori*. É claro que, se S for quadrada e inversível, a solução (4.33) reduz-se àquela anteriormente obtida (4.31), que fornece a solução única da equação Diofantina, caracterizada por $\tilde{P}(s) = P(s)$.

Uma questão relevante que ocorre neste ponto é como projetar um controlador que, além de posicionar os polos de $F(s)$ em Ω, ainda faça com que $C(s)G(s)$ seja de um determinado tipo $k \geq 1$. Vamos considerar o caso mais simples em que $G(s)$ seja do tipo zero e desejamos fazer com que $C(s)G(s)$ seja do tipo um. Isto requer que $C(s)$ tenha um polo na origem, ou seja, $D_c(0) = 0$, o que implica em $\alpha_0 = 0$. Construindo (4.30) com $n_C = m_C = n_G$, o número de variáveis supera por um o número de restrições, o que permite incluir a restrição adicional $\alpha_0 = 0$. Para obter as demais, basta retirar do vetor α o seu primeiro elemento, retirar de S a sua primeira coluna e resolver o sistema resultante. Note que, como resultado desta manipulação, obtemos novamente um sistema linear com um número de restrições igual ao número de incógnitas cuja solução é indicada em (4.31). Uma segunda possibilidade, normalmente mais simples, consiste em resolver o problema de alocação de polos considerando a função de transferência auxiliar $G_0(s) = G(s)/s$ no lugar de $G(s)$ e determinar o controlador $C_0(s)$. O controlador procurado tem função de transferência $C(s) = C_0(s)/s$ pois, assim procedendo, temos $C_0(s)G_0(s) = C(s)G(s)$.

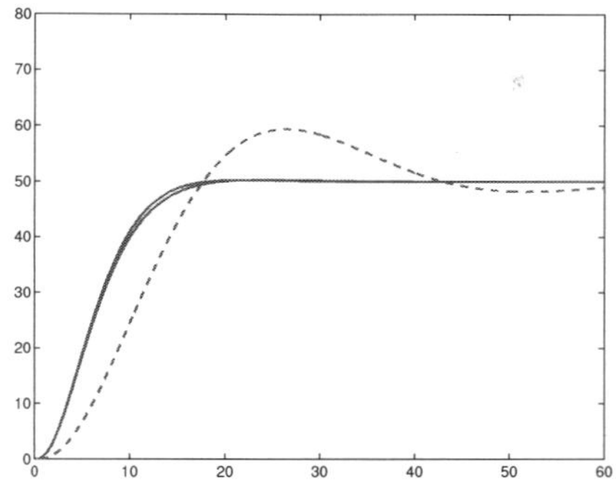

Figura 4.5: Desempenho de diversos controladores

Exemplo 4.4 Novamente o objetivo é controlar a velocidade angular do motor de corrente contínua com função de transferência

$$G(s) = \frac{1}{14s^2 + 15s + 2}$$

para que o erro em regime permanente ao degrau $\hat{r}(s) = 50/s$ seja nulo. Para isto, devemos projetar um controlador de tal forma que $C(s)G(s)$ seja do tipo 1, isto é, $C(s)$ deve ter pelo menos um polo na origem. Neste caso, devemos resolver a equação Diofantina para a função de transferência auxiliar

$$G_0(s) = \frac{1}{14s^3 + 15s^2 + 2s}$$

para a qual $m_G = 0$ e $n_G = 3$. Como ilustração, três casos foram considerados, cada qual com controladores com um polo na origem, mas de ordens diferentes.

No primeiro caso, consideramos um controlador com dois polos e dois zeros $n_C = m_C = 2 = n_G - 1$, o que assegura que a equação Diofantina tenha uma única solução. Como a função de transferência em malha fechada tem ordem cinco, levando em conta as características em malha aberta, escolhemos $P(s) = (s+1)^2(s+0{,}25)^3$ para impedir que oscilações ocorram e que o tempo de estabilização seja adequado, aliás, bem menor que aquele obtido no Exemplo 4.3 com um controlador integral. A equação (4.30) se escreve na forma

$$\left[\begin{array}{ccc|ccc} 0 & 0 & 0 & 1 & 0 & 0 \\ 2 & 0 & 0 & 0 & 1 & 0 \\ 15 & 2 & 0 & 0 & 0 & 1 \\ 14 & 15 & 2 & 0 & 0 & 0 \\ 0 & 14 & 15 & 0 & 0 & 0 \\ 0 & 0 & 14 & 0 & 0 & 0 \end{array}\right] \left[\begin{array}{c} \alpha_0 \\ \alpha_1 \\ \alpha_2 \\ \hline \beta_0 \\ \beta_1 \\ \beta_2 \end{array}\right] = \left[\begin{array}{c} 0{,}0156 \\ 0{,}2188 \\ 1{,}1406 \\ 2{,}6875 \\ 2{,}7500 \\ 1 \end{array}\right]$$

cuja solução fornece o controlador $C_0(s)$, bem como o controlador $C(s) = C_0(s)/s$ com um polo na origem

$$C(s) = \frac{1{,}419(s+0{,}9431)(s+0{,}1635)}{s(s^2 + 1{,}679s + 0{,}7462)}$$

sendo que, como se pode verificar, os polos de $F(s)$ coincidem com as raízes de $P(s) = 0$. No segundo caso, procuramos um controlador com um polo e um zero, de tal forma que $n_C = m_C = 1 < n_G - 1 = 2$. Com as mesmas considerações anteriores escolhemos $P(s) = (s+1)(s+0.25)^3$. A equação (4.30) fica na forma

$$\left[\begin{array}{cc|cc} 0 & 0 & 1 & 0 \\ 2 & 0 & 0 & 1 \\ 15 & 2 & 0 & 0 \\ 14 & 15 & 0 & 0 \\ 0 & 14 & 0 & 0 \end{array}\right] \left[\begin{array}{c} \alpha_0 \\ \alpha_1 \\ \hline \beta_0 \\ \beta_1 \end{array}\right] = \left[\begin{array}{c} 0{,}0156 \\ 0{,}2031 \\ 0{,}9375 \\ 1{,}7500 \\ 1 \end{array}\right]$$

que, infelizmente, não admite solução. Porém, resolvendo o problema (4.32), cuja solução é dada em (4.33), determinamos o controlador

$$C(s) = \frac{1{,}4253(s+0{,}1569)}{s(s+0{,}7405)}$$

Como era esperado, os polos de $F(s)$ dados por $\{-1{,}1393; -0{,}2570 \pm j0{,}1494; -0{,}1586\}$ não mais coincidem com as raízes de $P(s) = 0$. No último caso, procuramos um controlador proporcional, isto é, caracterizado por $n_C = m_C = 0 < n_G - 1 = 2$, e escolhemos $P(s) = (s+0.25)^3$. A equação (4.30) fica na forma

$$\left[\begin{array}{c|c} 0 & 1 \\ 2 & 0 \\ 15 & 0 \\ 14 & 0 \end{array}\right] \left[\begin{array}{c} \alpha_0 \\ \hline \beta_0 \end{array}\right] = \left[\begin{array}{c} 0{,}0156 \\ 0{,}1875 \\ 0{,}7500 \\ 1 \end{array}\right]$$

a qual, novamente, não admite nenhuma solução. A de distância mínima dada em (4.33) permite determinar o controlador integral

$$C(s) = \frac{0{,}2591}{s}$$

e verifica-se que os polos do sistema em malha fechada são $\{-0{,}0655 \pm j0{,}1241; -0{,}9405\}$ e também não coincidem com as raízes de $P(s) = 0$. Nos últimos dois casos, os polos de $F(s)$ não coincidem com as raízes de $P(s) = 0$, mas os controladores obtidos estabilizam o sistema em malha fechada. Nos casos em que a equação Diofantina não pode ser resolvida, por se procurar controladores de ordem reduzida, uma verificação *a posteriori* a respeito da localização dos seus polos se faz necessária.

A Figura 4.5 mostra a resposta do sistema em malha fechada para a entrada $\hat{r}(s) = 50/s$ com os três controladores que acabamos de calcular. Nota-se claramente que as respostas, em linhas contínuas, dos dois primeiros, embora sejam de ordens distintas, se comportam de maneira bastante semelhante, enquanto que o terceiro, em linha tracejada, apresenta um desempenho mais modesto. Em todos os casos, o erro em regime permanente é nulo. □

A alocação de polos através da solução da equação Diofantina é uma ferramenta poderosa de síntese de controladores para sistemas de controle. No caso em que a ordem do controlador é suficientemente elevada, para que uma solução exista, o cálculo do controlador depende apenas da determinação da solução de um sistema de equações lineares, o que pode ser feito numericamente, sem grandes dificuldades, mesmo que as dimensões envolvidas sejam grandes. No caso em que se procuram controladores de ordem reduzida, a solução não é exata e, portanto, deve ser obrigatoriamente validada *a posteriori*, tendo em vista que nada se pode garantir a respeito da localização final dos polos do sistema em malha fechada em relação à localização inicialmente estipulada.

4.4 Controladores Clássicos

Como já foi discutido no Capítulo 2, existem três classes de controladores com largo uso em aplicações práticas. Duas delas, que passamos a discutir em seguida, foram bastante utilizadas desde a segunda metade do século passado até os dias atuais, sobretudo devido à baixa complexidade de sua implementação. Entretanto, elas tendem a dar lugar aos controladores de uma terceira classe, com elementos de maior complexidade, na medida em que aumenta a utilização de controladores digitais que são implementados numericamente através de microcomputadores cada vez mais rápidos e possantes, eliminando quase que totalmente a necessidade de trabalhar com controladores mais simples. Como veremos, certas aproximações permitem concluir que os controladores da primeira classe "Atraso e Avanço" podem ser vistos como casos particulares daqueles da segunda classe "PID".

4.4.1 Atraso e Avanço

São controladores de primeira ordem com função de transferência

$$C(s) = k\frac{s+z}{s+p} \tag{4.34}$$

com $k \geq 0$, $z \geq 0$ e $p \geq 0$. Se $p < z$, a fase de $C(j\omega)$ é sempre negativa e o controlador é do tipo Atraso. Ao contrário, se $p > z$, a fase de $C(j\omega)$ é sempre positiva e o controlador é do tipo Avanço. Portanto, essas denominações estão associadas à possibilidade de o controlador adicionar fase positiva ou negativa ao produto $C(s)G(s)$. Observe que, em ambos os casos, a fase total não ultrapassará $\pm 90^o$.

Para fins de projeto, os controladores Atraso e Avanço devem ser vistos como aproximações dos controladores PI e PD, respectivamente. De fato, a igualdade

$$k_p + \frac{k_i}{s} = k\frac{s+z}{s+p} \tag{4.35}$$

é verdadeira para todo $s \in \mathbb{C}$, desde que $k = k_p,\ z = k_i/k_p > p = 0$. Da mesma forma a aproximação

$$k_p + k_d s \approx k\frac{s+z}{s+p} \tag{4.36}$$

é válida em toda faixa de frequência $\omega/p \ll 1$, desde que $k = k_d p,\ z = k_p/k_d \ll p$. Para o controlador PD, cuja função de transferência não é realizável, pois o número de zeros ultrapassa o número de polos, a aproximação obtida através de um controlador Avanço com p suficientemente grande permite sua implementação prática através de dispositivos elementares. Assim sendo, resta discutirmos as regras básicas para o projeto de controladores do tipo PID, que são os mais gerais possíveis dentro das classes em estudo.

4.4.2 PID

A classe de controladores PID tem elementos mais simples, que são os controladores P, PI e PD obtidos a partir da imposição de que determinados ganhos sejam nulos. As características básicas do controlador PI (Atraso) mais relevantes para o projeto são as seguintes:

- **Transitório -** Conforme $z > p \geq 0$ aumenta, no lugar das raízes o coeficiente linear das assíntotas aumenta e, portanto, os polos tendem para a direita. O tempo de estabilização tende a aumentar.

- **Regime permanente -** Como $C(0) \approx kz/p \to \infty$, então as constantes de erro tendem a aumentar. Como consequência, os erros de regime permanente tendem a diminuir.

Da mesma forma, as características básicas mais relevantes do controlador PD (Avanço) são as seguintes:

- **Transitório -** Conforme $z \ll p$ diminui, no lugar das raízes o coeficiente linear das assíntotas diminui e, portanto, os polos tendem para a esquerda. O tempo de estabilização tende a diminuir.

- **Regime permanente -** Como $C(0) \approx kz/p \to 0$, então as constantes de erro tendem a diminuir. Como consequência, os erros de regime permanente tendem a aumentar.

Nota-se que, de certa forma, os dois tipos de controladores se complementam. O importante é projetá-los de modo a reforçar os seus aspectos positivos e atenuar os seus aspectos negativos. Isto nos leva à seguinte regra de projeto: *O controlador PI é projetado para melhorar o desempenho em regime permanente, enquanto que o controlador PD é projetado para melhorar o desempenho durante o transitório.* Assim sendo, o projeto de um controlador PID pode ser feito em três etapas sucessivas:

1. Projetar um PI e obter o tempo integral $T_i = k_p/k_i$.

2. Projetar um PD e obter o tempo derivativo $T_d = k_d/k_p$.

3. Projetar o controlador PID com função de transferência escrita na forma

$$C(s) = \kappa\left(1 + \frac{1}{T_i s} + T_d s\right) \tag{4.37}$$

onde o ganho $\kappa > 0$ é determinado com o lugar das raízes.

Dois aspectos devem ficar bastante claros quanto ao procedimento que acabamos de propor para projeto de um controlador PID. Os dois passos iniciais permitem determinar duas constantes T_i e T_d, com as quais o PID se escreve na forma $C(s) = \kappa C_T(s)$, sendo que $C_T(s)$ é uma função de transferência conhecida. Portanto, não há dificuldade em se determinar $\kappa > 0$, a partir do lugar das raízes da equação característica em malha fechada $1 + \kappa C_T(s)G(s) = 0$. Após ter sido calculado o ganho $\kappa > 0$, resta implementar o controlador $C(s)$, que não é realizável. Para isto, é necessário adotar a aproximação

$$C_{imp}(s) = \kappa\left(1 + \frac{1}{T_i s} + T_d \frac{s}{\tau s + 1}\right) \tag{4.38}$$

que é válida para toda frequência tal que $\tau\omega \ll 1$. A determinação dessa constante de tempo, suficientemente pequena, é feita com a preocupação de manter aproximadamente inalterada a largura de faixa do sistema em malha fechada.

4.4.3 Regra de Ziegler-Nichols

Esta regra é importante pois tem sido usada com sucesso em diversas situações práticas onde $G(s)$ representa um sistema dinâmico estável. O objetivo é determinar os parâmetros de controladores da classe PID, ou, dito de outra forma, o objetivo é *sintonizar* os parâmetros do controlador. Com a equação característica $1 + \kappa G(s) = 0$, determina-se o valor do ganho $\kappa = \kappa_{osc} > 0$ de tal

Controlador	k_p	T_i	T_d
P	$0{,}50\kappa_{osc}$		
PI	$0{,}45\kappa_{osc}$	$T_{osc}/1{,}2$	
PID	$0{,}60\kappa_{osc}$	$T_{osc}/2{,}0$	$T_{osc}/8{,}0$

Tabela 4.1: Regra de Ziegler-Nichols

forma que o sistema passe a oscilar e determina-se o período de oscilação T_{osc}. Os coeficientes de cada tipo de controlador são dados na Tabela 4.1. Note que os parâmetros necessários para projetar um controlador pela regra de Ziegler-Nichols ($\kappa_{osc}, T_{osc} = 2\pi/\omega_{osc}$) podem ser determinados experimentalmente ou pela aplicação do critério de Routh ou de Nyquist. No lugar das raízes de $1 + \kappa G(s) = 0$, o ganho $\kappa_{osc} > 0$ corresponde ao valor de $\kappa > 0$ para o qual ocorre cruzamento de ramos com o eixo imaginário em $s = \pm j\omega_{osc}$. Adotando o critério de Nyquist, para este valor de ganho, a curva $G(j\omega)$ passa pelo ponto crítico $-1/\kappa + j0$. Alternativamente, com o critério de Routh-Hurwitz, se apenas dois polos cruzarem o eixo imaginário, a linha s^1 da tabela de Routh se anula.

Em conclusão, é preciso enfatizar que os projetos dos controladores clássicos são baseados em algumas características gerais que não são exatas. Assim sendo, devemos estar atentos para:

- Fazer diversas tentativas e comparar os respectivos desempenhos para a escolha do melhor controlador.
- Validar, através de simulações, o controlador escolhido.

Além disso, um bom projeto começa pela definição correta e precisa de critérios de desempenho aceitáveis. Na prática, os seguintes valores são considerados adequados se forem simultaneamente atendidos:

- Fator de amortecimento mínimo $\xi > 0{,}3$
- Valor de pico máximo no tempo $\psi < 0{,}3$
- Valor de pico máximo em frequência $\phi < 1{,}6$
- Margem de fase mínima $MF > 30^o$

Todos estes critérios estabelecem restrições sobre o fator de amortecimento. Se o fator de amortecimento dos polos dominantes for $\xi \geq 0{,}35$ todos eles serão simultaneamente atendidos. O motivo de adotarmos cada um deles separadamente é que, em geral, não trabalhamos com sistemas de segunda ordem e nem

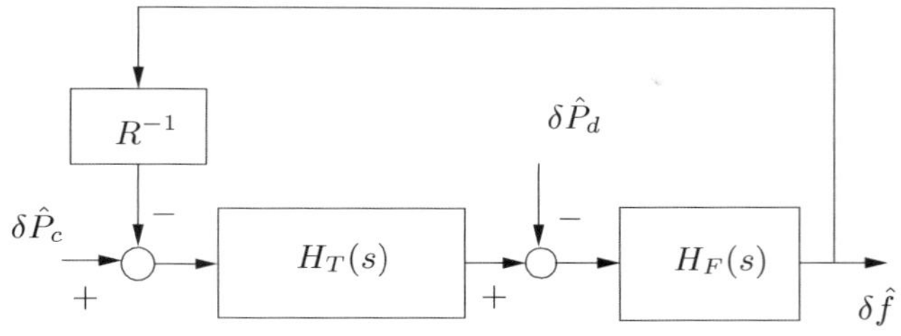

Figura 4.6: Controle PF

mesmo com sistemas que apresentem polos dominantes bastante separados dos demais. Em sistemas reais, atender cada um destes critérios separadamente indica que foi possível projetar um sistema de controle de boa qualidade. A seguir, dois projetos serão apresentados em detalhes para ilustrar os aspectos teóricos até aqui abordados.

4.5 Projeto via Lugar das Raízes

Vamos ilustrar os procedimentos estudados anteriormente para projetar um controlador para a malha "Potência Ativa - Frequência" em um sistema de geração de energia elétrica, denominado simplesmente de *controle PF*. Para maiores detalhes, ver a discussão a respeito deste tema nas notas bibliográficas incluídas no final deste capítulo.

Em operação normal, a demanda P_d é suprida pela geração P_g e o sistema opera em uma frequência nominal f_0. A Figura 4.6 fornece a estrutura do modelo aproximado (linear) em malha aberta, válido para pequenos desvios em relação a este ponto de operação. Todos os valores numéricos são normalizados e expressos em unidades coerentes.

A função de transferência

$$H_T(s) = \frac{1}{(0{,}3s+1)(0{,}08s+1)} \tag{4.39}$$

cuja saída é a potência gerada $\delta\hat{P}_g$, representa a turbina e o dispositivo de controle do fluxo de água (ou de vapor) que são acionados por um sinal de controle $\delta\hat{P}_c$. Ela tem dois polos, um com constante de tempo pequena devido aos dispositivos eletrônicos de acionamento e outro com constante de tempo maior, que representa o efeito mecânico do movimento das pás da turbina. A função de transferência

$$H_F(s) = \frac{120}{(20s+1)} \tag{4.40}$$

tem como entrada a diferença entre a geração e a demanda. Essa diferença produz uma variação na frequência de geração $\delta\hat{f}$, cuja dinâmica depende da inércia do gerador, que é descrita por um único polo com constante de tempo muito maior que aquelas de $H_T(s)$. A Figura 4.6 mostra também que o sinal de controle $\delta\hat{P}_c$ é decrementado por uma quantidade que depende linearmente da variação de frequência $\delta\hat{f}$, com ganho $R = 2{,}4$ em unidades coerentes.

Deseja-se projetar um controlador com função de transferência $C(s)$ de tal forma que o sistema em malha fechada com a lei de controle

$$\delta\hat{P}_c = -C(s)\delta\hat{f} \tag{4.41}$$

apresente as seguintes características básicas que devem expressar um desempenho adequado do sistema de controle a ser projetado:

- Erro de regime permanente nulo para variação da demanda na forma de um degrau
$$\delta\hat{P}_d = \frac{0{,}01}{s} \tag{4.42}$$
que corresponde a uma variação de 1% na demanda nominal. Observe que o controle deve alterar a geração para suprir a demanda e fazer com que a frequência retorne ao seu valor nominal f_0.

- Margem de fase, tempo de estabilização e valor de pico (no tempo) em níveis aceitáveis.

O primeiro passo é converter o diagrama de blocos da Figura 4.6 com a malha de realimentação definida pela lei de controle (4.41) na estrutura básica de controle até aqui estudada, tendo como entrada a variação da demanda $\delta\hat{P}_d$ e como saída a variação na frequência de geração $\delta\hat{f}$. Neste sentido, aplicando a transformada de Laplace no diagrama de blocos da Figura 4.6, obtemos

$$\begin{aligned} \delta\hat{f} &= \frac{-H_F}{1 + H_T H_F R^{-1}}\delta\hat{P}_d + \frac{H_T H_F}{1 + H_T H_F R^{-1}}\delta\hat{P}_c \\ &= W\ \delta\hat{P}_d + G\ \delta\hat{P}_c \end{aligned} \tag{4.43}$$

com $W(s)$ e $G(s)$ calculadas a partir das funções de transferências dadas anteriormente, ou seja,

$$W(s) = \frac{-6s^2 - 95s - 250}{s^3 + 15{,}88s^2 + 42{,}46s + 106{,}2} \tag{4.44}$$

$$G(s) = \frac{250}{s^3 + 15{,}88s^2 + 42{,}46s + 106{,}2} \tag{4.45}$$

sendo que ambas têm os mesmos polos $-13{,}2902$ e $-1{,}2966 \pm j2{,}5127$ com os dois mais próximos do eixo real claramente dominantes. Finalmente, com a lei de controle $\delta\hat{P}_c = -C(s)\delta\hat{f}$ e a relação (4.43), podemos calcular a função de transferência em malha fechada

$$\delta\hat{f} = \frac{W}{1+CG}\delta\hat{P}_d \tag{4.46}$$

É interessante notar que essa função de transferência depende de $C(s)$ de uma forma diversa daquela já estudada, pois o seu numerador não depende de $C(s)$. Entretanto, sua equação característica

$$1 + C(s)G(s) = 0 \tag{4.47}$$

é idêntica à equação característica de um sistema com realimentação unitária. Ademais, como $W(0) = -G(0) \neq 0$, o valor de $\delta f(t)$ será nulo em regime permanente desde que $C(s)$ tenha pelo menos um polo na origem. Assim sendo, os conceitos e técnicas apresentados anteriormente se aplicam.

Com o intuito de aplicar a regra de Ziegler-Nichols, construímos a tabela de Routh para a equação característica $1 + \kappa G(s) = 0$, que corresponde a introduzir no sistema um controlador proporcional.

s^3	1	$42{,}46$	
s^2	$15{,}88$	$106{,}2 + 250\kappa$	(4.48)
s^1	$568{,}06 - 250\kappa$		
s^0	$106{,}2 + 250\kappa$		

Para $0 \leq \kappa < 2{,}2723$ a primeira coluna tem todos os elementos positivos. Para $\kappa > 2{,}2723$ ocorrem duas trocas de sinal indicando que $\kappa_{osc} = 2{,}2723$. Como este valor anula a linha s^1, o polinômio auxiliar gerado pela linha s^2 permite determinar a frequência de oscilação $\omega_{osc} = 6{,}5162$ [rad/s] e, consequentemente, $T_{osc} = 0{,}9642$ [s]. Como para atender a especificação de regime permanente o controlador deve ter um polo na origem, determinamos os seguintes controladores a partir da regra de Ziegler-Nichols:

- **Controlador PI:** A Tabela 4.1 fornece os parâmetros deste controlador como sendo $k_p \approx 1{,}01$ e $T_i \approx 0{,}81$ [s], que permitem determinar

$$C(s) \approx \frac{s + 1{,}236}{s} \tag{4.49}$$

  Verifica-se que os polos dominantes do sistema em malha fechada têm um fator de amortecimento $\xi \approx 0{,}04$ e margem de fase $MF \approx 7^o$. Esses valores, muito baixos, tornam esta solução inaceitável.

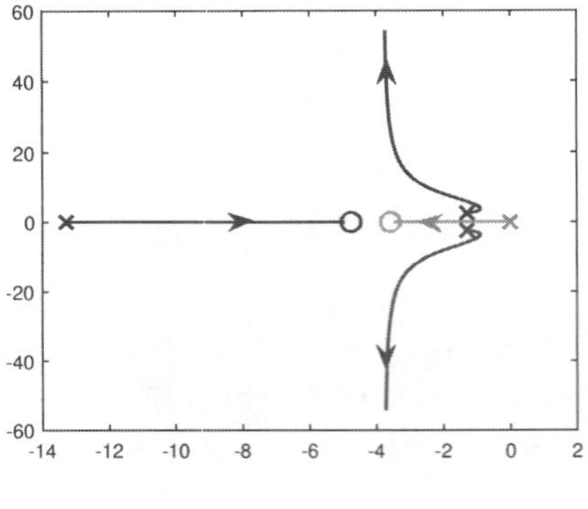

Figura 4.7: Lugar das raízes no plano s

- **Controlador PID:** Novamente, com a Tabela 4.1 determinamos $k_p \approx 1{,}34$; $T_i \approx 0{,}49$ [s]; $T_d \approx 0{,}12$ [s] e o controlador

$$C(s) \approx 0{,}161 \frac{(s + 4{,}762)(s + 3{,}571)}{s} \tag{4.50}$$

A verificação dos mesmos índices de desempenho para o sistema em malha fechada revela que o fator de amortecimento dos polos dominantes subiu para $\xi \approx 0{,}21$ e que a margem de fase atingiu $MF \approx 27^o$, tornando a solução bem próxima de ser aceitável.

O lugar das raízes é uma ferramenta bastante adequada para se tentar refinar o projeto do controlador PID e melhorar o seu desempenho. A ideia, similar àquela apresentada anteriormente, baseia-se em escrever o controlador PID na forma $C(s) = \kappa C_T(s)$, onde

$$C_T(s) = \left(1 + \frac{1}{T_i s} + T_d s\right) \tag{4.51}$$

é uma função de transferência conhecida, tendo em vista que as constantes T_i e T_d foram determinadas pela regra de Ziegler-Nichols, e determinar $\kappa > 0$ com o lugar das raízes de $1 + \kappa C_T(s)G(s) = 0$.

A Figura 4.7 mostra este lugar das raízes. Para $\kappa = 0{,}26$ os dois polos complexos têm fator de amortecimento $\xi \approx 0{,}30$ e a mesma parte real do polo que pertence ao ramo que sai da origem. Ademais, para este valor de ganho a margem de fase atinge o valor expressivo de $MF = 86^o$. Com este refinamento, apenas ajustando o ganho de forma adequada, foi possível encontrar uma solução aceitável para o projeto proposto.

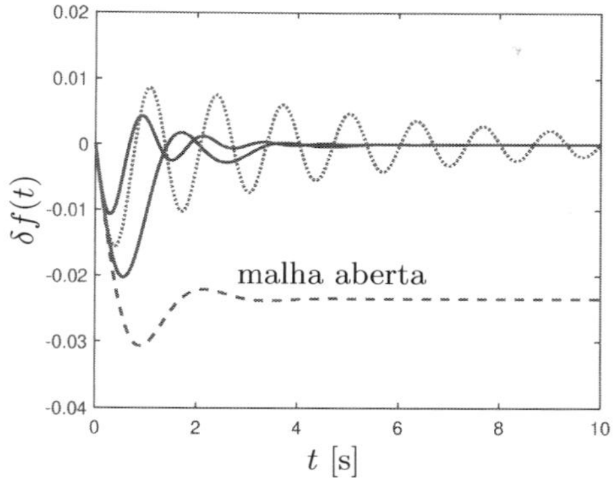

Figura 4.8: Simulação no tempo dos controladores projetados

Resta validar os controladores resultantes. Isso é feito mediante a simulação temporal do sistema em malha fechada obtido com os respectivos controladores e submetidos à entrada degrau dada em (4.42). A Figura 4.8 mostra as simulações realizadas. Nela nota-se a resposta do sistema em malha aberta, isto é, operando sem nenhum controle. Como resposta a um aumento da demanda, o sistema passou a operar com um desvio permanente de frequência, o que obviamente é inaceitável. O mesmo pode ser dito do controlador PI, pois, embora em regime permanente o desvio de frequência se anule, o tempo de estabilização é muito grande e a resposta é muito oscilatória, confirmando as análises já feitas a seu respeito. As outras duas curvas em linhas contínuas representam as respostas com os controladores PID, um deles sintonizado com a regra de Ziegler-Nichols, e o outro com o refinamento do ajuste do ganho pelo lugar da raízes. O tempo de estabilização, em cada caso, é aproximadamente o mesmo, mas o pico máximo do desvio de frequência é menor para o primeiro controlador. Em contrapartida, o segundo tem uma margem de fase muito maior, indicando ser menos sensível a perturbações não modeladas presentes na prática. Esse tipo de compromisso entre soluções viáveis sempre estará presente nos projetos de controle, cabendo ao projetista a decisão final. Esse projeto também serve para, uma vez mais, colocar em evidência a regra de Ziegler-Nichols como sendo adequada, em geral, para sintonizar controladores do tipo PID.

4.6 Projeto via Resposta em Frequência

Vamos agora aplicar os resultados anteriores em um projeto envolvendo um

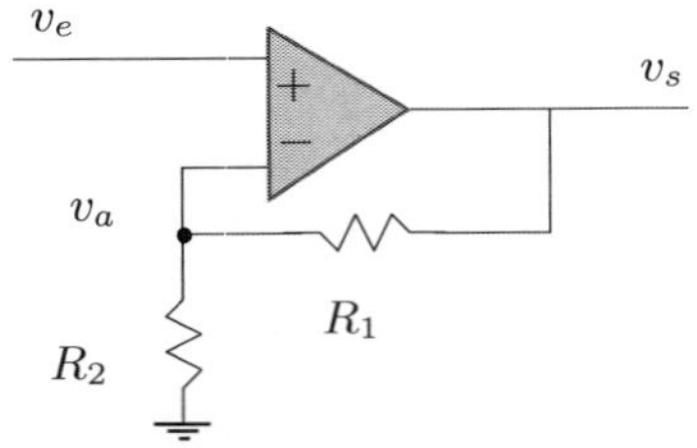

Figura 4.9: Amplificador operacional em configuração não inversora

amplificador operacional realimentado. Inicialmente, considere o circuito mostrado na Figura 4.9, onde o amplificador operacional é modelado não apenas como um dispositivo de alto ganho, mas com uma frequência de corte finita, ou seja, $\hat{v}_s = A(s)(\hat{v}_e - \hat{v}_a)$ com

$$A(s) = \frac{A_0}{1 + \tau_0 s} \tag{4.52}$$

onde tipicamente $A_0 \in (10^4, 10^5)$ é o ganho DC e $\tau_0^{-1} \in (10, 100)$ [Hz] é a frequência de corte. A impedância de entrada do amplificador operacional é infinita, de tal forma que os resistores R_1 e R_2 definem um divisor de tensão que permite determinar

$$\hat{v}_a = \left(\frac{1}{\kappa}\right) \hat{v}_s \ , \ \kappa = \frac{R_1 + R_2}{R_2} \geq 1 \tag{4.53}$$

Com essas equações podemos construir o diagrama de blocos correspondente ao circuito da Figura 4.9 que é mostrado na Figura 4.10, onde $C(s) = 1/\kappa$. Trata-se de um diagrama de blocos idêntico àquele da estrutura básica de controle. A única diferença, para todos os fins irrelevante, é o bloco de saída com o ganho κ. A função de transferência em malha fechada daquele circuito, entre a tensão de entrada $\hat{v}_e$ e a tensão de saída $\hat{v}_s$,

$$F(s) = \kappa \frac{A(s)/\kappa}{1 + A(s)/\kappa} \tag{4.54}$$

coloca em evidência que o inverso do ganho $\kappa \geq 1$ faz o papel da função de transferência de um controlador proporcional. Aplicando o critério de Nyquist na equação característica $1 + \kappa^{-1} A(s) = 0$, o fato de $A(s)$ ser estável e de primeira ordem implica que o sistema em malha fechada permanece assintoticamente estável para qualquer valor do ganho κ considerado.

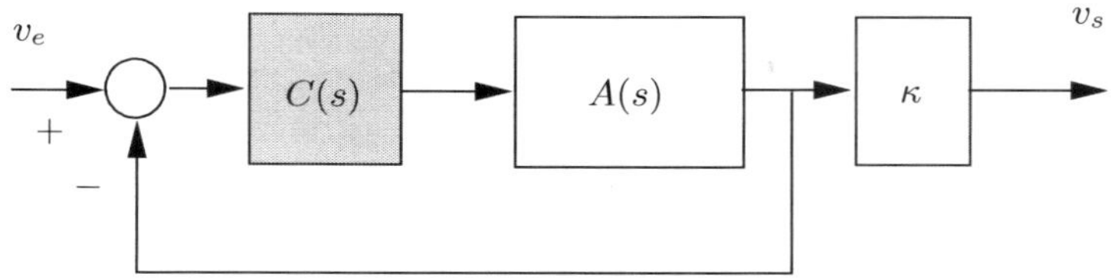

Figura 4.10: Diagrama de blocos do amplificador

Para um amplificador com ganho $\kappa \in (1, 100)$ é válida a relação $A_0/\kappa \gg 1$, que permite uma aproximação bastante precisa para a função de transferência em malha fechada

$$F(s) \approx \frac{\kappa}{(\kappa\tau_0/A_0)s + 1} \tag{4.55}$$

Imediatamente, identificamos $F(s)$ como sendo a função de transferência de um filtro passa-baixas com ganho κ e largura de faixa $W = A_0/(\kappa\tau_0)$. Recuperamos uma propriedade muito conhecida, a saber, o produto $W\kappa = A_0/\tau_0$ é constante para qualquer ganho κ pois depende exclusivamente dos parâmetros internos do amplificador operacional. Para efeito de cálculo, adotando os valores típicos $A_0 = 10^5$ e $\tau_0^{-1} = 10$ [Hz] temos uma largura de faixa de $W = 1$ [MHz] para $\kappa = 1$.

Enquanto apenas um amplificador de ganho $\kappa \geq 1$ é uma estrutura bastante estável e robusta, a conexão de mais de dois deles em série pode tornar-se uma estrutura instável, a depender dos ganhos envolvidos. De fato, como cada um deles tem impedância de entrada infinita, a função de transferência do conjunto é igual ao produto das funções de transferência de cada um, com três ou mais polos estáveis. Neste caso, o mapeamento da resposta em frequência do conjunto cruzará o eixo real e a estabilidade dependerá do seu ganho. Uma situação semelhante ocorre quando consideramos a possibilidade de que os polos adicionais, que aparecem nas altas frequências de $A(s)$, não tenham sido devida e corretamente compensados. Para estudar esse aspecto, vamos supor que dispomos de um amplificador operacional, não com função de transferência $A(s)$, mas sim com a seguinte função de transferência

$$A_{sem}(s) = \frac{A_0}{(1+\tau s)(1+\alpha s)(1+\beta s)} \tag{4.56}$$

com nenhum zero e com três polos. Deseja-se projetar um amplificador que opere com uma margem de fase da ordem de 45° para todo ganho $\kappa \in (1, 100)$. Os seguintes valores numéricos $\tau^{-1} = 1$ [kHz], $\alpha^{-1} = 50$ [kHz] e $\beta^{-1} = 1$ [MHz] são adotados.

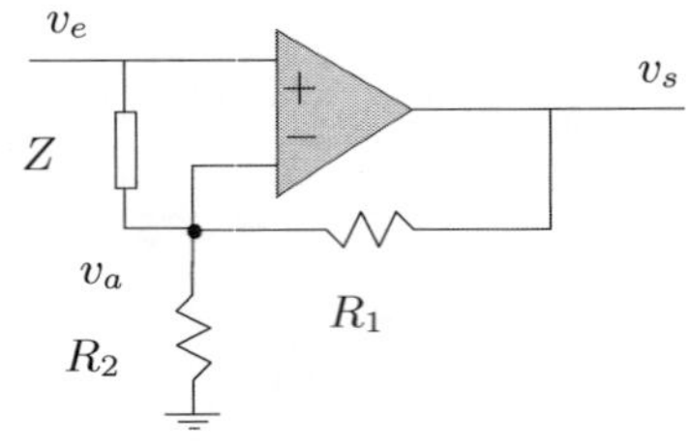

Figura 4.11: Amplificador modificado

É importante salientar que, se simplesmente utilizarmos a estrutura anterior com $A_{sem}(s)$ no lugar de $A(s)$, a equação característica do sistema em malha fechada da Figura 4.10 torna-se $1 + \kappa^{-1}A_{sem}(s) = 0$. Como $A_{sem}(j\omega)$ cruza o eixo real negativo no ponto $\approx -10^3$ e como, neste caso, o lugar crítico do critério de Nyquist é $-\kappa + j0$, verificamos que o circuito torna-se instável para todo $\kappa \in (1, 10^3)$. Assim sendo, aquela estrutura deve ser modificada para garantir a estabilidade e a margem de fase prefixada. A Figura 4.11 mostra a nova estrutura proposta, onde o amplificador operacional em configuração não inversora é modelado pela função de transferência $A_{sem}(s)$ e a impedância Z constitui o elemento a ser projetado.

O primeiro passo é calcular a função de transferência em malha fechada. A partir do circuito da Figura 4.11, temos

$$\frac{v_e - v_a}{Z} + \frac{v_s - v_a}{R_1} = \frac{v_a}{R_2} \tag{4.57}$$

cuja transformada de Laplace permite obter a relação $\hat{v}_a = H_e\hat{v}_e + H_s\hat{v}_s$, onde

$$H_e = \left(Z^{-1} + \kappa R_1^{-1}\right)^{-1} Z^{-1} \tag{4.58}$$

$$H_s = \left(Z^{-1} + \kappa R_1^{-1}\right)^{-1} R_1^{-1} \tag{4.59}$$

sendo que estas duas funções de transferência não são independentes pois satisfazem a relação linear $H_e + \kappa H_s = 1$. Por outro lado, levando em conta a relação entre a entrada e a saída do amplificador operacional em configuração não inversora, dada na forma $\hat{v}_s = A_{sem}(\hat{v}_e - \hat{v}_a)$, a função de transferência em malha fechada entre a tensão de entrada $\hat{v}_e$ e a tensão de saída $\hat{v}_s$ pode ser escrita como

$$F_{sem}(s) = \kappa \frac{C(s)A_{sem}(s)}{1 + C(s)A_{sem}(s)} \tag{4.60}$$

onde $C(s) = H_s(s)$. Observe que ela tem a mesma estrutura que a anteriormente estudada e apresentada na Figura 4.10, porém com $A(s)$ substituída por $A_{sem}(s)$.

O efeito da impedância Z aparece em $C(s)$ e pode ser interpretada como a função de transferência de um controlador a ser projetado que depende, portanto, de cada escolha particular de Z. Assim sendo, propomos fixar $Z(s)$ bastante simples, como sendo um capacitor em série com um resistor, de tal forma que

$$Z(s) = R_x + \frac{1}{sC_x} \tag{4.61}$$

depende dos valores da resistência R_x e da capacitância C_x a serem determinados. Substituindo (4.61) em (4.59), após algumas manipulações algébricas, obtemos

$$C(s) = \kappa^{-1}\frac{C_x R_x s + 1}{C_x R_y s + 1} \tag{4.62}$$

onde

$$R_y = R_x + \frac{R_1 R_2}{R_1 + R_2} \tag{4.63}$$

Nesse ponto, as seguintes observações são pertinentes: em primeiro lugar, como os resistores satisfazem a relação $R_y > R_x$, o controlador a ser projetado é do tipo atraso. Por outro lado, com os resistores R_1 e R_2 devidamente fixados para definir um determinado ganho $\kappa \geq 1$, o valor de $R = R_1R_2/(R_1 + R_2)$ é dado. Se as constantes de tempo τ_x e τ_y com $\tau_y > \tau_x$ de $C(s)$ forem conhecidas, então

$$C_x = \frac{\tau_y - \tau_x}{R}, \; R_x = \frac{\tau_x}{\tau_y - \tau_x}R \tag{4.64}$$

definem $Z(s)$. Se formos capazes de projetar um controlador do tipo atraso de tal forma que as especificações do projeto sejam atendidas, as suas duas constantes de tempo determinam unicamente a impedância procurada.

De maneira mais específica, o projeto requer a determinação de um controlador $C(s)$ do tipo atraso tal que o amplificador em malha fechada, para todo ganho $\kappa \in (1, 100)$, atenda as seguintes especificações:

- Seja assintoticamente estável e tenha margem de fase $MF \geq 45^o$.
- Tenha uma largura de faixa W_{sem} aproximadamente igual à largura de faixa W de $F(s)$.

Com o objetivo de atender estas especificações, vamos inicialmente considerar $\kappa = 50$ fixo, determinar $C(s)$ e, em seguida, avaliar o seu desempenho para os demais valores do ganho. Observe que para $\kappa = 50$ a largura de faixa de $F(s)$ é $W = 20$ [kHz] e que os polos de $F_{sem}(s)$ são soluções da equação característica $1 + C(s)A_{sem}(s) = 0$.

Esse projeto envolve dois atributos importantes do sistema em malha fechada, a saber, margem de fase e largura de faixa. O ponto mais importante a ser observado é que, segundo a equação (4.15), a largura de faixa W e a frequência ω_g que define a margem de fase estão relacionadas entre si por $W \approx 3\omega_g/2$. Além disso, a função de transferência $C(s)A_{sem}(s)$ é de fase mínima e, assim, o seu módulo define completamente a sua fase, a qual, aproximada pelas assíntotas, satisfaz a condição

$$\angle C(j\omega)A_{sem}(j\omega) \approx \left(\frac{n}{20}\right) 90^o \tag{4.65}$$

onde n é a declividade de $|C(j\omega)A_{sem}(j\omega)|$ medida em [dB/dec]. Isto permite definir a seguinte regra padrão para se obter uma boa margem de fase, geralmente acima de 45°:

- **Regra padrão:** Na década em torno da frequência ω_g, o controlador $C(s)$ deve impor uma declividade de -20 [dB/dec] em $|C(j\omega)A_{sem}(j\omega)|$.

A partir destas considerações, adotamos os seguintes passos para determinar um controlador da forma requerida, isto é, com função de transferência

$$C(s) = \kappa^{-1}\frac{\tau_x s + 1}{\tau_y s + 1} \tag{4.66}$$

a ser sintetizada pela impedância $Z(s)$ desde que $\tau_y > \tau_x$, condição para que $C(s)$ seja do tipo atraso e (4.64) possa ser efetivamente resolvida.

1. Com $W_{sem} = W = 20$ [kHz], determina-se $\omega_g \approx 2W_{sem}/3 = 13{,}3$ [kHz].

2. Escolhendo $\tau_x^{-1} \approx \tau^{-1} = 1$ [kHz] verifica-se que $|C(j\omega)A_{sem}(j\omega)|$ tem declividade -20 [dB/dec] no intervalo $(\tau_y^{-1}, \alpha^{-1})$. Note que ω_g deve pertencer a este intervalo de frequências.

3. A constante de tempo τ_y é determinada para que $|C(j\omega_g)A_{sem}(j\omega_g)| = 1$. Usando as assíntotas do diagrama de Bode, isso é conseguido impondo-se

$$\kappa^{-1}\left|\frac{A_0}{\tau_y s + 1}\right|_{s=j\omega_g} = 1 \tag{4.67}$$

que permite determinar $\tau_y \approx A_0/(\kappa\omega_g) = 0{,}15$ [s]. Verifica-se imediatamente que $\tau_y > \tau_x$, bem como ω_g pertence ao intervalo $(6{,}66; 5 \times 10^4)$ [Hz].

Portanto, no final deste procedimento temos em mãos o controlador do tipo atraso calculado para $\kappa = 50$, ou seja,

$$C(s) = 0{,}02\frac{0{,}001s + 1}{0{,}15s + 1} \tag{4.68}$$

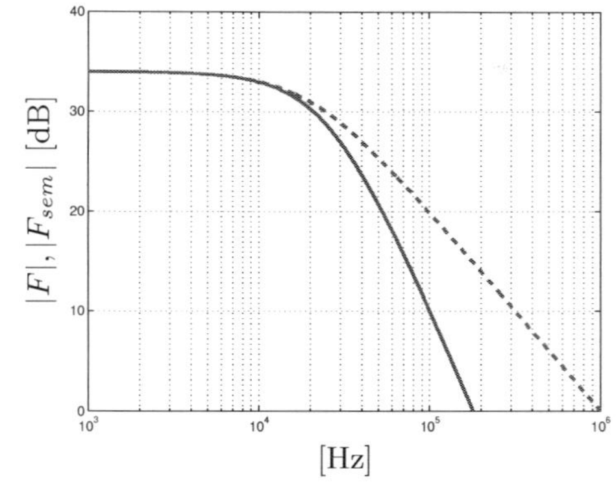

Figura 4.12: Resposta em frequência

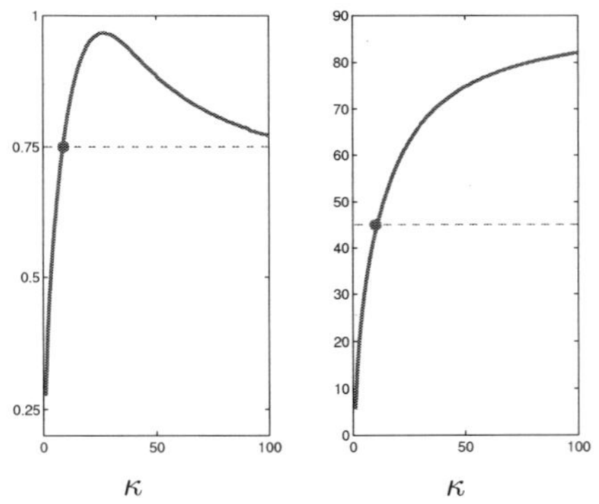

Figura 4.13: Validação para diferentes ganhos

que deve satisfazer todos os critérios de desempenho anteriormente estabelecidos. Para se ter uma medida daquilo que foi conseguido, mesmo com as diversas aproximações adotadas, os valores exatos das seguintes variáveis foram calculados como sendo $W_{sem} = 17{,}7$ [kHz], $\omega_g = 12{,}9$ [kHz] e $MF = 75^o$. A redução de aproximadamente 10% na largura de faixa é compensada pelo aumento significativo da margem de fase.

A Figura 4.12 mostra os diagramas de Bode de módulo das funções de transferência $F(s)$ e $F_{sem}(s)$ para $\kappa = 50$. A linha tracejada mostra o módulo de $F(j\omega)$, enquanto que a linha contínua mostra o módulo de $F_{sem}(j\omega)$, ambos expressos em [dB]. Nota-se a perfeita concordância entre ambos em baixas frequências bem como a ligeira redução da largura de faixa da segunda em relação à primeira.

Como $C(s)$ foi determinado para o valor *nominal* $\kappa = 50$ do ganho do amplificador, resta verificar o seu comportamento em função deste parâmetro variando

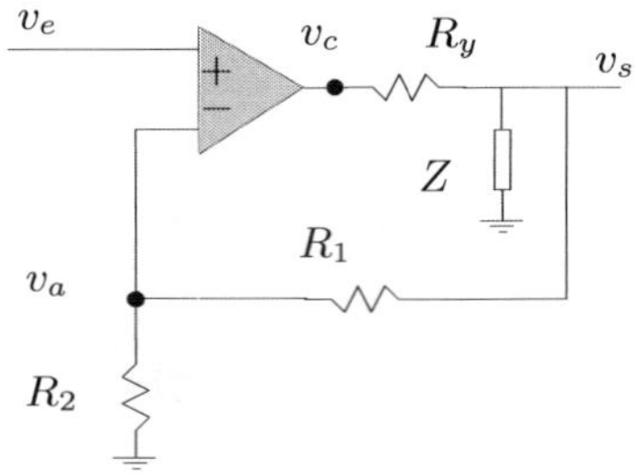

Figura 4.14: Amplificador modificado

no intervalo $\kappa \in (1, 100)$. Na Figura 4.13, o gráfico à esquerda mostra a largura de faixa de $F_{sem}(s)$ em relação àquela produzida por $F(s)$, isto é, W_{sem}/W. O gráfico à direita mostra a margem de fase. Podemos concluir que o desempenho do controlador $C(s)$ projetado para o ganho nominal é bastante adequado para todo $\kappa \in (10, 100)$.

Finalmente devemos discutir alguns aspectos relativos à implementação do controlador nominal $C(s)$ dado em (4.68). Qualquer ganho κ no intervalo desejado pode ser implementado adotando-se $R_1 = \kappa R$ e $R_2 = \kappa R/(\kappa - 1)$, com R arbitrário. Para $R = 1$ [MΩ], as relações (4.64) fornecem $C_x \approx 150$ [nF] e $R_x \approx 6{,}7$ [kΩ].

Um outro aspecto muito relevante diz respeito à impedância $Z(s)$ colocada na entrada do amplificador operacional da Figura 4.11. Embora os critérios de desempenho tenham sido atendidos, a impedância de entrada do amplificador não é mais infinita, o que é altamente indesejável na prática. Isso foi feito de maneira proposital para poder colocar em evidência que o mesmo projeto pode ser realizado com o circuito esquematizado na Figura 4.14, o qual não sofre desta deficiência. De fato, as equações que regem seu comportamento podem ser escritas na forma $\hat{v}_s = \kappa C(s)\hat{v}_c$, $\hat{v}_c = A_{sem}(s)(\hat{v}_e - \hat{v}_a)$ e $\hat{v}_a = \kappa^{-1}\hat{v}_s$, onde $C(s)$ é dada por

$$\begin{aligned} C(s) &= \kappa^{-1}\frac{(R_1 + R_2)Z}{R_y(R_1 + R_2 + Z) + (R_1 + R_2)Z} \\ &= \kappa^{-1}\frac{R_xC_xs + 1}{(R_y + R_x + R_xR_y/(R_1 + R_2))C_xs + (1 + R_y/(R_1 + R_2))} \\ &\approx \kappa^{-1}\frac{R_xC_xs + 1}{(R_y + R_x)C_xs + 1} \end{aligned} \tag{4.69}$$

onde a segunda igualdade decorre do fato de termos escolhido a impedância Z constituída por um resistor em série com um capacitor, dada por (4.61), e a terceira igualdade decorre de uma aproximação válida se $R_y/(R_1 + R_2) \ll 1$.

Como para implementar um ganho $\kappa \geq 1$ qualquer é necessário apenas impor um valor para a relação R_1/R_2, esta última condição pode ser sempre satisfeita, para qualquer R_y. Note que, como anteriormente, a equação (4.69) produz um controlador do tipo atraso. Por outro lado, usando as relações extraídas do circuito da Figura 4.14, obtemos a relação entre entrada e saída como sendo

$$\hat{v}_s = \left(\kappa \frac{C(s)A_{sem}(s)}{1 + C(s)A_{sem}(s)} \right) \hat{v}_e \tag{4.70}$$

fazendo com que a função de transferência em malha fechada seja idêntica à $F_{sem}(s)$ dada em (4.60). Assim sendo, impondo-se a função de transferência do controlador $C(s)$ da forma (4.66), o projeto para a nova estrutura é idêntico ao anterior. A única diferença, irrelevante, é como a valores das resistências e da capacitância são extraídos de $C(s)$ definida pelas constantes de tempo $\tau_x = R_x C_x$ e $\tau_y = (R_y + R_x)C_x$. Uma solução possível é dada por

$$C_x = \frac{\tau_y - \tau_x}{R_y} \ , \ R_x = \frac{\tau_x}{\tau_y - \tau_x} R_y \tag{4.71}$$

onde R_y é qualquer, mas deve satisfazer a condição $R_y/(R_1 + R_2) \ll 1$. Com os valores numéricos utilizados anteriormente, adotando-se $R_1 = \kappa R$ e $R_2 = \kappa R/(\kappa - 1)$, com $R = 1$ [MΩ] e $R_y = 100$ [kΩ], as relações (4.71) fornecem $C_x \approx 1{,}5$ [μF] e $R_x \approx 67{,}0$ [kΩ]. Neste caso, $R_y/(R_1 + R_2) \approx 1/(10\kappa) \leq 0{,}01$ para todo $\kappa \in (10, 100)$, o que mantém a aproximação dentro de uma precisão adequada de 1%, no pior caso.

4.7 Notas Bibliográficas

Neste capítulo discutimos e propusemos várias técnicas que julgamos as mais essenciais para serem aplicadas em projetos de sistemas de controle. Inicialmente, retomamos os critérios de desempenho, mas agora no domínio da frequência, para, em seguida, introduzir os importantes conceitos de margem de ganho e margem de fase e, finalmente, os critérios de desempenho em regime permanente levando à caracterização dos tipos de sistemas. Estes temas são tratados em praticamente todos os livros de controle, com maior ou menor ênfase em determinados aspectos, como se pode verificar nos textos [2], [7], [15], [25] e [30]. A alocação de polos baseada na solução da equação Diofantina é discutida em [2], porém, neste capítulo, foi feito um esforço para generalizar esse procedimento e projetar controladores de ordem reduzida. Esse aspecto não é encontrado no demais livros-textos. Os controladores clássicos e a regra de Ziegler-Nichols foram analisados dentro de uma visão unificadora destes temas. O capítulo é concluído com dois projetos que são apresentados em detalhes. O primeiro trata do controle *Potência ativa - frequência* em sistemas de geração de energia elétrica, utilizando o modelo clássico inicialmente proposto em [12] e também tratado em [31]. O segundo enfoca o projeto de amplificadores operacionais realimentados com margem de fase garantida, ver [6], [29] e [34]. Além dos projetos em si, importantes aspectos relativos à implementação prática de cada um são discutidos. Como pode ser verificado, várias partes deste material não são encontradas em outros livros de controle disponíveis na literatura.

4.8 Exercícios

Exercício 4.1 *Considere as funções de transferência dadas a seguir e a partir de sua resposta em frequência estime o pico máximo do diagrama de Bode de módulo e a largura de faixa, utilizando a aproximação de segunda ordem, e em seguida compare com os valores obtidos via simulação numérica.*

a) $G(s) = \dfrac{5(s+1)}{s^2+4s+5}$

b) $G(s) = \dfrac{s+20}{4(s^2+4s+5)}$

c) $G(s) = \dfrac{40}{(s+1)(s^2+4s+40)}$

d) $G(s) = \dfrac{400}{(s+10)(s^2+4s+40)}$

e) $G(s) = \dfrac{425(s+10)}{10(s+1)(s^2+10s+425)}$

f) $G(s) = \dfrac{4250(s+1)}{(s+10)(s^2+10s+425)}$

g) $G(s) = \dfrac{272(s+100)}{5(s+20)(s^2+8s+272)}$

h) $G(s) = \dfrac{1360(s+20)}{(s+100)(s^2+8s+272)}$

Exercício 4.2 *O diagrama de Bode assintótico de módulo de um sistema de fase mínima com função de transferência $G(s)$ e a estrutura de controle em malha fechada estão representados na Figura 4.15. Sabendo-se que $G(s)$ apresenta dois polos complexos conjugados com fator de amortecimento 0,7:*

a) Estime para $\kappa = 1$ a margem de fase, a margem de ganho e calcule as constantes de erro K_p, K_v e K_a associadas ao sistema em malha fechada.

b) A partir dos valores encontrados no item anterior, determine o valor do ganho $\kappa_{osc} > 0$ de tal modo que o sistema em malha fechada permaneça estável.

Exercício 4.3 *O diagrama de Bode assintótico de módulo de um sistema de fase mínima com função de transferência $G(s)$ e a estrutura de controle em malha fechada estão representados na Figura 4.16. Sabendo-se que todos os polos e zeros de $G(s)$ são reais:*

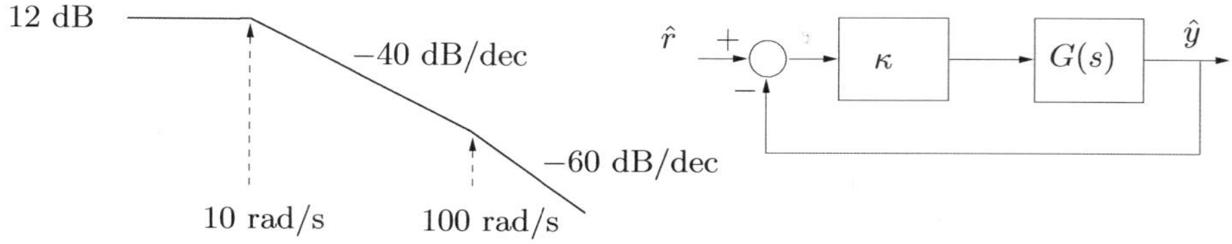

Figura 4.15: Diagrama de Bode em malha aberta e estrutura em malha fechada

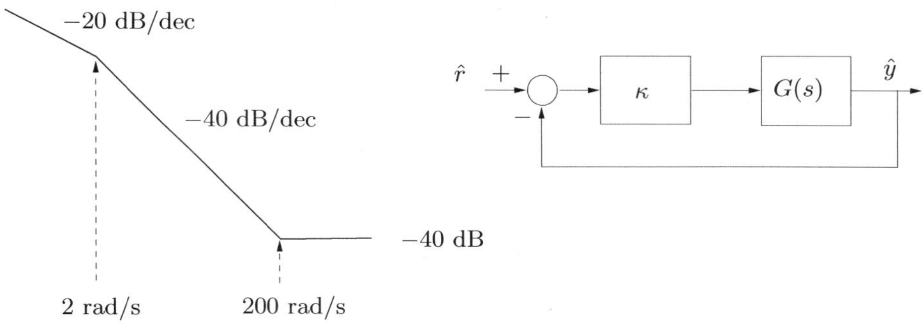

Figura 4.16: Diagrama de Bode em malha aberta e estrutura em malha fechada

a) Estime considerando $\kappa = 1$ a margem de fase, a margem de ganho e calcule as constantes de erro K_p, K_v e K_a associadas ao sistema em malha fechada.

b) Determine os valores de $\kappa > 0$ de tal modo que a margem de fase do sistema seja maior ou igual a 45°.

Exercício 4.4 *Considere um sistema de controle com realimentação unitária, segundo a Figura 4.17, cuja planta é dada por*

$$G(s) = \frac{1}{(s+1)(s+10)^2}$$

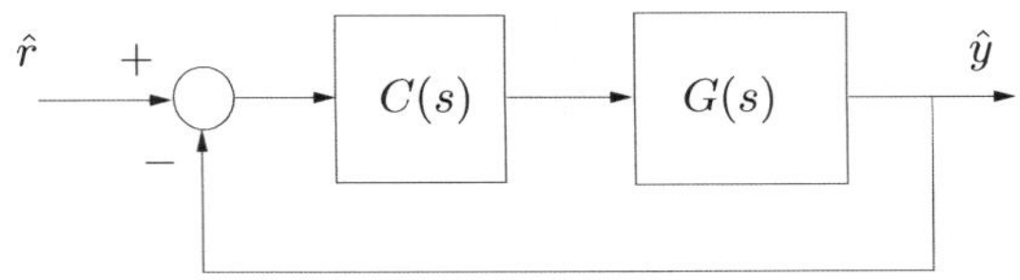

Figura 4.17: Sistema com realimentação unitária

a) *Para $C(s) = \kappa > 0$, expresse os erros de regime em função do tempo, para as seguintes entradas: $r_1(t) = A$, $r_2(t) = At$ e $r_3(t) = At^2$, $\forall\ t \geq 0$. Em seguida, determine $\kappa_m > 0$ para que o tempo de estabilização do sistema em malha fechada seja mínimo.*

b) *Utilizando um pacote computacional, verifique se a aproximação via polos dominantes para o sistema em malha fechada é válida. Altere o ganho $\kappa > 0$ e verifique o que ocorre com o tempo de estabilização do sistema em malha fechada. É possível determinar outro ganho que melhore o tempo de estabilização?*

c) *Com o controlador projetado no item b), calcule a margem de fase, a margem de ganho e a largura de faixa do sistema em malha fechada.*

d) *Utilizando um controlador proporcional, é possível que o erro relativo a uma entrada do tipo degrau seja menor ou igual a 5%?*

Exercício 4.5 *Com relação à planta do Exercício 4.4, deseja-se projetar um controlador $C(s)$ de modo que o sistema em malha fechada apresente tempo de estabilização próximo ao valor encontrado anteriormente e que o erro relativo a uma entrada do tipo degrau não ultrapasse 5%.*

a) *Para atendermos a especificação sobre o erro de regime podemos utilizar um controlador PI. Projete o controlador PI utilizando a regra de Ziegler-Nichols e verifique se as especificações sobre o transitório foram atendidas.*

b) *Refaça o projeto do controlador PI alocando o zero do controlador de modo a cancelar o polo em -1 da planta. Em seguida, imagine que o cancelamento entre o polo e o zero não é perfeito. Utilizando um pacote computacional, verifique o efeito de haver um erro de 10% no valor do polo da planta para o projeto realizado.*

c) *Projete um controlador $C(s) = k_c\frac{s+z}{s+p}$ do tipo atraso de modo que o zero do controlador cancele o polo da planta em -1 e aloque convenientemente o polo do controlador. A seguir, verifique utilizando um pacote computacional se as especificações foram atendidas e analise os efeitos de um cancelamento imperfeito entre polo e zero.*

d) *Projete o controlador $C(s)$ alocando os polos dominantes do sistema em malha fechada nas posições encontradas no Exercício 4.4 e os não dominantes com, pelo menos, 4 constantes de tempo mais rápidas e resolva a equação Diofantina. Nesse projeto, imponha que o erro em regime para a entrada degrau seja nulo.*

Após finalizado cada projeto, determine as margens de ganho, de fase e a largura de faixa do sistema em malha fechada.

Exercício 4.6 *Denotando por W a largura de faixa do sistema de controle em malha fechada projetado no exercício anterior, implemente os controladores PI e atraso projetados no Exercício 4.5 utilizando um segurador de ordem zero. Faça as implementações utilizando as frequências de amostragem W, $5W$, $10W$, $20W$ e $30W$ e compare os desempenhos de cada implementação com o desempenho do controle a tempo contínuo. Utilize um pacote computacional para realizar esta tarefa.*

Exercício 4.7 *Considere o sistema de controle em malha fechada representado na Figura 4.17, no qual a planta $G(s)$ é definida por*

$$G(s) = \frac{0{,}1(s+10)}{s(s+2)(s+3)}$$

Supondo que se queira utilizar um controlador proporcional $C(s) = \kappa > 0$:

a) *Calcule as constantes de posição K_p, de velocidade K_v, de aceleração K_a e os erros em regime permanente para entradas do tipo degrau, rampa e parábola unitários.*

b) *A partir das respostas do item a), qual a melhor escolha para o ganho κ considerando apenas o desempenho em regime permanente? Qual a consequência dessa escolha no comportamento do sistema em malha fechada durante o transitório?*

c) *Projete $C(s) = \kappa_m > 0$, de modo a minimizar o tempo de estabilização e, a partir desse valor, calcule o erro à rampa unitária e estime a margem de ganho, a margem de fase e a largura de faixa do sistema em malha fechada.*

Exercício 4.8 *Dada a planta $G(s)$ do Exercício 4.7, deseja-se que a saída $y(t)$ do sistema em malha fechada representado na Figura 4.17 apresente as seguintes características:*

- *erro em relação à rampa unitária inferior a 0,1.*
- *tempo de estabilização menor ou igual a 4 [s].*
- *máximo pico para uma entrada degrau igual a 30%.*

a) *Verifique se o controlador $C(s) = \kappa_m$ projetado no Exercício 4.6 é capaz de atender a todas as especificações.*

b) *Delimite no plano complexo a região Ω em que os polos do sistema em malha fechada devem permanecer para atender as restrições sobre o transitório de $y(t)$.*

c) *Utilizando o lugar das raízes, projete um controlador $C(s) = k_c(s+z)$ do tipo proporcional-derivativo escolhendo adequadamente a região da reta real em que se deve alocar seu zero e, em seguida, determine o valor do ganho k_c de modo a alocar convenientemente os polos dominantes do sistema em malha fechada. Finalmente, verifique se o valor encontrado satisfaz a restrição sobre o transitório.*

d) *A partir do controlador PD obtido no item c), projete um controlador $C(s) = k_c \frac{s+z}{s+p}$ do tipo avanço de modo a garantir os critérios de desempenho impostos. Mantenha o zero do controlador avanço igual ao do PD, aloque convenientemente o polo do novo controlador, de modo a não alterar em demasia as características do lugar das raízes na região de interesse, e ajuste adequadamente o ganho k_c.*

Após finalizado cada projeto, determine, utilizando um pacote computacional, as margens de fase, de ganho e a largura de faixa do sistema em malha fechada.

Exercício 4.9 *Denotando por W a largura de faixa do sistema de controle em malha fechada projetado no Exercício 4.8, implemente os controladores PD e avanço discretizados utilizando um segurador de ordem zero. Faça as implementações utilizando as frequências de amostragem W, $5W$, $10W$, $20W$ e $30W$ e compare os desempenhos de cada implementação com o desempenho do controle a tempo contínuo. Utilize um pacote computacional para realizar essa tarefa.*

Exercício 4.10 *Com relação ao projeto de um controlador para a função de transferência dada no Exercício 4.7, qual a consequência de se utilizar um controlador do tipo PI a fim de zerar o erro para uma entrada rampa? E se utilizarmos um controlador do tipo atraso? De um modo geral, qual a consequência de adicionarmos um polo em frequência mais baixa que a do zero de $C(s)$?*

Exercício 4.11 *Considere um sistema de controle com realimentação unitária, segundo a Figura 4.17, cuja planta tem função de transferência dada por*

$$G(s) = \frac{250}{s(s+5)^2}$$

a) *Considerando um controlador proporcional $C(s) = k_p > 0$, calcule os erros em regime permanente para entradas degrau, rampa e parábolas unitários em função de k_p. Para $k_p \in \{0{,}1; 1; 10\}$, estime as margens de fase e de ganho do sistema em malha fechada e conclua sobre sua estabilidade.*

b) *Utilizando a regra de Ziegler-Nichols projete um controlador $C(s)$ do tipo PID e estime a margem de fase e a largura de faixa do sistema em malha fechada, bem como o valor do erro em regime para a rampa unitária.*

c) *Supondo que o controlador $C(s)$, de acordo com a estrutura da Figura 4.17, deva garantir que o sistema em malha fechada atenda as seguintes especificações:*

   - *erro para uma entrada rampa unitária menor ou igual a* 0,1.
   - *margem de fase de, no mínimo,* 30°.
   - *largura de faixa em torno de* 100 [rad/s].

   verifique se um controlador proporcional $C(s) = k_p > 0$ é capaz de atendê-las. A seguir, analise se o controlador PID projetado no item b) satisfaz as especificações.

d) *Utilizando um controlador do tipo proporcional-derivativo, verifique se é possível satisfazer os critérios de desempenho. Em caso negativo, proponha uma maneira de contornar o problema encontrado.*

e) *Refaça o projeto do item anterior empregando controladores do tipo avanço.*

Em todos os itens anteriores, utilize um pacote computacional para validar os projetos realizados.

Exercício 4.12 *Considere a planta*

$$G(s) = \frac{s+2}{s(s+4)(s+5)}$$

para a qual deseja-se projetar um sistema de controle com realimentação unitária, segundo a Figura 4.17.

a) Calcule um controlador proporcional $C(s) = k_p > 0$ *de modo que o tempo de estabilização do sistema em malha fechada seja de, no máximo,* 4 [s] *e calcule o erro em relação a uma entrada do tipo rampa unitária.*

b) Deseja-se projetar um controlador $C(s)$ *de modo a satisfazer as seguintes especificações:*

- *erro em relação à rampa não superior a* 5%.
- *tempo de estabilização próximo a* 4 [s].
- *atenuação em altas frequências de* −40 [dB/dec].

A partir das especificações dadas, determine a estrutura do controlador que deve ser utilizado e calcule-o. Utilize um pacote computacional para validar o projeto realizado.

Exercício 4.13 *Considere o sistema de controle com realimentação unitária apresentado na Figura 4.18*

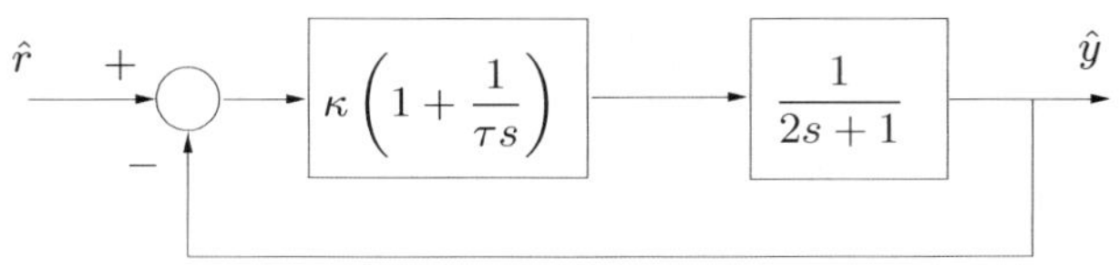

Figura 4.18: Sistema com dois graus de liberdade

a) Determine no plano $\kappa \times \tau$, *para* $\kappa > 0$ *e* $\tau > 0$, *a sua região de estabilidade.*

b) Se possível, determine $\kappa > 0$ *e* $\tau > 0$ *de tal forma a satisfazer, simultaneamente, as seguintes especificações:*

- *tempo de estabilização menor que* 1,5 [s].
- *constante de velocidade maior que* 50.
- *fator de amortecimento igual a* 0,5.

Exercício 4.14 *Um sistema de controle a tempo contínuo em malha fechada, com realimentação unitária, apresenta uma planta* $G(s)$ *de fase mínima cujo diagrama de Bode assintótico de módulo é dado na Figura 4.19. O controlador* $C(s)$ *no diagrama de blocos da Figura 4.19 deve ser projetado de modo a garantir:*

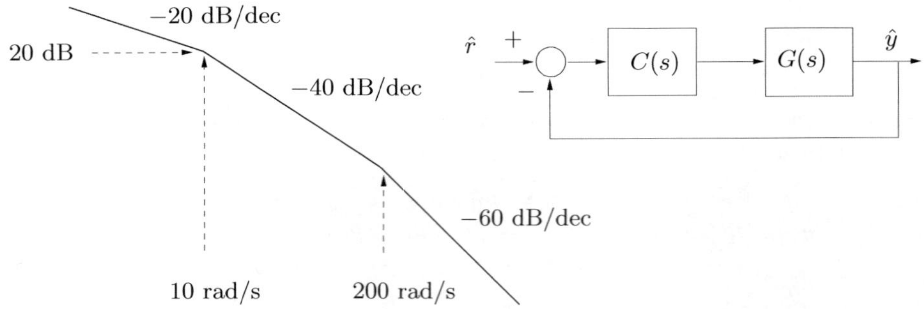

Figura 4.19: Diagrama de Bode em malha aberta e estrutura em malha fechada

- *precisão em regime permanente, em resposta a uma rampa, maior que* 1%.
- *margem de fase não inferior a* 45°.
- *largura de faixa entre* 200 [rad/s] *e* 300 [rad/s].

a) Para $C(s) = k_p$, determine o valor do ganho de modo a satisfazer a especificação em regime permanente e determine o correspondente valor da margem de fase.

b) A partir do controlador determinado no item anterior, estabeleça a estrutura do controlador a ser projetado a fim de satisfazer todas as especificações e aloque convenientemente os polos e zeros de $C(s)$.

Exercício 4.15 *Considere um regulador de tensão cuja estrutura é apresentada na Figura 4.17, com*

$$G(s) = \frac{10}{(1 + s/10)(1 + s/2)}$$

Deseja-se projetar um controlador $C(s)$ de modo que a tensão regulada, dada pela saída $y(t)$, seja $2000 \pm 0,2$ [V]. *Como especificação do transitório, a margem de fase do sistema não deve ser inferior a* 35° *e deseja-se atenuar os ruídos com frequência superior a* 100 [rad/s].

a) Partindo de um controlador proporcional $C(s) = k_p$, verifique se, ao atender a especificação em regime permanente, o transitório do sistema em malha fechada é adequado.

b) Pensando apenas no comportamento do sistema em regime permanente, projete um controlador $C_1(s)$ do tipo atraso de modo a regular a tensão dentro do valor especificado. Em seguida, verifique a margem de fase associada ao sistema $C_1(s)G(s)$.

c) Para satisfazer a especificação da margem de fase, considere o sistema em malha aberta dado por $C_1(s)G(s)$ e então projete um controlador $C_2(s)$ do tipo avanço de modo a adequar o comportamento durante o transitório. Assim, o controlador para o regulador de tensão é definido por $C(s) = C_1(s)C_2(s)$.

d) Verifique qual o efeito de um controlador PID, projetado através da regra de Ziegler-Nichols, no comportamento do sistema em malha fechada.

Em todos os itens, utilize um pacote computacional para verificar se as especificações do projeto foram atendidas.

Exercício 4.16 *Considere a planta*

$$G(s) = \frac{s-2}{(s+1)(s+4)(s^2+4s+5)}$$

para a qual deseja-se projetar um sistema de controle com realimentação unitária, segundo a Figura 4.17.

a) Considerando um controlador proporcional $C(s) = k_p > 0$, esboce o lugar das raízes e verifique se é possível fazer com que o sistema em malha fechada apresente tempo de estabilização menor ou igual a 4 [s].

b) Para um controlador do tipo $C(s) = k_c \frac{s+z}{s+p}$, escolha convenientemente z e p e calcule $k_c > 0$ para satisfazer a condição de tempo de estabilização menor ou igual a 4 [s].

Exercício 4.17 *Considere um sistema em malha aberta instável, representado pela função de transferência*

$$G(s) = \frac{1}{s^2 - 2s + 5}$$

Deseja-se projetar um controlador $C(s)$ para que o sistema de controle representado na Figura 4.17 possua margem de fase de 70°.

a) A partir da planta fornecida e das especificações de projeto, qual a estrutura do controlador que deve ser projetada?

b) Projete o controlador com a estrutura definida no item anterior e calcule a margem de ganho e a largura de faixa do sistema em malha fechada.

Exercício 4.18 *Para o sistema em malha fechada da Figura 4.20, na qual*

$$G(s) = \frac{16(s+2)}{s^2(s^2+2s+2)}$$

a) Determine sua função de transferência em malha fechada.

b) Considerando $C(s) = 0{,}1$ e $H(s) = s$, determine as constantes de erro K_p, K_v e K_a, as margens de estabilidade e a largura de faixa do sistema em malha fechada.

c) Para os controladores $C(s)$ e $H(s)$ dados, determine a saída em regime permanente correspondente à entrada $r(t) = 10 + 5t \ \forall \ t \geq 0$.

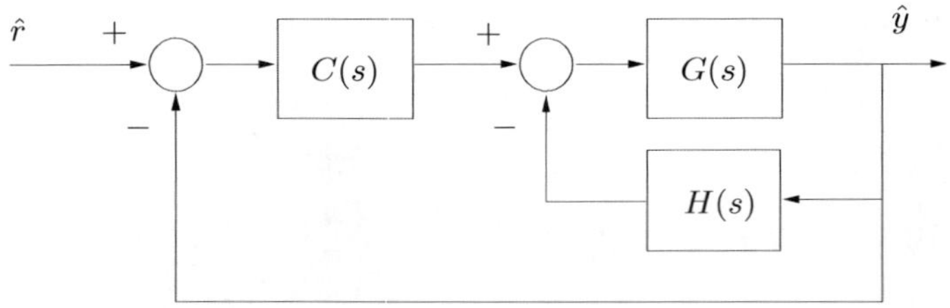

Figura 4.20: Sistema com duas malhas de realimentação

d) Se $C(s) = H(s) = 1$, é possível calcular o erro em regime para a entrada dada no item anterior?

Exercício 4.19 *Considerando o sistema de controle da Figura 4.20, uma estratégia de projeto é calcular $H(s)$ e $C(s)$ em duas etapas, iniciando-se com a malha de realimentação mais interna.*

a) Primeiramente, vamos projetar $H(s) = k_d s$ de modo que os polos assintoticamente estáveis da função de transferência da malha de realimentação interna apresentem o menor tempo de estabilização possível. Para a malha de realimentação interna, qual o erro para uma entrada degrau?

b) Na segunda etapa de projeto queremos que $C(s) = k_c \frac{s+z}{s+p}$ garanta, para uma entrada degrau, um valor de pico em relação à entrada de, no máximo, 15% e tempo de estabilização não superior a 10 [s]. Utilize um pacote computacional para verificar a qualidade do projeto.

Exercício 4.20 *Um sistema com realimentação unitária e sinal de referência nulo, de acordo com a Figura 4.21, tem como função de transferência em malha aberta*

$$G(s) = \frac{1}{s(s+1)(s/2+1)}$$

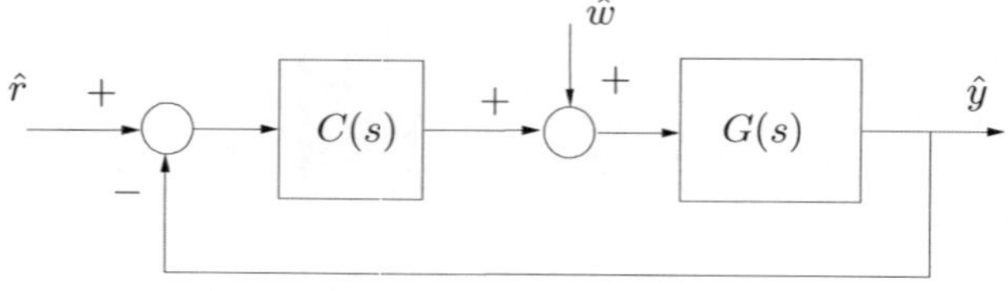

Figura 4.21: Sistema com realimentação unitária sujeito a ruído de atuação

a) Deseja-se projetar um controlador $C(s)$ de forma que, para $w(t)$ do tipo degrau, seu feito na saída $y(t)$ em regime permanente não ultrapasse 5% da sua amplitude. Calcule um controlador $C(s) = k_p > 0$ que satisfaça esta especificação. É possível utilizar tal controlador?

b) Projete um controlador do tipo $C(s) = k_c \frac{(s+z_1)(s+z_2)}{s+p}$ de modo a satisfazer as restrições de projeto. Seria possível utilizar um controlador PID?

c) Supondo um ruído $w(t) = \text{sen}(100t)$, qual a atenuação aplicada pelo sistema na composição do sinal de saída $y(t)$?

Exercício 4.21 *A Figura 4.22 esquematiza o modelo linearizado do controle automático da tensão de um gerador síncrono, no qual a tensão de saída do gerador denotada por $V_t(t)$ deve estar dentro de certos limites em relação à tensão de referência $V_r(t)$. Considere inicialmente que $\Delta\delta(t) = 0$.*

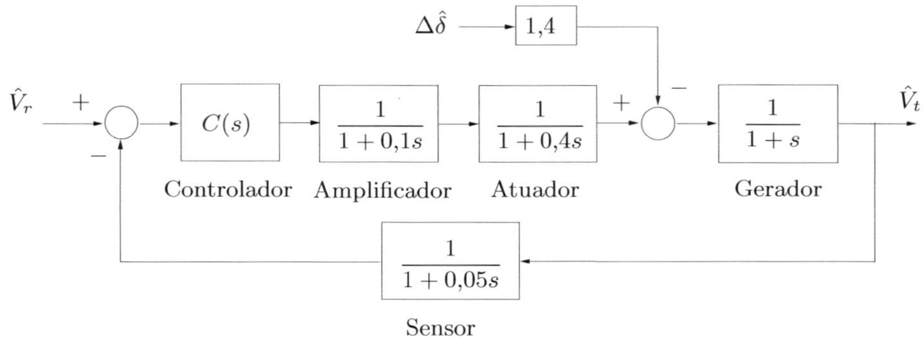

Figura 4.22: Regulador automático de tensão

a) Supondo $C(s) = k_p$, determine os valores de $k_p > 0$ de modo que o sistema seja estável.

b) Qual deve ser o valor de k_p para que a precisão da tensão de saída $V_t(t)$ seja de 10% em relação a uma tensão $V_r(t)$ do tipo degrau?

c) Determine o valor de k_p de modo que o tempo de estabilização do sistema em malha fechada seja mínimo.

d) Projete um controlador $C(s)$ do tipo PID de modo a garantir que o tempo de estabilização de $V_t(t)$ não ultrapasse 2 [s] e que seu valor de pico, para uma referência do tipo degrau, seja menor que 15%.

Exercício 4.22 *Com relação ao problema de regulação automática de tensão tratado no Exercício 4.21, percebemos pelo diagrama de blocos da Figura 4.22 que uma variação no ângulo de potência do gerador síncrono, denotada por $\Delta\delta(t)$, afeta a tensão de saída $V_t(t)$.*

a) *Para uma variação de* $\Delta\delta(t) = 0{,}05$ *calcule a variação correspondente na tensão de saída* $V_t(t)$ *em função de* $C(s) = k_p$ *e determine o valor de* $k_p > 0$ *que minimiza a influência do distúrbio em regime permanente. Qual a consequência para o comportamento da tensão de saída durante o transitório?*

b) *Recalcule a variação que o distúrbio* $\Delta\delta(t) = 0{,}05$ *causa na saída* $V_t(t)$ *em regime permanente para o controlador* $C(s)$ *projetado no item d) da questão anterior.*

Capítulo 5

Projeto via Representação de Estado

5.1 Introdução

Até agora projetamos controladores, traduzindo as especificações de projeto nas posições em que os polos dominantes do sistema em malha fechada devem ser alocados, o conjunto Ω. Inicialmente, fixamos a estrutura do controlador e calculamos posições adequadas para seus polos, a fim de respeitar o desempenho durante o transitório. Por fim, o ajuste do ganho através do lugar das raízes permitiu melhorar a solução mantendo o comportamento em regime permanente. Entretanto, com essa técnica, não temos atuação eficaz sobre a posição dos polos não dominantes em malha fechada, o que pode levar a comportamentos da saída controlada que não são exatamente os especificados.

Essa dificuldade na alocação de todos os polos de um sistema de controle em malha fechada pode ser contornada aumentando-se o número de parâmetros do controlador, isto é, aumentando a sua complexidade. Neste capítulo, abordamos o projeto de controladores no contexto de espaço de estado e estudamos como alocar convenientemente os polos de um sistema em malha fechada, como uma alternativa à resolução das *equações Diofantinas*. O ponto central é a solução de um problema de controle ótimo, denominado *problema linear quadrático*, cujo critério é ajustado através de um lugar das raízes específico, simétrico em relação ao eixo imaginário do plano complexo.

5.2 Realimentação de Estado

Consideramos, como nos capítulos anteriores, um sistema em malha aberta definido pela relação entre a sua entrada $\hat{g}$ e a sua saída $\hat{y}$ através da função de transferência

$$G(s) = \frac{\sum_{i=0}^{n} b_i s^i}{\sum_{i=0}^{n} a_i s^i} \tag{5.1}$$

onde, sem perda de generalidade, assumimos que $a_n = 1$. Essa função de transferência é dita *estritamente própria* quando $b_n = 0$ e *própria* se $b_n \neq 0$. Em ambos os casos, temos interesse em reescrevê-la na seguinte forma alternativa

$$\begin{aligned} G(s) &= \frac{\sum_{i=0}^{n} b_i s^i - b_n \sum_{i=0}^{n} a_i s^i}{\sum_{i=0}^{n} a_i s^i} + b_n \\ &= \frac{\sum_{i=0}^{n} (b_i - b_n a_i) s^i}{\sum_{i=0}^{n} a_i s^i} + b_n \\ &= \frac{\sum_{i=0}^{m} c_i s^i}{\sum_{i=0}^{n} a_i s^i} + b_n \end{aligned} \tag{5.2}$$

onde $m \leq n-1$ e $c_i = b_i - b_n a_i$ para todo $i = 0, \cdots, m$. Ou seja, a ordem do polinômio numerador torna-se estritamente menor do que a ordem do polinômio denominador pois, por construção, o coeficiente do seu termo de maior grau é nulo, isto é, $c_n = b_n - b_n a_n = 0$. Esta é a forma conveniente para se obter a sua representação de estado. De fato, com (5.2) a relação $\hat{y} = G(s)\hat{g}$ se escreve

$$\hat{y} = \left(\sum_{i=0}^{m} c_i s^i \right) \hat{\eta} + b_n \hat{g} \tag{5.3}$$

onde a variável auxiliar $\hat{\eta}$ é definida por

$$\left(\sum_{i=0}^{n} a_i s^i \right) \hat{\eta} = \hat{g} \tag{5.4}$$

portanto, calculando a transforma de Laplace inversa, é possível expressar estas mesmas relações no domínio do tempo envolvendo a variável auxiliar que acabamos de introduzir. Sob condições iniciais nulas, obtemos

$$y(t) = \sum_{i=0}^{m} c_i \eta^{(i)}(t) + b_n g(t) \tag{5.5}$$

sendo que $\eta(t)$ satisfaz a equação diferencial

$$\sum_{i=0}^{n} a_i \eta^{(i)}(t) = g(t) \tag{5.6}$$

o que permite concluir que a saída $y(t)$ é dada pela combinação linear da entrada $g(t)$ e das derivadas sucessivas de $\eta(t)$, que é a solução da equação diferencial (5.6). Definindo como variáveis de estado $\eta(t)$ e suas derivadas sucessivas até ordem $n-1$, ou seja, $x_{i+1}(t) = \eta^{(i)}(t)$ para todo $i = 0, \cdots, n-1$ como sendo as componentes do vetor de estado

$$x(t) = \begin{bmatrix} \eta^{(0)}(t) \\ \eta^{(1)}(t) \\ \vdots \\ \eta^{(n-1)}(t) \end{bmatrix} \in \mathbb{R}^n \tag{5.7}$$

a sua derivada em relação ao tempo fornece a chamada *equação de estado*

$$\dot{x} = Ax + Bu \tag{5.8}$$

$$y = Cx + Du \tag{5.9}$$

onde, para seguir a nomenclatura padrão, a entrada foi denotada $u(t) = g(t)$ e as matrizes $A \in \mathbb{R}^{n\times n}$, $B \in \mathbb{R}^{n\times 1}$, $C \in \mathbb{R}^{1\times n}$ e $D \in \mathbb{R}$ são dadas por

$$A = \begin{bmatrix} 0 & 1 & 0 & \cdots & 0 \\ 0 & 0 & 1 & \cdots & 0 \\ \vdots & \vdots & \vdots & \ddots & \vdots \\ 0 & 0 & 0 & \cdots & 1 \\ -a_0 & -a_1 & -a_2 & \cdots & -a_{n-1} \end{bmatrix}, \; B = \begin{bmatrix} 0 \\ 0 \\ \vdots \\ 0 \\ 1 \end{bmatrix} \tag{5.10}$$

$$C = \begin{bmatrix} c_0 & c_1 & c_2 & \cdots & c_m & 0 & \cdots & 0 \end{bmatrix}, \; D = b_n \tag{5.11}$$

Neste ponto, cabem algumas considerações. Em primeiro lugar, condições iniciais não nulas podem ser incluídas impondo-se o valor do vetor de estado no instante inicial $t = 0$, isto é, $x(0) = x_0 \in \mathbb{R}^n$. Tendo sido fixada a condição inicial, a solução de (5.8) é única:

$$x(t) = e^{At}x_0 + \int_0^t e^{A(t-\tau)}Bu(\tau)\, d\tau \tag{5.12}$$

Em segundo lugar, tendo em mãos a representação de estado podemos imediatamente recuperar a função de transferência que a originou. De fato, uma vez mais, sob condições iniciais nulas, a transformada de Laplace aplicada em (5.8) e (5.9) fornece $\hat{x} = (sI - A)^{-1}B\hat{u}$ e $\hat{y} = C\hat{x} + D\hat{u}$, sendo que a primeira igualdade substituída na segunda resulta em $\hat{y} = G(s)\hat{u}$ com

$$G(s) = C(sI - A)^{-1}B + D \tag{5.13}$$

Ademais, lembrando dos resultados referentes ao cálculo de polos e zeros de funções racionais introduzidos no Capítulo 3, a comparação de (5.13) com (5.1) nos leva à conclusão de que

$$\det(sI - A) = \sum_{i=0}^{n} a_i s^i \tag{5.14}$$

indicando que o polinômio característico da matriz A é igual ao polinômio denominador da função de transferência $G(s)$. Portanto, os polos de $G(s)$ são as raízes de $\det(sI - A) = 0$, que nada mais é que a equação característica da equação diferencial (5.8), ou ainda a equação característica da matriz A. Por outro lado, temos também

$$\det \begin{bmatrix} sI - A & -B \\ C & D \end{bmatrix} = \sum_{i=0}^{n} b_i s^i \tag{5.15}$$

que indica uma maneira alternativa de definir e calcular os zeros de $G(s)$. Finalmente, em terceiro lugar, a representação de estado de uma função de transferência não é única. De fato, considerando $T \in \mathbb{R}^{n\times n}$ uma matriz não singular qualquer, definindo um novo vetor de estado $\tilde{x} = Tx$, as equações (5.8) e (5.9) são escritas na forma equivalente

$$\begin{aligned} \dot{\tilde{x}} &= TAT^{-1}\tilde{x} + TBu && (5.16) \\ y &= CT^{-1}\tilde{x} + Du && (5.17) \end{aligned}$$

cuja função de transferência pode ser calculada como anteriormente, ou seja, aplicando-se a transformada de Laplace sob condições iniciais nulas para obter

$$\begin{aligned} H(s) &= CT^{-1}\left(sI - TAT^{-1}\right)^{-1}TB + D \\ &= CT^{-1}\left(T(sI - A)T^{-1}\right)^{-1}TB + D \\ &= C(sI - A)^{-1}B + D && (5.18) \end{aligned}$$

A igualdade $H(s) = G(s)$ que acabamos de obter mostra que uma função de transferência admite um número infinito de representações de estado, ligadas umas às outras por uma transformação linear do tipo $\tilde{x} = Tx$, denominada *transformação de similaridade*. A transformação de similaridade pode ser usada para obter equações de estado com uma estrutura mais conveniente. Por exemplo, para uma classe bastante ampla de matrizes $A \in R^{n\times n}$, que inclui todas aquelas com autovalores distintos, existe uma transformação de similaridade de tal forma que $TAT^{-1} = \Lambda$, onde Λ é uma matriz diagonal. Essa propriedade, aliás, permite dar uma prova simples para o chamado Teorema de Cayley-Hamilton, cujo enunciado bastante conhecido é: *Toda matriz quadrada satisfaz a sua equação característica.*

Teorema 5.1 *Sendo* $\det(sI - A) = \sum_{i=0}^{n} a_i s^i$ *o polinômio característico da matriz quadrada* $A \in \mathbb{R}^{n\times n}$*, então*

$$\sum_{i=0}^{n} a_i A^i = 0 \tag{5.19}$$

Prova: Embora esse resultado seja válido para qualquer matriz quadrada, a prova dada a seguir se restringe à classe de matrizes que podem ser diagonalizadas através de uma transformação de similaridade. A relação $TAT^{-1} = \Lambda$, com Λ diagonal, implica que $\Lambda = \text{diag}(\lambda_1, \cdots, \lambda_n)$ é uma matriz diagonal composta com os autovalores de A pois $\det(sI - A) = \det(sI - \Lambda)$. Por outro lado, como $TA^iT^{-1} = \Lambda^i$ para todo $i \geq 0$ temos

$$\begin{aligned} \sum_{i=0}^{n} a_i A^i &= T^{-1}\left(\sum_{i=0}^{n} a_i \Lambda^i\right)T \\ &= 0 \end{aligned} \tag{5.20}$$

pois cada elemento da matriz diagonal $\sum_{i=0}^{n} a_i \Lambda^i$ é igual a $\sum_{i=0}^{n} a_i \lambda_j^i = 0$ para todo $1 \leq j \leq n$, o que prova o teorema proposto. □

Com a representação de estado (5.8)-(5.9) da função de transferência do sistema em malha aberta $G(s)$, podemos tratar do projeto de realimentação de estado cujo diagrama de blocos está esquematizado na Figura 5.1.

As matrizes de ganho $M \in \mathbb{R}^{n\times 1}$ e $K \in \mathbb{R}^{1\times n}$ são as incógnitas a serem determinadas. Devemos observar a realização via variáveis de estado de $G(s)$ e a hipótese de que todo o vetor de estado $x(t) \in \mathbb{R}^n$ está disponível para realimentação. Explicitamente, isso requer que todas as variáveis de estado sejam medidas em todo instante de tempo $t \geq 0$, hipótese que será eliminada mais à frente. Com aquele diagrama de blocos, a lei de controle se escreve na forma

$$u(t) = K(Mr(t) - x(t)) \tag{5.21}$$

onde r é a referência para a saída y enquanto que Mr é a referência para o estado como um todo x. Consequentemente, o sistema em malha fechada é definido

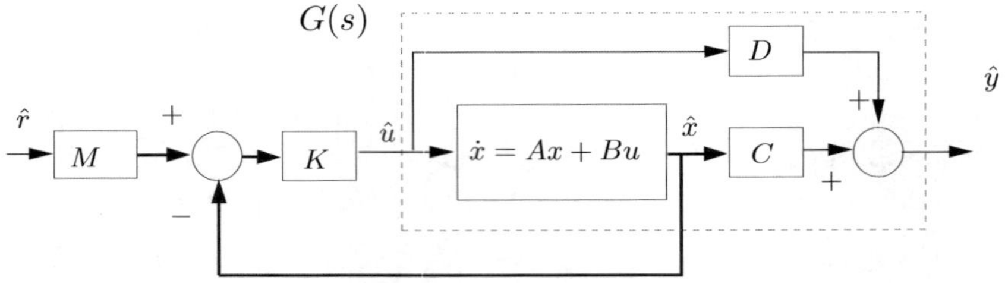

Figura 5.1: Realimentação de estado

pelas equações

$$\dot{x} = (A - BK)x + BKMr, \; x(0) = x_0 \tag{5.22}$$

$$y = (C - DK)x + DKMr \tag{5.23}$$

cuja função de transferência é escrita da forma $F(s) = S(s)KM$, onde

$$S(s) = (C - DK)\Big(sI - (A - BK)\Big)^{-1} B + D \tag{5.24}$$

é uma função de transferência escalar que depende exclusivamente do ganho $K \in \mathbb{R}^{1 \times n}$, o que permite as seguintes considerações:

- A matriz de ganho K é determinada de tal forma a alocar os polos do sistema em malha fechada em posições adequadas no plano complexo, isto é, no interior de um conjunto Ω determinado de acordo com critérios especificados no projeto que levam em conta o desempenho durante o transitório.
- A determinação de K define completamente a função de transferência $S(s)$. Podemos então calcular a matriz M de tal forma a assegurar um determinado desempenho em regime permanente.

Esse procedimento é dividido em duas etapas completamente distintas. Primeiro o ganho K é calculado para posicionar os polos do sistema em malha fechada e, em seguida, determina-se o ganho de referência M procurando estabelecer um desempenho adequado em regime permanente.

A primeira etapa, denominada *problema de regulação*, resume-se no presente contexto em determinar K de tal forma que os polos de $F(s)$ e, portanto, de $S(s)$, soluções da equação característica

$$\det\Big(sI - (A - BK)\Big) = 0 \tag{5.25}$$

estejam localizados no interior de Ω dado. Inicialmente, considerando que as matrizes A e B são aquelas com a estruturas apresentadas em (5.10) e

$$K = \begin{bmatrix} k_1 & k_2 & \cdots & k_n \end{bmatrix} \in \mathbb{R}^{1\times n} \tag{5.26}$$

de tal forma que simples cálculos permitem determinar

$$A - BK = \begin{bmatrix} 0 & 1 & 0 & \cdots & 0 \\ 0 & 0 & 1 & \cdots & 0 \\ \vdots & \vdots & \vdots & \ddots & \vdots \\ 0 & 0 & 0 & \cdots & 1 \\ -a_0 - k_1 & -a_1 - k_2 & -a_2 - k_3 & \cdots & -a_{n-1} - k_n \end{bmatrix} \tag{5.27}$$

Como a estrutura de $A - BK$ é idêntica à estrutura de A e os elementos da sua última linha são alterados de $-a_i$ para $-a_i - k_{i+1}$ para todo $i = 0, \cdots, n-1$, a igualdade (5.14) nos leva imediatamente a

$$\det\Big(sI - (A - BK)\Big) = s^n + \sum_{i=0}^{n-1} (a_i + k_{i+1}) s^i \tag{5.28}$$

Portanto, dado um conjunto Ω, se escolhermos n pontos $s_1, \cdots, s_n$ localizados no seu interior, determinamos o polinômio

$$P(s) = \prod_{i=1}^{n} (s - s_i) = s^n + \sum_{i=0}^{n-1} p_i s^i \tag{5.29}$$

de tal forma que o ganho de realimentação de estado dado por

$$K = \begin{bmatrix} p_0 - a_0 & p_1 - a_1 & \cdots & p_{n-1} - a_{n-1} \end{bmatrix} \in \mathbb{R}^{1\times n} \tag{5.30}$$

assegura que os polos do sistema em malha fechada são as raízes de $P(s) = 0$. A maneira como esse resultado foi obtido deixa claro que, para qualquer polinômio $P(s)$ dado, sempre é possível determinar um ganho constante de realimentação de estado, de tal forma que os polos do sistema em malha fechada sejam as raízes de $P(s) = 0$. Deve também ficar perfeitamente claro que o ganho de realimentação K, que acabamos de determinar, só é válido quando as matrizes A e B estiverem na forma canônica apresentada em (5.10). A boa técnica de projeto via realimentação de estado resume-se em escolher as raízes do polinômio $P(s)$, de modo que os polos dominantes do sistema em malha fechada apresentem as características desejadas da resposta transitória. Com relação aos demais polos, eles devem estar suficientemente afastados, à esquerda, dos polos dominantes.

Podemos, agora, abordar a segunda etapa. Ou seja, determinar o ganho M para assegurar um desempenho adequado em regime permanente em termos de seguir com erro nulo um degrau unitário $\hat{r}(s) = 1/s$. Como $\hat{y}(s) = F(s)\hat{r}(s)$ e $F(s)$ é assintoticamente estável, o erro em regime permanente para essa entrada será nulo desde que a função de transferência em malha fechada $F(s)$ satisfaça a condição $F(0) = 1$. Entretanto, lembrando que $F(s) = hS(s)$ com $h = KM$ e que, após a determinação do ganho K, a função $S(s)$ é conhecida, a condição $F(0) = 1$ se escreve na forma

$$S(0)h = 1 \tag{5.31}$$

onde, com (5.24) temos

$$S(0) = (DK - C)(A - BK)^{-1}B + D \tag{5.32}$$

sendo que a existência da inversa de $(A - BK)$ está assegurada pelo fato de K posicionar todos os seus autovalores em uma região Ω contida no interior do semiplano esquerdo complexo. Com $S(0) \neq 0$, é claro que (5.31) determina $h = 1/S(0)$, mas em seguida é preciso calcular $M \in \mathbb{R}^{n\times 1}$ de tal forma que $KM = h$, que é uma equação linear com n variáveis, a qual, consequentemente, admite soluções múltiplas. Como fizemos no Capítulo 4, a solução de menor norma euclidiana é dada por

$$M = h\frac{K'}{KK'} \tag{5.33}$$

Neste ponto, é importante ressaltar que a matriz de ganho $M \in \mathbb{R}^{n\times 1}$ só introduz um grau de liberdade para gerar um escalar $h \in \mathbb{R}$. Isso implica em algumas limitações. Por exemplo, se desejarmos seguir uma rampa unitária devemos impor $F(0) = hS(0) = 1$ e $F'(0) = hS'(0) = 0$, o que é impossível pela escolha de h e, consequentemente, de M, a menos que o ganho K pudesse ter sido obtido de tal forma que $S'(0) = 0$. Isto mostra que, para considerar as demais funções de referência padronizadas $\hat{r}(s) = 1/s^k$ com $k \geq 2$, é necessário introduzir uma modificação importante. O escalar h deve se tornar uma função de transferência $h(s)$ a determinar, de tal forma que

$$M(s) = h(s)\frac{K'}{KK'} \tag{5.34}$$

permita obter $F(s) = h(s)S(s)$. Impondo-se as derivadas sucessivas de $F(s)$ em $s = 0$, determinamos as derivadas sucessivas de $h(s)$ em $s = 0$, o que torna viável, através de (5.34), a determinação de $M(s)$.

O exemplo a seguir ilustra os resultados teóricos que acabamos de introduzir e dá uma ideia do que ocorre quando tentamos alocar os polos muito distantes

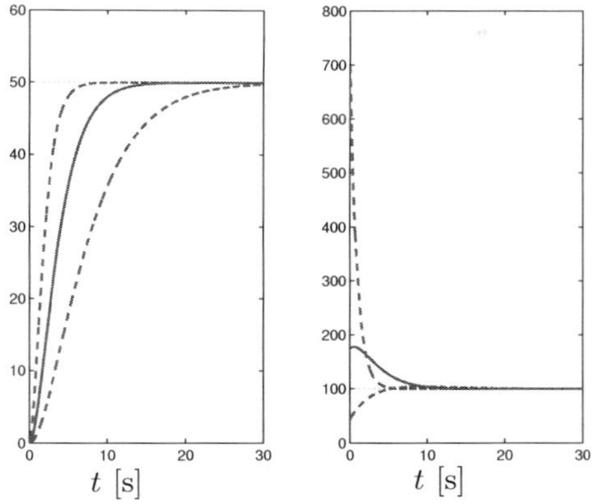

Figura 5.2: Simulação temporal da realimentação de estado

do eixo imaginário. Deve-se esperar que os ganhos de realimentação K e de referência M aumentem quando desejamos fazer com que o sistema responda mais rapidamente. Esse exemplo também será usado para ilustrar um projeto com sinal de referência do tipo rampa unitária.

Exemplo 5.1 A função de transferência do motor de corrente contínua já tratado anteriormente pode ser escrita na forma

$$G(s) = \frac{0{,}0714}{s^2 + 1{,}0714s + 0{,}1429}$$

cuja representação de estado é dada por

$$\begin{aligned} \dot{x} &= \begin{bmatrix} 0 & 1 \\ -0{,}1429 & -1{,}0714 \end{bmatrix} x + \begin{bmatrix} 0 \\ 1 \end{bmatrix} u \\ y &= \begin{bmatrix} 0{,}0714 & 0 \end{bmatrix} x \end{aligned}$$

onde $x = [\nu\ \dot{\nu}]'$ é o vetor de estado, $u = V$ é a tensão de entrada e $y = \nu$ é a velocidade angular da carga. Essas equações identificam as matrizes $A \in \mathbb{R}^{2\times 2}$, $B \in \mathbb{R}^{2\times 1}$, $C \in \mathbb{R}^{1\times 2}$ e $D = 0$. O objetivo é determinar os ganhos de realimentação $K \in \mathbb{R}^{1\times 2}$ e $M \in \mathbb{R}^{2\times 1}$, de tal forma que o sistema em malha fechada seja assintoticamente estável, acompanhe um degrau unitário com erro nulo em regime permanente e não apresente sobre-elevação no sinal de saída em relação a um degrau de entrada, no domínio do tempo. Esse último critério de desempenho nos leva a escolher $P(s)$ de segunda ordem com raízes reais. Três casos distintos foram considerados, sendo que o ganho K foi determinado com (5.30) e M com (5.33):

1. Polos em malha fechada definidos por $P(s) = (s + 0{,}25)^2$.

$$K = \begin{bmatrix} -0{,}0804 & -0{,}5714 \end{bmatrix} \ , \ M = \begin{bmatrix} -0{,}2114 \\ -1{,}5022 \end{bmatrix}$$

2. Polos em malha fechada definidos por $P(s) = (s + 0{,}50)^2$.

$$K = \begin{bmatrix} 0{,}1071 & -0{,}0714 \end{bmatrix}, \quad M = \begin{bmatrix} 22{,}6335 \\ -15{,}0890 \end{bmatrix}$$

3. Polos em malha fechada definidos por $P(s) = (s + 1{,}00)^2$.

$$K = \begin{bmatrix} 0{,}8571 & 0{,}9286 \end{bmatrix}, \quad M = \begin{bmatrix} 7{,}5171 \\ 8{,}1442 \end{bmatrix}$$

No lado esquerdo da Figura 5.2 mostramos a evolução da saída $y(t)$ em relação ao tempo, enquanto que, no lado direto, mostramos o sinal de controle $u(t)$. As trajetórias correspondentes aos casos 1 e 3 estão em linhas tracejadas, enquanto que a do caso 2 está em linha contínua. O sinal de referência adotado é $\hat{r}(s) = 50/s$ [rad/s]. Nota-se claramente que, quanto mais distantes os polos do sistema em malha fechada estiverem dos polos em malha aberta, maiores são os módulos dos elementos do ganho de realimentação K. Neste exemplo, esse efeito é bastante claro. As simulações incluídas na Figura 5.2 mostram que, ao alocarmos os polos em malha fechada mais à esquerda, o sistema responde com um tempo de estabilização menor. Porém, em contrapartida, a intensidade do controle $u(t)$ aumenta de forma expressiva.

Pode-se verificar facilmente que nenhuma dessas soluções faz com que o sistema em malha fechada siga, com erro nulo, uma referência do tipo rampa unitária. Porém, para o segundo caso, se adotarmos

$$K = \begin{bmatrix} 0{,}1071 & -0{,}0714 \end{bmatrix}, \quad M(s) = \left(\frac{6s+1}{2s+1}\right) \begin{bmatrix} 22{,}6335 \\ -15{,}0890 \end{bmatrix}$$

o sistema em malha fechada seguirá uma função de referência do tipo degrau e do tipo rampa com erros nulos em regime permanente. Com (5.34) temos $F(s) = h(s)S(s)$ e, assim, as condições $F(0) = h(0)S(0) = 1$ e $F'(0) = h'(0)S(0) + h(0)S'(0) = 0$ fornecem $h(0) = 3{,}5014$ e $h'(0) = 14{,}0056$. Finalmente, considerando $h(s)$ composta por um ganho, um zero e um polo localizado no ponto $s = -0{,}5$ estas duas condições determinam

$$h(s) = 3{,}5014 \frac{6s+1}{2s+1}$$

e, por consequência, a função $M(s)$ dada. É importante salientar que, no caso geral, os polos de $h(s)$ também são polos de $F(s)$ e, assim, eles devem ser localizados em Ω. A introdução de um zero adicional em $F(s)$ pode alterar o comportamento transitório da sua resposta ao degrau unitário. Portanto, quando o projeto exige apenas que a referência seja um degrau unitário, é preferível optar pela solução anterior, na qual M é um ganho constante. □

Um ponto importante a respeito da realimentação de estado é que os zeros da função de transferência em malha fechada não podem ser mudados pela escolha do ganho de realimentação de estado $K \in \mathbb{R}^{1\times n}$. Isso permite entender o motivo pelo qual introduzimos a função de transferência $M(s)$ para ser possível seguir com erro nulo as referências padronizadas, além do degrau unitário. Como vimos no Capítulo 3, os zeros de $F(s)$ cuja representação de estado é dada em (5.22)-(5.23) são raízes da equação

$$\det \begin{bmatrix} sI - (A - BK) & -BKM \\ C - DK & DKM \end{bmatrix} = 0 \tag{5.35}$$

entretanto, com a fatoração

$$\begin{bmatrix} sI - (A - BK) & -BKM \\ C - DK & DKM \end{bmatrix} = \begin{bmatrix} sI - A & -B \\ C & D \end{bmatrix} \begin{bmatrix} I & 0 \\ -K & KM \end{bmatrix} \tag{5.36}$$

e $KM = h$, a equação (5.35) se torna

$$h \det \begin{bmatrix} sI - A & -B \\ C & D \end{bmatrix} = 0 \tag{5.37}$$

ou seja, para todo $h \neq 0$, os zeros de $F(s)$ coincidem com os zeros da função de transferência do sistema em malha aberta $G(s)$. A realimentação de estado pode alocar os polos de $F(s)$ em posições arbitrárias do plano complexo, mas, em contrapartida, não altera a posição de nenhum zero. Por outro lado, no caso em que forçamos M ser uma função de transferência, os zeros de $h(s) = KM(s)$ também são zeros de $F(s)$. A localização adequada dos zeros de $h(s)$ permite eliminar os erros em regime permanente para as referências padronizadas. Porém, deve ser mais uma vez salientado que os polos de $h(s)$ também são polos de $F(s)$ e, assim, devem ser escolhidos no interior do conjunto Ω.

5.2.1 Controlabilidade

Anteriormente, provamos de maneira bastante simples que, se as matrizes $A \in \mathbb{R}^{n\times n}$ e $B \in \mathbb{R}^{n\times 1}$ da representação de estado de uma função de transferência $G(s)$ forem do tipo (5.10), então é sempre possível determinar um ganho de realimentação de estado $K \in \mathbb{R}^{1\times n}$ de tal forma que todas as raízes da equação característica $\det(sI - (A - BK)) = 0$ sejam prévia e arbitrariamente escolhidas. Em outras palavras, dado um polinômio $P(s)$ de grau n com coeficientes reais e coeficiente unitário associado ao termo de maior grau, sempre existe $K \in \mathbb{R}^{1\times n}$ que satisfaz a igualdade

$$\det\Big(sI - (A - BK)\Big) = P(s) \tag{5.38}$$

Infelizmente, esta propriedade, denominada *controlabilidade*, não é sempre verificada e deve, portanto, ser testada para cada sistema dinâmico em estudo.

Definição 5.1 (Controlabilidade) *O sistema dinâmico $\dot{x} = Ax + Bu$ é dito controlável se existir um controle da forma $u = -Kx$ que possa alocar todos os seus polos em posições arbitrárias do plano complexo $\mathbb{C}$. Por simplicidade, diremos que o par (A, B) é controlável.*

Como sabemos, as matrizes dadas em (5.10) definem um sistema controlável. Por esse motivo, neste caso, a representação de estado (5.8) é denominada *forma canônica controlável*. O lema a seguir estabelece um teste simples para verificar se um par de matrizes (A, B) é controlável.

Lema 5.1 *O par (A, B) é controlável se e somente se a matriz*

$$\mathcal{C} = \left[\begin{array}{cccc} B & AB & \cdots & A^{n-1}B \end{array} \right] \in \mathbb{R}^{n \times n} \tag{5.39}$$

denominada matriz de controlabilidade, for não singular.

Prova: Se existir uma transformação de similaridade de tal forma que $(A, B) = (T\tilde{A}T^{-1}, T\tilde{B})$, sendo que o par $(\tilde{A}, \tilde{B})$ está na forma canônica controlável, então o par (A, B) é controlável. Com estas relações temos

$$\begin{aligned} \mathcal{C} &= \left[\begin{array}{cccc} T\tilde{B} & T\tilde{A}\tilde{B} & \cdots & T\tilde{A}^{n-1}\tilde{B} \end{array} \right] \\ &= T\tilde{\mathcal{C}} \end{aligned} \tag{5.40}$$

sendo que uma solução não singular em relação a T existe se e somente se $\mathcal{C}$ e $\tilde{\mathcal{C}}$ forem matrizes não singulares. Neste caso, temos $T = \mathcal{C}\tilde{\mathcal{C}}^{-1}$ e a controlabilidade de $(\tilde{A}, \tilde{B})$ implica na de (A, B) e vice-versa. □

Com base nesse resultado, dado um par de matrizes (A, B) quaisquer, se ele for controlável, não há grandes dificuldades para se determinar uma matriz K de tal forma a localizar as raízes da equação característica de $A - BK$ em posições preestabelecidas. Com A, determinamos o seu polinômio característico, que é o mesmo de $\tilde{A}$, bem como o par $(\tilde{A}, \tilde{B})$ na forma canônica controlável, as matrizes de controlabilidade $\tilde{\mathcal{C}}$, $\mathcal{C}$ e a transformação de similaridade $T = \mathcal{C}\tilde{\mathcal{C}}^{-1}$. Em seguida, determinamos $\tilde{K}$ para alocar as raízes de $\tilde{A} - \tilde{B}\tilde{K}$ nas posições desejadas e $K = \tilde{K}T^{-1}$ é o ganho procurado. De fato, observe que a igualdade $A - BK = T(\tilde{A} - \tilde{B}\tilde{K})T^{-1}$ permite concluir que os polinômios característicos de $\tilde{A} - \tilde{B}\tilde{K}$ e de $A - BK$ são idênticos.

Exemplo 5.2 A função de transferência tratada no Exemplo 5.1 tem uma representação de estados alternativa

$$\begin{aligned} \dot{x} &= \left[\begin{array}{cc} -1{,}0714 & -0{,}2857 \\ 0{,}5 & 0 \end{array} \right] x + \left[\begin{array}{c} 0{,}5 \\ 0 \end{array} \right] u \\ y &= \left[\begin{array}{cc} 0 & 0{,}2857 \end{array} \right] x \end{aligned}$$

na qual identificamos as matrizes (A, B) que, claramente, não estão na forma canônica controlável $(\tilde{A}, \tilde{B})$ obtida no exemplo citado. Calculamos as matrizes de controlabilidade e a matriz de transformação

$$T = \begin{bmatrix} 0 & 0{,}50 \\ 0{,}25 & 0 \end{bmatrix}$$

Com $\tilde{K} = [\,0{,}1071\ \ -0{,}0714]$ determinamos o ganho $K = [-0{,}1428\ \ 0{,}4284]$ que posiciona ambos os polos do sistema em malha fechada na posição $s = -0{,}50$. □

A controlabilidade de um sistema dinâmico pode ser interpretada de outra forma. Se um sistema dinâmico $\dot{x} = Ax + Bu$ com condição inicial $x(0) = 0$ for controlável, a sua solução em um instante $\tau > 0$ é

$$x(\tau) = \int_0^\tau e^{A(\tau-\xi)} Bu(\xi) d\xi \tag{5.41}$$

sendo que uma função que a satisfaz é dada por $u(t) = B'e^{A'(\tau-t)} W_c^{-1} x(\tau)$, onde

$$W_c = \int_0^\tau e^{A\xi} BB' e^{A'\xi} d\xi \in \mathbb{R}^{n\times n} \tag{5.42}$$

é uma matriz simétrica. É claro que esta solução exige que W_c seja uma matriz não singular. Considerando $v \in \mathbb{R}^n$ um vetor não nulo, temos

$$\begin{aligned} v'W_c v &= \int_0^\tau v'e^{A\xi} BB' e^{A'\xi} v \, d\xi \\ &= \int_0^\tau z(\xi)' z(\xi) d\xi \\ &\geq 0 \end{aligned} \tag{5.43}$$

o que indica que W_c é uma matriz semidefinida positiva e não será definida positiva somente se existir $v \neq 0 \in \mathbb{R}^n$, de tal forma que $z(t) = B'e^{A't} v = 0$ para todo $t \in [0,\ \tau]$. Como a função $z(t)$ tem que ser nula em um intervalo finito, ela e suas derivadas sucessivas calculadas em $t = 0$ têm que ser nulas, o que leva a

$$\begin{bmatrix} B'v \\ B'A'v \\ \vdots \\ B'A'^{n-1} v \end{bmatrix} = 0 \tag{5.44}$$

ou seja, $\mathcal{C}'v = 0$. Se o par (A, B) for controlável, $\mathcal{C}$ é não singular e essa condição se verifica somente se $v = 0$, implicando que W_c seja uma matriz definida positiva e, portanto, não singular. Em um sistema controlável, com condição inicial nula, sempre existe uma lei de controle que o leva até um estado final qualquer em um intervalo de tempo finito.

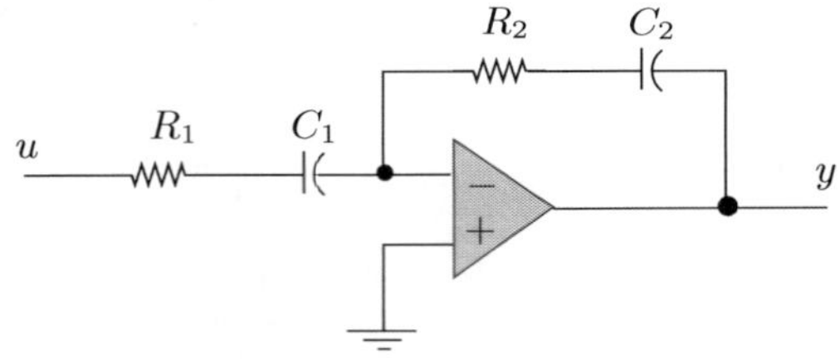

Figura 5.3: Circuito com amplificador operacional

Exemplo 5.3 No circuito da Figura 5.3, o amplificador operacional é considerado ideal. A tensão u é a entrada e a tensão y é a saída. Considerando como variáveis de estado as tensões v_1 e v_2 nos capacitores, obtemos

$$\begin{aligned} \dot{x} &= \begin{bmatrix} -1/R_1C_1 & 0 \\ 1/R_1C_2 & 0 \end{bmatrix} x + \begin{bmatrix} 1/R_1C_1 \\ -1/R_1C_2 \end{bmatrix} u \\ y &= \begin{bmatrix} R_2/R_1 & 1 \end{bmatrix} x + \begin{bmatrix} -R_2/R_1 \end{bmatrix} u \end{aligned}$$

Com a realimentação de estado $u = -[k_1\ k_2]x$, a equação característica do sistema em malha fechada é

$$s\left(s + \frac{1+k_1}{R_1C_1} - \frac{k_2}{R_1C_2}\right) = 0$$

Como uma das raízes $s = 0$ é invariante com a escolha do ganho de realimentação de estado $K \in \mathbb{R}^{1\times 2}$, concluímos que este sistema não é controlável. De fato, a matriz de controlabilidade

$$\mathcal{C} = \frac{1}{R_1C_1}\begin{bmatrix} 1 & -1/R_1C_1 \\ -C_1/C_2 & 1/R_1C_2 \end{bmatrix}$$

é singular e a matriz

$$W_c = \left(\frac{1 - e^{-2\tau/R_1C_1}}{2R_1C_1}\right)\begin{bmatrix} 1 & -C_1/C_2 \\ -C_1/C_2 & C_1^2/C_2^2 \end{bmatrix}$$

também é singular para todo $\tau > 0$. Finalmente, a função de transferência entre a entrada $\hat{u}$ e a saída $\hat{y}$ pode ser calculada a partir da sua representação de estado

$$\begin{aligned} G(s) &= \left(\frac{R_2C_2 - R_1C_1}{R_1^2C_1C_2}\right)\left(\frac{1}{s + 1/R_1C_1}\right) - \left(\frac{R_2}{R_1}\right) \\ &= -\left(\frac{R_2}{R_1}\right)\left(\frac{s + 1/R_2C_2}{s + 1/R_1C_1}\right) \end{aligned}$$

onde se nota que o polo em $s = 0$ foi cancelado pela ocorrência de um zero na mesma posição. Na verdade, essa função de transferência é de primeira e não de segunda ordem. Ao fazer a representação de estado de segunda ordem, sem levar em conta o cancelamento de um polo com um zero, obtivemos um par de matrizes (A, B) não controlável. □

5.3 Regulador Linear Quadrático

Não é fácil decidir onde alocar os polos de um determinado sistema dinâmico que se deseja controlar. O conjunto Ω, que é estabelecido pelos critérios de desempenho, define uma região no plano complexo $\mathbb{C}$ onde os polos do sistema em malha fechada devem se situar. Entretanto, os seguintes aspectos devem ser observados quando se tenta alocar polos estáveis muito distantes do eixo imaginário, como forma de ter respostas cada vez mais rápidas:

- A largura de faixa aumenta e, consequentemente, o sistema pode não atenuar de forma adequada ruídos sempre presentes na sua entrada.
- Os ganhos de realimentação tornam-se elevados.
- O controlador gera sinais de grandes amplitudes.

Para conciliar um comportamento transitório adequado do sistema em malha fechada, mantendo o sinal de controle dentro de limites aceitáveis, define-se um critério de desempenho que permite calcular um ganho de realimentação de estado através da solução do seguinte problema de controle ótimo

$$\min_{u} J(u) \tag{5.45}$$

sendo $J(u)$ dado por

$$J(u) = \int_{0}^{\infty} \big(x(t)'Qx(t) + \rho u(t)'u(t)\big)\, dt \tag{5.46}$$

onde $x(t) \in \mathbb{R}^n$ e $u(t) \in \mathbb{R}$ satisfazem as equações de estado

$$\dot{x}(t) = Ax(t) + Bu(t), \; x(0) = x_0 \tag{5.47}$$

Este problema, bastante conhecido na literatura, é denominado *Problema do Regulador Linear Quadrático*. Sua solução fornece naturalmente um ganho ótimo de realimentação de estado $K \in \mathbb{R}^{1\times n}$, de tal forma que sua implementação se dá através de um controlador proporcional, isto é, $u(t) = -Kx(t)$. O critério quadrático (5.46) depende da escolha de uma matriz simétrica $Q \in \mathbb{R}^{n\times n}$ e de um escalar ρ. A matriz Q deve ser definida ou semidefinida positiva e o escalar ρ deve ser estritamente positivo. O papel da matriz Q e do escalar ρ é definir o peso relativo que o estado e o sinal de controle têm no critério quadrático a ser minimizado. Como $x(t)'Qx(t) \geq 0$, para todo $t \geq 0$, esse termo penaliza as trajetórias em que o vetor de estado seja grande. Da mesma forma, como $\rho u(t)'u(t) \geq 0$, para todo $t \geq 0$ este termo penaliza as trajetórias em que o controle seja grande. Assim sendo, a escolha de $Q \geq 0$ e de $\rho > 0$ fazem com que um compromisso entre essas duas quantidades seja estabelecido. Se $Q \gg \rho I$, o peso relativo do sinal de controle no cálculo do critério se reduz, em consequência, o sinal de controle pode atingir valores altos e o sistema responde fazendo com que o estado tenda a zero mais rapidamente. Em contrapartida, se $Q \ll \rho I$, o peso relativo do sinal de controle no cálculo do critério aumenta, em consequência, o sinal de controle mantém-se em valores baixos e o sistema responde fazendo com que o estado tenda a zero mais lentamente. A solução do problema (5.45), dada no seguinte teorema, fornece o ganho ótimo de realimentação de estado.

Teorema 5.2 *A solução ótima do problema linear-quadrático (5.45) se expressa na forma $u = -Kx$ com $K = \rho^{-1}B'P$, onde $P \in \mathbb{R}^{n \times n}$ é a solução simétrica e definida positiva da equação matricial de Riccati*

$$A'P + PA - \rho^{-1}PBB'P + Q = 0 \tag{5.48}$$

Ademais, o valor mínimo do critério é dado por $J_{min} = x_0'Px_0$.

Prova: A prova decorre da definição da função de Lyapunov $v(x) = x'Px$, com $P > 0$ calculada a partir da equação de Riccati. Derivando-a em relação ao tempo e usando (5.48), obtemos

$$\begin{aligned} \dot{v}(x) &= x'(A'P + PA)x + u'B'Px + x'PBu \\ &= x'(\rho^{-1}PBB'P - Q)x + u'B'Px + x'PBu \\ &= -x'Qx - \rho u'u + \rho(u + \rho^{-1}B'Px)'(u + \rho^{-1}B'Px) \end{aligned} \tag{5.49}$$

cuja integral de 0 a $+\infty$ fornece

$$J(u) = v(x(0)) - v(x(\infty)) + \rho \int_0^\infty (u + \rho^{-1}B'Px)'(u + \rho^{-1}B'Px)dt \tag{5.50}$$

Como $v(x) = 0$ se e apenas se $x = 0$ e queremos que a lei de controle garanta a estabilidade do sistema em malha fechada, devemos impor $v(x(\infty)) = 0$. Portanto, a equação anterior permite determinar

$$\begin{aligned} J(u) &= v(x_0) + \rho \int_0^\infty (u + \rho^{-1}B'Px)'(u + \rho^{-1}B'Px)\, dt \\ &\geq v(x_0) \end{aligned} \tag{5.51}$$

que é válida para todo controle que estabiliza o sistema em malha fechada. Em conclusão, fazendo $u = -Kx$ com $K = \rho^{-1}B'P$, a integral não negativa que aparece no lado direito de (5.51) se anula e o critério quadrático é minimizado. Para este controle, a igualdade se verifica e $J_{min} = v(x_0) = x_0'Px_0$. □

O Teorema 5.2 requer que exista um ganho K de tal forma que $A - BK$ seja estável para assegurar que o valor mínimo J_{min} do critério quadrático seja finito. Uma forma de impor a existência de um ganho estabilizante é o par (A, B) ser controlável. De forma similar, alguma hipótese deve ser feita a respeito da escolha da matriz Q. Ser apenas semidefinida positiva faz com que, no caso extremo $Q = 0$, o critério $J(u)$ não dependa da variável de estado, criando um problema singular sem interesse. A escolha $Q > 0$ faz com que o critério dependa de todas as variáveis de estado. Com o par (A, B) controlável, a determinação da solução positiva definida da equação de Riccati (5.48) elimina qualquer singularidade. Finalmente, é importante observar que o ganho ótimo não depende da condição inicial $x_0 \in \mathbb{R}^n$, fazendo com que, uma vez implementado, o sistema em malha fechada opere da melhor maneira possível para qualquer condição inicial que venha a ocorrer.

O problema que acabamos de resolver admite uma outra interpretação que será útil em seguida. Com um controle de realimentação de estado $u = -Kx$ em (5.47), a sua solução fornece

$$x(t) = e^{(A-BK)t}x_0 \tag{5.52}$$

válida para todo $t \geq 0$. Com essa solução, supostamente estável, obtemos

$$\begin{aligned} J(K) &= \int_0^\infty x(t)'(Q + \rho K'K)x(t)dt \\ &= \int_0^\infty x_0' e^{(A-BK)'t}(Q + \rho K'K)e^{(A-BK)t}x_0 dt \\ &= x_0' P x_0 \end{aligned} \tag{5.53}$$

sendo que a matriz simétrica e definida positiva $P \in \mathbb{R}^{n \times n}$ é dada por

$$P = \int_0^\infty e^{(A-BK)'t}(Q + \rho K'K)e^{(A-BK)t}dt \tag{5.54}$$

ou equivalentemente, como vimos no Capítulo 3, solução da equação de Lyapunov

$$(A - BK)'P + P(A - BK) + Q + \rho K'K = 0 \tag{5.55}$$

O Teorema 5.2 coloca em evidência que o ganho de realimentação de estado que minimiza $J(K)$ é obtido através da relação $K = \rho^{-1}B'P$, com a qual, substituída na equação de Lyapunov (5.55), obtemos a equação de Riccati (5.48). É preciso colocar em evidência um aspecto numérico importante. Enquanto a equação de Lyapunov é linear e envolve a determinação de $n(n + 1)/2$ elementos da matriz simétrica P, a equação de Riccati tem o mesmo número de variáveis, mas é não linear. Por este motivo, a equação de Riccati é muito mais difícil de ser resolvida do que a equação de Lyapunov, requerendo o auxílio de rotinas numéricas.

Entretanto, para um caso particular, mas de grande interesse, existe uma maneira de resolver o problema linear quadrático sem ter que resolver a equação de Riccati. Assumimos que a matriz $Q \geq 0$ pode ser fatorada na forma $Q = V'V$ com $V \in \mathbb{R}^{1\times n}$. Neste caso, definindo uma saída fictícia para o sistema (5.47) como sendo $z(t) = Vx(t)$, o critério quadrático fica

$$J(u) = \int_0^\infty (z(t)'z(t) + \rho u(t)'u(t))dt \tag{5.56}$$

e a sua minimização pondera simplesmente os desvios em relação a zero da saída escolhida e do controle, sem dar importância às demais variáveis de estado.

Teorema 5.3 *Seja $\varphi(s) = V(sI - A)^{-1}B$. Os polos do sistema em malha fechada $\dot{x}(t) = (A - BK)x(t)$, onde K é o ganho ótimo solução do problema linear quadrático, são as n raízes da equação algébrica de grau $2n$*

$$1 + \rho^{-1}\varphi(-s)\varphi(s) = 0 \tag{5.57}$$

situadas no semiplano esquerdo complexo.

Prova: Inicialmente definimos a matriz

$$Z = \begin{bmatrix} A & -\rho^{-1}BB' \\ -V'V & -A' \end{bmatrix} \in \mathbb{R}^{2n\times 2n} \tag{5.58}$$

sendo $P \in \mathbb{R}^{n\times n}$ a solução definida positiva da equação de Riccati (5.48). Simples manipulações algébricas permitem verificar que

$$Z \begin{bmatrix} I \\ P \end{bmatrix} = \begin{bmatrix} I \\ P \end{bmatrix} (A - \rho^{-1}BB'P) \tag{5.59}$$

onde, no lado direito de (5.59), notamos a matriz $A - BK$, sendo $K = \rho^{-1}B'P$ o ganho ótimo. Considerando (λ, v) um par qualquer de autovalor e de autovetor dessa matriz, multiplicando (5.59) à direita por v obtemos $Z\vartheta = \lambda\vartheta$ onde $\vartheta = [I\ P]'v$. Ou seja, os autovalores da matriz de malha fechada $(A - \rho^{-1}BB'P)$ também são autovalores de Z. Portanto, devemos determinar o seu polinômio característico

$$\det(sI - Z) = \det \begin{bmatrix} sI - A & \rho^{-1}BB' \\ V'V & sI + A' \end{bmatrix} \tag{5.60}$$

o qual pode ser calculado aplicando-se propriedades elementares de determinantes introduzidas no Capítulo 3, ou seja,

$$\begin{aligned}\det(sI - Z) &= \det(sI + A')\det\Big((sI - A) - \rho^{-1}BB'(sI + A')^{-1}V'V\Big) \\ &= \det(sI + A')\det(sI - A) \times \\ &\quad \times\det\Big(I - \rho^{-1}BB'(sI + A')^{-1}V'V(sI - A)^{-1}\Big) \\ &= (-1)^n\det(-sI - A')\det(sI - A) \times \\ &\quad \times\Big(1 + \rho^{-1}B'(-sI - A')^{-1}V'V(sI - A)^{-1}B\Big) \end{aligned} \tag{5.61}$$

e, finalmente, lembrando que podemos fatorar $\varphi(s) = V(sI-A)^{-1}B = N(s)/D(s)$ com $D(s) = \det(sI - A)$, a equação (5.61) assume a forma final

$$\det(sI - Z) = (-1)^n\Big(D(-s)D(s) + \rho^{-1}N(-s)N(s)\Big) \tag{5.62}$$

Como a equação característica de Z admite $2n$ raízes, como a equação (5.62) implica que, se $s \in \mathbb{C}$ for uma de suas raízes, então $-s \in \mathbb{C}$ também será, como as n raízes da equação característica do sistema em malha fechada também são raízes da equação característica de Z e como o sistema em malha fechada é assintoticamente estável, concluímos que as n raízes da equação característica do sistema em malha fechada são as n raízes da equação característica de Z que se localizam no semiplano esquerdo do plano complexo. A prova está concluída, pois igualando-se (5.62) a zero obtemos a equação (5.57). □

Com o resultado deste teorema, podemos usar o lugar das raízes para escolher o valor de $\rho > 0$ de tal forma a expressar um bom compromisso entre os custos de controle e de saída. Como $\varphi(s)$ é uma função conhecida, podemos traçar o lugar das raízes de (5.57) em função de $\rho^{-1} > 0$. Ele terá $2n$ ramos, mas apenas n deles estarão no semiplano esquerdo complexo. Selecionamos um valor de $\rho > 0$ e, em seguida, resolvemos a equação de Riccati para determinar o ganho ótimo $K = \rho^{-1}B'P$. De forma alternativa, ao escolher $\rho > 0$, determinamos os n polos estáveis correspondentes ao sistema em malha fechada e determinamos diretamente o ganho K para alocar esses polos nas referidas posições. Neste último caso, evita-se a resolução da equação de Riccati. Finalmente, cabe alertar que nem sempre podemos aplicar as regras fornecidas anteriormente para o traçado do lugar das raízes simétrico. Isto ocorre quando os coeficientes dos termos de maior grau do numerador e do denominador do produto $\varphi(-s)\varphi(s)$ não tiverem o mesmo sinal. Essa eventualidade requer o uso de uma rotina numérica.

A prova do Teorema 5.3 deixa claro que, mesmo se a matriz Q não puder ser fatorada na forma $Q = V'V$, com $V \in \mathbb{R}^{1\times n}$ sendo uma matriz com apenas

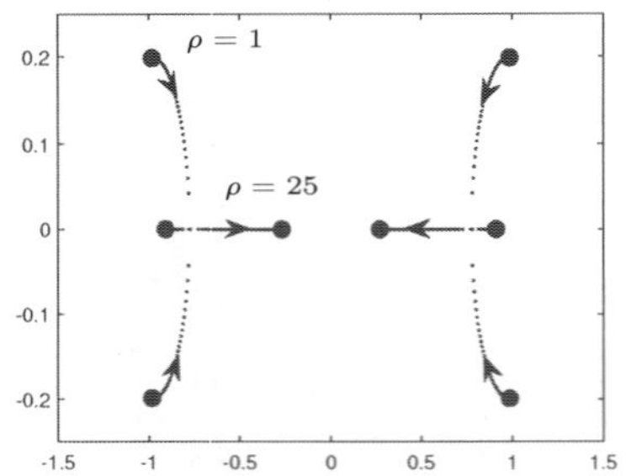

Figura 5.4: Lugar das raízes simétrico

uma linha, mas com diversas colunas, o seu resultado se mantém desde que (5.57) seja alterada para $1 + \rho^{-1}\varphi(-s)'\varphi(s) = 0$. Muito embora a função $\varphi(s)$ agora seja vetorial, o produto $\varphi(-s)'\varphi(s)$ continua sendo uma função escalar que pode ser calculada sem dificuldades. Esse aspecto será ilustrado através do próximo exemplo.

Exemplo 5.4 Novamente, consideramos o motor de corrente contínua cuja representação de estado é dada no Exemplo 5.1. Com $Q = I$, determinamos os autovalores da matriz

$$Z = \begin{bmatrix} A & -\rho^{-1}BB' \\ -Q & -A' \end{bmatrix} \in \mathbb{R}^{4\times4}$$

em função de ρ pertencente ao intervalo $1 \leq \rho \leq 25$. A Figura 5.4 mostra as trajetórias desses quatro autovalores. Nota-se sua simetria em relação ao eixo imaginário, sendo que dois autovalores sempre se encontram no semiplano esquerdo complexo. Esses são os polos do sistema em malha fechada $\dot{x} = (A - \rho^{-1}BB'P)x$ obtidos pela solução do problema linear quadrático para cada ρ pertencente ao intervalo considerado.

Para $\rho = 25$ a solução da equação de Riccati fornece a solução simétrica definida positiva

$$P = \begin{bmatrix} 3{,}4271 & 2{,}5726 \\ 2{,}5726 & 2{,}7289 \end{bmatrix} > 0$$

a qual permite determinar o ganho ótimo de realimentação de estado $K = [0{,}1029\ 0{,}1092]$ que posiciona os polos do sistema em malha fechada em $\{-0{,}2699; -0{,}9106\}$. Como anteriormente, não há dificuldades para se determinar a matriz $M = [15{,}7423\ 16{,}6982]'$, responsável por assegurar erro nulo em regime permanente para a entrada degrau. □

Exemplo 5.5 Para o motor de corrente contínua cuja representação de estado é dada no Exemplo 5.1, consideramos $Q = V'V$ com $V = [1\ 0]$, o que significa ponderar no critério quadrático apenas a saída $z(t) = Vx(t) = x_1(t)$ correspondente à primeira

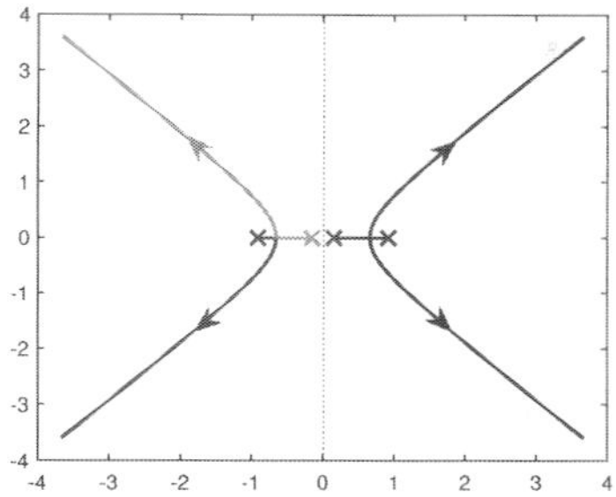

Figura 5.5: Lugar das raízes simétrico

variável de estado, que é a velocidade angular da carga. Com o Teorema 5.3 determinamos a função de transferência

$$\varphi(s) = \frac{1}{s^2 + 1{,}0714s + 0{,}1429}$$

e o lugar das raízes simétrico em relação a $\rho^{-1} > 0$ da equação característica do sistema em malha fechada $1 + \rho^{-1}\varphi(-s)\varphi(s) = 0$, mostrado na Figura 5.5. O valor de $\rho \approx 6$ faz com que os dois polos situados no semiplano esquerdo coincidam em $s \approx -0{,}63$ que é a condição para que a resposta do sistema em malha fechada seja a mais rápida possível sem que ocorra oscilação. Através da solução do problema linear quadrático, o sistema em malha fechada tem excelente desempenho com um baixo esforço de controle. □

5.4 Observador de Estado

Como vimos, a grande vantagem do projeto de controladores via realimentação de estado reside na possibilidade de alocarmos todos os polos do sistema em malha fechada em posições convenientes no plano complexo. Apenas com duas matrizes de ganho (K, M), podemos impor ao sistema em malha fechada qualquer desempenho desejado, porém, a implementação dessa lei de controle requer que todos os elementos do vetor de estado sejam medidos e realimentados. Entretanto, nem sempre temos condições de medir todos os estados de um sistema, seja por motivos de custo dos sensores ou por impossibilidade física de implantação, na planta, dos medidores necessários. Assim sendo, uma forma de contornar essa dificuldade é estimar os estados, tendo como base as informações disponíveis em tempo real nas suas saídas mensuráveis e, de posse da estimativa, utilizá-la no lugar do estado verdadeiro para implementar a lei de controle.

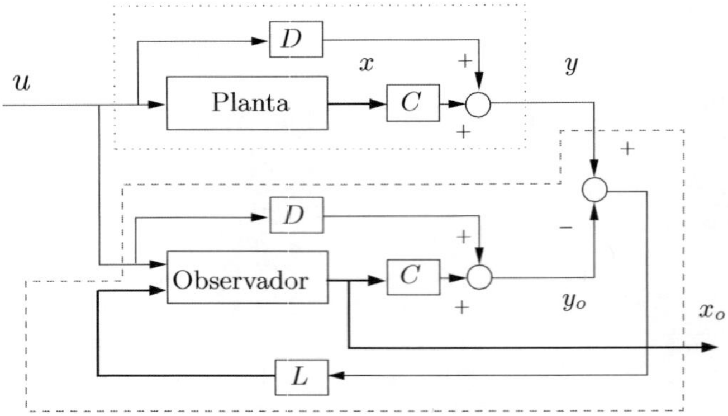

Figura 5.6: Observador de estado

O *observador de estado* é a estrutura que permite estimar o estado de um sistema dinâmico a partir dos seus sinais de entrada e de saída. Para sintetizá-lo, é necessário conhecermos com boa precisão o seu modelo, a fim de que as estimativas dos estados sejam as mais fiéis possíveis aos valores reais. Como o estado não é conhecido, as condições iniciais do sistema físico e as do estimador são, em geral, diferentes. Portanto, devemos assegurar que o estado estimado convirja para o estado verdadeiro o mais rápido possível, levando em conta certas limitações que serão explicitadas mais adiante.

A Figura 5.6 mostra o diagrama de blocos de um observador. A ideia central é bastante simples. O bloco denominado observador contém uma cópia exata do modelo interno da planta. O sinal de controle, que é injetado simultaneamente na planta e no observador, produz um sinal de erro o qual, multiplicado por uma matriz de ganho $L \in \mathbb{R}^{n\times 1}$, corrige a saída do observador de tal forma que o seu estado $x_o(t) \in \mathbb{R}^n$ tenda para o estado da planta $x(t) \in \mathbb{R}^n$, no decorrer do tempo. Nota-se que o observador depende do modelo interno da planta, o qual deve ser perfeitamente conhecido.

Assim sendo, para uma planta descrita pelas equações de estado (5.8)-(5.9), aqui novamente repetidas,

$$\dot{x} = Ax + Bu \tag{5.63}$$

$$y = Cx + Du \tag{5.64}$$

em conformidade com o diagrama de blocos da Figura 5.6, as equações de estado do observador são dadas por

$$\dot{x}_o = Ax_o + Bu + L(y - y_o) \tag{5.65}$$

$$y_o = Cx_o + Du \tag{5.66}$$

sendo possível notar que a comparação entre a saída estimada $y_o(t)$ e a saída real $y(t)$ é fundamental para assegurarmos que o estado estimado $x_o(t)$ se aproxime do verdadeiro $x(t)$, através de uma escolha conveniente e adequada da matriz de ganho $L \in \mathbb{R}^{n\times 1}$. Definindo o erro entre o estado verdadeiro e o estado estimado como sendo $e_o(t) = x(t) - x_o(t)$, temos

$$\begin{aligned} \dot{e}_o &= \dot{x} - \dot{x}_o \\ &= Ax + Bu - (Ax_o + Bu + LCx - LCx_o) \\ &= A(x - x_o) - LC(x - x_o) \\ &= (A - LC)e_o \end{aligned} \tag{5.67}$$

Essa equação mostra que o vetor de erro obedece a uma equação diferencial que pode se tornar estável, segundo uma escolha adequada da matriz de ganho L. Portanto, o primeiro critério a ser considerado é que L deve tornar a matriz $A - LC$ estável, fazendo com que $\lim_{t\to\infty} e_o(t) = 0$ para toda condição inicial $e_o(0) = x(0) - x_o(0)$. Por outro lado, é imperativo que $e_o(t)$ tenda para zero com uma velocidade aceitável para que $x_o(t) \approx x(t)$ no menor intervalo de tempo possível. Ou seja, devemos alocar os polos da dinâmica do erro de observação (5.67), que são os autovalores da matriz $A - LC$, de forma que eles sejam estáveis e se situem à esquerda dos polos do sistema original.

Entretanto, analogamente ao que ocorre na realimentação de estado, alocar os polos de $A - LC$ muito à esquerda no semiplano esquerdo complexo exige que as componentes do ganho do observador L sejam grandes. O erro de estimação tende a zero rapidamente, mas, por outro lado, a largura de faixa do observador também será grande e, assim, o ruído de medida sempre presente na saída do sistema $y(t)$ afetará negativamente o seu desempenho. Assim sendo, é imperativo obter-se uma solução de compromisso para o ganho de observação $L \in \mathbb{R}^{n\times 1}$, o que é conseguido através de um estudo mais detalhado de como os eventuais ruídos atuam em sistemas de controle.

Neste sentido, os ruídos que atuam em um sistema de controle são descritos pelas variáveis $w(t)$ e $v(t)$. A primeira é um vetor de n componentes e corresponde ao ruído aditivo presente nas variáveis de estado. A segunda é um escalar e indica o ruído introduzido pelo medidor da saída $y(t)$. A representação de estado do sistema em malha aberta torna-se

$$\dot{x} = Ax + Bu + w \tag{5.68}$$

$$y = Cx + Du + v \tag{5.69}$$

e o erro de observação também se modifica para

$$\dot{e}_o = (A - LC)e_o + w - Lv \tag{5.70}$$

com a qual concluímos que, de fato, o aumento do ganho do observador faz com que a dinâmica do erro possa ser mais rápida, mas, em contrapartida, a intensidade do ruído aditivo que interfere no erro de observação aumenta, deixando claro que um compromisso de projeto deve ser estabelecido.

Cabe ressaltar que a equação (5.70) pode ser resolvida sem dificuldades. Sob condições inicias nulas, para explicitar o comportamento do erro de estimação devido apenas à presença dos ruídos, sua solução permite determinar

$$e_o(t) = \int_0^t e^{(A-LC)(t-\tau)}(w(\tau) - Lv(\tau))\, d\tau \tag{5.71}$$

A seguir, vamos dar duas visões possíveis de como tratar os ruídos $w(t)$ e $v(t)$, a saber, uma determinística e outra estocástica. No primeiro caso, eles são dados por

$$w(t) = U\delta(t) \ , \ v(t) = \sqrt{\mu}\ \delta(t) \tag{5.72}$$

onde $U \in \mathbb{R}^{n\times 1}$ define as componentes do vetor de estado que estão sujeitas ao ruído $w(t)$, por exemplo, se o ruído com intensidade $\sqrt{\alpha}$ for introduzido apenas pela ação do atuador no canal de controle, então $U = \sqrt{\alpha}B$ e $\sqrt{\mu}$ define a intensidade do ruído introduzido pelo sensor no canal de saída. Por outro lado, a presença da função impulso nos dois sinais reside no fato de que $\hat{\delta}(j\omega) = 1$ introduz uma perturbação *"branca"*, isto é, unitária e constante em todo o espectro de frequências.

Substituindo-se (5.72) em (5.71), determinamos os erros $e_w(t)$ e $e_v(t)$ produzidos pelos ruídos $w(t)$ e $v(t)$ aplicados separadamente, ou seja,

$$e_w(t) = e^{(A-LC)t}U \ , \ e_v(t) = -\sqrt{\mu}\ e^{(A-LC)t}L \tag{5.73}$$

de tal forma que um bom critério de desempenho para a escolha do ganho do observador L pode ser escrito na forma

$$J(L) = \int_0^\infty \big(e_w(t)'e_w(t) + e_v(t)'e_v(t)\big)\, dt \tag{5.74}$$

Trata-se de um critério quadrático que, ao ser minimizado em relação ao ganho do observador $L \in \mathbb{R}^{n\times 1}$, faz com que o erro de estimação devido à ação conjunta dos dois ruídos $w(t)$ e $v(t)$ seja reduzido. Substituindo (5.73) em (5.74) e usando uma propriedade da função traço de matriz estudada no Capítulo 3, obtemos

$$\begin{aligned} J(L) &= \int_0^\infty \left(U'e^{(A-LC)'t}e^{(A-LC)t}U + \mu L'e^{(A-LC)'t}e^{(A-LC)t}L \right) dt \\ &= \text{Tr}\left(\int_0^\infty e^{(A-LC)t}(UU' + \mu LL')e^{(A-LC)'t}dt \right) \end{aligned} \tag{5.75}$$

que é uma função muito parecida com aquela do problema linear quadrático (5.53). O próximo teorema mostra que a solução ótima do problema

$$\min_L J(L) \tag{5.76}$$

pode ser calculada através da solução de uma equação de Riccati bastante similar àquela introduzida no Teorema 5.2, que resolve o problema linear quadrático associado à determinação do ganho ótimo de realimentação de estado.

Teorema 5.4 *A solução ótima do problema (5.76) é dada por* $L = \mu^{-1}RC'$, *onde* $R \in \mathbb{R}^{n\times n}$ *é a solução simétrica e definida positiva da equação matricial de Riccati*

$$AR + RA' - \mu^{-1}RC'CR + UU' = 0 \tag{5.77}$$

Ademais, o valor mínimo do critério é $J_{min} = \text{Tr}(R)$.

Prova: Lembrando que o traço de uma matriz é igual à soma dos elementos da sua diagonal principal, denotando por $d_i \in \mathbb{R}^n$ para $i = 1, \cdots, n$ as colunas da matriz identidade de dimensão $n \times n$, o valor do critério $J(L)$ se escreve alternativamente

$$\begin{aligned} J(L) &= \sum_{i=1}^n d_i' \left(\int_0^\infty e^{(A-LC)t}(UU' + \mu LL')e^{(A-LC)'t}dt \right) d_i \\ &= \sum_{i=1}^n d_i' R d_i \end{aligned} \tag{5.78}$$

onde

$$R = \int_0^\infty e^{(A-LC)t}(UU' + \mu LL')e^{(A-LC)'t}dt \tag{5.79}$$

Comparando essa expressão com (5.54), notamos que ambas são idênticas desde que as matrizes (A, B, Q, K) sejam substituídas pelas matrizes (A', C', UU', L') e o escalar $\rho > 0$ seja substituído pelo escalar $\mu > 0$. Assim sendo, impondo-se a relação adicional $L' = \mu^{-1}CR$ na equação de Lyapunov

$$(A - LC)R + R(A - LC)' + UU' + \mu LL' = 0 \tag{5.80}$$

obtemos a equação de Riccati (5.77) e o ganho ótimo que minimiza cada parcela da soma indicada em (5.78), uma vez que ele não depende dos vetores $d_i \in \mathbb{R}^n$ para todo $i = 1, \cdots, n$. Finalmente, a relação (5.78) fornece o valor mínimo do critério $J_{min} = \sum_{i=1}^{n} d_i' R d_i = \text{Tr}(R)$, o que prova o teorema proposto. □

É claro que precisamos ter certeza que, ao adotarmos a solução preconizada pelo Teorema 5.4, a equação que rege o comportamento dinâmico do erro de observação (5.70) seja assintoticamente estável. A existência de uma matriz L de tal forma que $A - LC$ tenha essa propriedade é assegurada desde que o par (A', C') seja controlável, isto é, se o par (A, C) for observável, um conceito a ser melhor estudado em seguida. A existência de $R > 0$ solução da equação de Riccati garante que o problema de síntese de um observador ótimo está livre de qualquer singularidade.

Teorema 5.5 *Seja $\psi(s) = C(sI - A)^{-1}U$. Os polos da equação que rege a dinâmica do erro de observação $\dot{e}_o(t) = (A - LC)e_o(t)$, onde L é o ganho ótimo do observador, são as n raízes da equação algébrica de grau $2n$*

$$1 + \mu^{-1}\psi(-s)\psi(s) = 0 \tag{5.81}$$

situadas no semiplano esquerdo complexo.

Prova: Procedendo exatamente como na prova do Teorema 5.3, definimos a matriz

$$Z = \begin{bmatrix} A' & -\mu^{-1}C'C \\ -UU' & -A \end{bmatrix} \in \mathbb{R}^{2n \times 2n} \tag{5.82}$$

e verificamos que os autovalores de $A - \mu^{-1}RC'C$ são também autovalores de Z. Finalmente, fatorando $\psi(s) = C(sI - A)^{-1}U = N(s)/D(s)$ com $D(s) = \det(sI - A)$, obtemos

$$\det(sI - Z) = (-1)^n \Big(D(-s)D(s) + \mu^{-1}N(-s)N(s) \Big) \tag{5.83}$$

a qual, igual a zero, fornece a equação (5.81). □

Como anteriormente, os n ramos do lugar das raízes da equação (5.81) localizados no interior do semiplano esquerdo complexo é que são os de nosso interesse. Eles indicam os polos do observador ótimo segundo a variação da intensidade $\sqrt{\mu}$ do ruído de medida $v(t)$. Alterar $\mu > 0$ significa mudar as características do sensor utilizado para se efetuar a medida da saída do sistema $y(t)$, no decorrer do tempo. Um valor menor de $\mu > 0$ indica a necessidade de se ter um sensor de melhor qualidade. Em contrapartida o observador fica mais rápido e, assim, em um curto intervalo de tempo, o seu estado $x_o(t)$ torna-se bem próximo do estado $x(t)$ do sistema dinâmico em estudo.

Passamos agora a estudar o segundo caso. Nele, os ruídos $w(t) \in \mathbb{R}^n$ e $v(t) \in \mathbb{R}$ são *ruídos brancos gaussianos.* Denotando $\mathcal{E}\{\cdot\}$ o operador esperança matemática, temos

$$\mathcal{E}\left\{\begin{bmatrix} w(t) \\ v(t) \end{bmatrix}\right\} = 0 \ , \ \forall t \tag{5.84}$$

o que indica que ambos têm médias nulas e

$$\mathcal{E}\left\{\begin{bmatrix} w(t) \\ v(t) \end{bmatrix}\begin{bmatrix} w(\tau) \\ v(\tau) \end{bmatrix}'\right\} = \begin{bmatrix} UU' & 0 \\ 0 & \mu \end{bmatrix} \delta(t-\tau) \ , \ \forall t, \tau \tag{5.85}$$

com matriz de covariância que depende apenas de $t - \tau$, indicando que se trata de um processo estocástico estacionário. Observe que o zero fora da diagonal da matriz no lado direito de (5.85) indica que os ruídos $w(t)$ e $v(t)$ não são correlacionados. Aplicando o operador esperança matemática em ambos os membros de (5.71), vem

$$\begin{aligned}
\mathcal{E}\{e_o(t)\} &= \mathcal{E}\left\{\int_0^t e^{(A-LC)(t-\tau)}(w(\tau) - Lv(\tau))\ d\tau\right\} \\
&= \int_0^t e^{(A-LC)(t-\tau)}(\mathcal{E}\{w(\tau)\} - L\mathcal{E}\{v(\tau)\})\ d\tau \\
&= 0
\end{aligned} \tag{5.86}$$

o que indica que o valor médio da saída do observador para todo $t \geq 0$ é nulo, como consequência da condição inicial $e_o(0) = 0$ e dos valores médios nulos dos ruídos. Observe que a última igualdade decorre do fato de que as médias dos ruídos são nulas. Por outro lado, a partir da solução (5.71), podemos determinar a variância do erro do observador

$$\mathcal{E}\{e_o(t)e_o(t)'\} = \int_0^t \int_0^t e^{(A-LC)(t-\tau)}\Gamma(\tau,\xi)e^{(A-LC)'(t-\xi)}\ d\tau\ d\xi \tag{5.87}$$

onde $\Gamma(\tau, \xi) = \mathcal{E}\{(w(\tau) - Lv(\tau))(w(\xi) - Lv(\xi))'\}$ é uma função que pode ser calculada sem dificuldades a partir da matriz de covariância dos ruídos dada em (5.85). De fato, expandindo o operador esperança matemática, vem

$$\begin{aligned}
\Gamma(\tau,\xi) &= \mathcal{E}\{w(\tau)w(\xi)'\} + \mathcal{E}\{Lv(\tau)v(\xi)'L'\} \\
&= (UU' + \mu LL')\delta(\xi - \tau)
\end{aligned} \tag{5.88}$$

cujo valor levado em (5.87) fornece

$$\begin{aligned} \mathcal{E}\{e_o(t)e_o(t)'\} &= \int_0^t e^{(A-LC)(t-\xi)}(UU' + \mu LL')e^{(A-LC)'(t-\xi)}\, d\xi \\ &= \int_0^t e^{(A-LC)\tau}(UU' + \mu LL')e^{(A-LC)'\tau}\, d\tau \end{aligned} \tag{5.89}$$

onde a segunda igualdade decorre da mudança de variável $\tau = t - \xi$. Neste ponto, cabe ressaltar que, tendo calculado o ganho do observador de tal forma que $A - LC$ seja uma matriz assintoticamente estável, a equação acima permite determinar

$$\begin{aligned} \lim_{t\to\infty} \mathcal{E}\{e_o(t)e_o(t)'\} &= \int_0^\infty e^{(A-LC)\tau}(UU' + \mu LL')e^{(A-LC)'\tau}\, d\tau \\ &= R \end{aligned} \tag{5.90}$$

que é exatamente a matriz dada em (5.79) que tínhamos obtido no contexto determinístico. Finalmente, usando uma vez mais as propriedades da função traço, vem

$$\begin{aligned} \lim_{t\to\infty} \mathcal{E}\{e_o(t)'e_o(t)\} &= \lim_{t\to\infty} \mathcal{E}\{\mathrm{Tr}(e_o(t)e_o(t)')\} \\ &= \mathrm{Tr}\left(\lim_{t\to\infty} \mathcal{E}\{e_o(t)e_o(t)'\}\right) \\ &= \mathrm{Tr}(R) \\ &= J(L) \end{aligned} \tag{5.91}$$

onde a última igualdade decorre de (5.75). Ou seja, acabamos de mostrar que, ao calcularmos o ganho ótimo do observador através da solução do problema (5.76), estamos minimizando o erro médio quadrático em regime permanente $\mathcal{E}\{e_o(\infty)'e_o(\infty)\}$ por ele produzido. Por outro lado, como essa quantidade tende a um valor constante e finito quando $t \to \infty$, da mesma forma temos

$$\lim_{T\to\infty} \frac{1}{T}\mathcal{E}\left\{\int_0^T e_o(t)'e_o(t)\, dt\right\} = J(L) \tag{5.92}$$

fazendo com que a minimização de $J(L)$ também minimize a média temporal do erro médio quadrático. Com base nestes resultados, podemos afirmar que a determinação do ganho do observador através da solução do problema (5.76) ou, de forma equivalente, através da aplicação do Teorema 5.4 é bastante efetiva para obter um compromisso adequado entre a velocidade de redução do erro do observador, em relação ao tempo, e a sua largura de faixa.

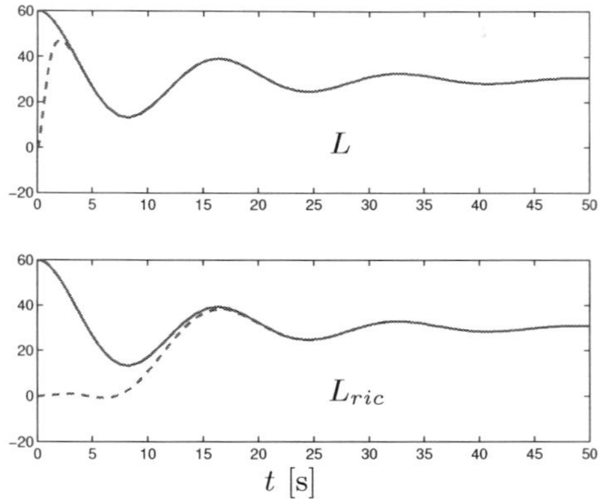

Figura 5.7: Simulação sem os ruídos

Exemplo 5.6 Consideramos novamente o modelo do motor de corrente contínua apresentado no Capítulo 2. Porém, o motor deve mover a mesma carga, a qual, agora, está engastada em um ponto fixo através de um eixo flexível com constante elástica κ. Assim sendo, o modelo é composto pela equação de corrente

$$L\frac{di}{dt} + Ri = u - cK\frac{d\theta}{dt}$$

e pela equação do deslocamento angular da carga

$$(J_c + J_m c^2)\frac{d^2\theta}{dt^2} + b\frac{d\theta}{dt} + \kappa\theta = cKi$$

Definindo o vetor de variáveis de estado $x = [i\ \theta\ \dot{\theta}]' \in \mathbb{R}^3$, com os valores numéricos adotados anteriormente e $\kappa = 2$ [Nm/rad], obtemos a sua representação de estado na forma

$$\begin{aligned} \dot{x} &= \begin{bmatrix} -1{,}0000 & 0 & -1{,}0000 \\ 0 & 0 & 1{,}0000 \\ 0{,}0714 & -0{,}1429 & -0{,}0714 \end{bmatrix} x + \begin{bmatrix} 1 \\ 0 \\ 0 \end{bmatrix} u \\ y &= \begin{bmatrix} 0 & 0 & 1 \end{bmatrix} x \end{aligned}$$

sendo que a saída y fornece a velocidade angular da carga. Como o sistema em malha aberta é estável e o seu polo mais rápido é $-0{,}9294$, projetamos um observador com todos os autovalores de $A - LC$ iguais a -2, fazendo com que a sua resposta seja um pouco mais rápida que a resposta do sistema. Isto é conseguido com o ganho

$$L = \begin{bmatrix} -15{,}0000 \\ -55{,}0000 \\ 4{,}9286 \end{bmatrix}$$

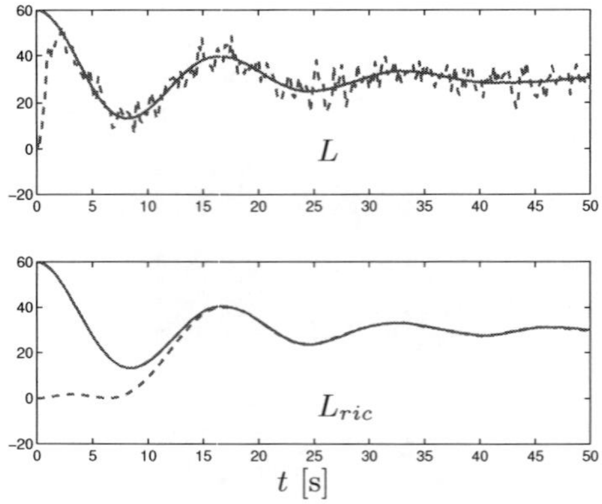

Figura 5.8: Simulação com os ruídos

Para comparação, consideramos os sinais de controle $u(t)$ e de saída $y(t)$ submetidos a ruídos aditivos brancos de tal forma que $U = 10^{-1}B$ e $\sqrt{\mu} = 10^{-2}$. Isto corresponde a implementar o controle com erro de 10% e medir a saída com erro de 1%, para sinais unitários. Neste caso, aplicando o Teorema 5.4, determinamos o ganho ótimo a partir da solução da equação de Riccati (5.77)

$$L_{ric} = \begin{bmatrix} 1{,}7587 \\ 0{,}0000 \\ 0{,}4349 \end{bmatrix}$$

e os autovalores da matriz $A - L_{ric}C$ que são dados por $\{-0{,}6087 \pm j0{,}3521; -0{,}2889\}$. Note que os polos do observador ótimo não são mais rápidos que os polos do sistema em malha aberta e que existe uma diferença significativa entre L e L_{ric}, como consequência de termos levado em conta os ruídos aditivos nos sinais de controle e de saída.

A Figura 5.7 mostra em linhas contínuas as trajetórias do deslocamento angular, em graus, da carga $\theta(t)$ e em linhas tracejadas as estimações produzidas por dois observadores, um deles com o ganho L e o outro com o ganho L_{ric}. A simulação foi feita a partir da condição inicial $x(0) = [1 \ \pi/3 \ 0]'$, com a entrada $u(t) = \pi/3$ para todo $t \geq 0$ e sem a introdução de ruídos. Inicialmente o rotor estava na posição $\theta(0) = \pi/3$ e o controle foi determinado para fazê-lo retroceder para a posição $\theta(\infty) = \pi/6$. Note que a função de transferência do motor tem um ganho DC igual a 1/2. Observe que $i(0) \neq 0$ como forma de tornar mais difícil a estimação do vetor de estado. Cada observador parte com condição inicial nula e, após um breve período de tempo, a posição angular da carga é perfeitamente estimada. Como era de se esperar, o primeiro observador é mais rápido que o segundo para atingir o valor verdadeiro a ser estimado.

A Figura 5.8 foi feita de maneira idêntica, a não ser pelo fato de que ruídos brancos foram adicionados no sinal de controle, com média nula e variância 10^{-2} e no sinal de saída, com média nula e variância 10^{-4}. Nota-se que a estimação produzida pelo primeiro observador tornou-se inviável com a presença dos ruídos, enquanto que o segundo estimador é praticamente insensível a eles. Um bom compromisso entre rapidez e precisão foi conseguido com o segundo observador. □

Embora tenhamos feito todos os cálculos com a matriz $U \in \mathbb{R}^{n\times 1}$ composta por apenas uma coluna, eles podem ser generalizados para contemplar o caso em que U seja uma matriz qualquer, com dimensões compatíveis. Nesta situação, o resultado do Teorema 5.4 permanece inalterado e a equação (5.81) deve ser modificada para $1+\mu^{-1}\psi(-s)\psi(s)' = 0$. Como já foi comentado anteriormente, muito embora a função $\psi(s)$ deixe de ser escalar, isso não causa grandes dificuldades, pois o produto $\psi(-s)\psi(s)'$ permanece sendo uma função escalar. A importância dessa generalização reside no fato de ela permitir o tratamento de ruídos mais ricos, que atuam nas diversas variáveis de estado de forma independente. Como já foi comentado, cabe alertar que nem sempre podemos aplicar as regras fornecidas anteriormente para o traçado do lugar das raízes simétrico. Isto ocorre quando os coeficientes dos termos de maior grau do numerador e do denominador do produto $\psi(-s)\psi(s)$ não tiverem o mesmo sinal. Essa eventualidade requer o uso de uma rotina numérica.

5.4.1 Observabilidade

O conceito de observabilidade de um sistema dinâmico está ligado, de maneira indissolúvel, ao fato de sua saída conter informação suficiente para que o seu estado possa ser, a partir dela, totalmente reconstruído. Assim sendo, a observabilidade é uma propriedade central para que o projeto de um observador de estado possa ser realizado com sucesso. A definição formal de observabilidade pode ser colocada nos seguintes termos.

Definição 5.2 (Observabilidade) *O sistema dinâmico $\dot{x} = Ax$, $y = Cx$ é dito observável se o conhecimento de $y(t)$, para todo $0 \le t \le \tau$ com $\tau > 0$ arbitrário, permitir determinar unicamente $x(0) \in \mathbb{R}^n$. Por simplicidade, diremos que o par (A, C) é observável.*

É preciso ficar claro que a especificação do estado inicial não acarreta nenhuma perda de generalidade na Definição 5.2. Como se trata de um sistema invariante no tempo, ele é válido para a determinação de $x(\xi)$ a partir do conhecimento de $y(t)$ para todo $\xi \le t \le \xi + \tau$, com $\xi \ge 0$ arbitrário. O lema a seguir estabelece um teste simples para verificar se um par de matrizes (A, C) é observável.

Lema 5.2 *O par (A, C) é observável se e somente se a matriz*

$$\mathcal{O} = \begin{bmatrix} C \\ CA \\ \vdots \\ CA^{n-1} \end{bmatrix} \in \mathbb{R}^{n \times n} \tag{5.93}$$

denominada matriz de observabilidade, for não singular.

Prova: Como sabemos que a solução única de $\dot{x} = Ax$ com a condição inicial $x(0) = 0$ fornece a saída $y(t) = 0$ para todo $t \geq 0$, para que este sistema seja observável é preciso que $y(t) = Ce^{At}x(0) = 0$ para todo $0 \leq t \leq \tau$ com $\tau > 0$ arbitrário implique que a única condição inicial possível seja $x(0) = 0$. De fato, como $y(t)$ é uma função nula em um intervalo de tempo finito, as suas derivadas sucessivas até qualquer ordem em $t = 0$ também são nulas, ou seja, $CA^k x(0) = 0, \ \forall k \in \mathbb{N}$. A prova consiste em determinar sob quais condições esse sistema linear com infinitas restrições admite $x(0) = 0$ como solução única. Com o resultado do teorema de Cayley-Hamilton (5.1), sabemos que A^k pode ser escrita com combinação linear de $A^0, A^1, \cdots, A^{n-1}$ para todo $k \geq n$, indicando que o sistema de equações em estudo é equivalente a $CA^k x(0) = 0$ para todo $k = 0, \cdots, n-1$, ou seja, ele é equivalente a $\mathcal{O}x(0) = 0$. A matriz $\mathcal{O}$ não singular é uma condição necessária e suficiente para que $x(0) = 0$ seja solução única, o que prova o lema proposto. □

Comparando o resultado do Lema 5.1 com o do Lema 5.2 notamos imediatamente que existe uma relação precisa entre controlabilidade e observabilidade. A observabilidade do par (A, C) é equivalente à controlabilidade do par (A', C'), enquanto que a controlabilidade do par (A, B) é equivalente à observabilidade do par (A', B'). Por este motivo, esses conceitos são conhecidos como *conceitos duais.*

Uma outra consequência importante de um par (A, C) observável ser equivalente ao par (A', C') controlável é que, a partir da Definição 5.1, existe uma matriz L' que aloca todos os polos de $A' - C'L'$ em posições previamente estabelecidas. Porém como $A' - C'L' = (A - LC)'$ e como os autovalores de uma matriz e de sua transposta são idênticos, a observabilidade do par (A, C) assegura a existência de um ganho L que posiciona todos os polos de $A - LC$ arbitrariamente. Ou, em outras palavras, a observabilidade assegura que é possível projetar um observador com qualquer desempenho previamente estabelecido.

A partir da observabilidade do sistema $\dot{x} = Ax$, o conhecimento de $y(t) = Cx(t)$ para todo $0 \leq t \leq \tau$ com $\tau > 0$ permite calcular a sua condição inicial

$x(0) = x_0$ da seguinte forma:

$$x_0 = W_o^{-1} \int_0^{\tau} e^{A't} C' y(t) \, dt \tag{5.94}$$

onde

$$W_o = \int_0^{\tau} e^{A't} C' C e^{At} \, dt \in \mathbb{R}^{n \times n} \tag{5.95}$$

é uma matriz simétrica que deve ser não singular. Considerando $x_0 \in \mathbb{R}^n$ um vetor não nulo, temos

$$\begin{aligned} x_0' W_o x_0 &= \int_0^{\tau} x_0' e^{A't} C' C e^{At} x_0 \, dt \\ &= \int_0^{\tau} y(t)' y(t) dt \\ &\geq 0 \end{aligned} \tag{5.96}$$

ficando aparente que a igualdade em (5.96) só pode ocorrer com $x_0 \neq 0$ se e apenas se $y(t) = 0$ para todo $0 \leq t \leq \tau$, o que é impossível se o par (A, C) for observável. Portanto, um teste alternativo para a observabilidade é a verificação de que a matriz simétrica W_o seja positiva definida.

Exemplo 5.7 O modelo do motor de corrente contínua usado para mover uma carga considerado no Exemplo 5.6 é observável. De fato, as matrizes

$$A = \begin{bmatrix} -R/L & 0 & -cK/L \\ 0 & 0 & 1 \\ cK/J & -\kappa/J & -b/J \end{bmatrix}, \quad C = \begin{bmatrix} 0 & 0 & 1 \end{bmatrix}$$

permitem calcular $\mathcal{O} \in \mathbb{R}^{3 \times 3}$, bem como o seu determinante

$$\det(\mathcal{O}) = -\left(\frac{cK}{J}\right)\left(\frac{R}{L}\right)\left(\frac{\kappa}{J}\right)$$

que é diferente de zero, assegurando assim a observabilidade do par (A, C). Porém, é interessante notar que, se a carga se desligar do engaste, $\kappa = 0$ faz com que o sistema torne-se *não observável*. Em consequência, não é mais possível projetar um observador de estado adequado medindo-se apenas a velocidade angular da carga. □

5.5 Projeto de Servomecanismos

O chamado *projeto de servomecanismos* é o projeto mais geral e abrangente que pode ser feito no âmbito de sistemas de controle. A sua estrutura básica,

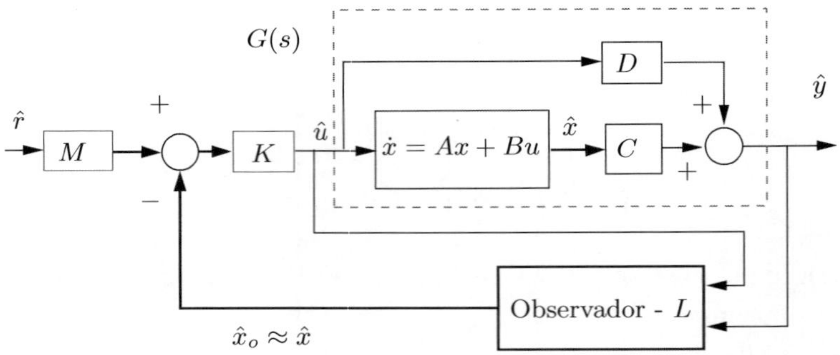

Figura 5.9: Estrutura básica de controle

dada na Figura 5.9, mostra a função de transferência em malha aberta $G(s)$ com a sua representação de estado definida pelas matrizes (A, B, C, D). Essa estrutura básica de controle depende de três ganhos $K \in \mathbb{R}^{1\times n}$, $M \in \mathbb{R}^{n\times 1}$ e $L \in \mathbb{R}^{n\times 1}$ que devem ser determinados para que os critérios de desempenho do projeto sejam atendidos.

Pela Figura 5.9 notamos que os ganhos M e K são os mesmos que foram considerados quando estudamos a realimentação de estado. Porém, agora, ocorre uma diferença significativa, pois apenas a saída $\hat{y}$ (e não o estado $\hat{x}$) é medida e, consequentemente, fica disponível para realimentação. Assim sendo, a partir da saída, projeta-se um observador com ganho L para gerar uma estimativa $\hat{x}_o$ que é realimentada no lugar do estado verdadeiro $\hat{x}$. Um fato até certo ponto surpreendente que ocorre com esta estrutura de controle é que os ganhos (M, K) e L podem ser determinados separadamente, de forma que com os dois primeiros procuramos atender os critérios de desempenho como se o estado estivesse disponível (realimentação de estado) e com o segundo procuramos forçar que o erro entre $\hat{x}_o$ e $\hat{x}$ seja o menor possível (observador de estado). Assim sendo, as equações que descrevem o comportamento desta estrutura de controle são as que definem a representação de estado da função de transferência $G(s)$ da planta

$$\dot{x} = Ax + Bu \tag{5.97}$$
$$y = Cx + Du \tag{5.98}$$

em seguida, as que definem a representação de estado do observador

$$\dot{x}_o = Ax_o + Bu + L(y - y_o) \tag{5.99}$$
$$y_o = Cx_o + Du \tag{5.100}$$

e, finalmente, a lei de controle

$$u = K(Mr - x_o) \tag{5.101}$$

a qual é responsável pelo fechamento da malha através da introdução do sinal de referência. Observe que a lei de controle (5.101) é idêntica à lei de controle (5.21) após a substituição do estado estimado x_o pelo estado verdadeiro x e que, neste primeiro momento, não estamos considerando a presença de ruídos externos. Substituindo (5.101) nas equações de estado da planta, obtemos

$$\dot{x} = (A - BK)x + BKe_o + BKMr \tag{5.102}$$

$$y = (C - DK)x + DKe_o + DKMr \tag{5.103}$$

onde $e_o = x - x_o$ é o erro de observação, o qual, com as equações do observador, é dado por

$$\dot{e}_o = (A - LC)e_o \tag{5.104}$$

Portanto, a partir dessas equações e do vetor de estado aumentado

$$x_a = \begin{bmatrix} x \\ e_o \end{bmatrix} = \begin{bmatrix} x \\ x - x_o \end{bmatrix} \in \mathbb{R}^{2n} \tag{5.105}$$

a representação de estado do sistema em malha fechada pode ser escrita na forma

$$\dot{x}_a = \begin{bmatrix} A - BK & BK \\ 0 & A - LC \end{bmatrix} x_a + \begin{bmatrix} BKM \\ 0 \end{bmatrix} r \tag{5.106}$$

$$y = \begin{bmatrix} C - DK & DK \end{bmatrix} x_a + DKMr \tag{5.107}$$

a qual permite duas conclusões importantes a respeito do projeto em estudo. A primeira delas diz respeito a sua equação característica de grau $2n$ dada por

$$\det\Big(sI - (A - BK)\Big)\det\Big(sI - (A - LC)\Big) = 0 \tag{5.108}$$

ou seja, os seus polos são aqueles alocados através da escolha do ganho de controle K como se o estado estivesse disponível para realimentação e aqueles alocados através da escolha do ganho do observador L. A segunda decorre da determinação da função de transferência obtida pela simples aplicação da transformada de Laplace em (5.106)-(5.107), ou seja,

$$F(s) = (C - DK)\Big(sI - (A - BK)\Big)^{-1} BKM + DKM \tag{5.109}$$

que é exatamente a função de transferência do sistema em malha fechada controlado por realimentação de estado como se o estado estivesse disponível para realimentação. Estas propriedades, até certo ponto surpreendentes, resultam verdadeiras devido às estruturas muito particulares das matrizes que definem a representação de estado (5.106)-(5.107), em especial, a matriz dinâmica é triangular superior e as n últimas linhas da matriz de entrada são nulas. Desta forma, os autovalores da matriz dinâmica são os autovalores dos seus dois blocos diagonais e o sistema não é controlável, pois o erro de observação não pode ser modificado pelo sinal de referência. Decorrentes destes cálculos, os fatos mais relevantes são:

- A estabilidade e o desempenho do sistema em malha fechada são consequências de escolhas *independentes* dos ganhos K e L.
- A função de transferência entre a referência e a saída é *idêntica* àquela obtida via realimentação de estado, como se o estado estivesse disponível para realimentação. Como anteriormente, podemos determinar o ganho M ou a função $M(s)$ de tal forma a assegurar um desempenho adequado em regime permanente.

Estas propriedades decorrem de um resultado muito mais geral denominado *Teorema da Separação*, que é válido para esta estrutura de controle inclusive quando for sujeita a ruídos externos estocásticos. Ele permite que a estratégia de projeto de servomecanismos seja decomposta em duas etapas independentes. O ganho L é determinado com critérios de desempenho restritos à observação de estado e, em seguida, os ganhos K e M são determinados a partir dos critérios de desempenho de controle.

Com esses ganhos, é importante discutirmos a maneira mais simples possível de implementar o controle calculado. Aplicando a transformada de Laplace em (5.101), obtemos

$$\hat{u} = h\hat{r} - K\hat{x}_o \tag{5.110}$$

onde $h = KM$ e $K\hat{x}_o$ pode ser determinada aplicando a transformada de Laplace na equação

$$\dot{x}_o = (A - LC)x_o + (B - LD)u + Ly \tag{5.111}$$

que decorre da simples substituição de (5.100) em (5.99), isto é,

$$K\hat{x}_o = C_u(s)\hat{u} + C_y(s)\hat{y} \tag{5.112}$$

onde as funções de transferência $C_u(s)$ e $C_y(s)$ são dadas por

$$C_u(s) = K\Big(sI - (A - LC)\Big)^{-1}(B - LD) \tag{5.113}$$

$$C_y(s) = K\Big(sI - (A - LC)\Big)^{-1}L \tag{5.114}$$

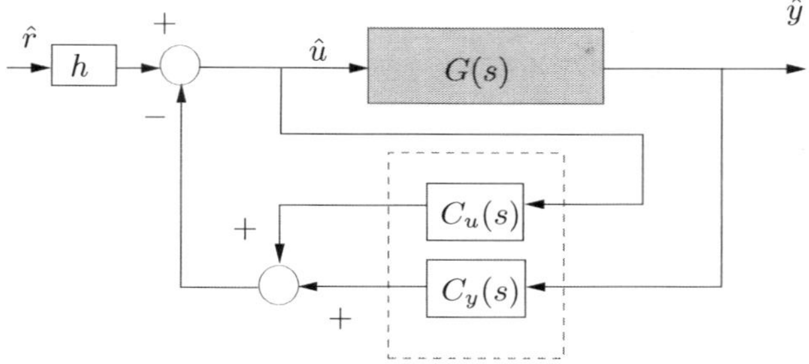

Figura 5.10: Estrutura básica de controle modificada

A Figura 5.10 mostra a implementação final do controle que realimenta apenas as variáveis disponíveis em cada instante de tempo. Note que as funções de transferência $C_u(s)$ e $C_y(s)$ estão localizadas na malha de realimentação e são funções escalares. A realimentação do sinal de controle passando por $C_u(s)$ é decorrência da necessidade dessa informação ser disponível ao observador.

Finalmente, é preciso comentar que, na maioria dos casos que encontramos na prática, a saída medida $y(t)$ que é usada para sintetizar a lei de controle não é a mesma daquela que nos interessa para definir os critérios de desempenho. Por exemplo, em um sistema dinâmico de segunda ordem cujas variáveis de estado são a posição e a velocidade do móvel, podemos desejar controlar a posição medindo a velocidade e vice-versa. Esses casos são tratados extraindo da equação de estado (5.97) a saída de interesse

$$z = C_z x + D_z u \tag{5.115}$$

Como continuamos utilizando a saída y definida em (5.98) no observador (5.99), as equações de estado (5.106) e (5.107), que descrevem o comportamento do sistema em malha fechada, permanecem válidas. Com elas determinamos

$$z = \begin{bmatrix} C_z - D_z K & D_z K \end{bmatrix} x_a + D_z K M r \tag{5.116}$$

cuja função de transferência entre a referência $\hat{r}$ e a saída controlada $\hat{z}$ é dada por

$$F_z(s) = (C_z - D_z K)\Big(sI - (A - BK)\Big)^{-1} BKM + D_z KM \tag{5.117}$$

a qual, como vemos, é idêntica à função de transferência $F(s)$ entre a referência $\hat{r}$ e a saída medida $\hat{y}$ após a substituição do par de matrizes (C, D) por (C_z, D_z). Ademais, como podemos fatorar $F_z(s) = hS_z(s)$ com $h = KM$ e $S_z(s)$, uma função de transferência escalar como em (5.24), os procedimentos adotados anteriormente continuam válidos para determinar o ganho M ou a função de transferência $M(s)$ de tal forma a impor um determinado desempenho em regime permanente para a saída controlada z definida em (5.115). Esse e outros aspectos relevantes do projeto de servomecanismos serão abordados na próxima seção.

Resta, porém, tratar teoricamente um último aspecto muito relevante relativo à introdução de ruído no projeto de servomecanismos, como aliás foi feito no Capítulo 2 a partir da estrutura básica de realimentação ilustrada através da Figura 2.8. Neste caso, as equações de estado do sistema em malha aberta são novamente expressas por

$$\dot{x} = Ax + Bu + w \quad (5.118)$$

$$y = Cx + Du + v \quad (5.119)$$

$$z = C_z x + D_z u \quad (5.120)$$

onde $w(t) \in \mathbb{R}^n$ e $v(t) \in \mathbb{R}$ são os ruídos presentes nas variáveis de estado e de saída, respectivamente, e z é a saída de interesse. Como anteriormente, a lei de controle em malha fechada é dada por $u = K(Mr - x_o)$, onde $x_o(t)$ é a variável de estado do observador

$$\dot{x}_o = Ax_o + Bu + L(y - y_o) \quad (5.121)$$

$$y_o = Cx_o + Du \quad (5.122)$$

que fornece uma estimativa, em todo instante de tempo, do estado $x(t)$. O objetivo é determinar os ganhos (K, L, M) de tal forma a minimizar um critério de desempenho a ser discutido em seguida. Adotando uma vez mais a variável de estado aumentada $x_a \in \mathbb{R}^{2n}$ definida em (5.105), a dinâmica do sistema em malha fechada, de ordem $2n$, é descrita pelas equações

$$\dot{x}_a = A_a x_a + B_a r + w_a \quad (5.123)$$

$$z = C_a x_a + D_a r \quad (5.124)$$

onde as matrizes $A_a \in \mathbb{R}^{2n\times 2n}$ e $B_a \in \mathbb{R}^{2n\times 1}$ são dadas por

$$A_a = \begin{bmatrix} A - BK & BK \\ 0 & A - LC \end{bmatrix}, \ B_a = \begin{bmatrix} BKM \\ 0 \end{bmatrix} \quad (5.125)$$

bem como a matriz $C_a \in \mathbb{R}^{1\times 2n}$ e o escalar $D_a \in \mathbb{R}^{1\times 1}$

$$C_a = \begin{bmatrix} C_z - D_z K & D_z K \end{bmatrix}, \ D_a = D_z KM \quad (5.126)$$

Como era de se esperar, essas matrizes são idênticas àquelas do modelo em malha fechada (5.106)–(5.107) obtido sem a introdução dos ruídos. Ademais, o ruído

$w_a(t)$ pode ser calculado por

$$w_a(t) = \begin{bmatrix} I & 0 \\ I & -L \end{bmatrix} \begin{bmatrix} w(t) \\ v(t) \end{bmatrix} \tag{5.127}$$

fazendo com que, como consequência direta das características dos ruídos explicitadas em (5.84) e (5.85), a sua média seja nula, isto é,

$$\mathcal{E}\{w_a(t)\} = 0 \ , \ \forall t \tag{5.128}$$

e a sua matriz de covariância possa ser escrita como

$$\mathcal{E}\left\{w_a(t)w_a(\tau)'\right\} = W_a\delta(t-\tau) \ , \ \forall t,\tau \tag{5.129}$$

onde $W_a \in \mathbb{R}^{2n\times 2n}$ é a matriz simétrica e definida positiva

$$\begin{aligned} W_a &= \begin{bmatrix} I & 0 \\ I & -L \end{bmatrix} \begin{bmatrix} UU' & 0 \\ 0 & \mu \end{bmatrix} \begin{bmatrix} I & I \\ 0 & -L' \end{bmatrix} \\ &= \begin{bmatrix} UU' & UU' \\ UU' & UU' + \mu LL' \end{bmatrix} \end{aligned} \tag{5.130}$$

a qual, entretanto, não é bloco diagonal devido à existência de correlação entre diversos elementos do vetor $w_a(t)$, segundo claramente estabelecido em (5.127).

Finalmente, cabe salientar que o sistema em malha fechada está submetido a uma determinada condição inicial geralmente expressa por $x_a(0)' = [x(0)' \ x(0)']$ quando o observador for inicializado com condição inicial nula. Muito embora desconhecida, a condição inicial do sistema $x(0) \in \mathbb{R}^n$ é um valor determinístico. Como o sinal de referência $r(t)$ é obviamente conhecido e, portanto, determinístico, o vetor de estado do sistema em malha fechada é um sinal estocástico devido à presença do ruído $w_a(t)$. Assim, a partir da solução geral

$$x_a(t) = e^{A_a t}x_a(0) + \int_0^t e^{A_a(t-\tau)}(B_a r(\tau) + w_a(\tau))d\tau \tag{5.131}$$

calculando a sua esperança matemática para todo $t \geq 0$, e levando em conta (5.128), determinamos o seu valor médio

$$\bar{x}_a(t) = e^{A_a t}x_a(0) + \int_0^t e^{A_a(t-\tau)}B_a r(\tau)d\tau \tag{5.132}$$

Por outro lado, subtraindo (5.132) de (5.131), obtemos

$$\Delta x_a(t) = \int_0^t e^{A_a(t-\tau)}w_a(\tau)d\tau \tag{5.133}$$

onde $\Delta x_a(t) = x_a(t) - \bar{x}_a(t) \in \mathbb{R}^{2n}$ é um vetor que fornece, em qualquer instante de tempo $t \geq 0$, o desvio da variável de estado $x_a(t)$ em relação ao seu valor médio $\bar{x}_a(t)$. Trata-se, por definição, de um vetor de média nula, para todo $t \geq 0$, e com variância dada por

$$
\begin{aligned}
\mathcal{E}\{\Delta x_a(t)\Delta x_a(t)'\} &= \int_0^t \int_0^t e^{A_a(t-\tau)}\mathcal{E}\left\{w_a(\tau)w_a(\xi)'\right\} e^{A_a'(t-\xi)} d\tau d\xi \\
&= \int_0^t e^{A_a(t-\xi)} W_a e^{A_a'(t-\xi)} d\xi \\
&= \int_0^t e^{A_a\tau} W_a e^{A_a'\tau} d\tau \ , \ \forall t \geq 0
\end{aligned} \tag{5.134}
$$

Esse resultado é de central importância no presente contexto. Em particular, devido à estrutura bloco-triangular da matriz A_a e da estrutura da matriz W_a que apresenta três blocos idênticos, o cálculo da integral que aparece no lado direito de (5.134) pode ser realizado sem dificuldades desde que o ganho do observador seja o ganho ótimo obtido através da solução da equação de Riccati (5.77).

Lema 5.3 *Considere que o ganho L do observador seja aquele dado pelo Teorema 5.4. Para todo ganho de controle que estabiliza a matriz $A - BK$, a seguinte igualdade se verifica:*

$$
\int_0^\infty e^{A_a\tau} W_a e^{A_a'\tau} d\tau = R_a = \begin{bmatrix} S+R & R \\ R & R \end{bmatrix} \in \mathbb{R}^{2n\times 2n} \tag{5.135}
$$

onde $R \in \mathbb{R}^{n\times n}$ é a solução simétrica e definida positiva da equação de Riccati (5.77) e $S \in \mathbb{R}^{n\times n}$ é solução simétrica e semidefinida positiva da equação de Lyapunov

$$
(A - BK)S + S(A - BK)' + \mu LL' = 0 \tag{5.136}
$$

Prova: A igualdade (5.135) se verifica desde que a matriz simétrica $Q_a = A_a R_a + R_a A_a' + W_a$ seja nula, ou, em outras palavras, R_a seja solução da equação de Lyapunov $A_a R_a + R_a A_a' + W_a = 0$. Com as matrizes A_a e W_a dadas em (5.125) e (5.130), respectivamente, simples multiplicações permitem determinar Q_a, ou seja,

$$
\begin{aligned}
(Q_a)_{11} &= (A - BK)(S + R) + BKR + (S + R)(A - BK)' + RK'B' + UU' \\
&= (A - BK)S + S(A - BK)' + AR + RA' + UU' \\
&= -\mu LL' + \mu^{-1}RC'CR \\
&= 0
\end{aligned} \tag{5.137}
$$

sendo que a última igualdade decorre de $L = \mu^{-1}RC'$. Ademais,

$$\begin{aligned}(Q_a)_{12} &= (A - BK)R + BKR + R(A - LC)' + UU' \\ &= AR + RA' - RC'L' + UU' \\ &= AR + RA' - \mu^{-1}RC'CR + UU' \\ &= 0 \end{aligned} \tag{5.138}$$

pois R é a solução positiva definida da equação de Riccati (5.77). E, pela mesma razão,

$$\begin{aligned}(Q_a)_{22} &= (A - LC)R + R(A - LC)' + UU' + \mu LL' \\ &= AR + RA' - \mu^{-1}RC'CR + UU' \\ &= 0 \end{aligned} \tag{5.139}$$

Desta forma, como Q_a deve ser simétrica, concluímos que $Q_a = 0$, o que prova o lema proposto. □

Como imediata decorrência da igualdade (5.135), a matriz R_a é semidefinida positiva, sendo, geralmente, definida positiva. A prova deste lema deixa claro que o seu resultado só pode ser estabelecido quando o ganho de observador for o ganho ótimo fornecido pela solução da equação de Riccati (5.77). Qualquer outro ganho usado no observador, mesmo que estabilize a matriz $A - LC$, não leva a um resultado semelhante. Ademais, o resultado do Lema 5.3 em conjunto com (5.134) permite obter uma igualdade importante, qual seja,

$$\lim_{T\to\infty} \frac{1}{T}\mathcal{E}\left\{\int_0^T \Delta x_a(t)\Delta x_a(t)'\, dt\right\} = R_a \tag{5.140}$$

onde $R_a \in \mathbb{R}^{2n\times 2n}$ é a matriz dada em (5.135). Essa igualdade decorre do fato da variância de $\Delta x_a(t)$ tender à matriz constante R_a quando $t \to \infty$.

Estamos em posição de propor um critério de desempenho para o sistema em estudo, da forma

$$J(K) = \lim_{T\to\infty} \frac{1}{T}\mathcal{E}\left\{\int_0^T \Big(\Delta x(t)'Q\Delta x(t) + \rho\Delta u(t)'\Delta u(t)\Big)\, dt\right\} \tag{5.141}$$

onde $Q \in \mathbb{R}^{n\times n}$ é uma matriz semidefinida positiva e $\rho > 0$. As quantidades $\Delta x(t)$ e $\Delta u(t)$ denotam os desvios das respectivas variáveis em relação aos seus valores médios. Para usar o resultado do Lema 5.3 o ganho L é fixado e depende apenas das características dos ruídos. Por este motivo, o critério de desempenho escolhido depende apenas do ganho de controle K. Ao minimizá-lo em relação à escolha de K, forçamos que as trajetórias do sistema em malha fechada $\Delta x(t)$ e $\Delta u(t)$ se aproximem das suas respectivas médias. Como $\bar{u} = K(Mr - \bar{x}_o)$, temos $\Delta u = -K\Delta x_o$, de tal forma que a igualdade

$$\begin{aligned} \begin{bmatrix} \Delta x \\ \Delta u \end{bmatrix} &= \begin{bmatrix} x - \bar{x} \\ -K(x_o - \bar{x}_o) \end{bmatrix} \\ &= \begin{bmatrix} I & 0 \\ -K & K \end{bmatrix} \begin{bmatrix} x - \bar{x} \\ \bar{e}_o \end{bmatrix} \\ &= \begin{bmatrix} I & 0 \\ -K & K \end{bmatrix} \Delta x_a \end{aligned} \tag{5.142}$$

se estabelece, a qual, substituída em (5.141), após algumas manipulações permite escrever o critério de desempenho da maneira compacta

$$J(K) = \lim_{T\to\infty} \frac{1}{T}\mathcal{E}\left\{\int_0^T \Delta x_a(t)' Q_a \Delta x_a(t)\, dt\right\} \tag{5.143}$$

onde $Q_a \in \mathbb{R}^{n\times n}$ é uma matriz simétrica semidefinida positiva dada por

$$\begin{aligned} Q_a &= \begin{bmatrix} I \\ 0 \end{bmatrix} Q \begin{bmatrix} I & 0 \end{bmatrix} + \rho \begin{bmatrix} -K' \\ K \end{bmatrix} \begin{bmatrix} -K & K \end{bmatrix} \\ &= \begin{bmatrix} Q + \rho K'K & -\rho K'K \\ -\rho K'K & \rho K'K \end{bmatrix} \end{aligned} \tag{5.144}$$

Finalmente, usando (5.140) em (5.143) vem

$$\begin{aligned} J(K) &= \lim_{T\to\infty} \frac{1}{T}\mathcal{E}\left\{\int_0^T \mathrm{Tr}\Big(Q_a \Delta x_a(t) \Delta x_a(t)'\Big)\, dt\right\} \\ &= \mathrm{Tr}(Q_a R_a) \\ &= \mathrm{Tr}(QR) + \mathrm{Tr}\Big((Q + \rho K'K)S\Big) \end{aligned} \tag{5.145}$$

a qual permite verificar que o critério de desempenho $J(K)$ é igual à soma de duas parcelas. A primeira é constante e depende exclusivamente da matriz R, solução da equação de Riccati que define o observador de estado ótimo e da matriz Q. A segunda, que depende da escolha do ganho de controle K, pode ser manipulada a partir da propriedade da função traço discutida no Capítulo 3 de tal forma que a relação (5.136) leva a

$$\begin{aligned} \mathrm{Tr}\Big((Q + \rho K'K)S\Big) &= \mu \mathrm{Tr}\left((Q + \rho K'K)\int_0^\infty e^{(A-BK)\tau} LL' e^{(A-BK)'\tau}\, d\tau\right) \\ &= \mu L' \left(\int_0^\infty e^{(A-BK)'\tau}(Q + \rho K'K) e^{(A-BK)\tau}\, d\tau\right) L \\ &= \mu L'PL \end{aligned} \tag{5.146}$$

fazendo com que o critério de desempenho assuma a forma final

$$J(K) = \mathrm{Tr}(QR) + \mu L'PL \tag{5.147}$$

e a sua dependência em relação ao ganho de controle seja expressa através da matriz $P \in \mathbb{R}^{n\times n}$. Neste ponto, retomando o estudo já realizado do regulador linear quadrático, em particular, as equações (5.54) e (5.55), notamos que o presente critério de desempenho é minimizado quando se escolhe $K = \rho^{-1}B'P$, onde P é a matriz simétrica e definida positiva solução da equação de Riccati (5.48).

É importante ressaltar que os cálculos realizados levam à conclusão de que o projeto de servomecanismos sob a ação de ruídos externos continua a ser feito de maneira independente no que diz respeito à determinação das matrizes de ganho de referência M, de controle K e do observador L, ou seja, a propriedade de separação mantém-se presente. Desta forma, as seguintes etapas são adotadas:

1. **Controle:** A partir da matriz Q e do escalar positivo ρ que definem os custos associados às variáveis de estado e de controle no critério quadrático, determina-se o ganho K adotando-se um dos seguintes procedimentos alternativos:

   - Determina-se a solução positiva definida P da equação matricial de Riccati (5.48) e, a partir dela, o ganho $K = \rho^{-1}B'P$.
   - Com $\varphi(s) = V(sI - A)^{-1}B$, determina-se as raízes situadas no semiplano esquerdo complexo da equação algébrica (5.57) e o ganho K que aloca os polos de $A - BK$ nessas posições.

   No segundo caso, podem-se aplicar as técnicas de lugar das raízes para selecionar o valor de $\rho > 0$ mais conveniente.

2. **Referência:** Determina-se o ganho M ou a função de transferência $M(s)$ para assegurar o desempenho em regime permanente.

3. **Observador:** A partir das características dos ruídos de estado e de medida definidas pela matriz U e pelo escalar positivo μ, determina-se o ganho do observador L adotando-se um dos seguintes procedimentos alternativos:

   - Determina-se a solução positiva definida R da equação matricial de Riccati (5.77) e, a partir dela, o ganho $L = \mu^{-1}RC'$.
   - Com $\psi(s) = C(sI - A)^{-1}U$, determina-se as raízes situadas no semiplano esquerdo complexo da equação algébrica (5.81) e o ganho L que aloca os polos de $A - LC$ nessas posições.

Esse procedimento viabiliza implementar o controle final diretamente através da estrutura ilustrada na Figura 5.9 ou através daquela dada na Figura 5.10. A sua importância reside no fato de que não é possível determinar outros ganhos que possam produzir um sistema em malha fechada com melhor desempenho medido através do critério quadrático considerado. Por outro lado, se olharmos o mesmo problema, levando em conta apenas os valores médios das diversas variáveis envolvidas, e determinarmos os ganhos M, K e L, as trajetórias do sistema em malha fechada, quando submetido aos ruídos, serão adequadas também no que diz respeito à pequena variância que apresentarão em relação à suas respectivas médias. Esses aspectos serão ilustrados em seguida.

5.6 Projeto Final

Vamos considerar novamente o modelo do pêndulo invertido com massa m e comprimento ℓ montado sobre um carro com massa M em um meio isento de atrito, já tratado no Capítulo 2 e ilustrado na Figura 2.6. O objetivo é equilibrá-lo na posição vertical pela ação de uma força horizontal com intensidade F. As equações do movimento, já linearizadas, são dadas na forma

$$\begin{aligned} (M+m)\ddot{x} - m\ell\ddot{\theta} &= F && (5.148)\\ \ell\ddot{\theta} - \ddot{x} - g\theta &= 0 && (5.149) \end{aligned}$$

onde x é o deslocamento horizontal do carro e $\theta = \phi - 90^o$ é o deslocamento angular do pêndulo medido em relação à vertical. Considerando o vetor de estado $x_p = [x\ \dot{x}\ \theta\ \dot{\theta}]' \in \mathbb{R}^4$, a variável de controle $u = F$ e os valores numéricos já fornecidos no Exemplo 2.3, isto é, $M = 10{,}0$ [kg], $m = 2{,}0$ [kg], $\ell = 1{,}0$ [m] e $g = 9{,}8$ [m/s^2], as equações de estado se escrevem como

$$\begin{aligned} \dot{x}_p &= \begin{bmatrix} 0 & 1{,}0000 & 0 & 0 \\ 0 & 0 & 1{,}9600 & 0 \\ 0 & 0 & 0 & 1{,}0000 \\ 0 & 0 & 11{,}7600 & 0 \end{bmatrix} x_p + \begin{bmatrix} 0{,}0 \\ 0{,}1 \\ 0{,}0 \\ 0{,}1 \end{bmatrix} u && (5.150)\\ y &= \begin{bmatrix} 1 & 0 & -1 & 0 \end{bmatrix} x_p && (5.151) \end{aligned}$$

onde a variável de saída medida é o deslocamento horizontal do pêndulo $y = x + \ell\cos(\theta + \pi/2) \approx x - \ell\theta$. Diferentemente da solução via realimentação de estado apresentada no Capítulo 2, agora assumimos que podemos medir em cada instante de tempo $t \geq 0$ apenas a variável $y(t)$.

Inicialmente, o objetivo é equilibrar o pêndulo na posição vertical e, simultaneamente, levar o carro para a origem do referencial inercial adotado. O ganho de controle K foi determinado a partir da solução da equação de Riccati (5.48), com

$$Q = \text{diag}\{1, 0, 1, 0\} \ , \ \rho = 10^{-2} \tag{5.152}$$

ficando claro que apenas os deslocamentos, e não as velocidades do carro e do pêndulo, são penalizados, ou seja,

$$K = \left[\begin{array}{cccc} -10{,}0000 & -21{,}4443 & 342{,}9299 & 103{,}0445 \end{array} \right] \tag{5.153}$$

A matriz $A - BK$ tem autovalores $-3{,}4307 \pm j0{,}1475$ e $-0{,}6493 \pm j0{,}6399$ o que indica que os polos dominantes têm um fator de amortecimento de aproximadamente 0,7 correspondente a uma margem de fase aproximada de 70°, que são valores bastante adequados. Como o sinal de referência é nulo, $r(t) = 0, \forall t \geq 0$, qualquer valor não nulo para o ganho M pode ser adotado, por exemplo, aquele que satisfaz a normalização $h = KM = 1$. Em seguida, e de forma independente, o ganho do observador L foi determinado através da solução da equação de Riccati (5.77), com

$$U = 10^{-1} \times \text{diag}\{1, 1, 1, 1\} \ , \ \sqrt{\mu} = 10^{-2} \tag{5.154}$$

fornecendo

$$L = \left[\begin{array}{cccc} -25{,}2191 & -35{,}9366 & -46{,}1407 & -154{,}7921 \end{array} \right]' \tag{5.155}$$

de tal maneira que a matriz $A - LC$ é assintoticamente estável, como atestam os seus autovalores $-14{,}4627$, $-2{,}7269 \pm j0{,}8753$ e $-1{,}0050$. Observe que $U \in \mathbb{R}^{4\times 4}$ indica que o ruído $w(t) \in \mathbb{R}^4$ age independentemente nas quatro equações de estado.

O controle foi implementado a partir das funções de transferência $C_u(s)$ e $C_y(s)$, dadas em (5.113)-(5.114), que são calculadas a partir dos ganhos K e L já determinados, isto é,

$$C_u(s) = \frac{8{,}16(s + 15{,}93)(s^2 + 9{,}071s + 62{,}28)}{(s + 14{,}46)(s + 1{,}005)(s^2 + 5{,}454s + 8{,}202)} \tag{5.156}$$

$$C_y(s) = \frac{-3{,}0750 \times 10^4(s + 3{,}429)(s^2 + 0{,}0405s + 0{,}0113)}{(s + 14{,}46)(s + 1{,}005)(s^2 + 5{,}454s + 8{,}202)} \tag{5.157}$$

A Figura 5.11 mostra a simulação no tempo, sem ruídos, do deslocamento horizontal do carro (parte superior) e do deslocamento angular do pêndulo em relação à horizontal (parte inferior). No instante inicial $t = 0$, o carro está em repouso

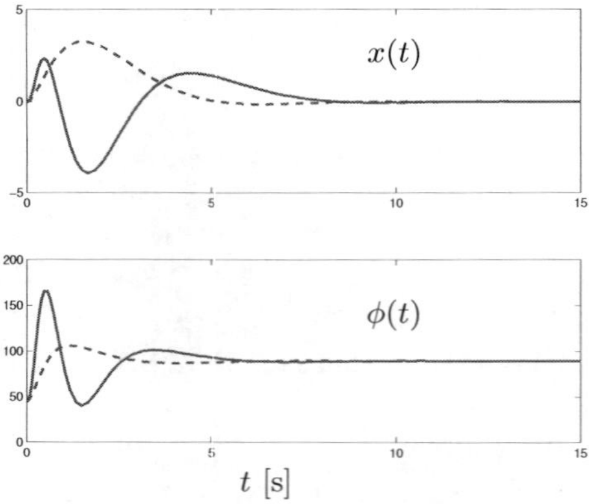

Figura 5.11: Simulação no tempo

na origem e o pêndulo está em repouso em uma posição que forma um ângulo de 45° com a horizontal. As trajetórias em linhas contínuas foram obtidas com o controle definido pelas funções de transferência $C_u(s)$ e $C_y(s)$, enquanto que, para a devida comparação, em linhas tracejadas, mostramos as trajetórias obtidas com o controle de realimentação de estado $u = -Kx$, com o ganho K dado em (5.153), assumindo que todos os estados sejam medidos em todo $t \geq 0$. Como era de se esperar, o controle via realimentação de estado faz com que o sistema em malha fechada tenha um desempenho muito superior, pois dispõe de muito mais informações, que estão presentes em todo o vetor de estado $x(t) \in \mathbb{R}^4$, do que simplesmente aquelas fornecidas pela saída $y(t) \in \mathbb{R}$.

Para os mesmos ganhos de controle K e do observador L, consideramos dois outros aspectos bastante relevantes em qualquer projeto de sistema de controle. As versões digitais dos controladores $C_{Du}(z)$ e $C_{Dy}(z)$ foram calculadas introduzindo-se um *segurador de ordem zero* em cada uma das respectivas entradas e período de amostragem de $T = 30$ [ms]. O procedimento discutido no Capítulo 2 fornece

$$C_{Du}(z) = \frac{0{,}2603(z-0{,}6196)(z^2-1{,}714z+0{,}7624)}{(z-0{,}9703)(z-0{,}648)(z^2-1{,}842z+0{,}8491)} \tag{5.158}$$

$$C_{Dy}(z) = \frac{-7{,}1318\times 10^2(z-0{,}9023)(z^2-1{,}999z+0{,}9989)}{(z-0{,}9703)(z-0{,}648)(z^2-1{,}842z+0{,}8491)} \tag{5.159}$$

Finalmente, desejamos projetar o ganho $h = KM$ de referência de tal forma que a primeira variável do sistema em malha fechada que corresponde ao deslocamento do carro acompanhe um degrau unitário com erro nulo em regime permanente.

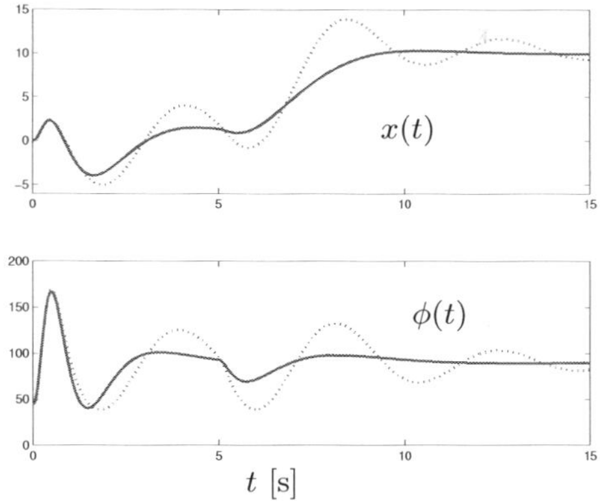

Figura 5.12: Simulação no tempo

Portanto, definindo $C_z = [1\ 0\ 0\ 0]$ e $D_z = 0$, determinamos $F_z(0) = hS_z(0)$, onde

$$S_z(0) = (D_z K - C_z)(A - BK)^{-1}B + D_z = -0{,}1 \tag{5.160}$$

o que impõe $h = -10$ para assegurar que $F_z(0) = 1$, como desejado. Embora uma análise do comportamento físico do sistema permita concluir que, adotando esse ganho de referência, estaremos também assegurando que $\theta(t) \to 0$, podemos verificar que esta propriedade decorre imediatamente de $F_z(0) = hS_z(0) = 0, \forall h \in \mathbb{R}$ pois $S_z(0) = 0$ para $C_z = [0\ 0\ 1\ 0]$ e $D_z = 0$.

A Figura 5.12 mostra novamente a simulação no tempo do sistema em malha fechada. Em linhas contínuas vemos as trajetórias do sistema controlado com $C_u(s)$, $C_y(s)$, enquanto que em linhas pontilhadas mostramos o sistema controlado com as suas versões digitais $C_{Du}(z)$, $C_{Dy}(z)$. Inicialmente consideramos $r(t) = 0$ durante o intervalo de tempo $0 \leq t < 5$ [s], fazendo com que o carro equilibre o pêndulo na vertical e volte à origem $x = 0$. Em $t = 5$ [s] a referência muda para $r(t) = 10$, indicando que o carro deve equilibrar o pêndulo e se deslocar para a posição $x = 10$ [m]. Observe que o sistema em malha fechada atende perfeitamente essas especificações. Ademais, é aparente a queda de desempenho que se acentua conforme o período de amostragem aumenta, até o limite de estabilidade que ocorre, aproximadamente, para o período de amostragem máximo $T_{max} = 50$ [ms].

Finalmente, resta informar que realizamos diversas simulações adicionando ruídos brancos de diferentes intensidades nas variáveis de controle e de saída. Verificamos que o controle aqui proposto se comportou de forma bastante adequada. Em particular, mesmo para a situação em que os ruídos $w(t)$ e $v(t)$ usados na simulação eram definidos por $U = 10^{-1}B$ e $\sqrt{\mu} = 10^{-2}$ de tal forma a impor que $w(t)$ seja um ruído aditivo à variável de controle $u(t)$, os gráficos das trajetórias dos deslocamentos do carro e do pêndulo, para todos os efeitos práticos, coincidem com aqueles apresentados na Figura 5.12.

5.7 Notas Bibliográficas

Neste capítulo, tratamos de aspectos que reputamos essenciais da teoria de controle moderno. O tratamento de sistemas de controle via representação de estado permite que alguns problemas de controle ótimo sejam resolvidos empregando técnicas que os colocam ao alcance dos alunos de graduação. Muito embora eles já tenham sido tratados em diversos textos disponíveis na literatura, tais como em [2], [8], [13], [14] e [25], acreditamos ter atingido e colocado em evidência os pontos essenciais de maneira mais simples e direta. O capítulo começa relembrando a representação de estado de funções de transferência para, em seguida, tratar o problema de alocação de polos via realimentação de estado. Mais adiante, o problema linear quadrático é resolvido através da solução da equação de Riccati ou através de um lugar das raízes bastante peculiar, denominado lugar das raízes simétrico. Neste ponto o texto [26] é primoroso e deve ser consultado sempre que possível. O mesmo é feito para o projeto de observadores de estado que comporta o estudo de processos estocásticos simples, [26]. O projeto de servomecanismos é atacado com base na propriedade de separação entre controle e estimação, essencial para que o respectivo problema possa ser tratado de maneira eficaz. O capítulo termina com um projeto que ilustra o desenvolvimento de um sistema de controle para um processo real, detalhando todos os seus passos até a sua validação por meio de simulação numérica. Tópicos mais avançados tais como controle robusto e controle multivariável não foram tratados. Acreditamos, entretanto, que o material aqui exposto pode servir de base para que eles sejam abordados, no futuro, pelo leitor com maior interesse nestes temas específicos, ver [8] e [9]. No caso particular de robustez, o Capítulo 7 é inteiramente dedicado a um estudo preliminar deste tema.

5.8 Exercícios

Exercício 5.1 *Considere a seguinte equação diferencial, com condições iniciais nulas*

$$\ddot{y} + 3\dot{y} + 2y = \dot{u} + 3u$$

a) *Determine sua representação de estado.*

b) *Para $u(t) = 1,\ \forall\ t \geq 0$, determine o valor da saída $y(t)$ em regime permanente.*

c) *Considere que a entrada $u(t)$ deve ser sintetizada através de um projeto via realimentação de estado, isto é, $u(t) = r(t) - Kx(t)$, onde $x(t)$ é o vetor de estado. Calcule o ganho matricial K de tal forma que o erro em regime permanente para uma referência $r(t)$ do tipo degrau seja igual a 25% e que os polos do sistema em malha fechada tenham fator de amortecimento igual a $\xi = \sqrt{2}/2$.*

Exercício 5.2 *Um sistema dinâmico a tempo contínuo de fase mínima, com polos reais, possui uma função de transferência em malha aberta $G(s)$, cujo diagrama de Bode assintótico de módulo é dado pela Figura 5.13.*

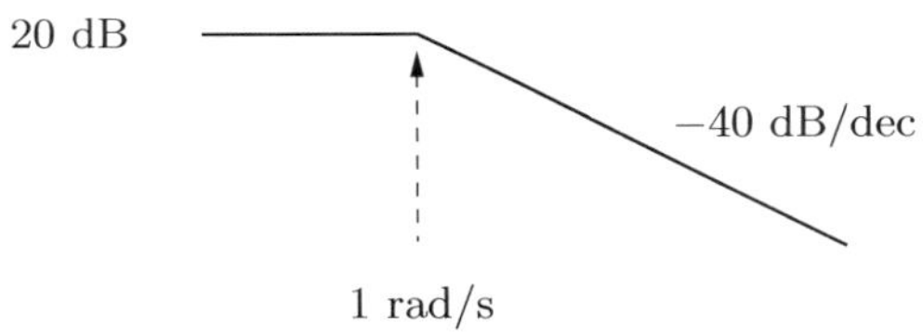

Figura 5.13: Diagrama de Bode de módulo

a) *Considerando $\hat{y}(s) = G(s)\hat{u}(s)$, determine sua representação de estado.*

b) *Supondo que todos os estados do sistema possam ser medidos e denotando $r(t)$ o sinal de referência, adote a estratégia de controle via realimentação de estado $\hat{u}(s) = \hat{r}(s) - K\hat{x}(s)$, onde x é o estado do sistema, e calcule o vetor K de forma que os polos do sistema em malha fechada sejam -2 e -3.*

c) *Calcule o erro em regime permanente para $r(t)$ igual a um degrau unitário.*

d) *Se possível, calcule outro valor de K para que o erro para uma referência degrau unitário seja nulo, mantendo um dos polos em malha fechada em -2.*

Exercício 5.3 *Um sistema dinâmico a tempo contínuo de fase mínima é representado por uma função de transferência em malha aberta $G(s)$, cujo diagrama de Bode assintótico de módulo é dado pela Figura 5.14.*

a) *Considerando a relação entrada-saída $\hat{y}(s) = G(s)\hat{u}(s)$, determine sua representação de estado.*

b) *Sendo $r(t)$ o sinal de referência e $x(t)$ o vetor de estado do sistema, para o controle via realimentação de estado $u = r - Kx$, determine o ganho K de modo que os polos do sistema em malha fechada tenham constante de tempo de $1/3$ [s].*

c) *Com o ganho determinado no item b) e $r(t) = 6\text{sen}(3t)$, calcule a saída $y(t)$ para $t \geq 0$ suficientemente grande.*

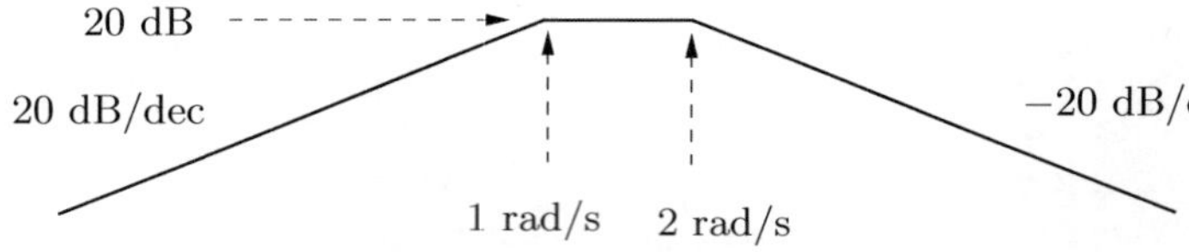

Figura 5.14: Diagrama de Bode de módulo

Exercício 5.4 *Um sistema dinâmico a tempo contínuo é descrito pela seguinte equação diferencial:*

$$\ddot{y} - 2\dot{y} + y = u \ , \ y(0) = 0 \ , \ \dot{y}(0) = 1$$

a) A partir de sua representação de estado, determine um observador de estado de tal forma que a constante de tempo de seus polos seja de 0,5 [s].

b) Determine, em função de $t \geq 0$*, o erro cometido pelo observador obtido no item a) para estimar* $\dot{y}(t)$ $\forall \ t \geq 0$ *a partir de condições iniciais nulas.*

Exercício 5.5 *Seja* $G(s)$ *a função de transferência, com polos reais, de um sistema dinâmico de fase mínima a tempo contínuo, cujo diagrama de Bode assintótico de módulo é dado na Figura 5.15.*

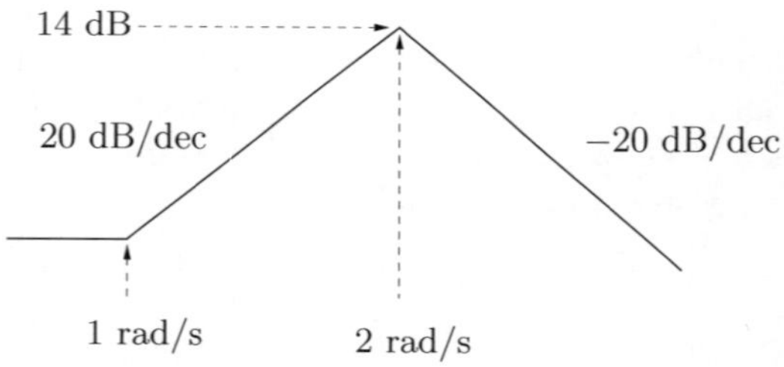

Figura 5.15: Diagrama de Bode de módulo

a) Obtenha a função de transferência $G(s)$*, esboce seu diagrama de Bode de fase e estime sua margem de fase.*

b) Determine a representação de estado para o sistema $\hat{y}(s) = G(s)\hat{u}(s)$.

c) Projete um observador de estado com polos cujas constantes de tempo sejam 0,20 [s] *e* 0,25 [s].

d) Considerando $u(t) = 1 \ \forall \ t \geq 0$*, condições iniciais do sistema* $x(0) = [1 \ 0]'$ *e condições iniciais nulas para o observador, determine o erro cometido ao se estimar a segunda variável de estado* $\forall \ t \geq 0$.

Exercício 5.6 *Considere o sistema mecânico da Figura 5.16, no qual as massas têm os valores* $M = 5$ [kg], $m = 2$ [kg], *a constante de mola vale* $\kappa = 100$ [N/m] *e o coeficiente de atrito viscoso é dado por* $b = 4$ [Ns/m].

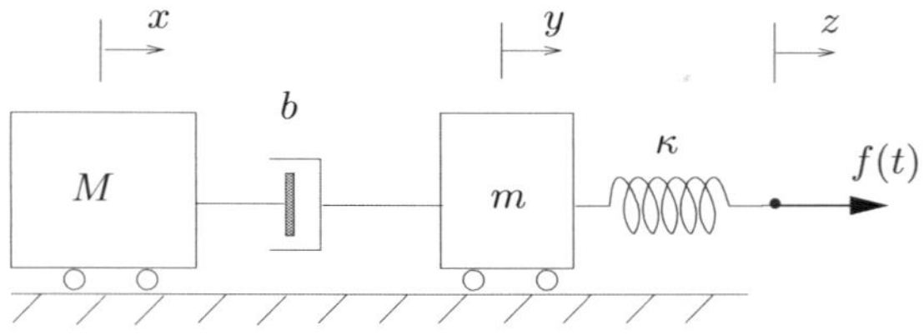

Figura 5.16: Massas acopladas por amortecedor

a) *Deseja-se projetar um controlador via realimentação de estado de modo que os polos do sistema em malha fechada tenham fator de amortecimento igual a* 0,707 *e constante de tempo de* 2 [s]. *É possível atender estas especificações? Explique.*

b) *Supondo que se consiga medir apenas a posição* $z(t)$ *da extremidade da mola onde é aplicada a força* $f(t)$, *é possível determinar um observador de estado de modo a obter a velocidade da massa* M? *Explique.*

c) *Insira uma mola de constante elástica* $\kappa = 100$ [N/m] *entre as massas* M *e* m *e refaça os itens anteriores.*

Exercício 5.7 *Um sistema dinâmico a tempo contínuo tem como função de transferência*

$$G(s) = \frac{2(s+4)}{(s+1)(s+3)(s+6)}$$

a) *Determine a representação de estado da relação entrada-saída* $\hat{y}(s) = G(s)\hat{u}(s)$.

b) *Supondo que todas as suas variáveis de estado possam ser medidas, projete um controlador via realimentação de estado de modo que:*

- *a máxima sobre-elevação para uma entrada degrau seja menor ou igual a* 30%;
- *o tempo de estabilização não ultrapasse* 2 [s];
- *a largura de faixa não ultrapasse* 50 [Hz];
- *o erro para uma entrada degrau seja nulo.*

c) *Pensando apenas no projeto do regulador, suponha que desejamos implementar o controlador obtido no item b) através de um controlador PID. Qual deve ser a variável de estado a ser medida? Qual é a função de transferência do controlador?*

d) *A partir da medida da saída* $y(t)$ *do sistema em malha aberta, determine um observador de estado, com polos alocados adequadamente, capaz de fornecer todos os estados do sistema.*

e) Refaça o projeto do item b) utilizando o observador de estado projetado no item d) e avalie, utilizando um pacote computacional, a resposta ao degrau do sistema em malha fechada para os dois projetos.

Exercício 5.8 *Um sistema a tempo contínuo tem como função de transferência em malha aberta*

$$G(s) = \frac{1}{s(s+1)}$$

a) Determine a representação de estado da relação entrada-saída $\hat{y}(s) = G(s)\hat{u}(s)$.

b) Supondo que todas as suas variáveis de estado possam ser medidas, calcule um ganho matricial K para que a lei de controle $u(t) = r(t) - Kx(t)$ posicione os polos do sistema em malha fechada numa região do plano complexo de modo que suas constantes de tempo sejam 0,5 [s] *e o seu fator de amortecimento seja igual a* 0,5.

c) Se quisermos implementar o controlador obtido no item b) como um PD, qual variável de $G(s)$ deve ser medida? Qual a função de transferência do controlador?

d) Supondo que apenas a saída $y(t)$ é mensurável, projete um observador de estado que forneça $\dot{y}(t)$.

e) Refaça o projeto do item b) resolvendo o problema linear-quadrático com peso 0,5 *sobre a primeira variável de estado. Calcule o peso sobre o sinal de controle $u(t)$ de modo que o sistema em malha fechada não apresente oscilação e possua o menor tempo de estabilização possível.*

Exercício 5.9 *Um sistema dinâmico a tempo contínuo tem como função de transferência em malha aberta*

$$G(s) = \frac{1}{s(s+1)(s+2)}$$

a) Determine a representação de estado correspondente à relação entrada-saída $\hat{y}(s) = G(s)\hat{u}(s)$.

b) Supondo que todas as variáveis de estado do sistema possam ser medidas, projete um controlador via realimentação de estado, alocando os polos do sistema em malha fechada de modo a garantir:

- *margem de fase maior ou igual a* 40°;
- *largura de faixa entre* 0,5 [Hz] *e* 10 [Hz];
- *erro nulo para uma entrada do tipo degrau.*

c) Refaça o projeto do item anterior, mas agora alocando os polos do sistema em malha fechada de modo que o controlador resolva o problema de otimização

$$\min \int_0^\infty \left[6{,}25x_1^2(t) + 2{,}5x_1(t)x_2(t) + 0{,}25x_2^2(t) + \rho u^2(t)\right] dt$$

onde $x(t) = [x_1(t)\ x_2(t)\ x_3(t)]'$ é o vetor de estado do sistema. Calcule $\rho > 0$ através do lugar das raízes simétrico de forma que os polos dominantes do sistema *em malha fechada tenham fator de amortecimento 0,86. Determine a localização de todos os polos em malha fechada e, em seguida, calcule o ganho de realimentação de estado K que os posiciona nos valores desejados.*

d) Supondo que apenas a saída $y(t)$ da planta $G(s)$ está disponível para ser medida, refaça o projeto do item b) utilizando um observador de estado para gerar todas as variáveis de estado. Aloque convenientemente os polos do observador.

e) Refaça o projeto do item anterior, alocando os polos do observador de estado assumindo um erro de 5% na medição de $y(t)$, isto é, $\mu = 25 \times 10^{-4}$, e um erro de 10% no sinal de controle implementado, isto é, $U = 10^{-1}B$. Resolva a equação de Riccati associada ao problema linear-quadrático utilizando um pacote computacional.

f) Compare os projetos realizados nos itens d) e e) fazendo a simulação numérica do projeto ao adicionar ruídos brancos ao sinal de controle e à saída $y(t)$.

Exercício 5.10 *Considere o sistema de controle com realimentação unitária apresentado na Figura 5.17, onde a planta $G(s)$ e o controlador $C(s)$ admitem as seguintes*

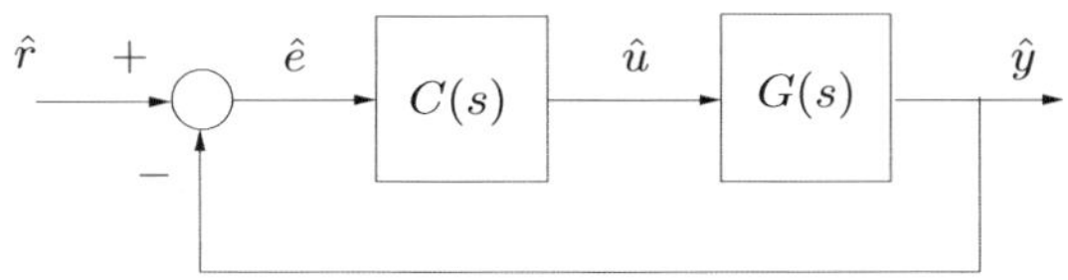

Figura 5.17: Sistema com realimentação unitária

representações de estado:

$$G(s): \begin{cases} \dot{x} &= Ax + Bu \\ y &= Cx \end{cases} \qquad C(s): \begin{cases} \dot{z} &= (A - LC)z + Bu - Le \\ u &= -Kz \end{cases}$$

sendo K e L ganhos matriciais a determinar.

a) Interprete o funcionamento do controlador $C(s)$ através de sua representação de estado.

b) Mostre que, se as matrizes $(A - BK)$ e $(A - LC)$ forem estáveis, então o sistema em malha fechada é estável.

c) Para cada uma das funções de transferência $G(s)$ dadas a seguir, projete um controlador $C(s)$ de acordo com a estrutura da Figura 5.17, de modo que:

- *o erro para uma entrada do tipo degrau seja nulo;*
- *os polos em malha fechada tenham constante de tempo menor do que 0,5 [s];*
- *a máxima sobre-elevação para uma entrada degrau seja de, no máximo, 40%;*
- *o sistema em malha fechada rejeite ruídos a partir da faixa de 100 [rad/s].*

i) $G(s) = \dfrac{1}{s+1}$

ii) $G(s) = \dfrac{s+5}{(s+2)(s+10)}$

iii) $G(s) = \dfrac{s+5}{s^2+6s+25}$

d) Refaça os projetos do item anterior no contexto do problema-linear quadrático

$$\min \int_0^{\infty} \left[x_1^2(t) + \rho u^2(t)\right] \, dt$$

no qual $x_1(t)$ *é a primeira variável de estado de* $G(s)$ *na representação canônica controlável. Determine* $\rho > 0$ *através do lugar das raízes simétrico, segundo as especificações impostas e, em seguida, calcule os ganhos* K *e* L.

e) Refaça os projetos dos ganhos L *no item d) supondo que o sinal de controle* $u(t)$ *seja implementado com erro de* 5%, *isto é,* $U = 5 \times 10^{-2} B$, *e a saída* $y(t)$ *seja medida com erro de* 10%, *ou seja,* $\mu = 10^{-2}$. *Utilize um pacote computacional para resolver a equação de Riccati associada a esse problema.*

Exercício 5.11 *O modelo em espaço de estado para o problema de controle potência ativa-frequência em um gerador síncrono é expresso por*

$$\begin{aligned} \dot{x} &= \begin{bmatrix} -5 & 0 & -100 \\ 2 & -2 & 0 \\ 0 & 0{,}1 & -0{,}08 \end{bmatrix} x + \begin{bmatrix} 0 \\ 0 \\ -0{,}1 \end{bmatrix} \delta P_d + \begin{bmatrix} 5 \\ 0 \\ 0 \end{bmatrix} \delta P_c \\ y &= \begin{bmatrix} 0 & 0 & 1 \end{bmatrix} x \end{aligned}$$

onde a saída $y(t)$ *representa a frequência da rede de energia elétrica.*

a) Projete um controle via realimentação de estado do tipo $\delta P_c = -Kx$ *e determine* K *de modo que o tempo de estabilização do sistema em malha fechada seja menor que* 2,5 [s].

b) Considerando o projeto do servomecanismo $\delta P_c = K(M\ \delta P_d - x)$, *calcule* M *para que, em regime permanente, a variação na potência exigida pela carga* δP_d *não afete a frequência da linha.*

Exercício 5.12 *Um sistema a tempo contínuo com função de transferência*

$$G(s) = \frac{100}{s(s+5)(s+10)}$$

será controlado através de um computador digital, com período de amostragem de 10 [ms]. *Considerando a função de transferência discretizada através de um segurador de ordem zero, de modo que todos os seus estados possam ser medidos, projete um ganho de realimentação de estado* K *e um vetor de ganhos* M *de forma que o sistema se comporte como um equivalente contínuo com polos dominantes com constante de tempo de* 0,25 [s] *e fator de amortecimento* 0,707, *além de apresentar erro nulo para uma entrada do tipo degrau.*

Capítulo 6

Sistemas Não Lineares

6.1 Introdução

Neste capítulo, propomos um breve estudo de alguns tópicos envolvendo *sistemas dinâmicos não lineares*. Nos restringimos ao estudo de sistemas a tempo contínuo, descritos por equações diferenciais não lineares com coeficientes invariantes no tempo. Como o nome deixa claro, uma equação não linear se caracteriza por não obedecer o Princípio da Superposição, isto é, a partir de condições iniciais nulas, se duas funções são soluções, então a soma de ambas não será necessariamente uma solução. Como não é possível ter ferramentas e resultados teóricos que sejam válidos para qualquer sistema não linear, algumas classes mais importantes são identificadas e estudadas com maiores detalhes. Ademais, tenta-se aplicar os vários resultados válidos para sistemas lineares, adotando-se aproximações no espaço de estado ou no espaço de frequências, sendo que esta última aproximação resulta em uma técnica bastante conhecida denominada linearização harmônica. Vários exemplos ilustrativos são resolvidos e comentados.

6.2 Equações Diferenciais Não Lineares

Geralmente, ao modelarmos um sistema dinâmico real obtemos um modelo não linear. Por exemplo, ao modelarmos um móvel qualquer em movimento de rotação, é comum fazermos uso de funções trigonométricas para expressar sua posição em relação a um referencial inercial escolhido. De fato, como sabemos, a equação diferencial que rege o deslocamento angular $\theta(t)$ de um pêndulo simples, em um ambiente desprovido de atrito, com comprimento ℓ, medido em relação à vertical, pode ser expressa na forma

$$\ddot{\theta} + (g/\ell)\ \mathrm{sen}(\theta) = 0 \tag{6.1}$$

Trata-se de uma equação diferencial de segunda ordem não linear por causa da presença da função $\mathrm{sen}(\theta)$. Infelizmente, dadas as condições iniciais $\theta(0)$ e $\dot{\theta}(0)$, não é possível escrevermos a sua solução $\theta(t)$ em forma fechada, restando como única alternativa determiná-la numericamente através de simulação numérica. Por outro lado, considerando pequenos deslocamentos em relação à vertical, a aproximação $\mathrm{sen}(\theta) \approx \theta$ é válida e obtemos o modelo aproximado

$$\ddot{\theta} + (g/\ell)\theta = 0 \tag{6.2}$$

que é linear, invariante no tempo e admite como solução

$$\theta(t) = a\ \mathrm{sen}\left(\sqrt{\frac{g}{\ell}}t + b\right) \tag{6.3}$$

onde a e b são constantes que dependem exclusivamente das condições iniciais $\theta(0)$ e $\dot{\theta}(0)$. Muito embora não tenhamos em mãos a solução da equação não linear (6.1), podemos compará-la com a solução aproximada (6.3) através da determinação das respectivas trajetórias no chamado *plano de fase* que nada mais são que os gráficos das soluções desenhadas no plano $(\theta(t), \dot{\theta}(t))$ para todo $t \geq 0$. Definindo uma nova variável como sendo a velocidade angular do pêndulo $\nu(t) = \dot{\theta}(t)$, temos

$$\frac{d\nu}{dt} = \frac{d\nu}{d\theta}\nu \tag{6.4}$$

e, reescrevendo (6.1) na forma $\dot{\nu} + (g/\ell)\ \mathrm{sen}(\theta) = 0$, obtemos a relação diferencial $\nu d\nu + (g/\ell)\mathrm{sen}(\theta)d\theta = 0$, válida para toda trajetória no plano (θ, ν). Via integração de linha, procedimento que será estudado detalhadamente mais adiante, determinamos

$$\nu^2 - 2(g/\ell)\cos(\theta) = c \tag{6.5}$$

onde c é uma constante. Cada valor desta constante seleciona uma trajetória específica do plano de fase. Por outro lado, adotando o mesmo procedimento para a aproximação linear (6.2), obtemos a equação das trajetórias na forma

$$\nu^2 + (g/\ell)\theta^2 = d \tag{6.6}$$

onde d é uma constante que permite selecionar uma trajetória específica. Para θ muito pequeno, o desenvolvimento em série de Taylor estabelece a aproximação $\cos(\theta) \approx 1 - \theta^2/2$, fazendo com que as equações (6.5) e (6.6), com $d = c + 2g/\ell$,

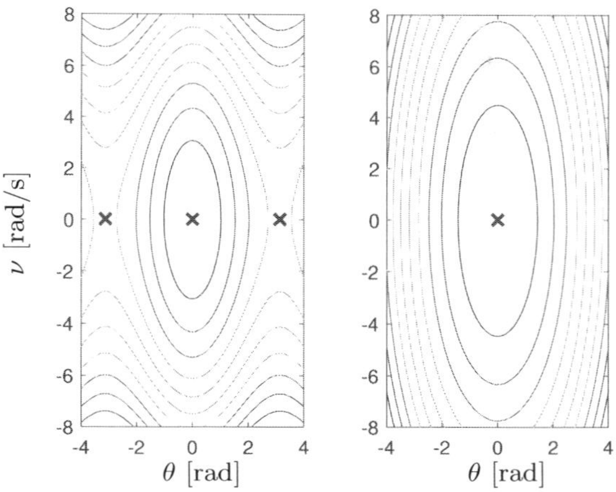

Figura 6.1: Planos de fase do pêndulo simples

fiquem idênticas. Isto mostra que a aproximação adotada é boa para pequenas oscilações do pêndulo, mas perde precisão à medida que esta hipótese deixa de ser válida.

Alguns pontos do plano de fase, denominados *pontos de equilíbrio*, merecem atenção especial. Como veremos a seguir com maiores detalhes, eles se caracterizam por serem soluções constantes no tempo, ou seja, $\theta(t) = \theta_e$ e, consequentemente, $\nu = \dot{\theta}(t) = 0$ para todo $t \geq 0$. No caso da equação diferencial não linear (6.1), os seus pontos de equilíbrio são tais que $\text{sen}(\theta_e) = 0$, ou seja, são todos os pontos do plano de fase com coordenadas $(\theta, \nu) = (k\pi, 0)$ com $k = 0, \pm 1, \cdots$. Por outro lado, a equação diferencial linear (6.2) exibe apenas um ponto de equilíbrio com coordenadas $(\theta, \nu) = (0, 0)$. Esta é uma das muitas diferenças entre sistemas lineares e não lineares que devem ser levadas em conta em qualquer etapa de análise de desempenho ou de síntese de controle. O exemplo dado a seguir ilustra as afirmações feitas até o presente momento.

Exemplo 6.1 A Figura 6.1 mostra dois planos de fase de um pêndulo simples com comprimento $\ell = 1{,}0$ [m], oscilando em um ambiente sem atrito com $g = 9{,}8$ [m/s^2]. A parte esquerda mostra o plano de fase do modelo não linear (6.1), onde se notam três pontos de equilíbrio marcados com "×". A parte direita mostra o plano de fase do modelo linear aproximado (6.2) com apenas um ponto de equilíbrio na origem, isto é, $(\theta, \nu) = (0, 0)$. Para pequenas oscilações, em que as trajetórias permanecem em uma região próxima da origem, os dois planos de fase são bastante parecidos, indicando que a aproximação adotada é válida. Porém, fora dessa região, a aproximação claramente deixa de ser válida e o modelo linear não mais representa adequadamente o modelo original não linear. Além disso, existe uma diferença qualitativa entre ambos. Ao contrário do gráfico da esquerda, o da direita é composto exclusivamente por trajetórias fechadas. □

De maneira geral, uma equação diferencial de ordem n resulta de uma relação não linear envolvendo uma determinada variável $y(t) \in \mathbb{R}$ e suas derivadas sucessivas $\dot{y}(t), \ddot{y}(t), \cdots$ até ordem $n-1$, para todo $t \geq 0$. Assim sendo, ela admite a representação de estado

$$\dot{x}(t) = f(x(t)) \tag{6.7}$$

onde $x(t) \in \mathbb{R}^n$ é o vetor de estado geralmente definido pela variável $y(t)$ e suas derivadas sucessivas, isto é, $x_i(t) = y^{(i-1)}(t)$ para todo $i = 1, \cdots, n$. A função não linear $f(x) : \mathbb{R}^n \to \mathbb{R}^n$ define completamente cada equação diferencial de interesse e suas características algébricas permitem assegurar a existência de solução, a partir de uma dada condição inicial $x(0) = x_0 \in \mathbb{R}^n$, para todo $t \geq 0$.

Definição 6.1 (Ponto de equilíbrio) *O ponto $x_e \in \mathbb{R}^n$ do espaço de estado é um ponto de equilíbrio de (6.7) se $x(0) = x_e$ implicar em que $x(t) = x_e$ para todo $t \geq 0$.*

Em outras palavras, a partir de $t = 0$ a solução da equação diferencial deve ser constante em relação ao tempo. Assim sendo, verificamos imediatamente que os pontos de equilíbrio de (6.7) são caracterizados por

$$f(x_e) = 0 \tag{6.8}$$

isto é, são as soluções de um sistema de n equações algébricas não lineares. Por este motivo, em geral, a determinação dos pontos de equilíbrio de uma equação diferencial requer o uso de rotinas numéricas. No caso linear em que $f(x) = Ax$ com $A \in \mathbb{R}^{n \times n}$, os pontos de equilíbrio satisfazem o sistema linear $Ax_e = 0$, o qual admite a solução única $x_e = 0$ sempre que A for uma matriz não singular.

Integrando ambos os lados de (6.7) obtemos a forma alternativa

$$x(t) = x_0 + \int_0^t f(x(\tau))d\tau \tag{6.9}$$

que permite introduzir um método numérico capaz de determinar solução da equação diferencial (6.7) em um intervalo de tempo $t \in [0, T]$, previamente especificado. Trata-se do Método de Picard, que pode ser resumido pelo processo iterativo

$$x^{k+1}(t) = x_0 + \int_0^t f(x^k(\tau))d\tau, \ \forall t \in [0, T] \tag{6.10}$$

válido para todo $k = 0, 1, \cdots$ e que se inicia com uma trajetória qualquer, geralmente obtida a partir da condição inicial, isto é, $x^0(t) = x_0$ para todo $t \in [0, T]$. A importância teórica desse método é dada no próximo teorema.

Teorema 6.1 *Considere que* $f(0) = 0$. *Se existir uma constante finita* $\kappa \geq 0$ *de tal forma que* $\|f(x) - f(y)\| \leq \kappa\|x - y\|$, $\forall x, y \in \mathbb{R}^n$ *então a equação diferencial não linear (6.7) admite uma e apenas uma solução em qualquer intervalo de tempo finito. Ademais, o método de Picard converge para esta solução.*

Este teorema merece algumas considerações. A condição $f(0) = 0$ faz com que a origem seja um ponto de equilíbrio, mas pode ser eliminada impondo-se alternativamente que a norma $\|f(x_0)\|$ seja finita. A condição expressa pela desigualdade $\|f(x) - f(y)\| \leq \kappa\|x - y\|$, $\forall x, y \in \mathbb{R}^n$ é chamada *condição de Lipschitz*. Deve-se ter em mente que $\kappa \in \mathbb{R}$ é uma constante, ou seja, independente de $x \in \mathbb{R}^n$, implicando, por exemplo, que a função $f(x) = -x^2$ não a satisfaça. No entanto, a equação diferencial $\dot{x} = -x^2$ com a condição inicial $x(0) = 1$ admite a solução única $x(t) = 1/(1 + t)$ para todo $t \geq 0$, deixando claro o seu caráter apenas suficiente para assegurar a existência de solução. A prova do Teorema 6.1 vai além do escopo deste livro, mas nela fica aparente que o método de Picard converge assintoticamente para a solução única de (6.7), desde que o tempo final T seja suficientemente pequeno ou que a convergência seja testada a cada m passos, onde m é tal que $\kappa^m T^m / m! < 1$.

Exemplo 6.2 Para a equação linear em que $f(x) = Ax$ com $A \in \mathbb{R}^{n \times n}$, a condição de Lipschitz é satisfeita com $\kappa = \|A\|$, assegurando a existência e unicidade de solução. Neste caso, o método de Picard

$$x^{k+1}(t) = x_0 + \int_0^t Ax^k(\tau)d\tau, \ \forall t \geq 0$$

com $x^0(t) = x_0$ fornece em uma iteração arbitrária $k \geq 0$ a função

$$x^k(t) = \left(\sum_{i=0}^{k} \frac{A^i t^i}{i!} \right) x_0$$

a qual, para $k \to \infty$, converge para a solução conhecida $x(t) = e^{At}x_0$, válida para todo $t \geq 0$. Neste caso, a interpretação é simples e interessante: a cada nova iteração o método de Picard fornece uma aproximação com um termo adicional da função exponencial. □

Exemplo 6.3 Adotando-se as variáveis de estado $x_1 = \theta$ e $x_2 = \dot{\theta}$, a equação do pêndulo simples (6.1) pode ser escrita na forma (6.7) com $f(x) = Ax + bg(cx)$, em que

$$A = \begin{bmatrix} 0 & 1 \\ 0 & 0 \end{bmatrix}, \ b = \begin{bmatrix} 0 \\ -g/\ell \end{bmatrix}, \ c = \begin{bmatrix} 1 & 0 \end{bmatrix}$$

e $g(\xi) = \text{sen}(\xi)$. Considerando $x, y \in \mathbb{R}^2$ vetores arbitrários, o teorema do valor médio assegura que $g(cx) = g(cy) + g'(\xi)(cx - cy)$ para algum $\xi \in \mathbb{R}$ situado no intervalo entre os valores cx e cy. Desta forma definindo $\mu = \max_{\xi \in \mathbb{R}} |g'(\xi)| = 1$, obtemos

$$\begin{aligned} \|f(x) - f(y)\| &= \|A(x-y) + b(g(cx) - g(cy)\| \\ &\leq \|A\|\|(x-y)\| + \|b\||(g(cx) - g(cy)| \\ &\leq (\|A\| + \mu\|b\|\|c\|)\|x-y\| \end{aligned}$$

mostrando que a condição de Lipschitz é satisfeita para $\kappa = \|A\| + \|b\|\|c\|$, o que implica, segundo o estabelecido no Teorema 6.1, na existência e unicidade de solução da equação diferencial não linear (6.1). □

Uma equação diferencial qualquer pode admitir uma solução periódica, isto é, uma solução que satisfaz a relação $x(t) = x(t + T_p)$ para todo $t \geq 0$, sendo $T_p > 0$ o seu período. No espaço de estado, o gráfico de $x(t)$ parametrizado em relação a $t \geq 0$ é uma ou diversas curvas fechadas. Para ilustração, consideramos inicialmente a equação diferencial linear de segunda ordem

$$\dot{x}_1 = x_2 \quad (6.11)$$

$$\dot{x}_2 = -x_1 \quad (6.12)$$

que descreve o comportamento de um oscilador harmônico. Fazendo uma mudança de referencial para coordenadas polares (r, ϕ) em que $r^2 = x_1^2 + x_2^2$ e $\text{tg}(\phi) = x_2/x_1$, simples derivação em relação ao tempo nos permite obter

$$\dot{r} = \frac{x_1\dot{x}_1 + x_2\dot{x}_2}{r} \quad (6.13)$$

$$\dot{\phi} = \frac{x_1\dot{x}_2 - x_2\dot{x}_1}{r^2} \quad (6.14)$$

de tal maneira que (6.11)-(6.12) são equivalentes a $\dot{r} = 0$ e $\dot{\phi} = -1$. Porém, como são duas equações diferenciais lineares independentes, as respectivas soluções fornecem $r(t) = r(0)$ e $\phi(t) = \phi(0) - t$ para todo $t \geq 0$. No espaço de estado, que no presente caso é o plano (x_1, x_2), trata-se de uma trajetória circular que corresponde a uma solução periódica com período $T_p = 2\pi$ [s] e amplitude $r(0)^2 = x_1(0)^2 + x_2(0)^2$ dependente das condições iniciais. No plano (x_1, x_2) todas as trajetórias são fechadas e uma delas, em particular, é selecionada através das condições iniciais. Assim sendo, não há trajetórias fechadas isoladas.

Consideramos agora a equação diferencial não linear já na forma de estado

$$\dot{x}_1 = x_2 + x_1(1 - x_1^2 - x_2^2) \quad (6.15)$$

$$\dot{x}_2 = -x_1 + x_2(1 - x_1^2 - x_2^2) \quad (6.16)$$

que pode ser resolvida adotando-se uma vez mais a conversão em coordenadas polares. Neste caso, as relações (6.13)-(6.14) fornecem as equações diferenciais

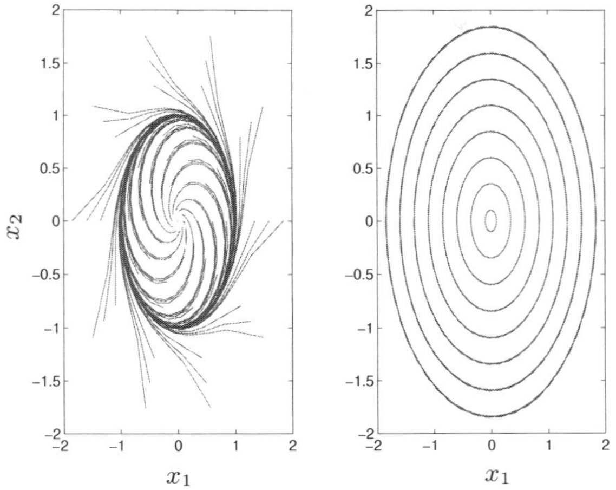

Figura 6.2: Planos de fase com trajetórias fechadas

desacopladas $\dot{r} = r(1 - r^2)$ e $\dot{\phi} = -1$, cujas soluções são dadas por

$$r(t) = \frac{1}{\sqrt{1 + ce^{-2t}}}, \ \phi(t) = \phi(0) - t, \ \forall t \geq 0 \tag{6.17}$$

onde $c = -1 + 1/r(0)^2$. Para qualquer condição inicial, com $t \geq 0$ suficientemente grande a solução tende para uma solução periódica com período $T_p = 2\pi$ [s] e amplitude $r(\infty) = 1$ que independe das condições inicias. No plano (x_1, x_2) a trajetória correspondente a essa solução periódica é isolada. Para qualquer solução inicial, no decorrer do tempo, o sistema tende para esta trajetória periódica isolada. Esse tipo de trajetória é denominada *ciclo limite* e, por ser atrativo, é denominado ciclo limite estável.

Exemplo 6.4 A Figura 6.2 mostra os planos de fase (espaço de estado) para o sistema não linear (6.15)-(6.16) (à esquerda) e para o sistema linear (6.11)-(6.12) (à direita). Em ambos os casos, apenas a origem $x_e = 0$ é um ponto de equilíbrio. A diferença a ser observada é que, no caso do sistema não linear, nota-se perfeitamente a existência de uma trajetória fechada isolada que é atingida, no limite, a partir de qualquer condição inicial. Ao contrário, no caso do sistema linear, cada condição inicial define uma trajetória fechada. Ou seja, não existe uma trajetória isolada que possa caracterizar um ciclo limite que é um comportamento exclusivo de sistemas não lineares. □

Como acabamos de ilustrar, os sistemas dinâmicos não lineares podem apresentar comportamentos que não são observados nos sistemas lineares. Talvez o mais interessante seja a existência de ciclos limites que são trajetórias isoladas e fechadas no espaço de estado. Elas caracterizam soluções periódicas com período, amplitude e forma que independem de condições iniciais. Assim sendo, o estudo do comportamento global dos sistemas não lineares requer técnicas específicas para tratar cada um deles. Porém, o comportamento local, em regiões próximas aos pontos de equilíbrio, pode ser analisado através de aproximações, como mostrado em seguida.

6.2.1 Linearização

Para uma equação diferencial expressa na forma (6.7), em que a função $f(x) : \mathbb{R}^n \to \mathbb{R}^n$ é diferenciável em relação ao seu argumento, em uma vizinhança de um determinado ponto de equilíbrio $x_e \in \mathbb{R}^n$, podemos adotar a seguinte aproximação linear dada pela série de Taylor desenvolvida em $x = x_e$:

$$f_i(x) \approx f_i(x_e) + \sum_{j=1}^{n} \frac{\partial f_i}{\partial x_j}(x_e)(x_j - x_{ej}), \ i = 1, \cdots, n \tag{6.18}$$

que pode ser escrita na forma mais compacta $f(x) \approx f(x_e) + A(x - x_e)$, onde $A \in \mathbb{R}^{n\times n}$ é uma matriz quadrada com elementos

$$a_{ij} = \frac{\partial f_i}{\partial x_j}(x_e), \ i, j = 1, \cdots, n \tag{6.19}$$

Definindo a variável auxiliar $z(t) = x(t) - x_e$, lembrando que x_e é um vetor constante e que $f(x_e) = 0$, a aproximação linear da equação diferencial não linear (6.7), se expressa na forma

$$\begin{aligned} \dot{z}(t) &= \dot{x}(t) \\ &= f(x(t)) \\ &\approx f(x_e) + A(x(t) - x_e) \\ &\approx Az(t) \end{aligned} \tag{6.20}$$

sujeita à condição inicial $z(0) = x_0 - x_e$. Em consequência, a partir dessas manipulações podemos obter sem dificuldades a solução geral da equação (6.7), na forma

$$x(t) = x_e + e^{At}(x_0 - x_e) \tag{6.21}$$

válida para todo $t \geq 0$. É claro que se trata apenas de uma solução aproximada, válida em uma vizinhança do ponto de equilíbrio considerado. Devemos enfatizar que a matriz $A \in \mathbb{R}^{n\times n}$ com elementos dados em (6.19) também depende do ponto de equilíbrio. Isso faz com que a mesma equação equação diferencial (6.7) gere diferentes equações lineares aproximadas, cada uma delas válida na vizinhança de cada um dos seus pontos de equilíbrio.

Exemplo 6.5 A partir das variáveis de estado $x_1 = \theta$ e $x_2 = \dot{\theta}$, a equação do pêndulo simples é escrita na forma

$$\begin{aligned} \dot{x}_1 &= x_2 \\ \dot{x}_2 &= -(g/\ell)\text{sen}(x_1) \end{aligned}$$

Os seus pontos de equilíbrio são caracterizados por $x_{2e} = 0$ e $\text{sen}(x_{1e}) = 0$, ou seja, $x_e = [k\pi \ 0]'$ para todo $k = 0, \pm 1, \cdots$. Entretanto, com a aproximação linear fornecida pela série de Taylor $\text{sen}(x_1) \approx \text{sen}(x_{1e}) + \cos(x_{1e})(x_1 - x_{1e})$, obtemos

$$A = \begin{bmatrix} 0 & 1 \\ -(g/\ell)\cos(x_{1e}) & 0 \end{bmatrix}$$

o que mostra claramente a dependência da matriz $A \in \mathbb{R}^{2\times 2}$ do modelo linear com o ponto de equilíbrio considerado. Para o ponto de equilíbrio $x_e = [0 \ 0]'$, a matriz A acima corresponde à representação de estado da equação diferencial linear de segunda ordem (6.2). □

Exemplo 6.6 A equação diferencial (6.15)-(6.16) admite apenas um ponto de equilíbrio $x_e = [0 \ 0]'$. Neste caso, com (6.19), obtemos

$$A = \begin{bmatrix} 1 & 1 \\ -1 & 1 \end{bmatrix}$$

e notamos que o sistema linear $\dot{z} = Az$ é instável, pois os autovalores de A, raízes da equação característica $\Delta(\lambda) = \det(\lambda I - A) = \lambda^2 - 2\lambda + 2 = 0$, são $\lambda = 1 \pm j$. Observe que esse comportamento está de pleno acordo com aquele que é visto no lado esquerdo da Figura 6.2, próximo da origem. □

A determinação de uma equação linear que, ao ser resolvida, fornece uma solução aproximada de uma equação não linear é um procedimento de impacto importante tanto na análise quanto na síntese de controle para sistemas dinâmicos. Entretanto, é preciso ficar bastante claras as suas limitações. Em particular, a sua validade só pode ser assegurada na vizinhança de cada ponto de equilíbrio fazendo com que, longe deles, a equação diferencial não linear tenha que ser diretamente resolvida quase sempre, com o auxílio de rotinas numéricas.

6.2.2 Classes Especiais de Sistemas Não Lineares

Uma maneira natural de estudar os sistemas dinâmicos não lineares, descritos por equações do tipo (6.7), é dividi-los em classes que possam evidenciar alguma particularidade para tornar o estudo mais simples. Vamos evidenciar duas importantes classes, a saber, os sistemas tipo Lur'e e os do tipo Persidiskii.

Os sistemas dinâmicos do tipo Lur'e são aqueles descritos pelas relações algébricas e diferenciais

$$\dot{x}(t) = Ax(t) + Bw(t) \quad (6.22)$$

$$y(t) = Cx(t) + Dw(t) \quad (6.23)$$

$$w(t) = -\phi(y(t)) \quad (6.24)$$

onde $x(t) \in \mathbb{R}^n$, $w(t) \in \mathbb{R}$, $y(t) \in \mathbb{R}$ e $\phi(y) : \mathbb{R} \to \mathbb{R}$ é uma função não linear qualquer que deve apresentar algumas propriedades, em particular, ela deve ser tal que $\phi(0) = 0$. Assim sendo, a origem do espaço de estado $x = 0$ é um dos seus pontos de equilíbrio. Observe que, escrito desta forma, os sistemas do tipo Lur'e se caracterizam por apresentar uma estrutura em malha fechada. De fato, as equações (6.22)-(6.24) descrevem um sistema linear com entrada w e saída y com uma realimentação não linear $w = -\phi(y)$. Ademais, sendo $D = 0$, com as duas últimas equações algébricas obtemos a relação $w = -\phi(y) = -\phi(Cx)$, que, substituída na primeira, fornece o modelo não linear na forma final

$$\dot{x}(t) = Ax(t) - B\phi(Cx(t)) \quad (6.25)$$

Ressalte-se que essa estrutura é bastante conveniente, pois facilita diversos estudos desta classe de sistemas não lineares. Entre eles, mencionamos o estudo de estabilidade feito com o critério de Popov. Entretanto, como veremos, ele requer que a parte linear seja assintoticamente estável, isto é, que a matriz $A \in \mathbb{R}^{n\times n}$ tenha todos os seus autovalores localizados no semiplano esquerdo complexo e que $\phi(\cdot)$ exiba algumas propriedades específicas adicionais.

Os sistemas do tipo Persidiskii são aqueles descritos pela seguinte equação diferencial:

$$\dot{x}(t) = A\psi(x(t)) \quad (6.26)$$

onde $x(t) \in \mathbb{R}^n$ e $\psi(x) : \mathbb{R}^n \to \mathbb{R}^n$ é uma função não linear que deve apresentar algumas propriedades, em particular, $\psi(0) = 0$ e $\psi(x) = [\psi_1(x_1) \ \cdots \ \psi_n(x_n)]'$. A primeira impõe que a origem seja um dos seus pontos de equilíbrio, enquanto que a segunda restringe cada componente da função não linear a depender exclusivamente da mesma componente do vetor de estado. O estudo de estabilidade desta classe de sistemas é bastante simples e é feito com uma função de Lyapunov particular. Ela requer como condição necessária para a sua aplicação que o sistema linear, obtido com $\psi(x) = x$, seja assintoticamente estável e que $\psi(\cdot)$ exiba algumas propriedades específicas adicionais.

Exemplo 6.7 A representação de estado da equação diferencial que rege o comportamento de um pêndulo simples que oscila em um ambiente com atrito viscoso é da forma

$$\begin{aligned} \dot{x}_1 &= x_2 \\ \dot{x}_2 &= -(g/\ell)\text{sen}(x_1) - (b/m\ell^2)x_2 \end{aligned}$$

onde b é uma constante de proporcionalidade entre o torque produzido pela força de atrito e a velocidade angular do pêndulo. Considerando as matrizes

$$A = \begin{bmatrix} 0 & 1 \\ 0 & -(b/m\ell^2) \end{bmatrix}, \; B = \begin{bmatrix} 0 \\ -g/\ell \end{bmatrix}, \; C = \begin{bmatrix} 1 & 0 \end{bmatrix}, \; D = 0$$

e $\phi(y) = \text{sen}(y)$, concluímos que esse sistema é da classe Lur'e. Por outro lado, considerando a matriz

$$A = \begin{bmatrix} 0 & 1 \\ -g/\ell & -b/m\ell^2 \end{bmatrix}$$

e $\psi(x) = [\text{sen}(x_1) \; x_2]'$, concluímos que ele também é da classe Persidiskii. Observe ainda que, ao contrário da matriz A do sistema da classe Lur'e que tem um autovalor nulo, a matriz A do sistema da classe Persidiskii tem todos os seus autovalores localizados no semiplano esquerdo complexo. □

É importante salientar que os sistemas dinâmicos pertencentes a essas duas classes podem ter qualquer ordem n, a qual define as dimensões das matrizes A, B e C. Como veremos mais adiante, o estudo de estabilidade desses sistemas não impõe nenhuma limitação quanto à ordem da parte linear, o que quer dizer que a equação diferencial em questão pode envolver um número elevado de derivadas sucessivas de uma determinada variável.

6.3 Sistemas de Segunda Ordem

Sistemas dinâmicos não lineares de segunda ordem são importantes pois são os modelos matemáticos de um grande número de sistemas físicos, por exemplo, o pêndulo simples e equações diferencias clássicas tais como a de Van der Pol. O estudo desta classe de sistemas é feito através de técnicas específicas que acabam tirando proveito do fato de que eles são descritos por apenas duas equações de estado acopladas. Desta maneira, as suas trajetórias parametrizadas em relação ao tempo podem ser representadas em um plano denominado *plano de fase*. Mais especificamente, esta seção trata de equações diferenciais do tipo

$$\ddot{y}(t) + f(y(t), \dot{y}(t)) = 0 \tag{6.27}$$

que evoluem no tempo $t \geq 0$ a partir de condições iniciais $(y(0), \dot{y}(0))$ quaisquer, sendo $f : \mathbb{R} \times \mathbb{R} \to \mathbb{R}$ uma função dada. O plano $p \times q$ é o *plano de fase* onde podemos traçar as curvas definidas por $(p, q) = (y(t), \dot{y}(t))$ para toda solução de (6.27) e para todo $t \geq 0$. Essas curvas são denominadas *trajetórias*. Consequentemente, a equação diferencial admite a representação de estado

$$\dot{p} = q \tag{6.28}$$

$$\dot{q} = -f(p,q) \tag{6.29}$$

que impõe a relação diferencial $qdq + f(p,q)dp = 0$, fazendo com que qualquer trajetória Γ possa ser caracterizada pela equação

$$\oint_{\Gamma} qdq + f(p,q)dp = 0 \tag{6.30}$$

Se determinarmos a integral de linha indicada no lado esquerdo de (6.30) sobre uma curva qualquer do plano de fase, e o valor encontrado for nulo, a curva escolhida é uma trajetória da equação (6.27). Essa equação admite uma solução bastante simples em uma situação particular, mas que ocorre com uma certa regularidade, qual seja, quando o valor da integral independe do caminho de integração. Como se sabe, a condição para que isto ocorra é

$$\frac{\partial q}{\partial p} = \frac{\partial f}{\partial q} = 0 \tag{6.31}$$

ou seja, a função $f(p,q)$ não pode depender da variável q, fazendo com que $f(p,q) = h(p)$ para alguma função $h : \mathbb{R} \to \mathbb{R}$. Neste caso, a equação diferencial (6.27) reduz-se à forma $\ddot{y}(t) + h(y(t)) = 0$, que representa sistemas físicos conservativos, os quais não sofrem a ação de forças ou torques dissipativos que dependem da velocidade $q = \dot{y}$, por exemplo, as forças de atrito viscoso. Ou ainda circuitos elétricos que não contenham, idealmente, resistências ou condutâncias. Neste caso, já que o caminho de integração não importa, partindo de um ponto qualquer $(p_0, q_0) \in \Gamma$ e percorrendo sucessivamente os segmentos $(p_0, q_0) \to (p, q_0)$ e $(p, q_0) \to (p, q)$, então o ponto final (p, q) também pertence à trajetória Γ, desde que

$$\int_{q_0}^{q} qdq + \int_{p_0}^{p} h(p)dp = 0 \tag{6.32}$$

Portanto, através da definição da função

$$V(p,q) = \frac{q^2}{2} + \int h(p)dp \tag{6.33}$$

podemos determinar a forma geral $\Gamma = \{(p,q) \ : \ V(p,q) = c\}$ em que a escolha da constante $c = V(p_0, q_0)$ permite selecionar uma trajetória que passa por um ponto específico $(p_0, q_0) = (y(0), \dot{y}(0))$, definido pelas condições iniciais de (6.27).

Exemplo 6.8 Novamente, a equação (6.1) que descreve o comportamento dinâmico do deslocamento de um pêndulo simples em relação à vertical, em um ambiente desprovido de atrito, será usada como exemplo ilustrativo. Adotando as variáveis de estado $p = \theta$ e $q = \dot{\theta}$, reescrevendo (6.1) na forma mais compacta $\ddot{\theta} + \omega_0^2 \text{sen}(\theta) = 0$, onde $\omega_0 = \sqrt{g/\ell}$ é a frequência natural de oscilação, identificamos $h(p) = \omega_0^2 \text{sen}(p)$ e, assim,

$$\begin{aligned} V(p,q) &= \frac{q^2}{2} + \int \omega_0^2 \text{sen}(p) dp \\ &= \frac{q^2}{2} - \omega_0^2 \cos(p) \end{aligned}$$

Portanto, não há dificuldade em determinar a trajetória que passa, por exemplo, pelo ponto $p = \pi/6$ [rad] e $q = 0$ [rad/s] do espaço de estado. De fato, basta impor $c = V(\pi/6, 0) = -\omega_0^2/2$ e obter a equação que define essa trajetória particular $q^2 - 2\omega_0^2 \cos(p) = -\omega_0^2$. Nota-se que esse resultado coincide com a equação das trajetórias do pêndulo (6.5) obtida de maneira diversa. Finalmente, deve ser ressaltado que, se o pêndulo oscilar em um ambiente com atrito viscoso, um termo proporcional a $q = \dot{\theta}$ aparecerá na equação diferencial e, neste caso, a forma geral das trajetórias no plano de fase não poderá ser determinada pelo procedimento que acabamos de introduzir. □

Como está claro, o comportamento de um sistema dinâmico não linear de segunda ordem é analisado através da construção do seu plano de fase, o qual nem sempre pode ser calculado explicitamente. Entretanto, ele pode ser calculado numericamente com o auxílio de rotinas específicas que resolvem equações diferenciais não lineares. Deve ficar claro que essa limitação tem como origem o fato de que, em geral, a equação diferencial (6.27) não admite uma solução $y(t)$ em forma fechada para todo $t \geq 0$. Portanto, neste caso, uma *análise global* do plano de fase só pode ser feita numericamente. O mesmo não ocorre quando se deseja fazer uma *análise local*, isto é, na vizinhança de um determinado ponto do plano de fase. Se o ponto escolhido for um dos pontos de equilíbrio do sistema, podemos adotar a aproximação linear para determinar um plano de fase aproximado, válido no entorno do ponto escolhido.

De fato, considere a equação diferencial (6.27) com a representação de estado (6.28)-(6.29). Os seus pontos de equilíbrio com coordenadas (p_e, q_e) são tais que $q_e = 0$ e $f(p_e, 0) = 0$. Na vizinhança de qualquer um deles podemos obter o modelo linear aproximado $\dot{z} = A_e z$, onde $z = [p - p_e \ q - q_e]' \in \mathbb{R}^2$ e

$$A_e = \begin{bmatrix} 0 & 1 \\ -\frac{\partial f}{\partial p} & -\frac{\partial f}{\partial q} \end{bmatrix}_{(p_e, q_e)} \tag{6.34}$$

Como vimos anteriormente, por se tratar de um sistema linear, não há dificuldade em obter sua solução $z(t)$ para todo $t \geq 0$ e, em seguida, as coordenadas $(p(t), q(t))$ para todo $t \geq 0$. Vale mais uma vez relembrar que essas funções

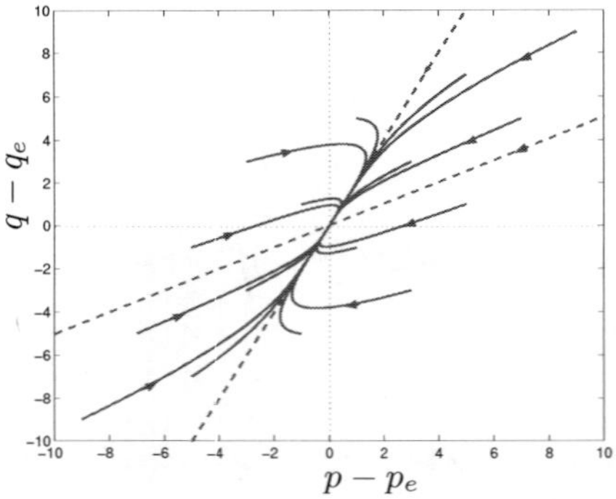

Figura 6.3: Plano de fase - nó estável

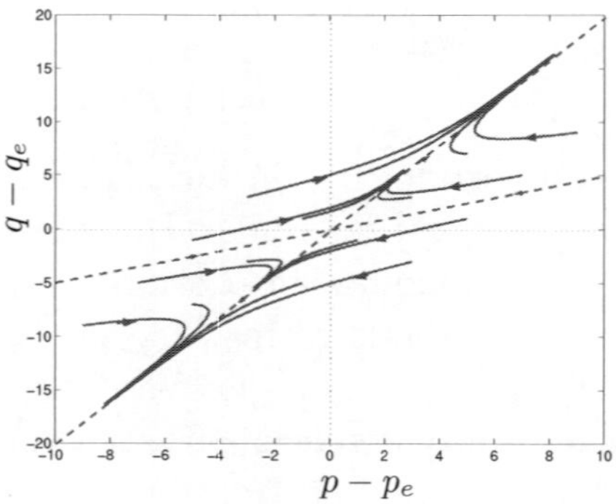

Figura 6.4: Plano de fase - sela

são apenas aproximações da solução $y(t)$ da equação diferencial (6.27) e de sua derivada $\dot{y}(t)$, respectivamente. Vamos considerar dois casos:

- **Autovalores de A_e são reais:** Supondo que os seus autovalores λ e μ sejam distintos, com os autovetores a eles associados $v_\lambda \in \mathbb{R}^2$ e $v_\mu \in \mathbb{R}^2$ determinamos a matriz de similaridade não singular $V = [v_\lambda \ v_\mu] \in \mathbb{R}^{2\times 2}$, de tal forma que $V^{-1}A_eV = \Lambda = \text{diag}\{\lambda, \mu\}$. Adotando a mudança de variável $z = V\eta$, a equação linearizada se escreve como $\dot{\eta} = \Lambda\eta$, que fornece a solução final $z(t) = Ve^{\Lambda t}\eta(0)$ para todo $t \geq 0$. Portanto, a solução

$$\begin{bmatrix} p(t) - p_e \\ q(t) - q_e \end{bmatrix} = \Big(c_\lambda e^{\lambda t}\Big)v_\lambda + \Big(c_\mu e^{\mu t}\Big)v_\mu \qquad (6.35)$$

é válida para todo $t \geq 0$, em que as constantes c_λ e c_μ dependem ex-

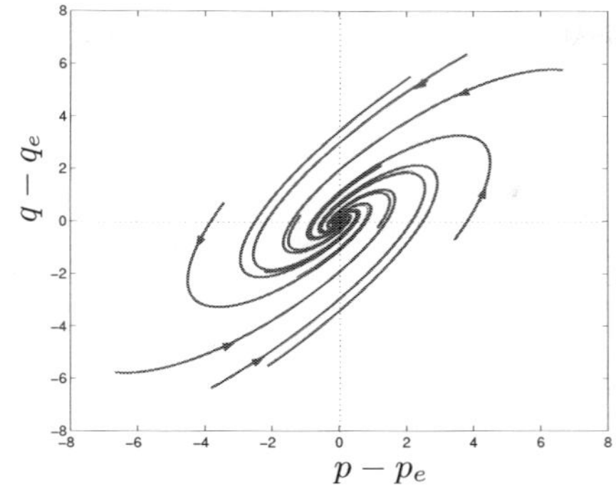

Figura 6.5: Plano de fase - foco estável

clusivamente das condições iniciais. A interpretação geométrica é simples. Deslocando-se os eixos coordenados (p, q) para o ponto de equilíbrio, a trajetória que passa por um ponto inicial qualquer é uma combinação linear variante no tempo dos dois autovetores de A_e. Se os autovalores forem iguais, uma perturbação infinitesimal em A_e faz com que eles se tornem diferentes.

A partir da equação (6.35) nota-se que no decorrer do tempo os dois coeficientes $c_\lambda e^{\lambda t}$ e $c_\mu e^{\mu t}$ não mudam de sinal. Isto faz com que as partes das trajetórias situadas suficientemente afastadas ou suficientemente próximas do ponto de equilíbrio sejam tangentes a cada um dos autovetores. O ponto de equilíbrio recebe as seguintes denominações especiais, dependendo dos sinais dos autovalores, a saber: **nó estável** quando ambos são negativos, **nó instável** quando ambos são positivos e **sela** quando um é negativo e outro é positivo. Para ilustrar o que foi dito, a Figura 6.3 mostra o plano de fase correspondente a um nó estável, enquanto que a Figura 6.4 mostra o plano de fase correspondente a uma sela. Nas duas figuras, as linhas tracejadas indicam as direções definidas pelos autovetores.

- **Autovalores de A_e são complexos conjugados:** Os autovalores e os autovetores são da forma $\sigma \pm j\omega$ e $v_\sigma \pm jv_\omega$, onde $v_\sigma \in \mathbb{R}^2$ e $v_\omega \in \mathbb{R}^2$. Com a mesma mudança de variável, mas com $V = [v_\sigma \ v_\omega] \in \mathbb{R}^{2\times 2}$, obtemos $\dot{\eta} = \Lambda\eta$, em que

$$V^{-1}A_eV = \Lambda = \begin{bmatrix} \sigma & \omega \\ -\omega & \sigma \end{bmatrix} \tag{6.36}$$

Convertendo em coordenadas polares $\eta = [r\cos(\phi) \ r\text{sen}(\phi)]'$, simples substituição permite verificar que $\dot{r} = \sigma r$ e $\dot{\phi} = -\omega$ e, consequentemente,

$r(t) = e^{\sigma t} c_\sigma$ e $\phi(t) = c_\omega - \omega t$. Portanto, percorrendo o caminho inverso, verificamos que a solução

$$\begin{bmatrix} p(t) - p_e \\ q(t) - q_e \end{bmatrix} = \Big(c_\sigma e^{\sigma t} \cos(c_\omega - \omega t)\Big) v_\sigma + \Big(c_\sigma e^{\sigma t} \text{sen}(c_\omega - \omega t)\Big) v_\omega \quad (6.37)$$

é válida para todo $t \geq 0$, em que as constantes c_σ e c_ω dependem exclusivamente das condições iniciais. Para interpretar geometricamente este resultado, deslocamos os eixos coordenados (p, q) para o ponto de equilíbrio. Novamente cada ponto da trajetória é determinado por uma combinação linear variante no tempo das partes real e imaginária dos autovetores da matriz A_e.

A equação (6.37) deixa claro que os sinais dos coeficientes da combinação linear que define as trajetórias mudam de maneira periódica no decorrer do tempo. O efeito é que, a partir de cada condição inicial, as trajetórias circundam o ponto de equilíbrio. Não se verifica nenhum comportamento assintótico. Neste caso, o ponto de equilíbrio recebe as seguintes denominações, a depender da parte real dos autovalores: **foco estável** quando ela é negativa, **foco instável** quando ela é positiva e **centro** quando ela é nula. A Figura 6.5 ilustra o plano de fase correspondente a um foco estável. Como já comentado anteriormente, as trajetórias correspondentes ao centro são fechadas, indicando que, em relação ao tempo, a solução é periódica.

Para um sistema não linear qualquer, o seu modelo linearizado, válido na vizinhança de um ponto de equilíbrio (p_e, q_e), se escreve na forma $\dot{z} = A_e z$ e, portanto, o seu comportamento local depende exclusivamente dos autovalores λ e μ de $A_e \in \mathbb{R}^{2\times 2}$ que permitem definir $\Delta = \lambda\mu$ e $\Theta = -(\lambda + \mu)$, dois parâmetros reais (mesmo que os autovalores sejam complexos conjugados) dados pelo determinante e pelo traço com sinal trocado de A_e, respectivamente. Desta forma, o polinômio característico de A_e expresso como

$$\det\Big(sI - A_e\Big) = s^2 + \Theta s + \Delta \quad (6.38)$$

permite a seguinte classificação de um determinado ponto de equilíbrio, a partir dos valores do par (Θ, Δ):

- Se $\Delta < 0 \rightarrow$ **sela**
- Se $\Delta > 0$ e $\Theta > 0$ duas situações são possíveis:
  - Se $\Delta < \Theta^2/4 \rightarrow$ **nó estável**
  - Se $\Delta > \Theta^2/4 \rightarrow$ **foco estável**

- Se $\Delta > 0$ e $\Theta < 0$ duas situações são possíveis:
  - Se $\Delta < \Theta^2/4 \rightarrow$ **nó instável**
  - Se $\Delta > \Theta^2/4 \rightarrow$ **foco instável**

Tendo em mãos a matriz A_e, não há dificuldade em se obter a classificação do ponto de equilíbrio a ela associado, não sendo nem mesmo necessário o cálculo dos seus autovalores. Nota-se também que, independentemente do seu tipo, a estabilidade do ponto de equilíbrio ocorre desde que $\Theta > 0$ e $\Delta > 0$. As bordas dessa região, definidas por $\Theta = 0$ (autovalores complexos conjugados com parte real nula) e $\Delta = 0$ (um autovalor nulo e um negativo), caracterizam os chamados *casos críticos de Lyapunov*, nos quais a equação linearizada não fornece informação suficiente para que se possa decidir se o ponto de equilíbrio é ou não estável. A conclusão final a este respeito requer uma aproximação que inclua outros termos da série de Taylor, fazendo com que a própria equação aproximada seja não linear.

Vale relembrar que o tipo de um determinado ponto de equilíbrio permite caracterizar as trajetórias do plano de fase no seu entorno. Como isto é feito através de uma aproximação linear, se a partir de uma condição inicial qualquer (p_0, q_0) toda a trajetória $(p(t), q(t))$ permanecer na vizinhança do ponto de equilíbrio, a análise local é suficiente para descrever o comportamento do sistema dinâmico em estudo. Porém, se a trajetória se afastar do ponto de equilíbrio, é necessário um estudo global, isto é, que envolva outras regiões do plano de fase. Para ilustrar este aspecto, consideramos a seguinte equação diferencial de segunda ordem:

$$\dot{p} = q - g(p) \tag{6.39}$$

$$\dot{q} = -\beta q - p \tag{6.40}$$

em que $\beta = 2$ e $\beta = 1/2$ caracterizam dois casos distintos a serem considerados em seguida e onde $g(p) : \mathbb{R} \rightarrow \mathbb{R}$ é uma função linear por partes dada na Figura 6.6. Os pontos de equilíbrio são imediatamente obtidos pela intersecção do gráfico de $q = g(p)$ com a reta $q = -(1/\beta)p$ e também estão representados na mesma figura. Para $\beta = 2$ os pontos de equilíbrio são "a", "o" e "b", enquanto que para $\beta = 1/2$ existe apenas um ponto de equilíbrio "o". Entretanto, prolongando as partes lineares de $g(p)$, dois outros pontos de intersecção aparecem, quais sejam, "$\bar{a}$" e "$\bar{b}$". Esses pontos, pelos motivos que vamos discutir em seguida, são chamados de pontos de equilíbrio virtuais. Linearizando em um ponto de equilíbrio genérico com coordenadas (p_e, q_e), obtemos

$$A_e = \begin{bmatrix} -\frac{dg}{dp} & 1 \\ -1 & -\beta \end{bmatrix}_{(p_e, q_e)} \tag{6.41}$$

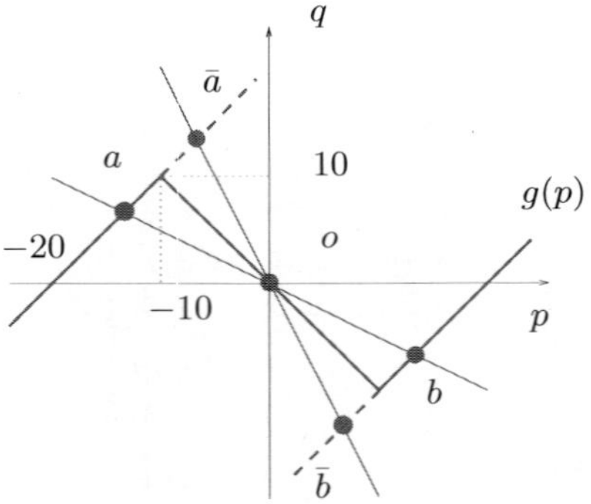

Figura 6.6: Pontos de equilíbrio

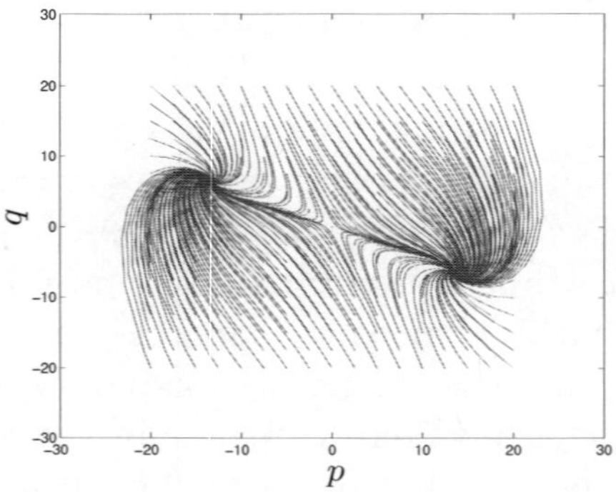

Figura 6.7: Plano de fase para $\beta = 2$

Para $\beta = 2$ nos pontos de equilíbrio "a" e "b" as derivadas da função $g(p)$ são idênticas e $\Theta = 3$ e $\Delta = 3$ permitem identificá-los como sendo dois focos estáveis. Da mesma forma, o ponto de equilíbrio "o" com $\Theta = 1$ e $\Delta = -1$ é identificado como sendo uma sela. A Figura 6.7 mostra uma região do plano de fase que contém os três pontos de equilíbrio. Nota-se perfeitamente o ponto de equilíbrio do tipo sela na origem e os dois focos estáveis. A partir de condições iniciais, mesmo que muito próximas da origem, as trajetórias acabam terminando longe dela, pois são atraídas e terminam em um dos focos estáveis.

Para $\beta = 1/2$ no único ponto de equilíbrio "o" temos $\Theta = -1/2$ e $\Delta = 1/2$, tratando-se, portanto, de um foco instável. A Figura 6.8 mostra uma região do plano de fase que contém a origem. Qualquer condição inicial próxima da origem faz com que as trajetórias se afastem, mas não tendem para o infinito, como

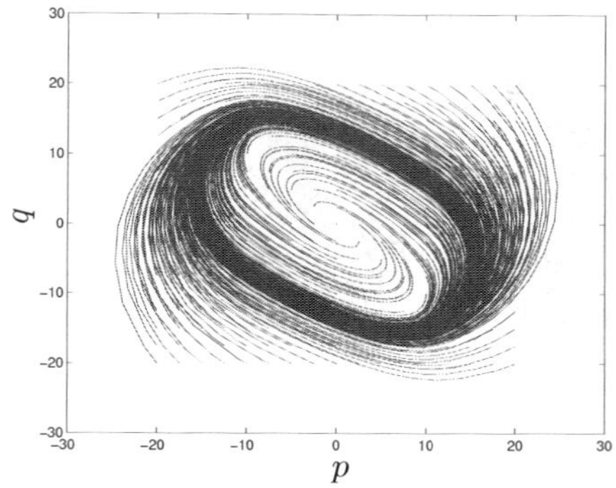

Figura 6.8: Plano de fase para $\beta = 1/2$

seria esperado. Da mesma forma, condições iniciais situadas longe da origem não divergem, mas definem trajetórias que tendem a se aproximar dela. Nota-se que, nesse plano de fase, existe uma trajetória fechada estável, um *ciclo limite estável*, que é uma solução periódica atrativa da equação diferencial em estudo. A explicação desse comportamento está no dois pontos singulares virtuais $\bar{a}$ e $\bar{b}$ que são dois focos estáveis, pois para ambos tem-se $\Theta = 3/2$ e $\Delta = 3/2$. Na região do plano de fase definida por $p < -10$, as trajetórias são determinadas como se o ponto $\bar{a}$ fosse um ponto singular, mas que jamais é atingido, pois não se situa dentro daquela região. O mesmo ocorre para a região $p > 10$ em relação ao ponto de equilíbrio virtual $\bar{b}$.

Finalmente, deve ser ressaltado que essas duas figuras foram obtidas por integração numérica das equações diferenciais correspondentes. Este procedimento é, nos dias de hoje, bastante viável, tendo em vista as mais variadas rotinas disponíveis, que são particularmente precisas e eficientes para o tratamento e manipulação desse tipo de problema.

6.3.1 Soluções Periódicas

Nesta seção, vamos estudar equações diferenciais não lineares que admitem soluções periódicas. No plano de fase, o objetivo é determinar condições para que uma trajetória fechada, denominada *ciclo limite*, possa existir. Esse problema foi objeto de inúmeros estudos, que produziram diversos resultados importantes. Em seguida, vamos discutir dois deles, que foram escolhidos por serem os mais gerais e por terem promovido grandes impactos na teoria de equações diferenciais. Antes, porém, precisamos recordar algumas propriedades de funções de duas variáveis. No plano (p, q) um domínio é dito *simplesmente conexo* se tiver uma geometria bastante simples, sem "buracos". Seja $\mathcal{D}$ uma região deste plano. Se $\mathcal{D}$ contiver toda curva simples (sem nenhum cruzamento) fechada, inclusive o seu interior, então $\mathcal{D}$ é simplesmente conexo.

Teorema 6.2 (Teorema de Green) *Seja C uma curva simples fechada em um domínio simplesmente conexo $\mathcal{D}$. Se $P(p,q)$ e $Q(p,q)$ são funções contínuas com derivadas parciais contínuas em $\mathcal{D}$, então*

$$\oint_C Pdp + Qdq = \int\int_R \Big(\frac{\partial Q}{\partial p} - \frac{\partial P}{\partial q}\Big) dpdq \tag{6.42}$$

onde $R = \text{int}C$ é a região delimitada por C, ou seja, o seu interior.

O Teorema de Green permite concluir um outro resultado importante que está ligado à independência do caminho de integração. Para $R = \text{int}C \subset \mathcal{D}$, a condição

$$\frac{\partial Q}{\partial p} = \frac{\partial P}{\partial q}, \ \forall (p,q) \in R \tag{6.43}$$

implica em que a integral no lado esquerdo de (6.42) não depende do caminho de integração e vale

$$\oint_C Pdp + Qdq = 0 \tag{6.44}$$

isto é, se a igualdade (6.43) vale para uma região simplesmente conexa R, então qualquer curva fechada C cujo interior se situa inteiramente dentro de R fará com que (6.44) se verifique. Embora bastante geral, existe uma situação importante no nosso contexto em que o Teorema de Green não se aplica diretamente. Imagine um domínio R onde as funções P, Q ou suas derivadas parciais não existam ou não sejam contínuas em N pontos isolados $p_1, \cdots, p_N$ de R. Ainda assim, desejamos determinar o valor da integral de linha (6.43), onde C é uma curva simples fechada com todos estes pontos no seu interior. Neste caso, vale a igualdade

$$\oint_C Pdp + Qdq = \sum_{i=1}^{N} \oint_{C_i} Pdp + Qdq \tag{6.45}$$

onde C_i é uma curva simples contendo apenas o ponto p_i no seu interior, para todo $i = 1, \cdots, N$. O ponto relevante a ser ressaltado é que as integrais de linha do lado direito de (6.45) não dependem das curvas fechadas C_i, desde que sejam escolhidas simples. Neste sentido, são independentes do caminho de integração.

Exemplo 6.9 Considere a integral de linha

$$J = \oint_C \frac{-qdp + pdq}{p^2 + q^2}$$

onde C é uma circunferência de raio r com centro na origem. Como as funções P e Q não são contínuas na origem, o Teorema de Green não pode ser usado diretamente. Entretanto, escrevendo a mesma integral na forma

$$J = \frac{1}{r^2} \oint_C -qdp + pdq$$

podemos agora aplicá-lo para obter

$$\begin{aligned} J &= \frac{2}{r^2} \int\int_R dpdq \\ &= 2\pi \end{aligned}$$

onde a integral dupla é igual à área do círculo definido por C. Como era esperado, o valor dessa integral não depende do raio da circunferência r, pois ela é uma curva simples. Ademais, se a origem não estiver no interior da curva C, o Teorema de Green se aplica e devido à igualdade

$$\frac{\partial Q}{\partial p} = \frac{\partial P}{\partial q} = \frac{q^2 - p^2}{(p^2 + q^2)^2}, \ \forall (p, q) \in R$$

o valor da integral é sempre nulo, novamente para toda curva C simples assim escolhida.

A mesma integral pode ser calculada de maneira diversa a ser utilizada mais adiante. De fato, com a mudança de variável $\text{tg}(\theta) = q/p$ verificamos por simples diferenciação que

$$d\theta = \frac{-qdp + pdq}{p^2 + q^2}$$

e, consequentemente,

$$J = \int d\theta$$

é igual à variação angular sobre a curva fechada C. Se a origem não estiver no seu interior, então $J = 0$. Por outro lado, se a origem estiver no seu interior, o fato de C ser fechada e simples faz com que $J = 2\pi$. Em ambos os casos, obtemos novamente os mesmos resultados anteriores. □

O teorema dado a seguir aplica-se à equação diferencial de segunda ordem expressa na sua representação de estado (6.28)-(6.29). Sua importância está relacionada ao fato de que ele é uma boa ferramenta para determinar regiões do plano de fase nas quais não podem existir trajetórias fechadas.

Teorema 6.3 (Teorema de Bendixson) *Se a função $\partial f(p,q)/\partial q$ é contínua, mas não é identicamente nula nem muda de sinal em um domínio simplesmente conexo $\mathcal{D}$, então não existem trajetórias fechadas no interior de $\mathcal{D}$.*

A prova do Teorema de Bendixson é simples e é feita por contradição. Suponha que exista uma trajetória fechada Γ no interior de $\mathcal{D}$. Como assumimos que Γ seja uma trajetória, ela satisfaz a equação

$$\oint_\Gamma qdq + f(p,q)dp = 0 \tag{6.46}$$

Porém, por outro lado, como supõe-se que Γ seja fechada, podemos aplicar o Teorema de Green para obter

$$\begin{aligned} \oint_\Gamma q dq + f(p,q) dp &= -\int\int_{\text{int}\Gamma} \frac{\partial f}{\partial q} dp dq \\ &\neq 0 \end{aligned} \tag{6.47}$$

onde a última relação decorre do fato de $\text{int}\Gamma \subset \mathcal{D}$ e da função $\partial f(p,q)/\partial q$ ser não nula e de sinal invariante nessa mesma região do plano de fase. A contradição se estabelece, reduzindo ao absurdo a hipótese de que existiria uma trajetória fechada em $\mathcal{D}$. Para se ter uma ideia da precisão desse resultado, vamos aplicá-lo ao caso linear em que $f(p,q) = \alpha p + \beta q$. Como $\partial f(p,q)/\partial q = \beta$, o Teorema de Bendixson assegura que, se $\beta \neq 0$, então a equação linear $\ddot{y} + \beta\dot{y} + \alpha y = 0$ não admite nenhuma solução periódica. De fato, essa equação só admite soluções periódicas quando a origem for um ponto de equilíbrio do tipo centro, o que só pode ocorrer com $\beta = 0$ e $\alpha > 0$. Fisicamente, o termo $\beta\dot{y}$ representa perda de energia através, por exemplo, da ação de forças de atrito, as quais, se diferentes de zero, não permitem a ocorrência de soluções periódicas.

Estamos em posição de introduzir uma das maiores contribuições teóricas para o estudo de existência de soluções periódicas de equações diferenciais não lineares. Considere a equação diferencial de segunda ordem na sua representação de estado (6.28)-(6.29) e seja C uma curva simples fechada no interior de um domínio simplesmente conexo do seu plano de fase. O *índice de Poincaré* de C é dado por

$$I_C = \frac{1}{2\pi} \oint_C d\theta(p,q) \tag{6.48}$$

onde $\text{tg}(\theta(p,q)) = -f(p,q)/q$, sendo que a sua interpretação geométrica é feita com o auxílio da Figura 6.9. A curva C escolhida está em linha contínua e uma trajetória Γ da equação diferencial é mostrada em linha tracejada. Neste caso, Γ é representada como sendo uma curva fechada, mas tal requisito não é necessário. Note, porém, que C deve ser uma curva simples e obrigatoriamente fechada. Considere um ponto com coordenadas (p,q) de C que também pertence a uma trajetória Γ. Como, alternativamente, temos que $\text{tg}(\theta(p,q)) = \dot{q}/\dot{p} = dq/dp$, então $\theta(p,q)$ é o ângulo que a reta tangente à trajetória Γ, no ponto em consideração, faz com a horizontal, isto é, com a abscissa p do plano de fase.

Assim sendo, não é preciso cálculo algum para se concluir que o índice de Poincaré de qualquer trajetória fechada Γ seja dado por

$$I_\Gamma = 1 \tag{6.49}$$

De fato, fazendo C coincidir com Γ, a integral de linha é igual à integral do ângulo tangente a Γ e como, por hipótese, $C \equiv \Gamma$ é uma curva simples, a soma

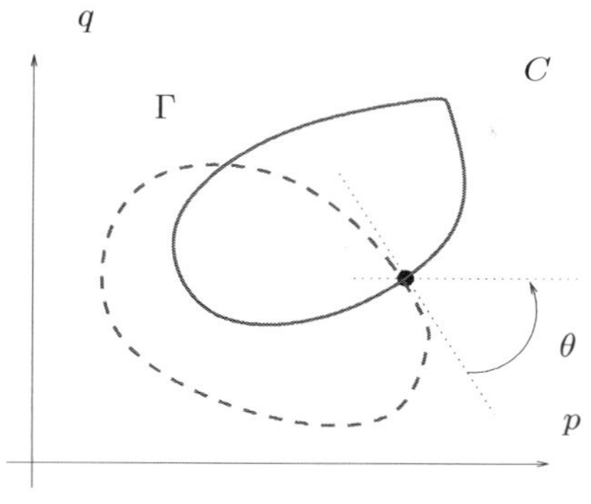

Figura 6.9: Interpretação geométrica do índice de Poincaré

total correspondente a uma volta completa é igual a 2π. Para qualquer outra curva fechada C escolhida, é preciso calcular a integral de linha indicada em (6.48). Com esse propósito, por simples diferenciação verificamos que

$$d\theta = \frac{fdq - qdf}{q^2 + f^2} \tag{6.50}$$

bem como

$$df = \frac{\partial f}{\partial p}dp + \frac{\partial f}{\partial q}dq \tag{6.51}$$

onde, para simplificar a notação, não estamos explicitando a dependência das funções e dos diferenciais envolvidos com as variáveis independentes p e q. Assim sendo, o índice de Poincaré pode ser calculado através da integral de linha

$$I_C = \frac{1}{2\pi}\oint_C Pdp + Qdq \tag{6.52}$$

onde as funções indicadas são dadas por

$$P = -\frac{q}{q^2 + f^2}\frac{\partial f}{\partial p}, \ Q = \frac{f}{q^2 + f^2} - \frac{q}{q^2 + f^2}\frac{\partial f}{\partial q} \tag{6.53}$$

A primeira conclusão importante é que as funções P e Q não são contínuas nos pontos do plano de fase tais que $q^2 + f(p,q)^2 = 0$, isto é, nos pontos com coordenadas tais que $q = 0$ e $f(p,0) = 0$. Ou seja, as funções P e Q deixam de ser contínuas apenas em todos os pontos de equilíbrio da equação diferencial em estudo. Podemos também verificar por simples derivação que $\partial P/\partial q = \partial Q/\partial p$ e que estas derivadas parciais deixam de ser contínuas naqueles mesmos pontos. Assumindo que os pontos de equilíbrio $p_1, \cdots, p_N$ sejam isolados, com os resultados anteriores, em particular com a igualdade (6.45), podemos concluir que:

- Se não existir nenhum ponto de equilíbrio no interior de C, então $I_C = 0$.
- Se o mesmo ponto de equilíbrio estiver no interior de C e de C', então $I_C = I_{C'}$.
- Se os pontos de equilíbrio $p_1, p_2, \cdots$ estiverem no interior de C, então $I_C = \sum_i I_{C_i}$, onde C_i é qualquer curva simples fechada contendo apenas o ponto de equilíbrio p_i no seu interior.

Isso mostra que o índice de Poincaré não é uma propriedade intrínseca da curva escolhida, mas sim dos pontos de equilíbrio da equação diferencial que se encontram no seu interior. Desta forma, para calcularmos I_C, podemos escolher uma outra curva simples e fechada C', porém situada arbitrariamente próxima de um determinado ponto de equilíbrio com coordenadas (p_e, q_e), e fazer o cálculo da integral de linha para a aproximação linear $f(p,q) \approx \alpha(p-p_e)+\beta(q-q_e)$, em que $\alpha = \partial f/\partial p$ e $\beta = \partial f/\partial q$, ambas calculadas em (p_e, q_e). Observe que, sem perda de generalidade, para cada ponto de equilíbrio podemos adotar $(p_e, q_e) \equiv (0,0)$, que corresponde a transladar a origem dos eixos coordenados exatamente para o ponto de equilíbrio em consideração. Assim sendo, na vizinhança de cada ponto de equilíbrio a aproximação linear se escreve $\dot{z} = A_e z$, em que

$$A_e = \begin{bmatrix} 0 & 1 \\ -\alpha & -\beta \end{bmatrix} \tag{6.54}$$

Fazendo $f = \alpha p + \beta q$ nas equações anteriores, notamos que

$$\begin{aligned} q^2 + f^2 &= q^2 + (\alpha p + \beta q)^2 \\ &= \begin{bmatrix} p & q \end{bmatrix} A_e' A_e \begin{bmatrix} p \\ q \end{bmatrix} \end{aligned} \tag{6.55}$$

supondo que $\det(A_e) \neq 0$, pois, caso contrário, o ponto de equilíbrio da aproximação linear não seria isolado, podemos escolher C' definida pela equação $q^2 + f^2 = r^2$, onde $r > 0$ é arbitrário. Com (6.55), sabemos que C' é uma elipse, portanto, uma curva simples fechada. O índice de Poincaré para qualquer curva simples fechada que envolva o ponto de equilíbrio é

$$\begin{aligned} I_C &= \frac{\alpha}{2\pi r^2} \oint_{C'} -q dp + p dq \\ &= \frac{\det(A_e)}{\pi r^2} \int\int_{\text{int}C'} dp dq \\ &= \frac{\det(A_e)}{|\det(A_e)|} \end{aligned} \tag{6.56}$$

Desta forma, se C envolve um único ponto de equilíbrio, então o seu índice deve ser igual a ± 1, a depender exclusivamente do sinal de $\det(A_e) = \alpha = \partial f/\partial p$ calculado no ponto de equilíbrio $p = p_e$. Com a classificação já apresentada, concluímos que:

- Se o ponto de equilíbrio é um nó, um foco ou um centro, então $I_C = 1$.
- Se o ponto de equilíbrio é uma sela, então $I_C = -1$.

pois no primeiro caso todos eles são caracterizados por $\Delta = \det(A_e) > 0$ e, no segundo caso, por $\Delta = \det(A_e) < 0$. Uma observação importante é que o índice de Poincaré não se altera se o nó ou foco for estável ou instável.

Teorema 6.4 (Existência de ciclo limite) *Existe uma trajetória fechada Γ no plano de fase somente se a soma dos índices de Poincaré dos pontos de equilíbrio no interior de Γ for igual a um.*

De fato, supondo que uma trajetória fechada Γ exista, o seu índice é $I_\Gamma = 1$. Fazendo $C = \Gamma$ e levando em conta que $I_C = \sum_i I_{C_i}$ para os pontos de equilíbrio no interior de C, o resultado se estabelece. A partir deste teorema algumas conclusões são pertinentes. Não é possível existir um trajetória fechada que não envolva nenhum ponto de equilíbrio, pois o seu índice teria que ser zero e, como sabemos, é um. Da mesma forma, não é possível existir um trajetória fechada que envolva um ponto de equilíbrio do tipo sela, pois o seu índice teria que ser -1 e, como sabemos, é 1. É possível ter uma trajetória fechada envolvendo um foco, mas não é possível ter uma trajetória fechada envolvendo simultaneamente um foco e uma sela ou um foco e um nó e, assim, uma infinidade de outros casos podem ser considerados.

Exemplo 6.10 Uma equação diferencial não linear que descreve o comportamento dinâmico de um sistema isolado contendo presas e predadores é dada na forma da seguinte representação de estado:

$$\begin{aligned} \dot{p} &= -\alpha p + \gamma p q \\ \dot{q} &= \beta q - \gamma p q \end{aligned}$$

em que α, β e γ são parâmetros reais positivos. A população de predadores é p e a população de presas é q. O impacto nas duas populações, quando seus elementos se encontram, é proporcional ao produto das populações. Note que, se não ocorresse nenhum encontro $\gamma = 0$, a população de predadores diminuiria e a de presas aumentaria segundo as taxas $-\alpha$ e β, respectivamente. Os pontos de equilíbrio são $p_1 = (0, 0)$ e $p_2 = (\beta/\gamma, \alpha/\gamma)$ e calculamos facilmente as aproximações lineares

$$\begin{aligned} p_1 &\Longrightarrow A_1 = \begin{bmatrix} -\alpha & 0 \\ 0 & \beta \end{bmatrix} \\ p_2 &\Longrightarrow A_2 = \begin{bmatrix} 0 & \beta \\ -\alpha & 0 \end{bmatrix} \end{aligned}$$

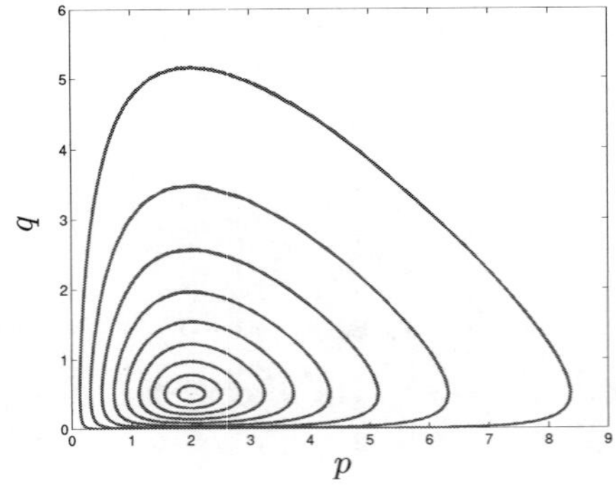

Figura 6.10: Plano de fase do sistema presa-predador

Portanto, p_1 é uma sela com $I_{C_1} = -1$ e p_2 é um centro com $I_{C_2} = 1$. A partir do Teorema 6.4, concluímos que se existir um ciclo limite ele deve, necessariamente, conter p_2 e não conter p_1 no seu interior. A Figura 6.10 mostra o primeiro quadrante, ou seja, $p \geq 0, q \geq 0$, do plano de fase da equação diferencial em estudo, tendo sido adotados os seguintes valores numéricos: $\alpha = 0{,}5$; $\beta = 2{,}0$ e $\gamma = 1{,}0$. Notam-se os pontos de equilíbrio situados na origem do sistema de coordenadas e na posição $(2; 0{,}5)$. A partir de condições iniciais situadas na reta $q = p/4$ entre os dois pontos de equilíbrio, as respectivas trajetórias foram determinadas por integração numérica. Como atestam os índices de Poincaré já calculados, cada trajetória fechada (que são diversas) tem apenas o segundo ponto de equilíbrio no seu interior. □

Devem-se ressaltar dois aspectos importantes relativos aos Teoremas 6.3 e 6.4. Em primeiro lugar eles podem ser aplicados a sistemas de segunda ordem genéricos, isto é, não se aplicam apenas a casos particulares específicos. Em segundo lugar, ambos não determinam exatamente as trajetórias fechadas porventura existentes, mas estabelecem regiões onde elas podem ou certamente não podem existir.

6.4 Estabilidade

O estudo de estabilidade de equações diferenciais é básico e importante, pois caracteriza o comportamento temporal das soluções, decorrido um intervalo de tempo arbitrário. Ou seja, estuda-se o comportamento das soluções quando a variável independente, o tempo $t \geq 0$, tende para infinito. Para a equação diferencial não linear (6.7) é claro que os pontos de equilíbrio são centrais no estudo de estabilidade. Um ponto de equilíbrio $x_e \in \mathbb{R}^n$ é *assintoticamente estável* se existir uma vizinhança $\mathcal{D}(x_e)$ na qual toda condição inicial $x_0 \in \mathbb{R}^n$ a ela pertencente gera uma solução $x(t, x_0) \in \mathcal{D}(x_e)$ para todo $t \geq 0$ e que tende para x_e no decorrer do tempo, ou seja, $\lim_{t\to\infty} x(t, x_0) = x_e$. A vizinhança $\mathcal{D}(x_e)$ é chamada *domínio de estabilidade*. Um ponto de equilíbrio pode ser *instável*, quando então condições iniciais mesmo muito próximas fazem com que as soluções correspondentes $x(t, x_0)$ dele se afaste.

Para as equações diferenciais lineares a estabilidade assintótica é sempre um atributo global. Ou seja, com um ponto de equilíbrio assintoticamente estável, que é necessariamente único, as soluções dele se aproximam não importam as condições iniciais consideradas. Da mesma forma, quando ele for instável, para toda condição inicial, as soluções dele se afastam. No caso de equações diferenciais não lineares com diversos pontos de equilíbrio, os domínios de estabilidade são locais, pois cada um deles pode conter apenas um único ponto de equilíbrio. Entretanto, como veremos mais adiante, existem equações diferenciais não lineares com um único ponto de equilíbrio assintoticamente estável e com domínio de estabilidade global.

Como sabemos, as equações diferenciais não lineares ainda podem exibir um outro comportamento bastante interessante do ponto de vista de estabilidade. Trata-se do chamado *ciclo limite*, que é caracterizado por uma trajetória fechada no plano de fase ou, de forma equivalente, por uma solução periódica em relação ao tempo. Um ciclo limite pode ser estável, quando, para um conjunto de condições iniciais, as trajetórias dele se aproximam, ou instável, caso contrário. O estudo de estabilidade de ciclos limite, através de um método aproximado, é feito em seguida.

6.4.1 Linearização Harmônica

Aproximar e saber usar aproximações é uma arte. Muitos problemas se tornam mais simples para serem resolvidos quando se admite algum tipo de aproximação. A arte está em se chegar ao compromisso de simplificar, mas ao mesmo tempo não descaracterizar o problema em estudo. Por exemplo, a aproximação $2^3 \approx 10$ é grosseira, mas ela fornece uma aproximação bastante razoável para $\log_{10}(2) \approx 1/3$.

Para funções de variáveis reais, uma estratégia simples e eficaz consiste em desenvolvê-las em série e, em seguida, considerar apenas um determinado número (finito) de termos. Duas séries são frequentemente adotadas, a saber, a série de Taylor e a de Fourier, as quais permitem obter aproximações bem conhecidas. Com a série de Taylor, obtemos a aproximação linear que já tivemos a oportunidade de estudar, enquanto que, com a série de Fourier, obtemos a chamada *linearização harmônica*, que passamos a analisar com maiores detalhes.

Dada uma função com domínio e contradomínio reais $g(e) : \mathbb{R} \to \mathbb{R}$, calculamos o seu valor $u(t) = g(e(t))$ para $e(t) = a \text{ sen}(\omega t)$, onde $a > 0$ é a sua amplitude e $\omega > 0$ é a sua frequência. Reconhecemos imediatamente que $u(t)$ é uma função com período $T = 2\pi/\omega$. Assumindo que

$$\int_{-\pi/\omega}^{\pi/\omega} u(t)dt = 0 \tag{6.57}$$

na expansão de $u(t)$ em série de Fourier restam apenas os termos que dependem da frequência ω e de seus múltiplos inteiros. Assim sendo, levando em conta apenas o primeiro termo, obtemos a aproximação

$$u(t) \approx \alpha \text{ sen}(\omega t) + \beta \cos(\omega t) \tag{6.58}$$

onde os coeficientes reais α e β, dados por

$$\alpha = \frac{\omega}{\pi} \int_{-\pi/\omega}^{\pi/\omega} u(t) \text{ sen}(\omega t)dt \tag{6.59}$$

$$\beta = \frac{\omega}{\pi} \int_{-\pi/\omega}^{\pi/\omega} u(t) \cos(\omega t)dt \tag{6.60}$$

são os valores fornecidos pela série de Fourier. Ocorre um fato relevante, pois, sendo $u(t)$ uma função da forma $u(t) = g(a \text{ sen}(\omega t))$, os parâmetros α e β não dependem do valor da frequência ω considerada. De fato, adotando a mudança de variável $\theta = \omega t$, obtemos

$$\alpha = \frac{1}{\pi} \int_{-\pi}^{\pi} g(a \text{ sen}(\theta)) \text{ sen}(\theta)d\theta \tag{6.61}$$

$$\beta = \frac{1}{\pi} \int_{-\pi}^{\pi} g(a \text{ sen}(\theta)) \cos(\theta)d\theta \tag{6.62}$$

o que torna aparente que este dois coeficientes dependem exclusivamente da função $g(\cdot)$ em estudo. Não há dificuldade em determiná-los mesmo que, se necessário, através da adoção de algum método numérico para efetuar as integrais indicadas em (6.61)-(6.62). Ademais, é importante ressaltar que o cálculo desses coeficientes não requer praticamente nenhuma propriedade de $g(\cdot)$, basta que as integrais indicadas existam e sejam bem definidas.

Definição 6.2 (Função descritiva) *Seja $g(e) : \mathbb{R} \to \mathbb{R}$ uma função de variável real. A função de variável complexa $L_g(a) : a > 0 \to \mathbb{C}$, dada por*

$$L_g(a) = \frac{\alpha + j\beta}{a} \tag{6.63}$$

é a função descritiva associada à função $g(e)$.

Em seguida, daremos uma interpretação que torna relevante esta definição. No momento, desejamos torná-la operacional através do cálculo da função descritiva associada a algumas funções importantes no contexto de equações diferenciais não lineares. De imediato, ressaltamos que, se $g(\cdot)$ for uma função ímpar, ou seja, se satisfaz $g(e) = -g(-e)$ para todo $e \in \mathbb{R}$, então $\beta = 0$ e, por consequência, a função descritiva a ela associada

$$\begin{aligned} L_g(a) &= \frac{\alpha}{a} \\ &= \frac{1}{\pi a} \int_{-\pi}^{\pi} g(a \operatorname{sen}(\theta)) \operatorname{sen}(\theta) d\theta \end{aligned} \tag{6.64}$$

é sempre real. Da mesma forma, para as funções ímpares, a igualdade (6.57) é sempre satisfeita. Este é um resultado bem conhecido, pois indica que, neste caso, o valor constante na série de Fourier é nulo.

Exemplo 6.11 Para a função linear $g(e) = \kappa e$ com $\kappa \in \mathbb{R}$, que é ímpar, aplicamos (6.64) para obter

$$\begin{aligned} L_g(a) &= \frac{\kappa}{\pi} \int_{-\pi}^{\pi} \operatorname{sen}^2(\theta) d\theta \\ &= \kappa \end{aligned}$$

Como era de se esperar, no caso linear, a função descritiva é constante e igual ao ganho da função original, ou seja, $\kappa = g(e)/e$ para todo $e \neq 0$. □

Exemplo 6.12 Uma função muito importante no estudo de sistemas de controle não lineares é a chamada função *sinal* ou *relé ideal* definida por

$$g(e) = \begin{cases} m & , \quad e > 0 \\ -m & , \quad e < 0 \end{cases}$$

sendo que $g(0)$ pode assumir qualquer valor no intervalo $-m \leq g(0) \leq m$. Trata-se de uma função ímpar, mas que é descontínua em $e = 0$. Neste caso, a equação (6.64) fornece

$$\begin{aligned} L_g(a) &= \frac{2}{\pi a} \int_0^{\pi} m \operatorname{sen}(\theta) d\theta \\ &= \frac{4m}{\pi a} \end{aligned}$$

Observa-se que a função descritiva é estritamente decrescente em relação a $a > 0$. □

Exemplo 6.13 A função dada a seguir descreve o comportamento de um *relé com zona morta.*

$$g(e) = \begin{cases} m & , \quad e > h \\ 0 & , \quad |e| < h \\ -m & , \quad e < -h \end{cases}$$

sendo que nos dois pontos de descontinuidade ela satisfaz $-m \leq g(-h) \leq 0$ e $0 \leq g(h) \leq m$. Trata-se de uma função ímpar para a qual o cálculo indicado em (6.64) requer considerar duas situações distintas. Se $a \leq h$, então $L_g(a) = 0$. Por outro lado, se $a > h$ definindo τ tal que a sen$(\tau) = h$, obtemos

$$\begin{aligned} L_g(a) &= \frac{4}{\pi a}\int_{\tau}^{\pi/2} m \operatorname{sen}(\theta)d\theta \\ &= \frac{4m}{\pi a}\cos(\tau) \\ &= \frac{4m}{\pi a}\sqrt{1-\frac{h^2}{a^2}} \end{aligned}$$

a qual permite escrever a função descritiva na forma final

$$L_g(a) = \begin{cases} 0 & , \quad 0 < a \leq h \\ \frac{4m}{\pi a^2}\sqrt{a^2-h^2} & , \quad a > h \end{cases}$$

Essa função tem um comportamento interessante. Para $a \gg h$, obtemos a aproximação $L_g(a) \approx 4m/\pi a$, que é a função descritiva do relé ideal. Ademais, simples derivação indica que $L_g(a)$ atinge o valor máximo para $a^* = \sqrt{2}\, h$ com $L_g(a^*) = 2m/\pi h$. □

Exemplo 6.14 A função dada a seguir descreve o comportamento de um ganho linear com saturação. Tem uma grande importância prática pois retém o comportamento estático de atuadores e sensores reais.

$$g(e) = \begin{cases} m & , \quad e > h \\ \kappa e & , \quad |e| < h \\ -m & , \quad e < -h \end{cases}$$

Como pode ser notado, trata-se de uma função ímpar, mas que é contínua apenas se $\kappa = m/h$. Novamente, o cálculo indicado em (6.64) requer o estudo de duas situações distintas. Se $a \leq h$, então $L_g(a) = \kappa$, pois sob esta condição a função pode ser considerada linear. Por outro lado, para $a > h$ definindo a sen$(\tau) = h$, obtemos

$$\begin{aligned} L_g(a) &= \frac{4}{\pi a}\left\{\int_0^{\tau} \kappa a \operatorname{sen}^2(\theta)d\theta + \int_{\tau}^{\pi/2} m \operatorname{sen}(\theta)d\theta\right\} \\ &= \frac{4}{\pi a}\left\{\frac{\kappa a \tau}{2} - \frac{\kappa a \operatorname{sen}(2\tau)}{4} + m\cos(\tau)\right\} \\ &= \frac{1}{\pi a}\left\{2\kappa a\tau - 2\kappa h\cos(\tau) + 4m\cos(\tau)\right\} \end{aligned}$$

de tal forma que a função descritiva procurada é

$$L_g(a) = \begin{cases} \kappa & , \quad 0 < a \leq h \\ \frac{2\kappa}{\pi}\operatorname{sen}^{-1}(h/a) + \frac{4m-2\kappa h}{\pi a^2}\sqrt{a^2-h^2} & , \quad a > h \end{cases}$$

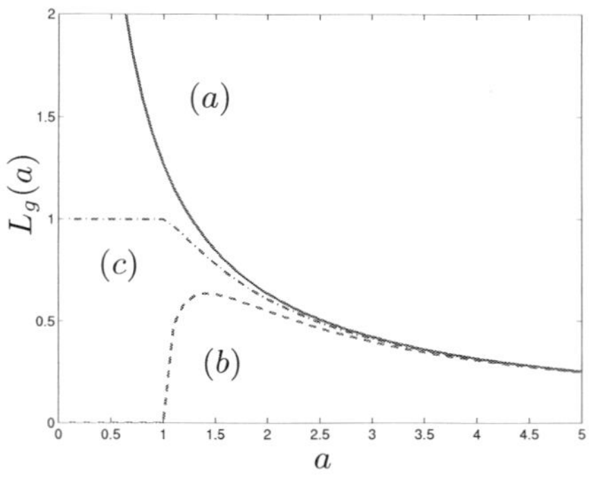

Figura 6.11: Funções descritivas

É claro que, para $\kappa = 0$ e $h \to 0$, obtemos a função descritiva do relé com zona morta e a do relé ideal, respectivamente. No caso geral, para $a \gg h$, a partir de $\text{sen}^{-1}(h/a) \approx h/a$, obtemos a aproximação $L_g(a) \approx 2\kappa h/\pi a + (4m - 2\kappa h)/\pi a = 4m/\pi a$, que é a função descritiva do relé ideal. A Figura 6.11 mostra as funções descritivas do relé ideal (a), do relé com zona morta (b) e do ganho com saturação (c). Em todos os casos adotamos os valores normalizados $m = h = \kappa = 1$. Confirma-se, como esperado, que quando a amplitude $a > 0$ se torna suficientemente grande em comparação com $h = 1$, os três gráficos coincidem. □

Exemplo 6.15 A Figura 6.12 mostra uma relação típica de um fenômeno físico denominado histerese. Essa relação está presente em vários dispositivos eletrônicos ou mesmo na modelagem de diversos elementos mecânicos constituídos por engrenagens, as quais, devido ao desgaste natural, apresentam folgas. Fazendo $e = a\ \text{sen}(\theta)$, a respectiva função $g(e) = g(a\ \text{sen}(\theta))$ é mostrada na Figura 6.13, onde devemos colocar em evidência que $a\ \text{sen}(\tau) = h$ e que $a \geq h$ pois, caso contrário, o efeito de histerese não é observado. A partir das equações (6.61) e (6.62), determinamos

$$\begin{aligned} \alpha &= \frac{2}{\pi}\left\{\int_0^{\tau}(-m)\ \text{sen}(\tau)d\tau + \int_{\tau}^{\pi}(m)\ \text{sen}(\tau)d\tau\right\} \\ &= \frac{4m}{\pi}\cos(\tau) \\ &= \frac{4m}{\pi a}\sqrt{a^2 - h^2} \end{aligned}$$

bem como

$$\begin{aligned} \beta &= \frac{2}{\pi}\left\{\int_0^{\tau}(-m)\cos(\tau)d\tau + \int_{\tau}^{\pi}(m)\cos(\tau)d\tau\right\} \\ &= -\frac{4m}{\pi}\ \text{sen}(\tau) \\ &= -\frac{4m}{\pi a}h \end{aligned}$$

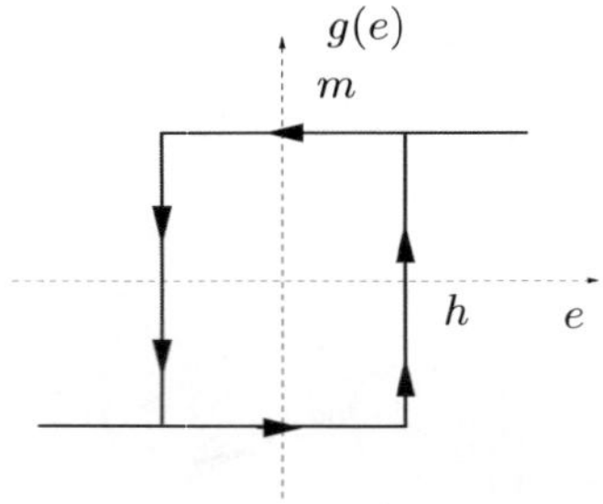

Figura 6.12: Histerese

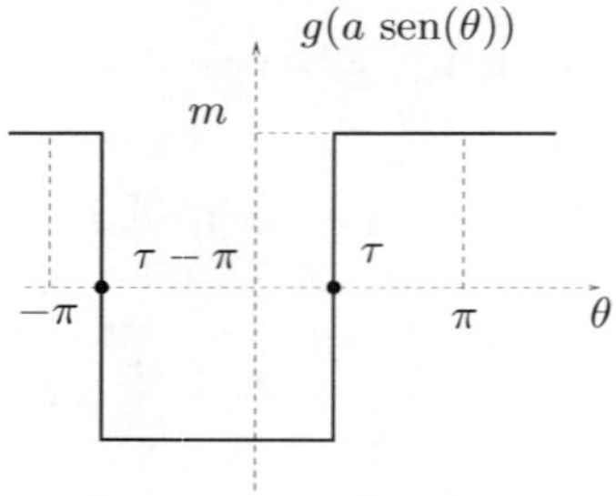

Figura 6.13: Resposta correspondente a uma entrada específica

de tal forma que a função descritiva (6.63), definida para todo $a \geq h$, é dada por

$$L_g(a) = \frac{4m}{\pi a^2}\sqrt{a^2 - h^2} - j\frac{4m}{\pi a^2}h$$

Diferentemente do ocorrido nos casos anteriores, a função descritiva associada à histerese é uma função complexa. O lugar geométrico de $L_g(a)$ no plano complexo parte do ponto $L(h) = -j(4m/\pi h)$ e tende para a origem, tangenciando o eixo real, quando $a \to \infty$. □

Agora que sabemos calculá-las, é necessário colocar em evidência a importância das funções descritivas. Inicialmente, relembramos que, dada uma função de transferência de um sistema linear invariante no tempo $\hat{u} = H(s)\hat{e}$, os valores $H(j\omega) \in \mathbb{C}$ calculados para todo $\omega \in \mathbb{R}$ definem a sua resposta em frequência. Assumindo que $H(s)$ seja assintoticamente estável, isto é, que todos os seus polos estejam localizados no semiplano esquerdo complexo, em regime permanente (após o transitório) a sua saída $u(t)$ correspondente à entrada $e(t) = a\ \text{sen}(\omega t)$ será

$$\begin{aligned} u(t) &= a|H(j\omega)|\text{sen}\big(\omega t + \angle H(j\omega)\big) \\ &= a\ \text{Re}\big(H(j\omega)\big)\text{sen}(\omega t) + a\ \text{Im}\big(H(j\omega)\big)\cos(\omega t) \end{aligned} \tag{6.65}$$

a qual, comparada com (6.58), permite aplicar (6.63) e determinar a função descritiva associada à função de transferência $H(s)$ como sendo

$$\begin{aligned} L_H(\omega) &= \frac{a\text{Re}\big(H(j\omega)\big) + ja\text{Im}\big(H(j\omega)\big)}{a} \\ &= H(j\omega) \end{aligned} \tag{6.66}$$

Isso mostra que podemos aplicar exatamente o mesmo conceito e determinar a função descritiva associada a qualquer função de transferência estável. Em (6.66) adotamos a notação $L_H(\omega)$ para evidenciar que ela depende de $\omega \in \mathbb{R}$ e não depende de $a > 0$, devido ao fato de a relação entre a entrada e e a saída u ser linear. Ademais, como vemos em (6.65), a saída $u(t)$ e a entrada $e(t)$ são funções diversas, mas têm a mesma frequência de oscilação $\omega \in \mathbb{R}$.

No caso não linear para $e(t) = a\ \text{sen}(\omega t)$, a saída será $u(t) = g(a\ \text{sen}(\omega t))$, que é uma função periódica cuja série de Fourier apresenta termos que dependem de ω e de seus múltiplos. Para manter a mesma interpretação dada há pouco para os sistema lineares, a função descritiva foi definida de tal forma a aproximar a saída pelos termos que dependem apenas de $\omega \in \mathbb{R}$, descartando os demais. Portanto, correspondente à entrada $e(t) = a\ \text{sen}(\omega t)$, a saída aproximada será

$$u(t) = a|L_g(a)|\text{sen}\big(\omega t + \angle L_g(a)\big) \tag{6.67}$$

Isso torna aparente que, no domínio da transformada de Laplace, a função descritiva $L_g(a)$ deve ser interpretada como uma função de transferência cuja resposta em regime permanente senoidal fornece a aproximação de primeira harmônica da saída. A seguir, veremos que a aproximação de primeira harmônica é uma ferramenta importante para o estudo de estabilidade de equações diferenciais, em particular, para o estudo de estabilidade de soluções periódicas através do critério de Nyquist.

O chamado *Método da Primeira Harmônica* aplica-se a equações diferenciais que exibem uma estrutura do tipo Lur'e, na sua forma mais geral, dada por

$$\dot{x} = Ax + Bu \tag{6.68}$$

$$y = Cx + Du \tag{6.69}$$

$$e = r - y \tag{6.70}$$

$$u = g(e) \tag{6.71}$$

onde $x \in \mathbb{R}^n$ é o vetor de estado, $u \in \mathbb{R}$ é a variável de entrada, $y \in \mathbb{R}$ é a variável de saída e $r \in \mathbb{R}$ é a referência. A função $g(e) : \mathbb{R} \to \mathbb{R}$ define a parte não linear. Geralmente, ou após uma mudança de variáveis conveniente, adota-se $r = 0$ como referência. Como frequentemente a função $g(e)$ é ímpar, verificamos

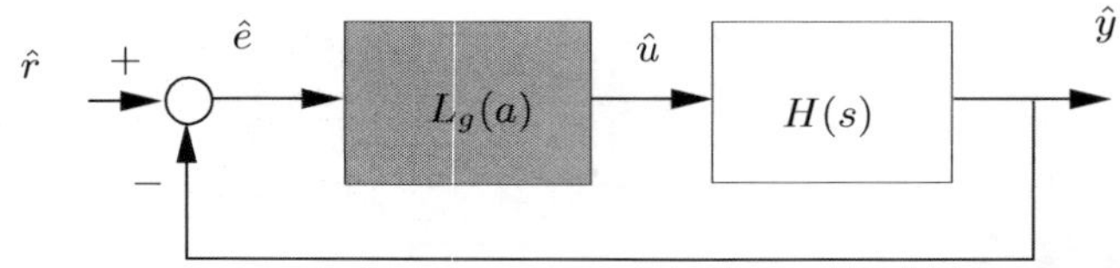

Figura 6.14: Diagrama de blocos

que $u = g(e) = g(-y) = -g(y)$, quando então obtemos a forma de Lur'e dada pelas equações (6.22)-(6.24). Denominando $H(s) = C(sI - A)^{-1}B + D$, a função de transferência da parte linear $\hat{y} = H(s)\hat{u}$, ao adotarmos a aproximação de primeira harmônica para a parte não linear, obtemos o diagrama de blocos da Figura 6.14 após a função $g(e)$ ter sido substituída pela sua função descritiva.

Sabemos que a estabilidade do diagrama de blocos da Figura 6.14, que depende da localização das raízes da equação característica $1 + L_g(a)H(s) = 0$, pode ser estudada com o auxílio do critério de Nyquist. Considerando $a > 0$ fixo, o ponto crítico $-L_g(a)^{-1} \in \mathbb{C}$ está definido. O mapeamento da curva fechada C, que envolve o semiplano direito complexo e que depende exclusivamente de $H(j\omega)$ para $\omega \in \mathbb{R}$, permite concluir a respeito da estabilidade. Entretanto, como $a > 0$ não é um valor conhecido, determinamos o lugar geométrico dos pontos críticos, a saber, $-L_g(a)^{-1}, \forall\ a > 0$, que é uma curva a ser desenhada no plano complexo $Re(H(j\omega)) \times Im(H(j\omega))$, denominada *lugar crítico*. Neste plano, são particularmente importantes os pontos nos quais as duas curvas se cruzam, isto é, (a_c, ω_c) tais que $-L_g(a_c)^{-1} = H(j\omega_c)$. A consequência é que $|L_g(a_c)||H(j\omega_c)| = 1$ e $\angle L(a_c) + \angle H(j\omega_c) = -\pi$. Portanto, admitindo o sinal de referência nulo, a hipótese de existir uma saída da forma $y(t) = a_c \operatorname{sen}(\omega_c t + \phi)$ é consistente com o diagrama de blocos da Figura 6.14, pois

$$
\begin{aligned}
y(t) &= a_c|L_g(a_c)||H(j\omega_c)| \operatorname{sen}\Big(\omega_c t + \phi + \angle L(a_c) + \angle H(j\omega_c) + \pi\Big) \\
&= a_c \operatorname{sen}\Big(\omega_c t + \phi\Big) \qquad (6.72)
\end{aligned}
$$

Em outras palavras, a função senoidal $y(t)$ com período $T_c = 2\pi/\omega_c$ é uma solução periódica aproximada da equação diferencial não linear em estudo. O ponto de cruzamento não permite determinar a defasagem ϕ, a qual, nos cálculos feitos, é arbitrária. O critério de Nyquist, como acabamos de expor e dentro das limitações introduzidas pela aproximação adotada, permite verificar se esta solução constitui uma trajetória fechada estável, ou seja, um ciclo limite estável. A partir de um conjunto de condições iniciais, as trajetórias tendem para a trajetória fechada estável e o sistema oscila indefinidamente.

É muito relevante verificar quando podemos esperar resultados precisos do

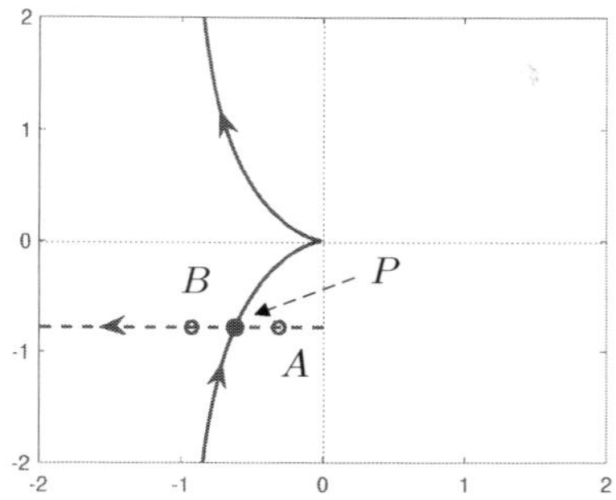

Figura 6.15: Mapeamento e lugar crítico

método da primeira harmônica que acabamos de expor. Neste sentido, é importante notar que a validade deste método não depende exclusivamente da aproximação introduzida pela função descritiva. Do diagrama de blocos da Figura 6.14, fica claro que $L_g(a)H(j\omega)$ deve ser uma boa aproximação para a resposta em frequência do operador não linear $y(t) = h(t) * g(e(t))$, onde $h(t) = \mathcal{L}^{-1}(H(s))$. Mesmo que $L_g(a)$ não seja uma boa aproximação para $u = g(e)$, esta mesma aproximação pode ser adequada, desde que

$$|H(j\omega)| \ll 1 \ , \ \forall \ \omega > \omega_c \tag{6.73}$$

fazendo com que os erros cometidos pela função descritiva, ao desprezar as demais harmônicas, sejam atenuados pela função de transferência da parte linear $H(s)$. É interessante notar que isso geralmente ocorre tendo em vista que é comum $H(s)$ ter polos em número maior do que de zeros.

Vamos ilustrar esses resultados com dois exemplos. O primeiro é uma equação diferencial que pode ser colocada na forma do diagrama de blocos da Figura 6.14, com $g(e)$ sendo uma histerese como a da Figura 6.12, definida pelos valores normalizados $m = h = 1$, referência nula e

$$H(s) = \frac{1}{s(s+1)} \tag{6.74}$$

Com $L_g(a)$, determinamos

$$-L_g(a)^{-1} = -\frac{\pi}{4m}\sqrt{a^2 - h^2} - j\frac{\pi h}{4m} \tag{6.75}$$

de tal forma que o lugar geométrico dos pontos críticos, segundo a variação de $a \geq h$, é uma reta paralela ao eixo real, tendo em vista que a parte imaginária de (6.75) não depende da amplitude $a \geq 1$. A Figura 6.15 mostra o lugar crítico em linha tracejada e o mapeamento da curva fechada C que envolve o semiplano direito complexo e mantém o polo $s = 0$ no seu exterior através de uma semicircunferência de raio $\epsilon > 0$ arbitrariamente pequeno. Apenas as partes desse mapeamento correspondentes a $H(j\omega)$ para todo $\omega \neq 0 \in \mathbb{R}$ são mostradas em linha contínua. Nota-se que o referido mapeamento é fechado à direita por uma semicircunferência de raio arbitrariamente grande, fruto do cálculo de $H(s) \approx 1/s$ com $s = \epsilon e^{j\varphi}$ para todo $\varphi \in [-\pi/2, \pi/2]$. O ponto onde as duas curvas se cruzam, denotado por "P", é determinado resolvendo-se $-L_g(a_c)^{-1} = H(j\omega_c)$, ou seja,

$$\omega_c^3 + \omega_c = 4/\pi \ , \ a_c = \sqrt{1 + \omega_c^2} \tag{6.76}$$

Essa equação de terceira ordem admite apenas uma raiz real $\omega_c = 0{,}7866$ com a qual determinamos $a_c = 1{,}2723$. Passamos agora a aplicar o critério de estabilidade de Nyquist no pontos "A" e "B" respectivamente. Como os dois polos de $H(s)$ estão localizados fora de C, então $N_p = 0$.

- **Ponto "A"-** Claramente $N_{crit} = 1$ implica que $N_z = 1$, indicando instabilidade. Em consequência, a amplitude a cresce e o ponto "A" se desloca para o ponto "P".

- **Ponto "B"-** Nessa situação, $N_{crit} = 0$ e, portanto, $N_z = 0$, o que indica estabilidade. Assim sendo, a amplitude a decresce e o ponto "B" também se desloca na direção do ponto "P".

Desta forma, sob as cautelas da aproximação adotada, o critério de Nyquist atesta que o ponto "P" define um ciclo limite estável cuja primeira harmônica fornece as aproximações $y(t) \approx a_c \ \mathrm{sen}(\omega_c \ t + \phi)$. Essas diversas aproximações, que diferem entre si apenas pela defasagem ϕ constante, são válidas. Cada uma pode ser a mais indicada a depender das condições iniciais adotadas. Com $r = 0$ e a representação de estado (6.68)-(6.71) escrita na forma

$$\dot{p} = q \tag{6.77}$$

$$\dot{q} = -q + u \tag{6.78}$$

$$y = p \tag{6.79}$$

$$u = g(-y) \tag{6.80}$$

a aproximação de primeira harmônica $p(t) = y(t)$ permite calcular $q(t) = \dot{p}(t) = \omega_c a_c \ \cos(\omega_c t + \phi)$ de tal forma que, no plano de fase, todas as aproximações definem a mesma elipse

$$p^2 + \left(\frac{q}{\omega_c}\right)^2 = a_c^2 \tag{6.81}$$

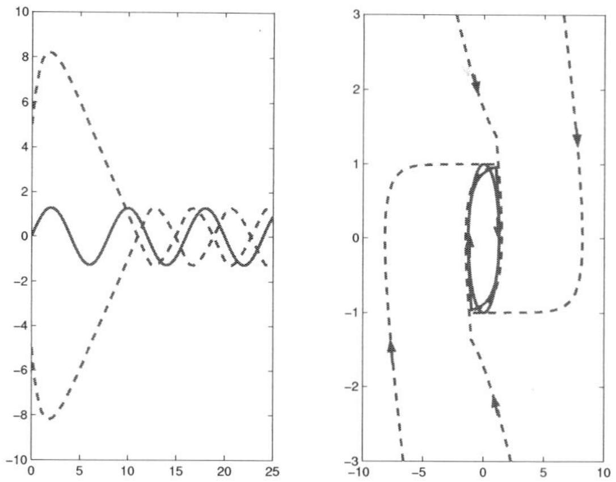

Figura 6.16: Simulação no tempo e plano de fase

cuja equação não depende da defasagem ϕ. Neste sentido, concluímos que o método da primeira harmônica é mais adequado para verificar a existência, determinar uma aproximação e estudar a estabilidade de ciclos limites.

A Figura 6.16 ilustra aquilo que já foi dito. No lado esquerdo, em linhas tracejadas, temos duas soluções da equação em estudo a partir das condições iniciais $x_0 = \pm[5\ 5]'$. Em linha contínua, mostramos a aproximação de primeira harmônica $y(t)$ com $\phi = 0$. Verifica-se que, após um certo tempo, ambas as soluções tendem para funções periódicas com as mesmas amplitude e frequência, mas com defasagens nitidamente diferentes. Os valores para a_c e ω_c, fornecidos pelo método da primeira harmônica, são bastante precisos, como é demonstrado no gráfico da direita. Nele vemos, em linhas tracejadas, quatro trajetórias correspondentes às condições iniciais $x_0 = [\pm 5 \ \ \pm 5]'$ que tendem para uma curva fechada, cuja aproximação de primeira harmônica é a elipse (6.81) mostrada em linha contínua. A concordância, neste caso, é expressiva e indica o bom desempenho do método adotado.

O segundo exemplo é a célebre equação de Van der Pol. Trata-se de uma equação de segunda ordem da forma

$$\ddot{y} - \mu(1 - y^2)\dot{y} + y = 0 \tag{6.82}$$

sendo $\mu > 0$ um parâmetro dado. Com as variáveis de estado $p = y$ e $q = \dot{y}$ verificamos que ela tem apenas um ponto de equilíbrio $(p_e, q_e) = (0, 0)$ cujo modelo linear $\dot{z} = A_e z$ com $z = [p\ q]'$, válido em uma vizinhança desse ponto, é completamente definido pela matriz

$$A_e = \begin{bmatrix} 0 & 1 \\ -1 & \mu \end{bmatrix} \tag{6.83}$$

Isso permite concluir que a origem é um ponto de equilíbrio do tipo foco instável ($0 < \mu < 2$) ou nó ($\mu > 2$) instável e, portanto, qualquer curva fechada que a envolva tem índice de Poincaré igual a 1. Pelo Teorema (6.4), pode existir uma trajetória fechada envolvendo a origem, o que caracteriza a existência de uma solução periódica para a equação de Van der Pol.

A questão-chave que se coloca é como escrevê-la na forma padrão definida pelas equações (6.68)-(6.71), as quais levam, com o método da primeira harmônica, ao diagrama de blocos da Figura 6.14. Ela pode ser respondida ao escrevermos (6.82) alternativamente como $\ddot{y}-\mu\dot{y}+y = \mu\dot{u}$, onde $u = (-y)^3/3$. A transformada de Laplace da parte linear fornece

$$H(s) = \frac{\mu s}{s^2 - \mu s + 1} \tag{6.84}$$

enquanto que $r = 0$ e $e = -y$ permitem determinar a função não linear $g(e) = e^3/3$. É relevante observar que $g(e)$ é uma função ímpar e que $H(s)$ é sempre instável, tendo em vista que $\mu > 0$. A relação (6.64) se aplica e determina a função descritiva associada a $g(e)$, ou seja,

$$\begin{aligned} L_g(a) &= \frac{a^2}{3\pi}\int_{\pi}^{\pi} \text{sen}^4(\theta)d\theta \\ &= \frac{a^2}{4} \end{aligned} \tag{6.85}$$

fazendo com que o lugar crítico $-L_g(a)^{-1} = -4/a^2$ seja real, negativo e válido para todo $a > 0$. O ponto de cruzamento entre $H(j\omega)$ e o lugar crítico é calculado sem dificuldades com sendo $\omega_c = 1$ e $a_c = 2$, e são *independentes* do parâmetro $\mu > 0$.

A Figura 6.17 mostra em linha contínua o mapeamento da função de transferência $H(s)$ definida em (6.84) para todo $s \in C$, onde C é a curva fechada que envolve o semiplano direito complexo. Na mesma figura, a linha tracejada indica o respectivo lugar crítico e "P" é o ponto onde ocorre o cruzamento. Como os dois polos de $H(s)$ estão localizados dentro de C, então $N_p = 2$. Passamos a aplicar o critério de estabilidade de Nyquist no pontos "A" e "B" para concluir a respeito da estabilidade do ponto "P".

- **Ponto "A"-** Como $N_{crit} = 0$, temos que $N_z = 2$, o que indica instabilidade. Desta forma, a amplitude a cresce e o ponto "A" se desloca para o ponto "P".

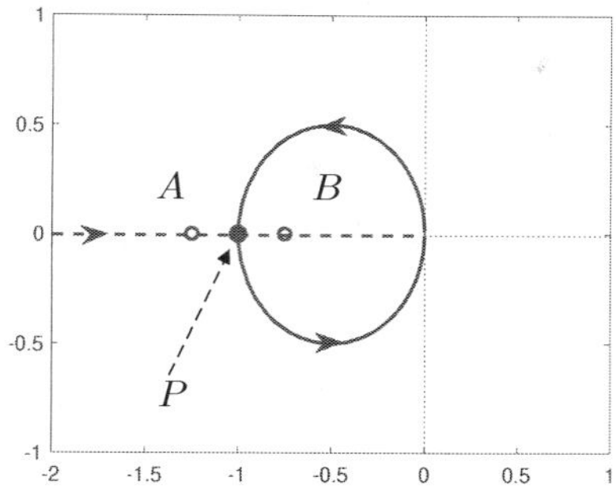

Figura 6.17: Mapeamento e lugar crítico

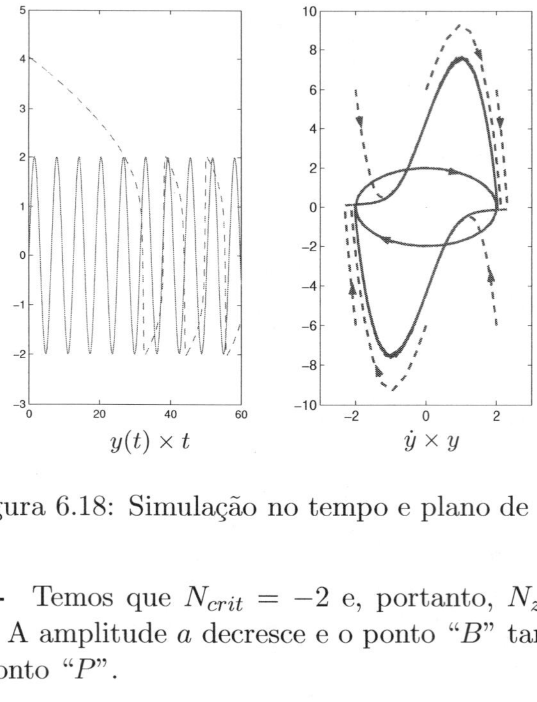

Figura 6.18: Simulação no tempo e plano de fase

- **Ponto "B"-** Temos que $N_{crit} = -2$ e, portanto, $N_z = 0$, o que indica estabilidade. A amplitude a decresce e o ponto "B" também se desloca na direção do ponto "P".

Podemos, então, afirmar que o ponto "P" define um ciclo limite estável cuja dependência em relação ao tempo é dada por $y(t) = 2 \operatorname{sen}(t + \phi)$, em que ϕ é uma defasagem. No plano de fase, qualquer função dessa classe é representada pela circunferência $y^2 + \dot{y}^2 = 2^2$. Como a aproximação de primeira harmônica não depende de $\mu > 0$, verificamos através de simulações numéricas que para certos valores desse parâmetro ela não é precisa. Para $\mu = 5$, o lado direito da Figura 6.18 mostra o plano de fase com trajetórias em linhas tracejadas para diversas condições iniciais. A trajetória no centro da figura é o ciclo limite estável da equação de Van der Pol. Para comparação, em linha contínua mostramos a circunferência correspondente à aproximação de primeira harmônica. Nota-se que a amplitude $a_c = 2$ é bem próxima do valor real, mas a frequência da oscilação $\omega_c = 1$ não é uma aproximação adequada. Esse ponto é confirmado pela simulação temporal colocada no lado esquerdo da mesma figura. Ela mostra a solução da equação de Van der Pol (6.82) a partir da condição inicial $y(0) = 4$ e $\dot{y}(0) = 2$ em linha tracejada e a aproximação de primeira harmônica em linha contínua. Após o transitório, a solução exata torna-se periódica com amplitude $a \approx a_c = 2$, mas com uma frequência de oscilação $\omega \approx \omega_c/2$. Ensaios numéricos mostram que a aproximação de primeira harmônica torna-se precisa no que diz respeito à frequência de oscilação para $0 < \mu \leq 1$, sendo que a amplitude é corretamente estimada para todo $\mu > 0$.

Esta seção termina com um alerta a respeito do método da primeira harmônica. Como foi dito de forma exaustiva, ele se baseia em uma aproximação: a aproximação de primeira harmônica que retém apenas o primeiro termo do desenvolvimento em série de Fourier da parte não linear da equação diferencial em estudo. Isso viabiliza a determinação de eventuais soluções periódicas, bem como a verificação de que elas representam ciclos limite estáveis ou instáveis. Trata-se de um método simples que pode ser adotado para verificar a existência de oscilações em sistemas dinâmicos não lineares. Porém, sendo uma aproximação, é preciso validar a solução obtida através de simulação temporal ou do traçado do plano de fase correspondente.

6.4.2 Critério de Popov

Passamos agora a estudar uma das mais interessantes construções matemáticas que já foram desenvolvidas no âmbito do estudo de estabilidade de equações diferenciais não lineares. Trata-se do *critério de Popov*, que se aplica para equações diferenciais do tipo Lur'e. Uma característica interessante do critério de Popov é que ele, assim como o critério de Nyquist, é formulado no domínio da frequência. Entretanto, enquanto o primeiro tem a sua aplicação restrita aos sistemas dinâmicos lineares, o segundo é mais abrangente e se aplica aos sistemas não lineares da classe Lur'e. A seguir expomos uma maneira alternativa e bastante simples para provar o critério de Popov, pois incorpora novos conhecimentos, os quais, obviamente, não estavam disponíveis há meio século. O conceito de base é o de Passividade que enunciamos e caracterizamos, em seguida, para sistemas dinâmicos multivariáveis.

Definição 6.3 (Passividade) *Um sistema linear, com condições iniciais nulas,* *definido pelas equações de estado*

$$\dot{x} = Ax + Bw \quad (6.86)$$

$$y = Cx + Dw \quad (6.87)$$

em que $x \in \mathbb{R}^n$ *é passivo se a sua saída* $y(t) \in \mathbb{R}^m$ *correspondente a qualquer entrada* $w(t) \in \mathbb{R}^m$ *definida para todo* $t \geq 0$ *for tal que*

$$\int_0^\infty y(t)'w(t)dt \geq 0 \quad (6.88)$$

Observe que esta definição impõe que o número de entradas e o de saídas do sistema em questão sejam iguais para que o produto escalar indicado em (6.88) possa ser realizado. Ademais, se ela for satisfeita, então o mesmo ocorre para

$$\int_0^T y(t)'w(t)dt \geq 0 \quad (6.89)$$

com $T \geq 0$ arbitrário, pois, ao adotarmos $w(t) = 0$ para todo $t \geq T$ a integral (6.88), torna-se igual àquela em (6.89). Quando a desigualdade (6.88) for satisfeita estritamente para toda $w(t) \neq 0$, o sistema é dito estritamente passivo. Considerando a função de Lyapunov $v(x) = x'Px$, em que $P \in \mathbb{R}^{n\times n}$ é uma matriz simétrica definida positiva, ao impormos que a sua derivada em relação a uma trajetória arbitrária do sistema linear (6.86)-(6.87) satisfaça

$$\dot{v}(x(t)) < y(t)'w(t) + w(t)'y(t) \quad (6.90)$$

para qualquer função $w(t) \neq 0$ definida para todo $t \geq 0$, então integrando ambos os lados, obtemos

$$\begin{aligned} \int_0^\infty y(t)'w(t)dt &> \frac{1}{2}\left(v(x(\infty)) - v(x(0))\right) \\ &> 0 \end{aligned} \quad (6.91)$$

tendo em vista que $v(x(0)) = v(0) = 0$ e $v(x(\infty)) \geq 0$, pois $v(x) = x'Px > 0$ para todo $x \neq 0$ e $v(x) = 0$ para $x = 0$. Portanto, sob essa condição, o sistema é estritamente passivo. Uma consequência interessante de (6.90) é que, para ser estritamente passivo, o sistema deve ser assintoticamente estável. De fato, como (6.90) deve ser satisfeita para toda função de entrada $w(t)$, impondo $w(t) = 0$ para todo $t \geq 0$ notamos imediatamente que $\dot{v}(x(t)) = x(t)'(A'P + PA)x(t) < 0$, o que indica que todos os autovalores de $A \in \mathbb{R}^{n\times n}$ devem se situar no semiplano esquerdo complexo. Mas passividade naturalmente requer mais do que estabilidade assintótica. De fato, calculando a derivada em relação a uma trajetória genérica de (6.86)-(6.87), as seguintes manipulações algébricas

$$\begin{aligned} \dot{v}(x) - y'w - w'y &= \dot{x}'Px + x'P\dot{x} - y'w - w'y \\ &= (Ax + Bw)'Px + x'P(Ax + Bw) - \\ &\quad -(Cx + Dw)'w - w'(Cx + Dw) \\ &= \begin{bmatrix} x \\ w \end{bmatrix}' \begin{bmatrix} A'P + PA & PB - C' \\ B'P - C & -D - D' \end{bmatrix} \begin{bmatrix} x \\ w \end{bmatrix} \end{aligned} \tag{6.92}$$

permitem concluir com (6.90) que a existência de uma matriz $P > 0$ tal que

$$\begin{bmatrix} A'P + PA & PB - C' \\ B'P - C & -D - D' \end{bmatrix} < 0 \tag{6.93}$$

é uma condição suficiente (na verdade ela também é necessária) para assegurar que o sistema linear invariante no tempo com representação de estado (A, B, C, D) seja estritamente passivo. Essa desigualdade, que depende linearmente da matriz incógnita $P > 0$, é denominada *Desigualdade Matricial Linear*[1], cuja solução e principais propriedades serão tratadas com mais detalhes no Apêndice A. Uma situação particular ocorre para os sistemas em que $D = 0$. Neste caso, com um elemento nulo na diagonal principal, a desigualdade (6.93) não admite solução. Entretanto, se existir $P > 0$ tal que

$$A'P + PA < 0 \ , \ PB = C' \tag{6.94}$$

ela admite solução desde que o sinal de menor seja substituído pelo de menor ou igual. Ou seja, (6.94) assegura que sistema linear invariante no tempo com representação de estado $(A, B, C, 0)$ é passivo. Embora tenhamos feito os cálculos para sistemas lineares com múltiplas entradas e múltiplas saídas ($m > 1$), o nosso maior interesse é tratar sistemas monovariáveis, isto é, com apenas uma entrada e uma saída ($m = 1$), cuja função de transferência é uma função de variável complexa escalar.

Neste ponto, uma pergunta natural a ser feita é se a função de transferência de um sistema passivo tem alguma propriedade que a caracterize. A resposta é afirmativa e está ligada à definição dada a seguir.

Definição 6.4 (Positividade real) *A função de variável complexa $H(s) : \mathbb{C} \to \mathbb{C}$ é positiva real se*

$$\text{Re}\big(H(j\omega)\big) \geq 0 \ , \ \forall \omega \in \mathbb{R} \tag{6.95}$$

[1]Em inglês, *Linear Matrix Inequality* (LMI).

Ou seja, a resposta em frequência $H(j\omega)$ de uma função positiva real se situa no lado direito do plano complexo, fazendo com que a variação total de sua fase para $\omega \in \mathbb{R}$ não possa superar $\pm\pi/2$ radianos. Se a desigualdade (6.95) for satisfeita estritamente, a função de variável complexa é denominada estritamente positiva real.

Calculando a transformada de Laplace de cada uma das equações (6.86)-(6.87), obtemos $\hat{y}(s) = H(s)\hat{w}(s)$ onde a função de transferência entre a entrada w e a saída y é dada por

$$H(s) = C(sI - A)^{-1}B + D \tag{6.96}$$

assumindo que ela tenha todos os seus polos no semiplano esquerdo complexo, e que o mesmo ocorra com $\hat{w}(s)$, aplicando a versão mais geral do Teorema de Parseval, obtemos

$$\begin{aligned} \int_0^\infty y(t)w(t)dt &= \frac{1}{2\pi}\int_{-\infty}^{\infty} \hat{y}(j\omega)\hat{w}(-j\omega)d\omega \\ &= \frac{1}{2\pi}\int_{-\infty}^{\infty} H(j\omega)|\hat{w}(j\omega)|^2 d\omega \\ &= \frac{1}{\pi}\int_0^{\infty} \text{Re}\big(H(j\omega)\big)|\hat{w}(j\omega)|^2 d\omega \end{aligned} \tag{6.97}$$

onde utilizamos que $2\text{Re}(H(j\omega)) = H(j\omega) + H(-j\omega)$ e $|\hat{w}(j\omega)| = |\hat{w}(-j\omega)|$ para todo $\omega \in \mathbb{R}$. Como $w(t)$ é arbitrária, essa igualdade torna aparente que passividade e positividade real são conceitos idênticos. A passividade estabelece uma propriedade entre a entrada w e a saída y no domínio do tempo, enquanto que positividade real estabelece uma propriedade da função de transferência entre essas duas grandezas, no domínio da frequência. Cabe ainda registrar que passividade ou positividade real são conceitos que são integral e precisamente caracterizados através da existência de uma solução $P > 0$ de (6.93) ou (6.94).

Estamos agora em posição para formular um célebre problema que envolve a estabilidade de equação diferenciais não lineares da classe Lur'e. Considere uma equação diferencial escrita na forma

$$\dot{x} = Ax + Bw \tag{6.98}$$

$$y = Cx + Dw \tag{6.99}$$

$$w = -\phi(y) \tag{6.100}$$

em que $\phi(0) = 0$, de forma a garantir que a origem $x = 0$ seja um ponto de equilíbrio. O chamado *problema de estabilidade absoluta* requer a determinação da classe de funções $\phi(\cdot)$ de tal forma que a origem seja um ponto de equilíbrio globalmente assintoticamente estável, isto é, que toda solução satisfaça $\lim_{t\to\infty} x(t) = 0$ para qualquer condição inicial $x(0) \in \mathbb{R}^n$.

Teorema 6.5 *Considere $A \in \mathbb{R}^{n\times n}$ uma matriz com todos os seus autovalores localizados no semiplano esquerdo complexo e que a função de transferência $H(s) = C(sI - A)^{-1}B + D$ seja estritamente positiva real. Para toda função $\phi(\cdot) : \mathbb{R} \to \mathbb{R}$ tal que*

$$\phi(0) = 0 \ , \ \phi(y)y \geq 0 \tag{6.101}$$

a origem $x = 0$ é globalmente assintoticamente estável.

Prova: Como $H(s)$ é estritamente positiva real, existe $P > 0$ satisfazendo (6.93). Adotando $v(x) = x'Px$ como função de Lyapunov, identicamente a (6.92), a sua derivada em relação a uma trajetória qualquer fornece

$$\begin{aligned} \dot{v}(x) &< 2yw \\ &< -2y\phi(y) \\ &< 0 \ , \ \forall x \neq 0 \in \mathbb{R}^n \end{aligned} \tag{6.102}$$

o que prova o teorema proposto. □

Um aspecto relevante desse resultado é que a função $\phi(\cdot)$ não precisa ser conhecida. Se a parte linear do sistema for passiva e o gráfico de $\phi(\cdot)$ no plano $\phi(y) \times y$ passar pela origem e se situar no primeiro e terceiro quadrantes, a estabilidade assintótica global está assegurada. Uma função é dita pertencer ao setor $[0, \kappa]$ com $\kappa > 0$ se $\phi(0) = 0$ e $0 \leq \phi(y)/y \leq \kappa$ para todo $y \neq 0 \in \mathbb{R}$ e, portanto, podemos afirmar que $\phi(y)$ pertence a esse setor se e apenas se $(\phi(y) - \kappa y)\phi(y) \leq 0$. O próximo teorema considera essa nova classe de não linearidades para o estudo de estabilidade global de (6.98)-(6.100). Não é necessário mencionar que, comparada com a classe anterior, essa tem maior sentido prático por considerar o ganho $\kappa > 0$ finito. A Figura 6.19 ilustra uma função não linear pertencente ao setor $[0, \kappa]$.

Teorema 6.6 *Considere $A \in \mathbb{R}^{n\times n}$ uma matriz com todos os seus autovalores localizados no semiplano esquerdo complexo e que a função de transferência $G_\kappa(s) = \kappa H(s) + I$ seja estritamente positiva real. Para toda função $\phi(\cdot) : \mathbb{R} \to \mathbb{R}$ pertencente ao setor $[0, \kappa]$, a origem $x = 0$ é globalmente assintoticamente estável.*

Prova: Como, por hipótese, a função de transferência $G_\kappa(s) = C_\kappa(sI - A)^{-1}B + D_\kappa$ com $C_\kappa = \kappa C$ e $D_\kappa = I + \kappa D$ é estritamente positiva real, sabemos que existe uma matriz simétrica $P > 0$ que satisfaz a desigualdade matricial linear

$$\begin{bmatrix} A'P + PA & PB - C_\kappa' \\ B'P - C_\kappa & -D_\kappa - D_\kappa' \end{bmatrix} < 0 \tag{6.103}$$

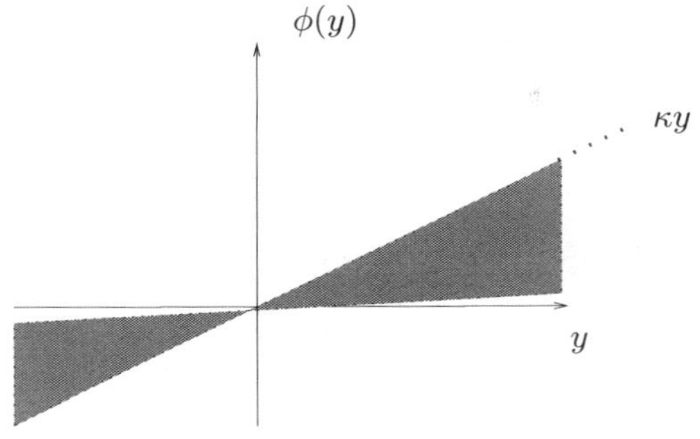

Figura 6.19: Função não linear no setor $[0, \kappa]$

Por outro lado, considerando $v(x) = x'Px$ uma função de Lyapunov associada ao sistema definido pelas equações (6.98)-(6.100), a observação fundamental é que não devemos impor que a sua derivada em relação ao tempo seja sempre negativa, mas sim que ela seja negativa para toda função que pertença ao setor $[0, \kappa]$, isto é,

$$\dot{v}(x) < 2(w + \kappa y)w \tag{6.104}$$

onde utilizamos a relação $w = -\phi(y)$. Calculando a derivada indicada, obtemos

$$\begin{aligned} \dot{v}(x) - 2(w + \kappa y)w &= \dot{x}'Px + x'P\dot{x} - (w + \kappa y)'w - w'(w + \kappa y) \\ &= (Ax + Bw)'Px + x'P(Ax + Bw) - \\ &\quad -(w + \kappa(Cx + Dw))'w - w'(w + \kappa(Cx + Dw)) \\ &= \begin{bmatrix} x \\ w \end{bmatrix}' \begin{bmatrix} A'P + PA & PB - C_\kappa' \\ B'P - C_\kappa & -D_\kappa - D_\kappa' \end{bmatrix} \begin{bmatrix} x \\ w \end{bmatrix} \end{aligned} \tag{6.105}$$

a qual, devido a (6.103), implica que (6.104) é satisfeita, o que prova o teorema proposto. □

Neste ponto algumas considerações são importantes. A primeira delas reside no fato de que $G_\kappa(s)$ ser estritamente positiva real é equivalente a

$$\mathrm{Re}\Big(H(j\omega)\Big) > -\frac{1}{\kappa}\ ,\ \forall \omega \in \mathbb{R} \tag{6.106}$$

e, assim, a condição de estabilidade exige que o gráfico da resposta em frequência da parte linear se situe à direita da reta vertical que passa pelo ponto $-1/\kappa + j0$ do plano complexo. Essa condição é, em geral, mais exigente que aquela que obtemos com o critério de Nyquist aplicado para o caso linear em que $\phi(y) = \kappa y$. Neste caso, como $H(s)$ é assintoticamente estável, o mapeamento de $H(s)$ de

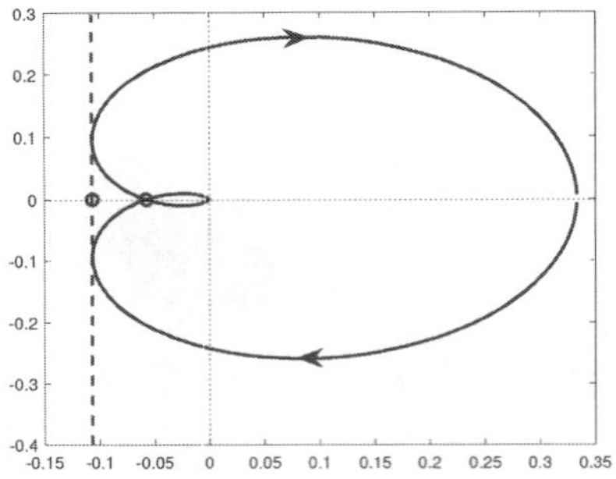

Figura 6.20: Mapeamento da curva C

uma curva fechada que contém todo o semiplano direito complexo no seu interior apenas não pode envolver o ponto crítico $-1/\kappa + j0$. Isto mostra, de forma intuitiva, o motivo pelo qual a famosa *conjectura de Aizerman* é falsa. Ou seja, se um sistema for estável para qualquer função linear pertencente a um setor, isto não assegura que ele permanecerá estável para qualquer função (linear ou não) pertencente ao mesmo setor. A segunda é simples, para $\kappa \to \infty$ o resultado do Teorema 6.6 se reduz ao do Teorema 6.5. Finalmente, cabe informar que a condição de estabilidade (6.106) traduz o chamado *critério do círculo* que se degenera em um semiplano quando a borda inferior do setor é nula. O exemplo dado a seguir ilustra os resultados obtidos até este ponto.

Exemplo 6.16 Considere um sistema não linear cuja parte linear tem a seguinte função de transferência:

$$H(s) = \frac{s+2}{s^4 + 6s^3 + 13s^2 + 14s + 6}$$

com polos iguais a $-1, -3, -1 \pm j$. Trata-se, portanto, de uma função de transferência assintoticamente estável, mas que não é positiva real. A Figura 6.20 mostra o mapeamento da curva fechada C que envolve todo o semiplano direito complexo. A reta vertical tracejada cruza o eixo real no ponto $-0{,}1066 + j0$, enquanto que o mapeamento de C através de $H(s)$ cruza o semieixo real negativo no ponto crítico $-0{,}0576 + j0$. Considerando $\phi(y) = \kappa y$, podemos aplicar o critério de Nyquist para concluir que o sistema permanece estável para todo $\kappa \in [0; 17{,}36]$. Para a estabilidade com $\phi(\cdot)$ não linear, verificamos que a condição (6.106) é atendida para $\phi(\cdot)$ pertencente ao setor $[0; 9{,}38]$. Como era de se esperar, no caso não linear, o setor assim determinado tende a ser menor. Entretanto, é preciso lembrar que o critério de Nyquist é uma condição necessária e suficiente, enquanto que a condição (6.106) é apenas suficiente para assegurar a estabilidade assintótica global da origem. □

A seguir apresentamos o célebre critério de Popov. Muito embora ele seja válido no caso geral, a prova aqui apresentada é restrita ao caso particular em que a função de transferência $H(s)$ é estritamente própria, ou seja, $D = 0$. Neste caso, a prova é muito mais simples e contém todos os ingredientes que desejamos ressaltar sem que manipulações algébricas muito mais elaboradas sejam necessárias. Por outro lado, assumimos que a não linearidade $\phi(\cdot)$ pertence ao setor $[0, \kappa]$ e, assim, ela exibe a propriedade

$$\int_0^y \phi(\xi)d\xi \geq 0, \ \forall y \in \mathbb{R} \tag{6.107}$$

necessária para que a função de Lyapunov a ser considerada em seguida possa depender diretamente de $\phi(\cdot)$. Como se nota, esta condição já estava presente anteriormente e decorre do fato de $\phi(\cdot)$ pertencer ao setor $[0, \kappa]$.

Teorema 6.7 *Considere $A \in \mathbb{R}^{n\times n}$ uma matriz com todos os seus autovalores localizados no semiplano esquerdo complexo e que exista um escalar $\theta \geq 0$ de tal forma que a função de transferência $G_{\kappa\theta}(s) = (\kappa + \theta s)H(s) + I$ seja estritamente positiva real. Para toda função $\phi(\cdot) : \mathbb{R} \to \mathbb{R}$ pertencente ao setor $[0, \kappa]$, a origem $x = 0$ é globalmente assintoticamente estável.*

Prova: O ponto crucial é a adoção da função de Lyapunov

$$v(x) = x'Px + 2\theta \int_0^y \phi(\xi)d\xi \tag{6.108}$$

com $P > 0$ e $\theta \geq 0$ a determinar. Essa função é positiva para todo $x \neq 0 \in \mathbb{R}^n$ como consequência de $P > 0$ e de $\phi(\cdot)$ pertencer ao setor $[0, \kappa]$, o que faz a integral ser não negativa. Ademais, como $y = Cx$, verifica-se imediatamente que $v(0) = 0$. Derivando-a em relação ao tempo, obtemos

$$\begin{aligned} \dot{v}(x) &= \dot{x}'Px + x'P\dot{x} + 2\theta \frac{d}{dy}\left(\int_0^y \phi(\xi)d\xi\right)\frac{dy}{dt} \\ &= \dot{x}'Px + x'P\dot{x} + 2\theta\phi(y)\dot{y} \\ &= (Ax + Bw)'(Px - \theta C'w) + (Px - \theta C'w)'(Ax + Bw) \end{aligned} \tag{6.109}$$

onde utilizamos as relações $w = -\phi(y)$ e $\dot{y} = C\dot{x}$. Como sabemos, para que a origem seja globalmente assintoticamente estável devemos ter

$$\dot{v}(x) < 2(w + \kappa y)w \tag{6.110}$$

o que, a partir de (6.109), resulta equivalente a

$$\begin{aligned} \dot{v}(x) - 2(w + \kappa y)w &= (Ax + Bw)'(Px - \theta C'w) + (Px - \theta C'w)'(Ax + Bw) - \\ &\quad -(w + \kappa Cx)'w - w'(w + \kappa Cx) \\ &= \begin{bmatrix} x \\ w \end{bmatrix}' \begin{bmatrix} A'P + PA & PB - C'_{\kappa\theta} \\ B'P - C_{\kappa\theta} & -D_\theta - D'_\theta \end{bmatrix} \begin{bmatrix} x \\ w \end{bmatrix} \end{aligned} \tag{6.111}$$

em que $C_{\kappa\theta} = \kappa C + \theta CA$ e $D_\theta = I + \theta CB$. Assim sendo, se a função de transferência $G_{\kappa\theta} = C_{\kappa\theta}(sI - A)^{-1}B + D_\theta$ for estritamente positiva real existirá $P > 0$ tal que

$$\begin{bmatrix} A'P + PA & PB - C'_{\kappa\theta} \\ B'P - C_{\kappa\theta} & -D_\theta - D'_\theta \end{bmatrix} < 0 \tag{6.112}$$

e, por conseguinte, a estabilidade assintótica global da origem se estabelece. Finalmente, utilizando a relação $A(sI - A)^{-1} = -I + s(sI - A)^{-1}$, obtemos

$$\begin{aligned} G_{\kappa\theta}(s) &= (\kappa C + \theta CA)(sI - A)^{-1}B + (I + \theta CB) \\ &= (\kappa C + \theta sC)(sI - A)^{-1}B + I \\ &= (\kappa + \theta s)H(s) + I \end{aligned} \tag{6.113}$$

o que prova o teorema proposto. □

É interessante observar que a condição de estabilidade proposta pelo Teorema 6.7 não necessita do cálculo da função de Lypaunov, a qual, aliás, depende da função $\phi(\cdot)$, que pode não ser conhecida exatamente. De fato, apenas sabemos que se trata de uma função pertencente ao setor $[0, \kappa]$. Desta forma, nosso interesse é determinar o maior valor possível de κ que assegura a estabilidade global do sistema. Para isto, temos como variável de folga o valor de $\theta \geq 0$, que deve ser determinado com este objetivo em mente. Tendo como base o Teorema 6.7, o célebre critério de estabilidade de Popov pode ser imediatamente enunciado.

Corolário 6.1 *Considere $A \in \mathbb{R}^{n\times n}$ uma matriz com todos os seus autovalores localizados no semiplano esquerdo complexo. Se existir um escalar $\theta \geq 0$ de tal forma que*

$$\text{Re}\left(\left(1 + j\frac{\theta}{\kappa}\omega\right)H(j\omega)\right) > -\frac{1}{\kappa} \tag{6.114}$$

para todo $\omega \in \mathbb{R}$, então para toda função $\phi(\cdot) : \mathbb{R} \to \mathbb{R}$ pertencente ao setor $[0, \kappa]$, a origem $x = 0$ é globalmente assintoticamente estável.

A prova é imediata. Como $\kappa > 0$, a condição (6.114) impõe que a função de transferência $G_{\kappa\theta}(s)$ seja positiva real. Esse resultado fornece uma condição de estabilidade que é menos conservadora que aquela do Teorema 6.6, pois ela se reduz à condição (6.106) fazendo-se $\theta = 0$. O critério de Popov tornou-se famoso por esse motivo e por ser de fácil aplicação. Desenvolvendo a expressão (6.114), verificamos sem dificuldades que ela pode ser escrita na forma equivalente

$$\text{Re}\,(H(j\omega)) - \left(\frac{\theta}{\kappa}\right)\omega\ \text{Im}\,(H(j\omega)) > -\frac{1}{\kappa} \tag{6.115}$$

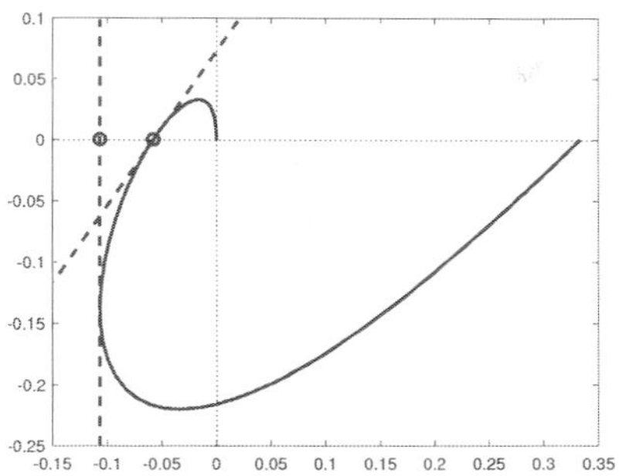

Figura 6.21: O critério de Popov

para todo $\omega \in \mathbb{R}$. Se para todo $\omega \in \mathbb{R}$ colocarmos na abscissa os valores de $\text{Re}(H(j\omega))$ e na ordenada aqueles de $\omega\text{Im}(H(j\omega))$, obtemos uma curva que deve se situar abaixo da reta imposta pela condição (6.115). Afirmamos novamente que, para $H(s)$ dada, muitos valores dos parâmetros $\kappa > 0$ e $\theta \geq 0$ podem ser assim determinados. Porém, o objetivo central deve ser de obter o maior valor possível para $\kappa > 0$. Pela presença do produto $\omega\text{Im}(H(j\omega))$ na ordenada, o diagrama de Popov que acabamos de definir difere do diagrama de Nyquist. Em particular, basta fazer $\omega \geq 0$, pois, como $\text{Re}(H(-j\omega)) = \text{Re}(H(j\omega))$ e $\text{Im}(H(-j\omega)) = -\text{Im}(H(j\omega))$, o lado esquerdo de (6.115) não se altera mediante a substituição de ω por $-\omega$. Observe que a reta (6.115) cruza a abscissa no ponto $-1/\kappa$ e cruza a ordenada no ponto $1/\theta$.

Exemplo 6.17 Considere novamente o sistema não linear tratado no exemplo anterior, cuja parte linear tem a função de transferência

$$H(s) = \frac{s+2}{s^4 + 6s^3 + 13s^2 + 14s + 6}$$

Trata-se de uma função de transferência assintoticamente estável, mas que não é positiva real. A Figura 6.21 mostra o diagrama de Popov como acabamos de definir. Visualmente notamos a grande diferença quando comparado com o diagrama de Nyquist dado na Figura 6.20 para a mesma função de transferência. A reta vertical, correspondente a $\theta = 0$, cruza o eixo real no mesmo ponto $-0{,}1066 + j0$ determinado no exemplo anterior. Nesta condição, o maior valor $\kappa = 9{,}38$ é obtido, o que implica na estabilidade assintótica global para qualquer função $\phi(\cdot)$ pertencente ao setor $[0; 9{,}38]$. A reta em linha tracejada corresponde aos valores $\theta = 12{,}47$ e $\kappa = 17{,}36$. Nota-se que ela é tangente ao diagrama de Popov de tal forma a obter o maior valor possível para o valor de $-1/\kappa$ definido pelo seu cruzamento com o eixo das abscissas. Assim obtemos o maior valor para $\kappa > 0$ dado acima. Concluímos que, pelo critério de Popov, a estabilidade assintótica global do sistema é assegurada para toda função $\phi(\cdot)$ pertencente ao setor $[0; 17{,}36]$. Ou seja, o critério de Popov recupera o valor anteriormente obtido com o critério de Nyquist para o caso particular em que $\phi(\cdot)$ é linear. Em outras palavras, para este exemplo vale a conjectura de Aizerman, a qual sabemos que é falsa em geral. □

Assim como o critério de Nyquist, o de Popov pertence à classe de critérios de estabilidade expressos no domínio da frequência. Por isto, é de certa maneira surpreendente que ele possa tratar sistemas não lineares. Muito embora não seja uma condição necessária e suficiente, mas sim apenas suficiente, já traz a segurança de que, se atendido, garante a estabilidade assintótica global do sistema em estudo. Ademais, inúmeros exemplos tratados com o critério de Popov atestam que ele não produz resultados excessivamente conservativos. Ao contrário, seu sucesso ao longo de várias décadas está baseado na sua construção teórica ímpar e na qualidade dos resultados fornecidos. O critério de Popov também permite a síntese de controle para sistemas não lineares do tipo Lur'e.

6.4.3 Critério de Persidiskii

O critério de estabilidade de Persidiskii relaciona-se a uma classe de equações não lineares que apresentam uma estrutura especial, já descrita anteriormente e novamente colocada aqui para facilitar a leitura. Considere uma equação diferencial cuja representação de estado é dada na forma

$$\dot{x}(t) = A\psi(x(t)) \tag{6.116}$$

onde $x(t) \in \mathbb{R}^n$ e $\psi(x) : \mathbb{R}^n \to \mathbb{R}^n$ é uma função não linear qualquer que deve apresentar as propriedades básicas $\psi(0) = 0$ e $\psi(x) = [\psi_1(x_1) \ \cdots \ \psi_n(x_n)]'$ bem como $\psi_i(x_i)x_i > 0$ para todo $x \neq 0 \in \mathbb{R}^n$ e

$$\lim_{|x_i|\to\infty} \int_0^{x_i} \psi_i(\xi)d\xi = +\infty \tag{6.117}$$

para todo $i = 1, \cdots, n$. A primeira impõe que a origem seja o seu único ponto de equilíbrio, a segunda restringe cada componente da função não linear a depender, exclusivamente, da mesma componente do vetor de estado, a terceira indica que todas as suas componentes devem pertencer ao setor $[0, \infty)$ e a quarta é necessária para que a função de Lyapunov possa ser construída a partir da não linearidade $\psi(\cdot)$ e forneça resultados de estabilidade global.

Teorema 6.8 *Considere $A \in \mathbb{R}^{n\times n}$ uma matriz com todos os seus autovalores localizados no semiplano esquerdo complexo. Se existir uma matriz $P > 0$ tal que*

$$A'P + PA < 0 \ , \ P \text{ diagonal} \tag{6.118}$$

então, para toda função $\psi(\cdot) : \mathbb{R}^n \to \mathbb{R}^n$ que satisfaz as condições acima descritas, a origem $x = 0$ do sistema não linear (6.116) é globalmente assintoticamente estável.

Prova: O ponto central que permite provar este teorema é a escolha da função de Lyapunov da classe Persidiskii. Como, por hipótese, existe uma matriz do tipo $P = \text{diag}(p_1, \cdots, p_n)$ com $p_i > 0$ para todo $i = 1, \cdots, n$ que satisfaz a desigualdade de Lyapunov (6.118), adotamos a função de Lyapunov

$$v(x) = \sum_{i=1}^{n} 2p_i \int_0^{x_i} \psi_i(\xi) d\xi \tag{6.119}$$

a qual, verificamos imediatamente, exibe as propriedades $v(0) = 0$ e $v(x) > 0$ para todo $x \neq 0 \in \mathbb{R}^n$. Por outro lado, a sua derivada temporal em relação a uma trajetória genérica de (6.116) satisfaz as relações

$$\begin{aligned} \dot{v}(x) &= \sum_{i=1}^{n} 2p_i \psi_i(x_i) \dot{x}_i \\ &= \psi(x)' P \dot{x} + \dot{x}' P \psi(x) \\ &= \psi(x)'(A'P + PA)\psi(x) \\ &< 0 \ , \ \forall x \neq 0 \in \mathbb{R}^n \end{aligned} \tag{6.120}$$

a partir das quais a prova do teorema proposto se estabelece. □

A condição de estabilidade de Persidiskii faz com que se tente determinar uma solução da desigualdade de Lyapunov $A'P + PA < 0$ que seja diagonal positiva. Como era de se esperar, para que um sistema possa ser estável para toda função não linear $\psi(\cdot)$ da classe considerada, é exigido mais do que simplesmente a matriz $A \in \mathbb{R}^{n \times n}$ ter todos os seus autovalores localizados no semiplano esquerdo complexo, o que, como sabemos, assegura que a mesma desigualdade de Lyapunov seja satisfeita para $P > 0$, mas não necessariamente diagonal. É preciso deixar claro que o teorema anterior fornece apenas uma condição suficiente de estabilidade global, a qual, em certos casos, pode ser bastante conservadora.

Exemplo 6.18 Retomando o Exemplo 6.7, com a matriz

$$A = \begin{bmatrix} 0 & 1 \\ -g/\ell & -b/m\ell^2 \end{bmatrix}$$

e $\psi(x) = [\text{sen}(x_1) \ x_2]'$, concluímos que a equação diferencial (6.116) rege o comportamento de um pêndulo simples que oscila em um ambiente com atrito viscoso. Note que

$\psi(0) = 0$, mas obviamente ela não satisfaz a condição $\psi_1(x_1)x_1 = \text{sen}(x_1)x_1 > 0$ para todo $x_1 \neq 0 \in \mathbb{R}$. É imediato verificar que os dois autovalores de $A \in \mathbb{R}^{2\times 2}$ estão localizados no semiplano esquerdo complexo, assegurando a existência de uma matriz $P > 0$ tal que $A'P + PA < 0$. Entretanto, não existe uma matriz da forma $P = \text{diag}(p_1, p_2)$ que satisfaça essa mesma desigualdade. De fato, ao efetuarmos os cálculos, notamos que o primeiro elemento da diagonal principal de $A'P + PA$ é nulo. Isso ocorre pois o mesmo acontece com a matriz A. Como no caso geral temos

$$(A'P + PA)_{ii} = 2p_i a_{ii} \ , \ \forall i = 1, \cdots, n$$

uma condição necessária (mas não suficiente) para que a desigualdade de Lyapunov admita uma solução diagonal positiva é que todos os elementos da diagonal principal de $A \in \mathbb{R}^{n\times n}$ sejam estritamente negativos. □

Uma observação que se pode fazer a respeito da classe de funções não lineares aqui considerada é que a hipótese de cada componente de $\psi(\cdot) \in \mathbb{R}^n$ depender exclusivamente da respectiva componente do vetor de estado $x \in \mathbb{R}^n$ é por demais restritiva. É preciso, entretanto, notar que classes mais abrangentes também podem ser consideradas. Por exemplo, a equação diferencial não linear

$$\dot{z}(t) = M\psi(Lz(t)) \tag{6.121}$$

em que $M \in \mathbb{R}^{n\times n}$ e $L \in \mathbb{R}^{n\times n}$ é não singular, se reduz a (6.116) adotando-se a mudança de variável $x = Lz$. Assim procedendo, as mesmas condições de estabilidade agora se aplicam à matriz $A = LM$.

6.5 Notas Bibliográficas

Nosso objetivo, neste capítulo, foi colocar em evidência apenas alguns aspectos e resultados teóricos que consideramos os mais relevantes no âmbito do estudo de equações diferenciais não lineares. Temas muitos mais amplos e tratados de forma mais profunda são encontrados em diversas referências, incluindo os textos clássicos [23], [33] e [36]. Com as facilidades computacionais disponíveis nos dias atuais, torna-se possível traçar planos de fase com grande precisão. Isso viabiliza a análise global de trajetórias inseridas em regiões mais amplas que podem envolver diversos pontos de equilíbrio. A análise local do plano de fase via aproximação linear foi tratada de maneira simples e rápida em [1] e [21]. As equações não lineares de segunda ordem receberam um tratamento especial, em particular no que diz respeito à análise de existência de soluções periódicas. Os pontos centrais e mais importantes envolvendo os resultados clássicos de Bendixson e Poincaré foram estudados dentro de um contexto simples, porém preciso, sabendo-se que maiores detalhes e abrangência podem ser conseguidos na referência [36]. Ao método da primeira harmônica, incluindo o estudo de estabilidade de soluções periódicas, é dado lugar de destaque. Acreditamos ter fornecido todas as informações, para torná-lo operacional e fazer com que o leitor possa aplicá-lo sem dificuldades em problemas específicos de seu interesse. O critério de estabilidade de Popov foi obtido seguindo-se um caminho bastante natural que nasce com os conceitos de passividade e positividade real. Isso foi possível tendo em vista os resultados de [5] sobre desigualdades matriciais lineares. Finalmente, de forma bastante breve, estudamos o critério de estabilidade de Persidiskii, associado ao qual devemos citar [17], um dos primeiros trabalhos a calcular soluções diagonais para a desigualdade de Lyapunov. O excelente e completo livro [22] é altamente recomendado aos interessados em se aprofundarem neste tema específico.

6.6 Exercícios

Exercício 6.1 *Considere a equação diferencial não linear* $\dot{x} - e^{-x} = 0$, $x(0) = 1$ *e o intervalo de tempo* $t \in [0, 10]$. *Determine sua solução:*

a) Analiticamente.

b) Através do método de Picard.

Exercício 6.2 *Considere o sistema de um pêndulo conectado a uma massa de acordo com a Figura 6.22. Determine:*

a) A solução do modelo não linear correspondente a $f(t) = 1$ *para todo* $t \geq 0$ *e condições iniciais* $x(0) = \dot{x}(0) = 0$, $\theta(0) = \pi/4$, $\dot{\theta}(0) = 0$.

b) A solução do modelo linearizado em torno do ponto de equilíbrio $(0, 0, 0, 0)$ *e compare com o resultado do item anterior.*

Exercício 6.3 *Considere a integral*

$$J = \oint_C x_1 dx_2 - x_2 dx_1$$

em que C *é o elipsoide* $x'Qx = r^2$ *definido para* $r \neq 0$ *e* $Q \in \mathbb{R}^{2\times 2}$ *definida positiva.*

a) Determine J *e interprete-o utilizando o teorema de Green.*

b) Calcule J *para* $r = 2$ *e* $Q = I$ *e, em seguida, para* $r = 1$ *e* $Q = \mathrm{diag}(1, 2)$.

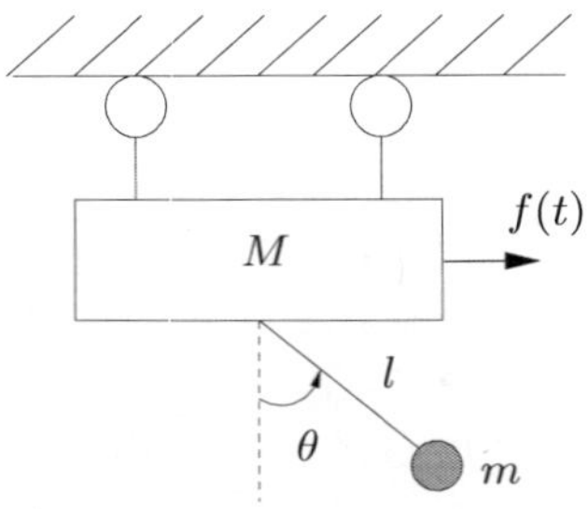

Figura 6.22: Pêndulo com translação

Exercício 6.4 *O modelo predador-presa do Exemplo 6.10 admite crescimento ilimitado da população de presas na ausência de predadores. Entretanto, a competição por alimento entre os espécimes de presas não permite sustentar esta situação, o que nos leva a adotar um modelo que considere saturação na população de presas. Com esta finalidade, adotamos o seguinte modelo modificado [33]:*

$$\begin{aligned}\dot{p} &= -\alpha p + \gamma pq \\ \dot{q} &= \beta q - \gamma pq - \lambda q^2\end{aligned}$$

Determine os pontos de equilíbrio deste sistema, classifique-os e discuta sobre a existência de soluções com trajetórias fechadas no plano de fase.

Exercício 6.5 *A equação diferencial a seguir é conhecida como equação de Duffing*

$$\ddot{z} + \delta\dot{z} - z(1 - z^2/c^2) = 0$$

na qual $c \neq 0$ *e* $\delta > 0$.

a) *Determine seus pontos de equilíbrio e classifique-os.*

b) *Esboce as trajetórias do plano de fase nas proximidades dos pontos de equilíbrio.*

c) *É possível existir trajetórias fechadas no plano de fase? Em caso afirmativo, qual condição deve ser satisfeita?*

Exercício 6.6 *Uma haste flexível de massa* m *possui uma de suas extremidades presa a uma parede e o coeficiente viscoso de atrito com o ar é* c. *Ao aplicarmos uma força com direção axial de intensidade* μ *na extremidade livre, a haste pode sofrer uma compressão caso essa força seja suficientemente pequena, ou flambar para valores suficientemente elevados de* μ. *Denotando por* $z(x)$ *a deflexão na direção normal ao eixo axial da haste na posição* x *medida a partir do seu centro, a força elástica de restauração é dada por* $\lambda z + z^3$ *e o modelo matemático é dado pela seguinte equação de Duffing:*

$$m\frac{d^2}{dx^2}z + c\frac{d}{dx}z + \lambda z + z^3 = \mu z$$

a) *Considerando como variáveis de estado z e dz/dx, determine os pontos de equilíbrio deste sistema para $\lambda > \mu$, para $\lambda \leq \mu$ e classifique-os.*

b) *Adotando os valores numéricos $m = 1$, $\lambda = 0{,}2$ e $\mu = 1{,}2$ desenhe as trajetórias no plano de fase para o caso sem amortecimento ($c = 0$) e para o caso em que $c = 0{,}3$.*

Exercício 6.7 *Considere a equação diferencial não linear*

$$\ddot{z} - \epsilon(\dot{z})^3 + z = 0$$

em que $|\epsilon| < a$ para algum $a > 0$ dado.

a) *Determine o tipo do ponto de equilíbrio $(0, 0)$.*

b) *A partir da linearização desta equação, é possível concluir sobre a estabilidade do ponto de equilíbrio $(0, 0)$? Esboce e determine numericamente as trajetórias do plano de fase em uma vizinhança do ponto de equilíbrio.*

Exercício 6.8 *Considere o diagrama de blocos de um sistema no qual está presente uma não linearidade simétrica, denotada pela função $f(\cdot)$.*

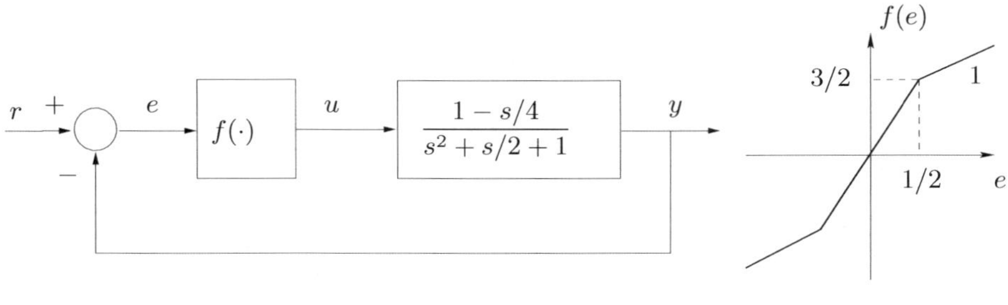

Figura 6.23: Sistema de controle com não linearidade

a) *Para $r = 0$ determine, para o sistema em malha fechada, sua realização em espaço de estado considerando $x_1 = e$ e $x_2 = \dot{e}$, seus pontos de equilíbrio e esboce as trajetórias no plano de fase.*

b) *Repita o item anterior para $r = 3$.*

Exercício 6.9 *A equação diferencial não linear a seguir é conhecida como equação de Van der Pol*

$$\ddot{z} - \mu(1 - z^2)\dot{z} + z = 0$$

na qual $0 < \mu < 2$.

a) *Determine sua realização em espaço de estado para $x_1 = z$ e $x_2 = \dot{z}$.*

b) Determine seus pontos de equilíbrio e classifique-os.

c) Esboce as trajetórias do plano de fase nas proximidades dos pontos de equilíbrio.

d) Calcule o índice de Poincaré para cada ponto de equilíbrio.

e) Mostre que não é possível existir trajetórias fechadas na região $|z| < 1$.

Exercício 6.10 *Um modelo simplificado para uma máquina síncrona é dado por*

$$\ddot{\delta} + sen(\delta) = 0{,}5$$

a) Determine seus pontos de equilíbrio e classifique-os.

b) Determine as equações das trajetórias no plano de fase e esboce-as considerando $-\pi \leq \delta \leq \pi$.

Exercício 6.11 *Para o sistema dinâmico dado em seguida determine e esboce as suas trajetórias no plano de fase*

$$\begin{cases} \dot{x} &= y \\ \dot{y} &= -2 - x + 1/(1-x)^3 \end{cases}$$

Exercício 6.12 *Considere a equação diferencial não linear*

$$\ddot{z} + 2\xi\omega\dot{z} + \omega^2 z + \epsilon z^3 = 0$$

com $\omega > 0$. *Determine e classifique os seus pontos de equilíbrio, considerando os seguintes casos:* $\epsilon < 0$, $\epsilon = 0$ *e* $\epsilon > 0$.

Exercício 6.13 *Considere o sistema não linear de segunda ordem*

$$\begin{cases} \dot{x} &= -2x + y \\ \dot{y} &= x(x^2 - 3x + 4) - y \end{cases}$$

a) Determine seus pontos de equilíbrio e classifique-os.

b) Considere um ponto de equilíbrio estável, calcule a aproximação linear em torno dele e esboce o plano de fase na sua proximidade.

Exercício 6.14 *Para cada uma das funções não lineares dadas a seguir*

a) $$f(e) = \begin{cases} M & , \ e > \Delta/2 \\ 0 & , \ |e| < \Delta/2 \\ -M & , \ e < -\Delta/2 \end{cases}$$

b) $$f(e) = \begin{cases} e+1 & , \ e > 1/2 \\ 3e & , \ |e| < 1/2 \\ e-1 & , \ e < -1/2 \end{cases}$$

$$c)\ f(e) = \begin{cases} \kappa(e - \Delta/2) & , \quad e > \Delta/2 \\ 0 & , \quad |e| < \Delta/2 \\ \kappa(e + \Delta/2) & , \quad e < -\Delta/2 \end{cases}$$

determine a função descritiva $L_f(a)$ associada a cada uma delas e esboce no plano complexo o lugar crítico $-L_f(a)^{-1}$ correspondente.

Exercício 6.15 *Considere o sistema de controle na Figura 6.24 para o qual a função de transferência $H(s)$ é dada por*

$$H(s) = \frac{1 - s/4}{s^2 + s/2 + 1}$$

e $f(\cdot)$ é a não linearidade definida no item c) do Exercício 6.14. Verifique a existência de

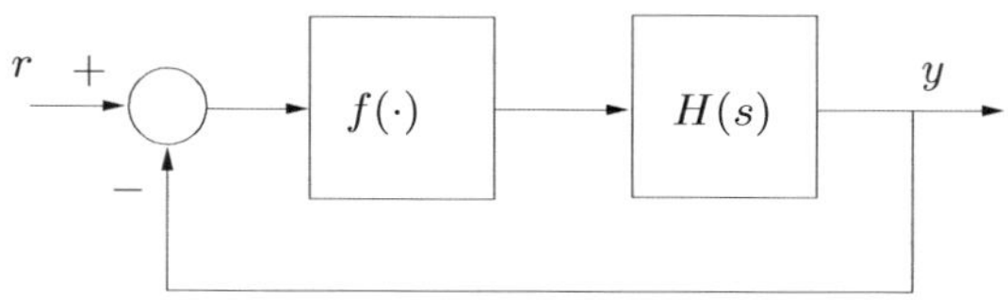

Figura 6.24: Sistema de controle não linear

um ciclo limite para este sistema e, em caso afirmativo, conclua sobre sua estabilidade e determine a amplitude e frequência deste ciclo limite através da aproximação via função descritiva.

Exercício 6.16 *Considere o sistema de controle da Figura 6.24, para o qual a não linearidade $f(\cdot)$ é do tipo histerese.*

a) Existe ciclo limite para $H(s) = \dfrac{1}{s+1}$?

b) Para $H(s) = \dfrac{1}{s^2 + 2\xi s + 1}$ determine o valor de $\xi > 0$ de forma que exista um ciclo limite estável. Determine sua amplitude e frequência através da aproximação via função descritiva.

Exercício 6.17 *Considere o sistema de controle não linear representado na Figura 6.24, no qual a não linearidade $f(\cdot)$ é dada por*

$$f(e) = \begin{cases} \kappa & , \quad e > 1 \\ \kappa e & , \quad |e| < 1 \\ -\kappa & , \quad e < -1 \end{cases}$$

e a função de transferência $H(s)$ tem como representação de estado

$$\begin{aligned} \dot{x} &= \begin{bmatrix} 0 & 1 & 0 \\ 0 & 0 & 1 \\ 0 & -1 & -2 \end{bmatrix} x + \begin{bmatrix} 0 \\ 0 \\ 1 \end{bmatrix} u \\ y &= \begin{bmatrix} 1 & 0 & 0 \end{bmatrix} x \end{aligned}$$

a) Determine $\kappa > 0$ que garanta a existência de um ciclo limite estável para o sistema em malha fechada.

b) Determine a amplitude e a frequência do ciclo limite utilizando a aproximação via função descritiva.

Exercício 6.18 *Aplique o critério do círculo e o critério de Popov para determinar os limites do setor em que podem estar contidas as não linearidades de um sistema do tipo Lur'e, considerando as seguintes plantas:*

a) $H(s) = \dfrac{1}{s(s+1)^2}$

b) $H(s) = \dfrac{s-1}{(s+2)(s+5)(s+10)}$

Capítulo 7

Robustez

7.1 Introdução

Todo e qualquer sistema dinâmico está sujeito a incertezas dos mais variados tipos. Por exemplo, os diversos sensores, ao fazerem medidas das variáveis de interesse com uma certa precisão necessariamente finita, introduzem erros. Da mesma forma, quando elaboramos um modelo matemático de um fenômeno físico, como um circuito elétrico, ele certamente dependerá de parâmetros tais como resistências, capacitâncias e indutâncias, cujos valores também só são especificados dentro de uma precisão considerada aceitável pelo projetista. Esse tipo de imprecisão, existente nos componentes dos sistemas de controle, caracteriza a chamada *incerteza paramétrica*. Em um contexto mais geral podemos certamente incluir os atrasos introduzidos na malha de controle devido à necessidade de transmitir seus sinais à distância. Esses são os objetos de estudo deste capítulo.

7.2 Normas

Quando se deseja calcular o *tamanho ou amplitude* de alguma entidade matemática S, elemento de um espaço linear $\mathcal{S}$, lança-se mão do conceito de norma que é uma função real denotada por $\|\cdot\|$ com as seguintes propriedades básicas:

- $\|S\| \geq 0$ para todo $S \in \mathcal{S}$ e $\|S\| = 0$ se e somente se $S = 0 \in \mathcal{S}$.
- $\|\alpha S\| = |\alpha|\|S\|$ para todo escalar α e todo $S \in \mathcal{S}$.
- $\|S_1 + S_2\| \leq \|S_1\| + \|S_2\|$ para quaisquer $S_1, S_2 \in \mathcal{S}$.

Desta forma, é evidente que as operações de soma e de multiplicação por escalar devem estar definidas em $\mathcal{S}$. Por exemplo, para um vetor $v \in \mathbb{R}^n$ e as operações usuais com números reais, podemos verificar que as funções

$$\|v\|_q = \left\{ \sum_{i=1}^{n} |v_i|^q \right\}^{1/q} \tag{7.1}$$

para todo $q \geq 1 \in \mathbb{N}$ satisfazem as condições anteriores e são, portanto, normas. Dois casos particulares são importantes, a saber, para $q = 2$ a norma $\|v\|_2 = \sqrt{v'v}$ recebe o nome de euclidiana e para $q = \infty$, calculando o valor limite, verificamos que ela é dada por $\|v\|_\infty = \max_{i=1,\cdots,n} |v_i|$. A partir destas normas para vetores, não há grande dificuldade para generalizá-las para matrizes $A \in \mathbb{R}^{n\times m}$, ou seja,

$$\|A\|_q = \max_{v\neq 0} \frac{\|Av\|_q}{\|v\|_q} = \max_{\|v\|_q=1} \|Av\|_q \tag{7.2}$$

De fato, é simples verificar que as duas primeiras propriedades básicas são satisfeitas. Ademais, com as relações

$$\begin{aligned} \|A_1 + A_2\|_q &= \max_{\|v\|_q=1} \|(A_1 + A_2)v\|_q \\ &\leq \max_{\|v\|_q=1} \|A_1 v\|_q + \|A_2 v\|_q \\ &\leq \max_{\|v\|_q=1} \|A_1 v\|_q + \max_{\|v\|_q=1} \|A_2 v\|_q \\ &\leq \|A_1\|_q + \|A_2\|_q \end{aligned} \tag{7.3}$$

verificamos que a terceira também é válida. Normas assim definidas, a partir da norma de vetores, são denominadas normas induzidas. Novamente, um caso particular importante é obtido para $q = 2$ quando (7.2) se reduz a

$$\|A\|_2^2 = \max_{v\neq 0} \frac{v'A'Av}{v'v} \tag{7.4}$$

Felizmente, é possível mostrar que o vetor $v \in \mathbb{R}^m$ que resolve o problema de otimização acima indicado é o autovetor associado ao maior autovalor da matriz $A'A \in \mathbb{R}^{m\times m}$, que é simétrica, semidefinida positiva e que, portanto, somente admite autovalores reais não negativos. A raiz quadrada de cada um dos m autovalores da matriz $A'A$ recebe o nome de valor singular da matriz A e é denotado por $\sigma_i(A)$, para $i = 1, \cdots, m$. Desta forma, a norma (7.4) de uma matriz qualquer se reduz a determinar o seu valor singular máximo, isto é, $\|A\|_2 = \sigma_{max}(A)$. Por ser o maior autovalor de uma matriz, em geral, a sua determinação requer o uso de uma rotina computacional.

Exemplo 7.1 Para provar que uma determinada função definida em um espaço linear é de fato uma norma devemos verificar se as três propriedades básicas são válidas. Em geral, a dificuldade se concentra na terceira propriedade, denominada *desigualdade triangular.* Para a norma euclidiana de vetores no $\mathbb{R}^n$ devemos estabelecer que a desigualdade

$$\|v_1 + v_2\|_2 \leq \|v_1\|_2 + \|v_2\|_2$$

é válida para vetores $v_1, v_2 \neq 0 \in \mathbb{R}^n$ arbitrários. Observe que para todo escalar $\mu > 0$ temos $\|\sqrt{\mu}v_1 - v_2/\sqrt{\mu}\|_2^2 \geq 0$, ou seja, $\mu\|v_1\|_2^2 + \|v_2\|_2^2/\mu \geq 2v_1'v_2$. Em particular, para $\mu = \|v_2\|_2/\|v_1\|_2$, obtemos a desigualdade

$$v_1'v_2 \leq \|v_1\|_2\|v_2\|_2$$

a qual é usada para concluir

$$\begin{aligned} \|v_1 + v_2\|_2^2 &= \|v_1\|_2^2 + \|v_2\|_2^2 + 2v_1'v_2 \\ &\leq \|v_1\|_2^2 + \|v_2\|_2^2 + 2\|v_1\|_2\|v_2\|_2 \\ &\leq (\|v_1\|_2 + \|v_2\|_2)^2 \end{aligned}$$

que é o resultado desejado. Este exemplo ilustra uma estratégia de solução que pode ser adotada em vários outros problemas similares a este. □

Normas de trajetórias como $v(t) : t \geq 0 \to \mathbb{R}^n$ são induzidas pelas normas de vetores no $\mathbb{R}^n$. De fato, podemos verificar que

$$\|v\|_q = \left\{ \sum_{i=1}^{n} \int_0^\infty |v_i(t)|^q dt \right\}^{1/q} \tag{7.5}$$

onde $v_i(t)$ é a i-ésima componente do vetor $v(t) \in \mathbb{R}^n$ para cada $t \geq 0$, satisfaz as três propriedades básicas. Novamente, um caso particular importante corresponde à escolha $q = 2$, que se escreve na forma

$$\begin{aligned} \|v\|_2^2 &= \sum_{i=1}^{n} \int_0^\infty v_i(t)^2 dt \\ &= \int_0^\infty v(t)'v(t) dt \\ &= \int_0^\infty \|v(t)\|_2^2 dt \end{aligned} \tag{7.6}$$

permitindo que uma discussão importante seja feita. Pode ocorrer que as integrais indicadas em (7.5) e em (7.6) divirjam, fazendo com que a norma da respectiva trajetória seja ilimitada. É claro que nos interessamos, sobretudo, pelas trajetórias que admitem normas finitas. Em particular, o conjunto de todas as trajetórias tais que $\|v\|_2 < \infty$ é denotado por $\mathcal{L}_2$.

Estamos, agora, em condições de introduzir duas classes de funções de variáveis complexas, denominadas $\mathcal{H}_2$ e $\mathcal{H}_\infty$, respectivamente, a partir do conceito de norma. Elas são compostas por funções do tipo $H(s) : \mathbb{C} \rightarrow \mathbb{C}^{r\times m}$, que são analíticas no semiplano direito complexo fechado. Em outras palavras, o domínio da sua transformada de Laplace satisfaz

$$\{s \ : \ \text{Re}(s) \geq 0\} \subset \mathcal{D} \tag{7.7}$$

de tal forma que $j\omega \in \mathcal{D}$ para todo $w \in \mathbb{R}$. Por exemplo, se $H(s)$ for uma função racional, então todos os seus pontos singulares isolados, que são os seus polos, estão situados no semiplano esquerdo complexo aberto. Para cada $\omega \in \mathbb{R}$, denotamos $H(j\omega)^\sim \in \mathbb{C}^{m\times r}$ como sendo a matriz conjugada transposta de $H(j\omega) \in \mathbb{C}^{r\times m}$. A matriz quadrada $H(j\omega)^\sim H(j\omega) \in \mathbb{C}^{m\times m}$ é chamada *hermitiana*, pois é igual à sua conjugada transposta. Todos os seus autovalores são reais e, como ela também é semidefinida positiva, todos os seus autovalores são números reais não negativos. Neste caso, o valor singular máximo de $H(j\omega)$ é igual à raiz quadrada do autovalor máximo da matriz $H(j\omega)^\sim H(j\omega)$.

7.2.1 Classe $\mathcal{H}_2$

Esta classe é composta por todas as funções $H(s)$ analíticas no semiplano direito complexo fechado que satisfazem a condição suplementar

$$\|H\|_2 = \left\{\frac{1}{2\pi}\int_{-\infty}^{\infty} \text{Tr}(H(j\omega)^\sim H(j\omega))d\omega\right\}^{1/2} < \infty \tag{7.8}$$

Observe que, no caso afirmativo, a norma para esta classe de funções já está definida. Especialmente se $r = m = 1$ esta condição se escreve na forma mais simples

$$\|H\|_2 = \left\{\frac{1}{2\pi}\int_{-\infty}^{\infty} |H(j\omega)|^2 d\omega\right\}^{1/2} < \infty \tag{7.9}$$

em que fica evidente a dependência exclusiva da norma com o módulo da função $H(s)$. Em seguida, consideramos alguns exemplos que ilustram esta classe de funções e o cálculo de suas normas.

Exemplo 7.2 A função $H_1(s) = 1$ é analítica em todo o plano complexo. Ela é a transformada de Laplace do impulso unitário. Como a integral em (7.9) diverge, concluímos que $H_1(s) \notin \mathcal{H}_2$. Da mesma forma, a função $H_2(s) = e^{-\tau s}$ com $\tau \geq 0$ é analítica em todo o plano complexo e é a função de transferência correspondente a um atraso de tempo τ. Como $|e^{-j\omega\tau}| = 1$ para todo $\omega \in \mathbb{R}$, concluímos que $H_2(s) \notin \mathcal{H}_2$. A função racional

$$H_3(s) = \frac{2}{s+1}$$

que é a transformada de Laplace de $2e^{-t}$ para todo $t \geq 0$ pertence à classe $\mathcal{H}_2$. De fato, com (7.9) determinamos

$$\begin{aligned} \|H_3\|_2^2 &= \frac{4}{\pi}\int_0^\infty \frac{d\omega}{\omega^2+1} \\ &= 2 \end{aligned}$$

que fornece a norma $\|H_3\|_2 = \sqrt{2}$. Observe que $H_3(s)$ é uma função de transferência assintoticamente estável, pois tem apenas um polo em $s = -1$. □

É importante interpretar a norma que acabamos de definir no domínio do tempo. Neste sentido, vamos considerar que $H(s)$ seja a função de transferência de um sistema dinâmico com entrada $w \in \mathbb{R}^m$ e saída $z \in \mathbb{R}^r$ que satisfaz

$$\hat{z} = H(s)\hat{w} \tag{7.10}$$

e que $h(t) = \mathcal{L}^{-1}(H(s)) \in \mathbb{R}^{r\times m}$ para todo $t \geq 0$ seja a sua transformada de Laplace inversa. Aplicando o Teorema de Parseval, obtemos

$$\begin{aligned} \|H\|_2^2 &= \frac{1}{2\pi}\int_{-\infty}^\infty \mathrm{Tr}(H(j\omega)^\sim H(j\omega))d\omega \\ &= \int_0^\infty \mathrm{Tr}(h(t)'h(t))dt \end{aligned} \tag{7.11}$$

ficando aparente como se pode calcular a norma $\mathcal{H}_2$ no domínio do tempo. Esse resultado permite uma interpretação importante. De fato, com (7.10) notamos que cada coluna $h_i(t) \in \mathbb{R}^r$ é igual a $z_i(t)$, que é a resposta do sistema correspondente à entrada impulsiva $w(t) = e_i\delta(t)$, sendo $e_i \in \mathbb{R}^m$ a i-ésima coluna da matriz identidade para todo $i = 1, \cdots, m$. Consequentemente, usando (7.11) e (7.6) determinamos

$$\begin{aligned} \|H\|_2^2 &= \sum_{i=1}^m \int_0^\infty h_i(t)'h_i(t)dt \\ &= \sum_{i=1}^m \|z_i\|_2^2 \end{aligned} \tag{7.12}$$

ou seja, o quadrado da norma $\mathcal{H}_2$ de uma função de transferência é igual à soma dos quadrados das normas das respostas ao impulso em cada canal da entrada.

É claro que para sistemas com apenas uma entrada e uma saída a referida norma é igual à norma da sua resposta ao impulso.

Nosso objetivo, agora, é calcular a norma $\mathcal{H}_2$ para uma função de variável complexa racional $H(s)$ com um número qualquer de polos e de zeros. Isso nos leva a descrevê-la através da forma já bem conhecida

$$H(s) = C(sI - A)^{-1}B + D \tag{7.13}$$

com $A \in \mathbb{R}^{n\times n}$, $B \in \mathbb{R}^{n\times m}$, $C \in \mathbb{R}^{r\times n}$ e $D \in \mathbb{R}^{r\times m}$. Para que ela seja analítica no semiplano direito complexo fechado é imperativo que todos os autovalores de A, que são os seus polos, estejam localizados no semiplano esquerdo complexo. Por outro lado, para que ela possa ser um elemento de $\mathcal{H}_2$ é necessário que a condição (7.8) seja satisfeita, o que impõe $H(j\infty) = 0$, isto é, $D = 0$. Em outras palavras, apenas as funções racionais estritamente próprias são elementos da classe $\mathcal{H}_2$.

Teorema 7.1 *A norma $\mathcal{H}_2$ da função racional $H(s) = C(sI - A)^{-1}B \in \mathcal{H}_2$ pode ser calculada por uma das seguintes formas alternativas:*

$$\|H\|_2^2 = \mathrm{Tr}(B'PB) = \mathrm{Tr}(CQC') \tag{7.14}$$

onde $P \in \mathbb{R}^{n\times n}$ e $Q \in \mathbb{R}^{n\times n}$ são as soluções simétricas semidefinidas positivas das equações de Lyapunov $A'P + PA + C'C = 0$ e $AQ + QA' + BB' = 0$, respectivamente.

Prova: A transformada de Laplace inversa de $H(s)$ fornece $h(t) = Ce^{At}B$ para todo $t \geq 0$. Portanto, com (7.11) obtemos imediatamente

$$\begin{aligned} \|H\|_2^2 &= \int_0^\infty \mathrm{Tr}(h(t)'h(t))dt \\ &= \int_0^\infty \mathrm{Tr}(B'e^{A't}C'Ce^{At}B)dt \\ &= \mathrm{Tr}(B'PB) \end{aligned} \tag{7.15}$$

tendo em vista que, como já sabemos (veja o Capítulo 3), a matriz simétrica

$$P = \int_0^\infty e^{A't}C'Ce^{At}dt \tag{7.16}$$

é a única solução semidefinida positiva da primeira equação de Lyapunov dada. Em seguida, usando uma das mais importantes propriedades da função traço, podemos reescrever (7.15) alternativamente como

$$\begin{aligned} \|H\|_2^2 &= \int_0^\infty \mathrm{Tr}(h(t)h(t)')dt \\ &= \int_0^\infty \mathrm{Tr}(Ce^{At}BB'e^{A't}C')dt \\ &= \mathrm{Tr}(CQC') \end{aligned} \tag{7.17}$$

onde, uma vez mais, os resultados do Capítulo 3 permitem afirmar que a matriz simétrica

$$Q = \int_0^\infty e^{At}BB'e^{A't}dt \tag{7.18}$$

é a única solução semidefinida positiva da segunda equação de Lyapunov dada. Isto conclui a prova do teorema proposto. □

Este teorema viabiliza a determinação da norma $\mathcal{H}_2$ de uma função racional estritamente própria qualquer desde que a matriz A tenha todos os seu polos no semiplano esquerdo complexo. O procedimento requer a solução de uma equação de Lyapunov e o cálculo do traço de um produto de matrizes. Entretanto, deve-se notar que, mesmo para sistemas de ordem reduzida (segunda ordem), o emprego de uma rotina numérica se faz necessário.

Exemplo 7.3 Para ilustrar os resultados anteriores consideramos a função racional

$$H(s) = \frac{2s-2}{s^4 + 0{,}5s^3 + 10s^2 + 2s + 9}$$

que pertence à classe $\mathcal{H}_2$, pois é estritamente própria e todos os seus polos têm parte real negativa. Cada um dos dois gráficos da Figura 7.1 pode ser utilizado para calcular $\|H\|_2$ pela respectiva definição no domínio da frequência ou do tempo. Ao dividirmos a área mostrada no lado esquerdo por 2π obtemos o valor da área mostrada no lado direito da mesma figura. Ambos fornecem o mesmo valor $\|H\|_2^2 \approx 0{,}4444$. O resultado do teorema anterior permite um cálculo bastante eficiente desta quantidade. □

Devido à igualdade (7.12), a norma $\mathcal{H}_2$ da função de transferência $H(s)$ de uma sistema dinâmico pode ser interpretada como a energia total dissipada pelas perturbações impulsivas eventualmente presentes em todos os canais de entrada, até que elas sejam completamente atenuadas. Desta forma, se tivermos que projetar um sistema de controle, um critério de desempenho que pode ser adotado é o de tornar mínima a norma $\mathcal{H}_2$ da função de transferência entre a sua entrada e uma determinada saída de interesse. Esse aspecto será discutido com mais vagar no final deste capítulo, ao tecermos considerações sobre desempenho robusto. No momento, vamos estudar com maior detalhes outra importante classe de funções de variáveis complexa denominada $\mathcal{H}_\infty$.

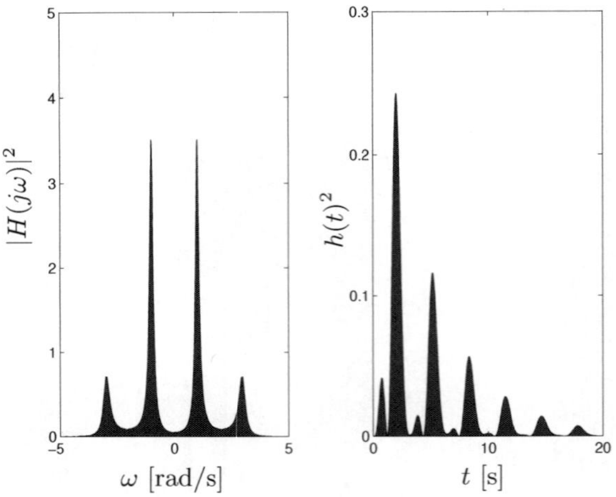

Figura 7.1: Resposta em frequência e ao impulso

7.2.2 Classe $\mathcal{H}_\infty$

Esta classe também é composta por funções $H(s)$ analíticas no semiplano direito complexo fechado, mas com a seguinte condição suplementar:

$$\|H\|_\infty = \sup_{\omega \in \mathbb{R}} \sigma_{max}(H(j\omega)) < \infty \tag{7.19}$$

que define a sua norma. Note que $\sup(\cdot)$ indica o supremo que é menor limitante superior, o qual, na maioria das vezes, se confunde com o valor máximo. Para o caso escalar, caracterizado por $r = m = 1$, a relação acima assume a forma mais simples

$$\|H\|_\infty = \sup_{\omega \in \mathbb{R}} |H(j\omega)| \tag{7.20}$$

que depende exclusivamente do módulo da função $H(s)$ em consideração. Como podemos verificar, a classe de funções de variáveis complexas $\mathcal{H}_\infty$ é mais abrangente que a classe $\mathcal{H}_2$, isto é, $\mathcal{H}_2 \subset \mathcal{H}_\infty$, pois a condição (7.19) não requer que $H(j\infty) = D = 0$ e, por conseguinte, que ela seja estritamente própria.

Exemplo 7.4 Com referência ao Exemplo 7.2, a função $H_1(s) = 1$ pertence à classe $\mathcal{H}_\infty$, pois $\|H_1\|_\infty = 1$. O mesmo ocorre com a função $H_2(s) = e^{-\tau s}$ com $\tau \geq 0$. Ela é analítica em todo o plano complexo e $\|H_2\|_\infty = 1$. Da mesma forma, a função racional

$$H_3(s) = \frac{2}{s+1}$$

pertence à classe $\mathcal{H}_\infty$. De fato, com (7.20) determinamos

$$\begin{aligned} \|H_3\|_\infty^2 &= \sup_{\omega \in \mathbb{R}} \frac{4}{\omega^2+1} \\ &= 4 \end{aligned}$$

cujo valor máximo é atingido em $\omega = 0 \in \mathbb{R}$, fazendo com que, neste caso, o supremo e o máximo coincidam. Finalmente, consideramos a função

$$H_4(s) = \frac{1-e^{-\tau s}}{s}, \ \tau \geq 0$$

que é analítica em todo o plano complexo. Isso pode ser verificado pelo desenvolvimento de $e^{-\tau s}$ em série de Taylor, que coloca em evidência que $s = 0$ não é um ponto singular e

$$\begin{aligned} |H_4(j\omega)| &= \left|e^{-j\tau\omega/2}\right| \left|\frac{e^{j\tau\omega/2} - e^{-j\tau\omega/2}}{j\omega}\right| \\ &= \tau \left|\frac{\text{sen}(\tau\omega/2)}{\tau\omega/2}\right| \\ &\leq \tau, \ \forall \omega \in \mathbb{R} \end{aligned}$$

permite concluir que ela pertence à classe $\mathcal{H}_\infty$ e $\|H_4\|_\infty = \tau$, pois podemos determinar que $\lim_{\omega\to 0} |H_4(j\omega)| = \tau$. □

Como no caso anterior, devemos fazer a interpretação desta norma no domínio do tempo. Sendo $H(s)$ a função de transferência de um sistema dinâmico com entrada $w \in \mathbb{R}^m$ e saída $z \in \mathbb{R}^r$ que satisfaz a relação (7.10) com $\|H\|_\infty < \gamma$ temos $H(j\omega)^\sim H(j\omega) < \gamma^2$, a qual, multiplicada à esquerda por $\hat{w}^\sim$ e à direita por $\hat{w} \neq 0$, fornece

$$\hat{z}^\sim \hat{z} - \gamma^2 \hat{w}^\sim \hat{w} < 0 \tag{7.21}$$

o que implica em

$$\frac{1}{2\pi} \int_{-\infty}^{\infty} \left\{\hat{z}^\sim \hat{z} - \gamma^2 \hat{w}^\sim \hat{w}\right\} d\omega < 0 \tag{7.22}$$

ou, pelo Teorema de Parseval, de forma equivalente

$$\int_0^{\infty} \left\{z'z - \gamma^2 w'w\right\} dt < 0 \tag{7.23}$$

É importante observar que essa desigualdade é válida para toda trajetória $w \neq 0 \in \mathcal{L}_2$. Com efeito, só dessa forma as duas integrais presentes naquela desigualdade convergem. Se $w \in \mathcal{L}_2$, todos os polos de $\hat{w}$ têm parte real negativa, como esse também é o caso de $H(s) \in \mathcal{H}_\infty$, o mesmo ocorre com $\hat{z}$ e, assim, $z \in \mathcal{L}_2$.

A partir desta discussão, fica claro que para um dado $\gamma > 0$ a desigualdade $\|H\|_\infty < \gamma$ é verdadeira se e apenas se

$$\sup_{w \neq 0 \in \mathcal{L}_2} \int_0^\infty \{z'z - \gamma^2 w'w\}\, dt < 0 \tag{7.24}$$

onde $z(t) = h(t) * w(t)$ é a saída correspondente à entrada w. A solução desse problema de controle ótimo permite determinar os limitantes superiores de $\|H\|_\infty$, sendo o menor deles arbitrariamente próximo do seu valor.

Estamos, agora, em condições de calcular a norma $\mathcal{H}_\infty$ de uma função racional genérica como aquela apresentada em (7.13). Entretanto, apenas para simplificar os cálculos, vamos considerar que $H(s)$ seja estritamente própria impondo $D = 0$. É importante relembrar que essa condição não é necessária para assegurar que se tenha $H(s) \in \mathcal{H}_\infty$.

Teorema 7.2 *Seja $\gamma > 0$ dado. A função racional $H(s) = C(sI - A)^{-1}B \in \mathcal{H}_\infty$ satisfaz a desigualdade $\|H\|_\infty < \gamma$ se e apenas se a desigualdade de Riccati*

$$A'P + PA + \gamma^{-2}PBB'P + C'C < 0 \tag{7.25}$$

admitir uma solução $P \in \mathbb{R}^{n\times n}$ simétrica e definida positiva.

Prova: A realização via representação de estado da função de transferência $H(s)$ pode ser escrita na forma $\dot{x} = Ax + Bw$, $z = Cx$ com condição inicial nula. Considerando a função de Lyapunov $v(x) = x'Px$ e uma condição inicial genérica $x(0) = x_0$, a sua derivada em relação ao tempo fornece

$$\begin{aligned} \dot{v}(x) &= (Ax + Bw)'Px + x'P(Ax + Bw) \\ &< -x'(\gamma^{-2}PBB'P + C'C)x + w'B'Px + x'PBw \\ &< -z'z + \gamma^2 w'w - \gamma^2(w - \gamma^{-2}B'Px)'(w - \gamma^{-2}B'Px) \end{aligned} \tag{7.26}$$

Porém, como o sistema é assintoticamente estável, para qualquer entrada $w \in \mathcal{L}_2$ teremos $x \in \mathcal{L}_2$ e, por consequência, $x(\infty) = 0$, de tal forma que, integrando ambos os membros de (7.26), obtemos

$$\begin{aligned} \int_0^\infty \{z'z - \gamma^2 w'w\}\, dt &< v(x_0) - \gamma^2 \int_0^\infty (w - \gamma^{-2}B'Px)'(w - \gamma^{-2}B'Px)dt \\ &< v(x_0) \end{aligned} \tag{7.27}$$

que é válida para qualquer $w \in \mathcal{L}_2$. Fazendo $x_0 = 0$, a suficiência está provada. Para a necessidade, observamos que o valor ótimo do problema (7.24) ocorre para $w = w^* = \gamma^{-2}B'Px$, sendo $P > 0$ uma solução de (7.25) tal que a matriz

$A+\gamma^{-2}BB'P$ seja estável para assegurar que $w^* \in \mathcal{L}_2$. Como a desigualdade em (7.27) se torna arbitrariamente próxima da igualdade pelas escolhas adequadas de $P > 0$ e $w = w^*$, e como para $x_0 = 0$ a trajetória w^* se torna nula, concluímos pela validade de (7.24). Isto prova o teorema proposto. □

No caso em que a desigualdade de Riccati admita alguma solução definida positiva, ela também admitirá uma solução $P > 0$ tal que $A + \gamma^{-2}BB'P$ tenha todos os seus polos localizados no semiplano esquerdo complexo. Essa solução pode ser determinada de forma bastante simples definindo $C'_\epsilon = [C' \ \sqrt{\epsilon}I]$ com $\epsilon > 0$ arbitrariamente pequeno e determinando a chamada solução *estabilizante* da equação de Riccati

$$A'P + PA + \gamma^{-2}PBB'P + C'_\epsilon C_\epsilon = 0 \tag{7.28}$$

pois $C'_\epsilon C_\epsilon = C'C + \epsilon I$ faz com que a solução calculada satisfaça (7.25). Neste contexto, podemos propor um procedimento iterativo para a determinação da norma $\mathcal{H}_\infty$. Ele se inicia com $\gamma > 0$ suficientemente grande ($\gamma \to \infty$), tendo em vista que (7.28) torna-se uma equação de Lyapunov cuja solução $P > 0$ certamente existe como consequência de A ser estável. O valor de $\gamma > 0$ é progressivamente reduzido até que uma solução $P > 0$ com $A + \gamma^{-2}BB'P$ estável deixe de existir. O valor de $\gamma > 0$, imediatamente anterior a esta última situação, estará arbitrariamente próximo de $\|H\|_\infty$. Este procedimento é apenas conceitual, pois na literatura existem diversos outros, inclusive muito mais eficazes do ponto de vista numérico, para calcular a norma $\mathcal{H}_\infty$ de uma função racional. Dentre eles, cabe citar aquele baseado na solução de desigualdades matriciais lineares que será objeto de estudo do Apêndice A.

Exemplo 7.5 É possível calcular a norma $\mathcal{H}_\infty$ diretamente traçando-se o diagrama *valor singular máximo*, expresso em dB, ou seja, $20\log_{10}\sigma_{max}(H(j\omega))$ contra $\log_{10}(\omega)$, e determinar o seu valor máximo em um intervalo de frequências previamente escolhido. Como para sistemas com uma entrada e uma saída temos $\sigma_{max}(H(j\omega)) = |H(j\omega)|$, esse diagrama nada mais é que o diagrama de Bode de módulo. Com referência ao Exemplo 7.3, o gráfico do lado esquerdo da Figura 7.1 permite determinar $\|H\|_\infty^2 = \max_{0\leq\omega\leq 5} |H(j\omega)|^2 \approx 3{,}5386$.

A Figura 7.2 mostra o diagrama de valores singulares da função racional própria $H(s)$ definida pelas matrizes

$$A = \begin{bmatrix} 0 & 1 & 0 & 0 \\ 0 & 0 & 1 & 0 \\ 0 & 0 & 0 & 1 \\ -6 & -9 & -10 & -9 \end{bmatrix}, \ B = C' = \begin{bmatrix} 0 & 1 \\ 1 & 0 \\ 1 & 0 \\ 0 & 1 \end{bmatrix}, \ D = \begin{bmatrix} 0 & 2 \\ 2 & 0 \end{bmatrix}$$

Como todos os autovalores de $A \in \mathbb{R}^{4\times 4}$ têm parte real negativa, sabemos que $H(s) \in \mathcal{H}_\infty$. Ademais, como indicado na mesma figura, os dois valores singulares de $H(s) \in \mathbb{C}^{2\times 2}$

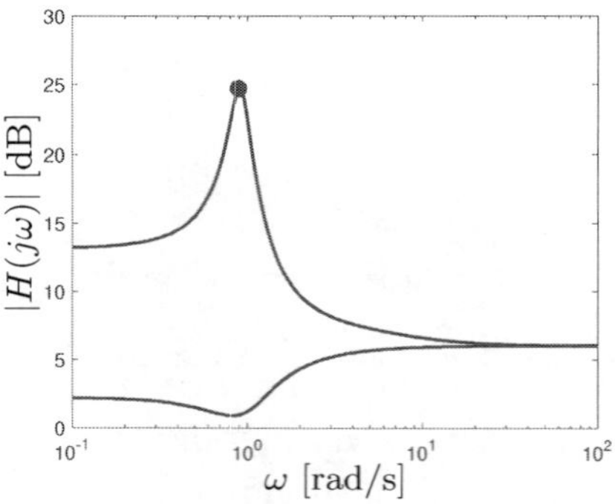

Figura 7.2: Diagrama de valores singulares

permitem determinar o valor máximo $\sigma_{max}(H(j\omega^*)) \approx 24{,}6900$ [dB] que ocorre para $\omega^* \approx 0{,}8907$ [rad/s], fornecendo, portanto, $\|H\|_\infty \approx 17{,}1593$. □

Diferentemente da norma $\mathcal{H}_2$, que depende de entradas exógenas do tipo impulsionais, a norma $\mathcal{H}_\infty$ admite uma interpretação de outra natureza. Como será visto nas seções seguintes, ela é um dos mais importantes conceitos que viabilizam o estudo de sistemas dinâmicos sujeitos a incertezas paramétricas e incertezas dinâmicas mais gerais, por exemplo, aquelas devidas à existência de atraso nas variáveis de estado. Na verdade, os resultados teóricos a serem estudados em seguida só podem ser corretamente entendidos e adequadamente utilizados a partir da fixação do conceito de norma $\mathcal{H}_\infty$, como acabamos de expor.

7.3 Estabilidade Robusta

Não há como evitar a presença de incertezas em projetos de sistemas de controle. Em particular, os modelos matemáticos dependem de parâmetros que são medidos com certa precisão que naturalmente define um intervalo de incerteza dentro do qual todos os valores são igualmente possíveis e aceitáveis. Um modelo simples e bastante geral que permite descrever incertezas paramétricas em equações diferenciais lineares homogêneas é expresso na forma de representação de estado

$$\dot{x} = (A + B\Delta C)x \tag{7.29}$$

onde $A \in \mathbb{R}^{n\times n}$, $B \in \mathbb{R}^{n\times m}$ e $C \in \mathbb{R}^{r\times n}$ são matrizes dadas e a matriz $\Delta \in \mathbb{R}^{m\times r}$ representa a incerteza ou imprecisão que se quer considerar. Assim sendo, a matriz Δ não é conhecida, mas sabemos que ela pertence a um conjunto Ω definido por

$$\Omega = \left\{ \Delta \in \mathbb{R}^{m \times r} \ : \ \|\Delta\|_\infty \leq \gamma^{-1} \right\} \tag{7.30}$$

com $\gamma > 0$ um escalar escolhido pelo projetista. Notamos, imediatamente, que sempre $\Delta = 0 \in \Omega$ e para este valor obtemos de (7.29) o chamado modelo *nominal* $\dot{x} = Ax$. As matrizes B e C são essenciais para que as incertezas atuem nos parâmetros corretos cujos efeitos se deseja estudar. É importante observar o efeito do escalar $\gamma > 0$. Quanto maior o seu valor, menor é a amplitude da incerteza paramétrica em consideração e vice-versa.

Para ilustrar o que acabamos de descrever, consideramos um móvel de massa m preso a uma mola com coeficiente de elasticidade κ que se desloca em um ambiente com coeficiente de atrito viscoso b a partir de condições iniciais dadas. O seu deslocamento $y(t)$ em relação a um referencial inercial obedece a equação diferencial de segunda ordem

$$m\ddot{y}(t) + (b + \delta b)\dot{y}(t) + (\kappa + \delta\kappa)y(t) = 0 \tag{7.31}$$

sujeita às condições iniciais de posição $y(0)$ e de velocidade $\dot{y}(0)$. Fica evidente que estamos assumindo que os coeficientes de elasticidade e de atrito viscoso não são conhecidos exatamente, mas sim dentro de um intervalo de incerteza $|\delta\kappa|/\kappa \leq \rho$ $|\delta b|/b \leq \rho$. Nota-se que $\rho > 0$ define uma imprecisão máxima, em termos percentuais, relativos ao valor nominal do respectivo coeficiente. A partir do vetor $x = [y \ \dot{y}]' \in \mathbb{R}^2$, verificamos sem dificuldades que a representação de estado de (7.31)

$$\dot{x} = \begin{bmatrix} 0 & 1 \\ -(\kappa + \delta\kappa)/m & -(b + \delta b)/m \end{bmatrix} x \tag{7.32}$$

pode ser escrita na forma padrão (7.29) com

$$A = \begin{bmatrix} 0 & 1 \\ -\kappa/m & -b/m \end{bmatrix}, \ B = \begin{bmatrix} 0 \\ 1/m \end{bmatrix}, \ C = \begin{bmatrix} -\kappa & 0 \\ 0 & -b \end{bmatrix} \tag{7.33}$$

e $\Delta = [\delta\kappa/\kappa \ \delta b/b] \in \mathbb{R}^2$. Finalmente, para completar o modelo é preciso caracterizar o conjunto Ω através da determinação do valor de $\gamma > 0$. Como $\Delta\Delta' \leq 2\rho^2$ para todos $\delta\kappa$ e δb factíveis, a escolha $\gamma = 1/(\sqrt{2}\rho)$ torna-se evidente.

Neste momento, surge uma questão importante. Sob quais condições o ponto de equilíbrio $x = 0$ da equação diferencial (7.29) permanece globalmente assintoticamente estável para toda incerteza paramétrica que satisfaz $\Delta \in \Omega$? A resposta, até certo ponto surpreendente, é dada através do seguinte teorema.

Teorema 7.3 *Seja $\gamma > 0$ dado. O ponto de equilíbrio $x = 0$ da equação diferencial (7.29) é globalmente assintoticamente estável para todo $\Delta \in \Omega$ se a* *desigualdade de Riccati*

$$A'P + PA + \gamma^{-2}PBB'P + C'C < 0 \tag{7.34}$$

admitir uma solução $P \in \mathbb{R}^{n\times n}$ simétrica definida positiva.

Prova: Supondo que (7.34) admita uma solução $P > 0$, adotamos a função de Lyapunov $v(x) = x'Px$ para a equação diferencial (7.29), cuja derivada em relação ao tempo fornece

$$\begin{aligned} \dot{v}(x) &= x'(A + B\Delta C)'Px + x'P(A + B\Delta C)x \\ &= x'(A'P + PA)x + 2x'PB\Delta Cx \\ &< -x'(C'C + \gamma^{-2}PBB'P)x + 2x'PB\Delta Cx \\ &< -x'(C - \Delta'B'P)'(C - \Delta'B'P)x - x'PB(\gamma^{-2}I - \Delta\Delta')B'Px \\ &< -x'PB(\gamma^{-2}I - \Delta\Delta')B'Px \end{aligned} \tag{7.35}$$

Entretanto, como $\Delta\Delta' \le \gamma^{-2}I$ para todo $\Delta \in \Omega$, a desigualdade acima implica que $\dot{v}(x) < 0$ para todo $x \neq 0 \in \mathbb{R}^n$ e todo $\Delta \in \Omega$, o que encerra a prova do teorema proposto. □

A comparação entre os resultados dos Teoremas 7.2 e 7.3 é inevitável. O primeiro faz com que, se $\|C(sI - A)^{-1}B\|_\infty < \gamma$, então existe uma solução $P > 0$ para a desigualdade de Riccati (7.25). Mas como (7.25) é idêntica a (7.34), o segundo implica, por sua vez, que a matriz $A + B\Delta C$ é estável para qualquer matriz $\Delta \in \Omega$. De maneira equivalente, reescrevendo (7.29) como

$$\dot{x} = Ax + Bw \tag{7.36}$$

$$z = Cx \tag{7.37}$$

$$w = \Delta z \tag{7.38}$$

então a função de transferência $H(s) = C(sI - A)^{-1}B$ entre a entrada w e a saída z ter norma $\mathcal{H}_\infty$ menor do que γ assegura que o sistema em malha fechada obtido quando w e z são conectados através de uma matriz com norma $\mathcal{H}_\infty$ menor ou igual do que γ^{-1} permanece estável. Assim, para manter a estabilidade devido à presença de incertezas paramétricas, basta impor a relação

$$\|H\|_\infty \|\Delta\|_\infty < 1, \ \forall \Delta \in \Omega \tag{7.39}$$

Sua importância reside no fato de que a matriz Δ não é fixa, mas, ao contrário, pode variar dentro do conjunto Ω, que exige apenas que todas elas sejam reais e tenham norma $\mathcal{H}_\infty$ limitada pelo parâmetro $\gamma > 0$, inversamente proporcional à amplitude máxima das incertezas paramétricas que se deseja considerar.

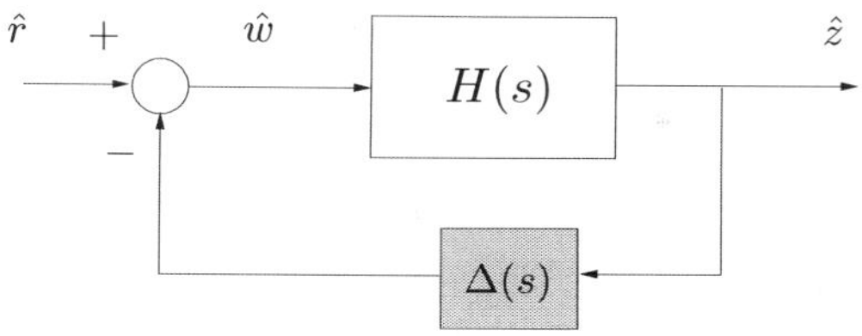

Figura 7.3: Diagrama de blocos com incerteza

Exemplo 7.6 Vamos considerar o sistema dinâmico descrito pela equação diferencial (7.32). Como se trata de uma equação de segunda ordem, a sua estabilidade está garantida para todo Δ tal que $\|\Delta\|_\infty < 1$, pois, desta forma, as incertezas paramétricas não alteram os sinais dos seus coeficientes. Para aplicar o teste de estabilidade (7.39) adotamos os valores nominais $m = 1$ [kg], $\kappa = 100$ [N/m] e $b = \{1, 10, 25\}$ [Ns/m]. Para cada um dos três conjuntos de valores nominais, calculamos a função de transferência $H(s) = C(sI - A)^{-1}B$ e sua norma $\|H\|_\infty$, respectivamente. Obtemos então os limitantes $\|\Delta\|_\infty < \{0{,}0995; 0{,}6811; 0{,}9046\}$. O critério de estabilidade baseado na norma $\mathcal{H}_\infty$ fornece resultados melhores conforme o coeficiente de atrito viscoso aumenta, ou seja, para valores maiores do coeficiente de amortecimento. Note que a sequência obtida se aproxima, mas não atinge a situação ideal $\|\Delta\|_\infty < 1$.

É interessante notar que, alterando em (7.33) a matriz C para $C = [0\ \ -b]$, estudaremos apenas incertezas no coeficiente de atrito viscoso. Com os mesmos valores nominais calculamos $\|H\|_\infty$ para obter $\|\Delta\|_\infty < \{0{,}9950; 0{,}9950; 0{,}9950\}$, cujos valores são iguais e estão muito próximos do resultado ideal (a depender da precisão dos cálculos). □

Dois pontos devem ser ressaltados. O primeiro é o caráter meramente suficiente da condição de estabilidade (7.39), consequência do Teorema 7.3 e ilustrado com o Exemplo 7.6. O segundo diz respeito ao conjunto Ω, que contém apenas matrizes reais. Essa condição pode ser relaxada para incluir funções de transferência do tipo $\Delta(s) \in \mathcal{H}_\infty$ que sejam analíticas em todo o semiplano direito complexo.

Com efeito, vamos generalizar os resultados anteriores para levar em conta incertezas dinâmicas. Neste sentido, consideramos o sistema de controle descrito na Figura 7.3, onde $H(s)$ é uma função de transferência racional dada por $H(s) = C(sI-A)^{-1}B \in \mathbb{C}^{r\times m}$ e $\Delta(s) \in \mathbb{C}^{m\times r}$ é uma função de transferência desconhecida a respeito da qual apenas sabemos que ela pertence ao conjunto

$$\Xi = \left\{\Delta(s) \in \mathbb{C}^{m\times r} \ : \ \|\Delta\|_\infty \leq \gamma^{-1}\right\} \tag{7.40}$$

Como anteriormente, nosso objetivo é obter condições para assegurar que o sistema dinâmico em estudo seja assintoticamente estável para toda $\Delta(s) \in \Xi$. Convém salientar que as incertezas agora são produzidas por funções de transferência da classe $\mathcal{H}_\infty$ e, portanto, assintoticamente estáveis. O teorema dado a seguir contém um dos mais importantes resultados da área de controle robusto.

Teorema 7.4 (Teorema do pequeno ganho) *Seja $\gamma > 0$ dado e assuma que $H(s) \in \mathcal{H}_\infty$. As seguintes afirmações são verdadeiras:*

a) Se $\|H\|_\infty < \gamma$, então para todo $\Delta(s) \in \Xi$ o sistema da Figura 7.3 permanece estável.

b) Se $\|H\|_\infty \geq \gamma$, então existe $\Delta(s) \in \Xi$ que torna o sistema da Figura 7.3 instável.

Comparando com o resultado do teorema anterior, notamos que se nos restringirmos à classe $\Omega \subset \Xi$ de incertezas reais apenas o primeiro item do Teorema 7.4 é válido. Ou seja, naquele caso, se $\|H\|_\infty \geq \gamma$, pode não existir $\Delta \in \Omega$ que torna o sistema da Figura 7.3 instável. Deve ser ressaltado que o teorema do pequeno ganho não requer que as funções de transferência $H(s)$ e $\Delta(s)$ sejam racionais, o que viabiliza o seu uso para o estudo de estabilidade de sistemas, por exemplo, com atraso.

O Teorema do pequeno ganho pode ser interpretado à luz do critério de Nyquist. Com este objetivo, vamos supor que $H(s)$ e $\Delta(s)$ sejam funções racionais com uma entrada e uma saída ($r = m = 1$) e que pertençam à classe $\mathcal{H}_\infty$. Não há dificuldades para estudarmos a sua estabilidade com o critério de Nyquist aplicado à equação característica $1 + H(s)\Delta(s) = 0$. Como os polos de $H(s)$ e de $\Delta(s)$ estão localizados no semiplano esquerdo complexo, a estabilidade do sistema em malha fechada é assegurada se e somente se o mapeamento de $H(j\omega)\Delta(j\omega)$ não envolver o ponto crítico $-1 + j0$. Por outro lado, como $|H(j\omega)| \leq \|H\|_\infty$ e $|\Delta(j\omega)| \leq \|\Delta\|_\infty$ para todo $\omega \in \mathbb{R}$, a existência de $\gamma > 0$ tal que $\|H\|_\infty < \gamma$ e $\|\Delta\|_\infty \leq \gamma^{-1}$ fornece

$$\begin{aligned} |H(j\omega)\Delta(j\omega)| &\leq |H(j\omega)||\Delta(j\omega)| \\ &\leq \|H\|_\infty \|\Delta\|_\infty \\ &< 1, \ \forall \omega \in \mathbb{R} \end{aligned} \tag{7.41}$$

e implica que o ponto crítico não é envolvido, que nada mais é que a primeira parte do Teorema 7.4. Se a desigualdade acima for violada para alguma frequência $\omega \in \mathbb{R}$, existirá uma função $\Delta(s)$ de tal forma que o ponto crítico seja envolvido e a estabilidade perdida, como atesta a segunda parte do mesmo teorema. É claro que, se aplicarmos o teorema anterior para uma função de transferência $\Delta(s) \in \mathcal{H}_\infty$ específica, somente a sua condição suficiente (primeira parte) permanece válida.

Vamos, agora, estudar sistemas dinâmicos com atraso, com a estrutura daquele mostrado na Figura 7.3, sendo que $H(s)$ tem o mesmo número de entradas e de saída, isto é, $m = r$. A sua representação de estado é da forma

$$\dot{x}(t) = Ax(t) + Bw(t) \tag{7.42}$$

$$z(t) = Cx(t) \tag{7.43}$$

$$w(t) = r(t) - z(t - \tau) \tag{7.44}$$

onde $\tau \geq 0$ é o atraso. Aplicando a transformada de Laplace, verificamos que $H(s) = C(sI - A)^{-1}B \in \mathbb{C}^{r \times r}$ e $\Delta(s) = e^{-\tau s}I \in \mathbb{C}^{r \times r}$. Entretanto, como $\|\Delta(s)\|_\infty = 1$, o teorema do pequeno ganho pode ser aplicado com $\gamma = 1$ para fornecer imediatamente o seguinte resultado.

Lema 7.1 *Se a função de transferência $H(s) = C(sI - A)^{-1}B$ satisfaz*

$$\|H\|_\infty < 1 \tag{7.45}$$

então o sistema (7.42)-(7.44) é assintoticamente estável para todo $\tau \geq 0$.

Essa condição de estabilidade é, em geral, muito conservadora. O motivo é que a estabilidade é assegurada não apenas para $\Delta(s) = e^{-\tau s}I$, mas para todo $\Delta(s) \in \mathcal{H}_\infty$ que satisfaz $\|\Delta\|_\infty \leq 1$. Uma maneira de obter resultados mais precisos consiste em introduzir uma variável adicional $V \in \mathbb{R}^{r \times r}$ não singular, denominada *matriz de escalamento*. Inicialmente, calculamos a função de transferência em malha fechada $\hat{z} = F(s)\hat{r}$ como sendo

$$F(s) = \left(I + e^{-\tau s}H(s)\right)^{-1} H(s) \tag{7.46}$$

a qual torna aparente que a sua equação característica admite a fórmula alternativa

$$\begin{aligned} 0 &= \det\left(I + e^{-\tau s}H(s)\right) \\ &= \det(V)\det\left(I + e^{-\tau s}H(s)\right)\det(V^{-1}) \\ &= \det\left(I + e^{-\tau s}VH(s)V^{-1}\right) \end{aligned} \tag{7.47}$$

e assim as suas raízes são invariantes em relação à escolha particular da matriz $V \in \mathbb{R}^{r \times r}$ não singular. Porém, ela é muito importante para se obter resultados mais precisos com o objetivo de assegurar a estabilidade assintótica do sistema dinâmico com atraso em estudo.

Lema 7.2 *Se para uma matriz $V \in \mathbb{R}^{r \times r}$ não singular a função de transferência $H(s) = C(sI - A)^{-1}B$ satisfaz*

$$\|VHV^{-1}\|_\infty < 1 \tag{7.48}$$

então o sistema (7.42)-(7.44) é assintoticamente estável para todo $\tau \geq 0$.

Com o Teorema 7.2 este resultado implica em determinar matrizes simétricas $P > 0$ e $R > 0$ que satisfaçam a desigualdade de Riccati

$$A'P + PA + PBR^{-1}B'P + C'RC < 0 \tag{7.49}$$

em que $R = V'V \in \mathbb{R}^{r \times r}$. Essa tarefa não é simples, pois a determinação de $R > 0$ via tentativa e erro é praticamente impossível. Felizmente, com o Complemento de Schur (veja o Apêndice A) verificamos que a desigualdade (7.49) é equivalente a

$$\begin{bmatrix} A'P + PA + C'RC & PB \\ B'P & -R \end{bmatrix} < 0 \tag{7.50}$$

que é uma desigualdade matricial linear em relação às duas matrizes incógnitas $P > 0$ e $R > 0$, viabilizando a sua solução através do procedimento numérico também discutido no Apêndice A. É claro que se $H(s)$ tiver apenas uma entrada e uma saída, a matriz V torna-se um escalar que não produz qualquer efeito na condição (7.48).

Uma questão interessante que surge naturalmente neste ponto diz respeito à eventual existência de uma função de Lyapunov associada ao sistema com atraso (7.42)-(7.44) que permita estudar a sua estabilidade. Uma das mais famosas é a denominada *função de Lyapunov-Krasovskii*:

$$v(x(t)) = x(t)'Px(t) + \int_{t-\tau}^{t} z(\xi)'Rz(\xi)d\xi \tag{7.51}$$

onde $P > 0$ e $R > 0$, matrizes de dimensões compatíveis, garantem que ela seja sempre positiva. Sua derivada em relação ao tempo para o sistema com entrada nula $r(t) = 0$ é calculada como sendo

$$\begin{aligned} \dot{v}(x) &= 2x(t)'P(Ax(t) - Bz(t-\tau)) + z(t)'Rz(t) - z(t-\tau)'Rz(t-\tau) \\ &= x(t)'(A'P + PA + C'RC)x(t) - 2x(t)'PBz(t-\tau) - z(t-\tau)'Rz(t-\tau) \\ &= \begin{bmatrix} x(t) \\ z(t-\tau) \end{bmatrix}' \begin{bmatrix} A'P + PA + C'RC & PB \\ B'P & -R \end{bmatrix} \begin{bmatrix} x(t) \\ z(t-\tau) \end{bmatrix} \end{aligned} \tag{7.52}$$

e, assim, se a condição (7.49) é verificada, temos $\dot{v}(x(t)) < 0$ para todo $\tau \geq 0$, estabelecendo uma vez mais a estabilidade assintótica do sistema dinâmico (7.42)-(7.44). A mesma condição de estabilidade fornecida pelo teorema do pequeno ganho é obtida com a função de Lyapunov-Krasovskii.

Exemplo 7.7 Considere a equação diferencial $\ddot{y}(t) + 4\dot{y}(t) + 4y(t) + \kappa y(t-\tau) = 0$ com $\kappa \geq 0$ e $\tau \geq 0$. Por ser de segunda ordem, para $\tau = 0$ é imediato verificar que ela é

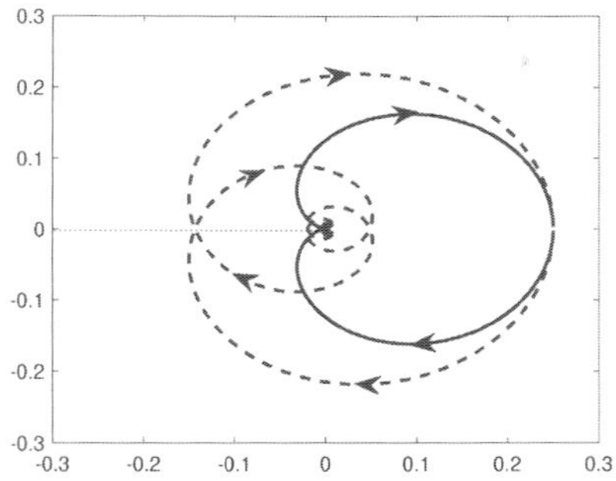

Figura 7.4: Mapeamento de $G(s)$

estável para todo $\kappa \geq 0$. No caso geral, sua equação característica pode ser escrita na forma $1 + e^{-\tau s}H(s) = 0$, onde

$$H(s) = \frac{\kappa}{(s+2)^2}$$

é da classe $\mathcal{H}_\infty$, e $\|H\|_\infty = \kappa/4$. Desta maneira, pelo Lema 7.1 podemos afirmar que, se $0 \leq \kappa < 4$ a sua estabilidade é assegurada para todo $\tau \geq 0$. A mesma equação característica tem a forma $1 + \kappa G(s) = 0$, em que

$$G(s) = \frac{e^{-\tau s}}{(s+2)^2}$$

com a qual podemos aplicar o critério de Nyquist. Como os dois polos de $G(s)$ estão no interior do semiplano esquerdo complexo, determinamos a frequência de cruzamento com o eixo real $\mathrm{Im}(G(j\omega_c)) = 0$ e a condição de estabilidade é expressa por $0 \leq \kappa < 1/|G(j\omega_c)|$. Algumas manipulações algébricas desta condição nos levam a concluir que a estabilidade será preservada para todo $\tau \in [0, \tau_{max})$, onde $\tau_{max} = +\infty$ se $0 \leq \kappa \leq 4$ e

$$\tau_{max} = \frac{\arccos((\kappa - 8)/\kappa)}{\sqrt{\kappa - 4}}$$

se $\kappa > 4$. A Figura 7.4 ilustra o mapeamento da função $G(s)$ para $\tau = 0$ em linhas contínuas e para $\tau = 1$ em linhas tracejadas. No primeiro caso, sem atraso, não há cruzamento com o semieixo real negativo. Porém, para qualquer valor de $\tau > 0$, sempre ocorrerá um cruzamento cujo efeito é de impor um limitante superior para o ganho $\kappa \geq 0$. A condição de estabilidade fornecida pelo teorema do pequeno ganho é bastante restritiva, pois é verificada apenas para $\kappa \in [0,\ 4)$, enquanto que o critério de Nyquist diz que a estabilidade pode ser mantida desde que um limitante superior para o ganho $\kappa \geq 0$ seja convenientemente estabelecido. □

Estas duas últimas condições de estabilidade são independentes do atraso ou, em outras palavras, asseguram a estabilidade para todo $\tau \geq 0$. Como vimos no exemplo anterior e já comentamos anteriormente, elas são bastante restritivas, pois exigem que o sistema em estudo seja estável não só para $\Delta(s) = e^{-\tau s}I$, mas para toda $\Delta(s) \in \mathcal{H}_\infty$ que satisfaz $\|\Delta\|_\infty \leq 1$.

Na tentativa de determinar uma condição mais precisa, desejamos determinar o valor máximo do atraso τ_{max} de tal forma que a estabilidade ocorra para todo $\tau \in [0,\ \tau_{max})$. Para que isso possa acontecer, assumimos que o sistema em estudo seja assintoticamente estável para $\tau = 0$. Sob esse enfoque, a partir de (7.42)-(7.44) determinamos a função de transferência

$$\begin{aligned} F_0(s) &= (I + H(s))^{-1}H(s) \\ &= C(sI - A_0)^{-1}B \end{aligned} \tag{7.53}$$

onde $A_0 = A - BC \in \mathbb{R}^{n\times n}$ tem todos os seus polos localizados no interior do semiplano esquerdo complexo. O resultado a seguir se baseia no fato já conhecido de que a função

$$\Delta(s) = \frac{e^{-\tau s} - 1}{s} \tag{7.54}$$

é da classe $\mathcal{H}_\infty$ e $\|\Delta(s)\|_\infty = \tau$ para todo $\tau \geq 0$. Vale a pena observar que $s = 0$ não é um dos seus polos. Esta função é analítica em todos os pontos do plano complexo.

Lema 7.3 *Assuma que* $F_0(s) \in \mathcal{H}_\infty$ *e defina*

$$\tau_{max} = \|sF_0(s)\|_\infty^{-1} \tag{7.55}$$

O sistema (7.42)-(7.44) é assintoticamente estável para todo $\tau \in [0, \tau_{max})$.

Prova: Inicialmente fatoramos a equação característica na forma

$$\begin{aligned} 0 &= \det\left(I + e^{-\tau s}H(s)\right) \\ &= \det\left(I + H(s) + \Delta(s)sH(s)\right) \\ &= \det(I + H(s))\det\left(I + \Delta(s)sF_0(s)\right) \end{aligned} \tag{7.56}$$

e notamos que as raízes de $\det(I + H(s)) = 0$ são os polos de $F_0(s)$, todos estáveis por hipótese. As demais raízes são forçadas a estarem localizadas no semiplano esquerdo complexo aplicando o teorema do pequeno ganho para todo $\|\Delta(s)\|_\infty \leq \tau$. Assim procedendo, concluímos pela estabilidade assintótica para todo $\tau > 0$ que satisfaça $\|sF_0(s)\|_\infty < \tau^{-1}$, o que prova o lema proposto. □

Não há dificuldade alguma de se introduzir uma matriz de escalamento para melhorar o resultado do Lema 7.3. Em primeiro lugar, devemos obter a função de transferência

$$\begin{aligned} sF_0(s) &= Cs(sI - A_0)^{-1}B \\ &= CB + CA_0(sI - A_0)^{-1}B \end{aligned} \tag{7.57}$$

que se reduz a $sF_0(s) = CA(sI - A_0)^{-1}B$ no caso bastante frequente em que $CB = 0$. Em outras palavras, $sF_0(s)$ é uma função racional estritamente própria. Sob esta hipótese, adotando o mesmo raciocínio empregado no Lema 7.2, devemos determinar o máximo valor de $\tau > 0$ tal que $P > 0$ e $R > 0$ tornem factível a desigualdade de Riccati

$$A_0'P + PA_0 + \tau^2 PBR^{-1}B'P + A'C'RCA < 0 \tag{7.58}$$

a qual, com o Complemento de Schur, pode ser escrita na forma equivalente

$$\begin{bmatrix} A_0'P + PA_0 + A'C'RCA & \tau PB \\ \tau B'P & -R \end{bmatrix} < 0 \tag{7.59}$$

Para $\tau > 0$ fixo, essa é uma desigualdade matricial linear. Portanto, o valor máximo de $\tau > 0$ é determinado através de um procedimento de busca unidimensional garantindo, passo a passo, a existência de solução em relação às demais variáveis (P, R). É claro que, no caso de sistemas com apenas uma entrada e uma saída, o cálculo direto de τ_{max} segundo preconizado pelo Lema 7.3 é o procedimento mais indicado e simples.

Exemplo 7.8 Vamos estudar, novamente, a equação diferencial de segunda ordem do Exemplo 7.7 com $\kappa \geq 0$ e $\tau \geq 0$. A partir de $H(s) = \kappa/(s+2)^2$, calculamos

$$sF_0(s) = \frac{\kappa s}{(s+2)^2 + \kappa}$$

e sua norma $\|sF_0(s)\|_\infty = \kappa/4$. Neste caso, o Lema 7.3 assegura a estabilidade para todo atraso menor que $\tau_{max} = 4/\kappa$. Comparando com os valores obtidos no Exemplo 7.7 notamos que, para $0 \leq \kappa < 4$, o Lema 7.1 fornece $\tau_{max} = +\infty$, nitidamente melhor que o valor acima obtido com o Lema 7.3. Porém, para $\kappa \geq 4$, o Lema 7.1 não permite nenhuma conclusão sobre a estabilidade, enquanto que o Lema 7.3 apenas impõe uma limitação para o ganho κ. É claro que ambas, por serem apenas condições suficientes de estabilidade, são mais restritivas que as obtidas pela aplicação direta do critério de Nyquist. □

A seguir, vamos abordar uma questão importante no contexto de robustez que diz respeito à determinação do desempenho que se pode esperar de sistemas sujeitos a incertezas. Naturalmente, iremos calcular o desempenho de pior caso, denominado *desempenho garantido*, caracterizado pela incerteza mais desfavorável que eventualmente possa ocorrer.

7.4 Desempenho Robusto

Até agora, estudamos os efeitos de incertezas na estabilidade de sistemas dinâmicos; resta, entretanto, verificar como elas afetam os seus respectivos desempenhos. Neste contexto, o ponto central é que não basta projetar um sistema de controle que opere de forma adequada diante de uma situação dita "nominal", pois incertezas podem alterar de maneira dramática o seu comportamento e levá-lo a operar fora de uma faixa com desempenho aceitável. Para estudar este importante aspecto, consideramos inicialmente o seguinte sistema dinâmico

$$\dot{x} = (A + B\Delta C)x, \; x(0) = x_0 \tag{7.60}$$

com condição inicial não nula e $\Delta \in \Omega$ para algum $\gamma > 0$ dado. O nosso objetivo é determinar o valor do custo garantido $\mu \geq 0$ que satisfaça

$$\int_0^\infty x(t)'Qx(t)dt \leq \mu, \; \forall \Delta \in \Omega \tag{7.61}$$

sendo $Q \in \mathbb{R}^{n \times n}$ uma matriz simétrica semidefinida positiva. O procedimento baseia-se na existência de uma função de Lyapunov associada ao sistema (7.60) que é válida para toda incerteza factível.

Teorema 7.5 *Seja $\gamma > 0$ dado. O ponto de equilíbrio $x = 0$ da equação diferencial (7.60) é globalmente assintoticamente estável e $\mu = x_0' P x_0$ satisfaz (7.61) se a desigualdade de Riccati*

$$A'P + PA + \gamma^{-2}PBB'P + C'C < -Q \tag{7.62}$$

admitir uma solução $P \in \mathbb{R}^{n \times n}$ simétrica definida positiva.

Prova: Se $P > 0$ resolve a desigualdade (7.62), ela também satisfaz as condições do Teorema 7.3 e, portanto, a estabilidade assintótica do ponto de equilíbrio está assegurada e $x(\infty) = 0$. Adotando a função de Lyapunov $v(x) = x'Px$ e as mesmas fatorações de (7.35), verificamos que

$$\dot{v}(x) < -x'Qx, \; \forall \Delta \in \Omega \tag{7.63}$$

cuja integral no intervalo $[0, \infty)$ fornece (7.61) com $\mu = v(x_0) = x_0' P x_0$, o que prova o teorema proposto. □

A função de Lyapunov calculada em $x = x_0$ define um limitante superior que é válido para toda incerteza factível. Nenhuma delas poderá gerar um custo maior do que μ assim calculado. Por outro lado, infelizmente, não é verdade que μ seja o menor custo garantido no sentido de existir $\Delta \in \Omega$ tal que a igualdade em (7.61) ocorra. Para melhor entender esta discussão, vamos impor $\gamma \to \infty$ de tal maneira que Ω contenha apenas um elemento $\Delta = 0 \in \Omega$. Neste caso, (7.62) se torna uma desigualdade de Lyapunov, a qual permite determinar

$$\begin{aligned} \mu &> \int_0^\infty x_0' e^{A't}(C'C + Q)e^{At} x_0 dt \\ &> \int_0^\infty x_0' e^{A't} Q e^{At} x_0 dt \end{aligned} \tag{7.64}$$

ou seja, o custo garantido é estritamente maior que o custo do sistema nominal, quando deveria ser igual. O resultado do Teorema 7.5 introduz um certo grau de conservadorismo, mas é bastante útil para se poder avaliar o impacto das incertezas no desempenho de sistemas de controle.

Passamos, agora, a fazer o mesmo estudo para sistemas com atraso. Como vimos, é imperativo ter em mãos uma função de Lyapunov que possa fornecer um limitante superior μ para o custo quadrático que se deseja calcular. Neste sentido, a função de Lyapuov-Krasovskii é de fundamental importância para impor a relação

$$\int_0^\infty x(t)' Q x(t) dt \le \mu, \ \forall \tau \ge 0 \tag{7.65}$$

sendo $x(t)$ uma solução das equações (7.42)-(7.44) com entrada nula $r(t) = 0$ e sujeitas à condição inicial não nula $x(0) = x_0$ e $x(t) = 0$ para todo $-\tau \le t < 0$.

Teorema 7.6 *Se existirem matrizes simétricas $P > 0$ e $R > 0$ que satisfazem a desigualdade de Riccati*

$$A'P + PA + PBR^{-1}B'P + C'RC < -Q \tag{7.66}$$

então o sistema com atraso representado pelas equações (7.42)-(7.44) com entrada nula é globalmente assintoticamente estável e $\mu = x_0' P x_0$ satisfaz (7.65).

Prova: Se $P > 0$ e $R > 0$ satisfazem a desigualdade (7.66), adotando a função de Lyapuov-Krasovskii (7.51) e as mesmas fatorações que aparecem em (7.52), verificamos que a relação

$$\dot{v}(x) < -x'Qx, \ \forall \tau \ge 0 \tag{7.67}$$

é válida. A sua estabilidade assintótica é estabelecida e, portanto, $x(\infty) = 0$. Ademais, a sua integral no intervalo $[0, \infty)$ fornece (7.65) com $\mu = v(x_0) = x_0' P x_0$, o que prova o teorema proposto. □

Como já foi dito, devemos esperar que o resultado do teorema anterior seja conservador, pois o limitante superior μ deve valer para todo atraso $\tau \geq 0$. Em contrapartida, a sua simplicidade é notável. Uma solução da desigualdade de Riccati (7.66) em relação às variáveis matriciais $P > 0$ e $R > 0$ pode ser numericamente calculada convertendo-a em uma desigualdade matricial linear. Nos dois casos, a saber, o de sistemas com incertezas paramétricas e o de sistemas com atraso, limitantes superiores das suas normas $\mathcal{H}_2$ e $\mathcal{H}_\infty$ podem ser calculados sem muitas dificuldades adicionais adotando-se o mesmo procedimento anterior, que se baseia no conhecimento das funções de Lyapunov a eles associadas.

7.5 Notas Bibliográficas

Neste capítulo, tratamos de um assunto extremamente importante e atual na área de sistema de controle. Inicialmente, uma breve introdução do conceito de norma de vetores e de matrizes, já bastante conhecida e discutida em diversos textos, por exemplo, [8] e [36], foi feita. Em seguida, o objetivo foi de levar o leitor a conhecer espaços lineares mais abrangentes denominados $\mathcal{H}_2$ e $\mathcal{H}_\infty$, cujos elementos são funções de transferência analíticas no semiplano direito complexo. Neste assunto, os livros [9] e [37] são altamente recomendados para uma leitura adicional mais específica e aprofundada. Dois aspectos envolvendo robustez de sistemas dinâmicos foram abordados com maiores detalhes, a saber, sistemas com incertezas paramétricas e sistemas com atraso. Para um maior aprofundamento nestes dois assuntos, recomendamos as referências [10] e [24] como forma de obter mais informações a respeito de diversos aspectos que são muito estudados na atualidade. Por exemplo, a introdução de atraso em sistemas de controle torna-se quase que inevitável quando se tem que enviar as medidas e os sinais de comando através de uma rede de comunicação. Esta problemática, inclusive envolvendo a modelagem do meio de comunicação empregado, é tratada em [18]. Finalmente, é preciso colocar em evidência o magistral texto [5], que versa exclusivamente sob os mais diversos aspectos das chamadas desigualdades matriciais lineares. Tentamos colocar esse conceito em evidência como uma alternativa real para tratar numericamente os problemas aqui abordados.

7.6 Exercícios

Exercício 7.1 *Considerando $v \in \mathbb{R}^2$, esboce os lugares geométricos correspondentes a $\|v\|_q = 1$ para $q = 1$, $q = 2$ e $q = \infty$.*

Exercício 7.2 *Para* $A \in \mathbb{R}^{n\times m}$, *mostre que* $\|A\| = \sqrt{\text{Tr}(A'A)}$ *satisfaz as propriedades básicas e é, portanto, uma norma.*

Exercício 7.3 *Verifique se a função*

$$H(s) = \frac{\omega_n^2}{s^2 + 2\xi\omega_n s + \omega_n^2}$$

com $\xi > 0$ *e* $\omega_n > 0$ *pertence à classe* $\mathcal{H}_2$. *No caso afirmativo, determine a norma* $\|H\|_2$.

Exercício 7.4 *Verifique se a função* $H(s)$ *do Exemplo 7.3 com* $\xi > 0$ *e* $\omega_n > 0$ *pertence à classe* $\mathcal{H}_\infty$. *No caso afirmativo, determine a norma* $\|H\|_\infty$.

Exercício 7.5 *Verifique se a função*

$$H(s) = \frac{1 - e^{-\tau s}}{s}$$

com $\tau \geq 0$ *pertence à classe* $\mathcal{H}_2$. *No caso afirmativo, determine a norma* $\|H\|_2$.

Exercício 7.6 *Seja* $H(s)$ *uma função racional. Mostre que para as normas* $\mathcal{H}_2$ *e* $\mathcal{H}_\infty$ *valem as relações* $\|H\|_2 = \|H'\|_2$ *e* $\|H\|_\infty = \|H'\|_\infty$.

Exercício 7.7 *Para o sistema com atraso* $\dot{x}(t) = Ax(t) - BCx(t-\tau)$ *com condições iniciais* $x(0) = x_0$ *e* $x(t) = \phi(t)$ *para todo* $-\tau \leq t < 0$, *determine* μ *de tal forma que*

$$\int_0^\infty x(t-\tau)'Qx(t-\tau)dt \leq \mu, \ \forall \tau \geq 0$$

Exercício 7.8 *Considere* $z \in \mathbb{C}$ *e mostre que a igualdade*

$$\frac{1}{1-z} = \sum_{k=0}^\infty z^k$$

ocorre se e somente se $|z| < 1$. *Com este resultado, calcule a transformada de Laplace inversa, definida para todo* $t \geq 0$, *das funções:*

a) $\hat{f}(s) = \dfrac{1}{s(1-e^{-s})}$

b) $\hat{f}(s) = \dfrac{1}{(e^s - e^{-s})}$

c) $\hat{f}(s) = \dfrac{e^{-s}}{(s+1)(1-e^{-s})}$

Exercício 7.9 *Considere a equação diferencial com atraso*

$$\ddot{y}(t) + 3\dot{y}(t) + 2y(t) + \kappa y(t - \tau) = 0$$

onde $\kappa \geq 0$ *e* $\tau \in \{1, 2, 3\}$. *Com o critério de Nyquist, para cada valor de* τ, *determine os valores de* κ *que preservam a sua estabilidade assintótica.*

Exercício 7.10 *A função de transferência de um sistema com atraso é dada por*

$$H(s) = \frac{1}{s^3 + 4s^2 + 4s + \kappa e^{-\tau s}}$$

Determine a região de estabilidade (κ, τ) *utilizando:*

a) O critério de Nyquist.

b) O critério de Routh, com as aproximações de primeira e de segunda ordens para a função $e^{-\tau s}$.

Exercício 7.11 *Um sistema com atraso tem a seguinte equação característica:*

$$P(s) + \kappa e^{-\tau s} = 0$$

onde $\kappa \geq 0$, $\tau \geq 0$ *e todas as raízes de* $P(s) = 0$ *estão localizadas no semiplano esquerdo complexo. Mostre que se*

$$\sup_{\omega \geq 0} \frac{\kappa}{|P(j\omega)|} < 1$$

então o critério de Nyquist atesta que o sistema em questão é assintoticamente estável. Compare com o critério de Nyquist aplicado com a aproximação de ordem zero para $e^{-\tau s}$.

Exercício 7.12 *Considere as seguintes funções de transferência estáveis:*

a) $H(s) = \dfrac{(s+2)}{(s^2 + 2s + 2)(s + 1)}$

b) $H(s) = \dfrac{(s-2)}{(s^2 + 2s + 2)(s + 1)}$

c) $H(s) = \dfrac{(s-2)^2}{(s^2 + 2s + 2)(s + 1)}$

Calcule numericamente as normas $\mathcal{H}_2$ *e* $\mathcal{H}_\infty$ *de cada uma delas pelas respectivas definições e através de desigualdades matriciais lineares.*

Exercício 7.13 *Considere um sistema linear definido por* $\hat{z} = H(s)\hat{w}$ *e uma realimentação não linear* $w(t) = \Delta(z(t))$. *Mostre que a sua estabilidade assintótica é preservada se*

$$\|H(s)\|_\infty < \gamma \ , \ \ \Delta(z)'\Delta(z) \leq \gamma^{-2} z'z$$

Exercício 7.14 *A partir do resultado do exercício anterior, verifique que a origem do sistema definido por*

$$H(s) = \frac{(s^2+3s+3)(s-1)}{(s+1)^3}, \quad \Delta(z) = \begin{cases} 1 - e^{-z/4}, & z \geq 0 \\ -1 + e^{z/4}, & z \leq 0 \end{cases}$$

é globalmente assintoticamente estável.

Exercício 7.15 *Considere um sistema formado por uma planta linear $\hat{z} = H(s)\hat{w}$ e uma realimentação linear $w(t) = -\delta z(t)$ com $\delta \in \mathbb{R}$. Para*

$$H(s) = \frac{(s-1)(s-2)}{(s+1)^2(s+4)}$$

determine o valor máximo δ_{max} de tal forma que a estabilidade assintótica seja preservada para todo $0 < \delta < \delta_{max}$, utilizando

a) o teorema do pequeno ganho

b) o critério de Routh

Compare os resultados com o valor obtido a partir do lugar das raízes em relação a δ.

Exercício 7.16 *Um sistema dinâmico com atraso tem a seguinte equação característica: $P(s) + \kappa e^{-\tau s} = 0$, onde $\kappa \geq$ e $\tau \geq 0$. Mostre que se*

$$\tau \left\| \frac{\kappa s}{P(s)+\kappa} \right\|_\infty < 1$$

a sua estabilidade assintótica é preservada.

Exercício 7.17 *Determine numericamente os valores das normas $\|G(s)\|_2$ e $\|G(s)\|_\infty$ da função de transferência*

$$G(s) = \frac{e^{-\tau s}}{s^3 + 4s^2 + 4s + \kappa e^{-\tau s}}$$

definida a partir dos parâmetros $\kappa = 1/2$ e $\tau = 2$.

Capítulo 8

Modelagem e Ensaios Práticos

8.1 Introdução

Neste capítulo, consideramos dois projetos de cunho prático de sistemas de controle, a saber: o controle de posição de um sistema mecânico torcional e o projeto de amplificadores eletrônicos realimentados. Nos dois casos, nosso objetivo principal é desenvolver projetos completos que começam pela obtenção dos respectivos modelos matemáticos, passam pelos projetos propriamente ditos e terminam com a validação em laboratório de cada uma das soluções propostas. A maior diferença a ser notada entre ambos é que a modelagem do sistema mecânico torcional é passível de ser feita no domínio do tempo, permitindo-nos escrever suas equações diferenciais em função dos seus parâmetros para, enfim, obtermos a função de transferência desejada. Por sua vez, a modelagem matemática de circuitos eletrônicos é feita de forma mais natural através da sua resposta em frequência, o que também leva à sua função de transferência como resultado da etapa de modelagem.

8.2 Sistema Torcional

Um sistema mecânico torcional é constituído por três discos metálicos interligados entre si por duas hastes de torção, sendo que o disco inferior tem o seu eixo conectado a um servomotor através de um sistema de correia e engrenagens. A Figura 8.1 mostra de forma esquemática o sistema torcional em consideração, em que os deslocamentos angulares dos discos denotados por θ_1, θ_2 e θ_3 estão relacionados a referenciais inerciais. As duas hastes flexíveis que unem os dois

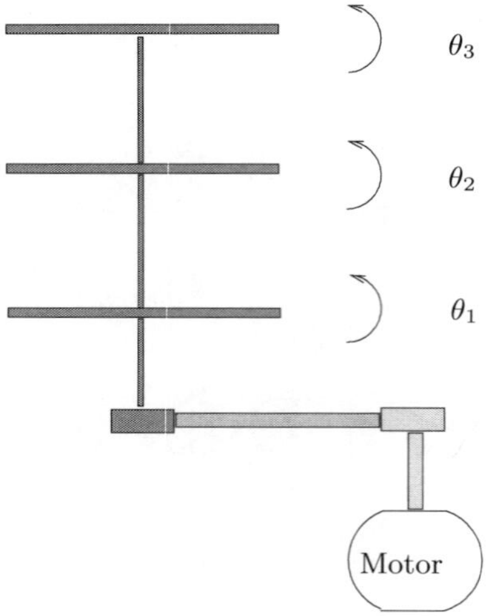

Figura 8.1: Sistema torcional

discos superiores são idênticas e, portanto, ambas apresentam o mesmo coeficiente de elasticidade torcional κ_h. A pequena haste que liga o primeiro disco ao motor é suposta ideal e, portanto, rígida. Os dois discos superiores são idênticos, com mesmas massas e geometria. Desta forma, ambos têm o mesmo momento de inércia J e o mesmo coeficiente de atrito viscoso rotacional b . O primeiro disco também é idêntico aos demais, mas está ligado rigidamente a uma engrenagem e esta conectada ao motor através de uma correia. Isto faz com que a massa e a geometria do conjunto sejam diferentes. Por este motivo, assumimos que o primeiro disco, incluindo os demais dispositivos a ele ligados, tem momento de inércia J_c e coeficiente de atrito viscoso rotacional b_c. Finalmente, o motor é modelado de maneira bastante simples, isto é, o torque que ele coloca na engrenagem é considerado proporcional ao seu deslocamento angular e é expresso na forma $\tau_m(t) = \kappa_m u(t)$. Na verdade, existe um servomecanismo acoplado ao motor que impõe a validade desta relação. O valor da constante de proporcionalidade fornecido pelo fabricante do equipamento é $\kappa_m = 14{,}9253$ [Nm/rad]. Deve ser observado que essa relação traduz meramente a conveniência de expressar o torque produzido em termos de uma escala angular.

Preliminarmente ao projeto de um controlador para este sistema devemos obter o seu modelo matemático, que consiste em escrevermos as equações diferenciais que regem o seu movimento em relação aos referenciais inerciais escolhidos. Em seguida, necessitamos identificar os diversos parâmetros físicos que definem o seu comportamento dinâmico.

Impondo o equilíbrio dos momentos em cada um dos discos, obtemos

$$J_c\ddot{\theta}_1 + b_c\dot{\theta}_1 + \kappa_h(\theta_1 - \theta_2) = \kappa_m u \tag{8.1}$$

$$J\ddot{\theta}_2 + b\dot{\theta}_2 + \kappa_h(\theta_2 - \theta_1) + \kappa_h(\theta_2 - \theta_3) = 0 \tag{8.2}$$

$$J\ddot{\theta}_3 + b\dot{\theta}_3 + \kappa_h(\theta_3 - \theta_2) = 0 \tag{8.3}$$

que é um modelo matemático representado por três equações diferenciais acopladas, cada uma delas de segunda ordem. Todos os parâmetros e variáveis estão expressos no Sistema Internacional de Unidades. A sua representação de estado pode também ser obtida sem grandes dificuldades. Basta definir o vetor de estado contendo as posições e velocidades angulares, ou seja, $x(t) = [\theta_1(t)\ \theta_2(t)\ \theta_3(t)\ \dot{\theta}_1(t)\ \dot{\theta}_2(t)\ \dot{\theta}_3(t)]' \in \mathbb{R}^6$ de tal maneira que as equações (8.1)-(8.3) são escritas na forma padrão já estudada nos capítulos anteriores, $\dot{x}(t) = Ax(t) + Bu(t)$, na qual a matriz $A \in \mathbb{R}^{6\times 6}$ que define a dinâmica do sistema é dada por

$$A = \begin{bmatrix} 0 & 0 & 0 & 1 & 0 & 0 \\ 0 & 0 & 0 & 0 & 1 & 0 \\ 0 & 0 & 0 & 0 & 0 & 1 \\ -\kappa_h/J_c & \kappa_h/J_c & 0 & -b_c/J_c & 0 & 0 \\ \kappa_h/J & -2\kappa_h/J & \kappa_h/J & 0 & -b/J & 0 \\ 0 & \kappa_h/J & -\kappa_h/J & 0 & 0 & -b/J \end{bmatrix} \tag{8.4}$$

ao passo que a matriz $B \in \mathbb{R}^{6\times 1}$ que multiplica a entrada externa é

$$B = \begin{bmatrix} 0 & 0 & 0 & \kappa_m/J_c & 0 & 0 \end{bmatrix}' \tag{8.5}$$

Para completar a representação de estado, consideramos duas saídas distintas que correspondem à variáveis efetivamente medidas, a saber, $y = Cx$ com $C = C_3 \in \mathbb{R}^{1\times 6}$ dada por

$$C_3 = \begin{bmatrix} 0 & 0 & 1 & 0 & 0 & 0 \end{bmatrix} \tag{8.6}$$

ou, alternativamente, com $C = C_2 \in \mathbb{R}^{1\times 6}$ da forma

$$C_2 = \begin{bmatrix} 0 & 1 & 0 & 0 & 0 & 0 \end{bmatrix} \tag{8.7}$$

sendo que no primeiro caso a variável medida é o deslocamento angular do terceiro disco θ_3, enquanto que no segundo caso a variável medida é o deslocamento angular do segundo disco θ_2, respectivamente.

Agora, nosso objetivo é obter os parâmetros que definem o par de matrizes (A, B), o que será feito através de dois experimentos, que passamos a descrever

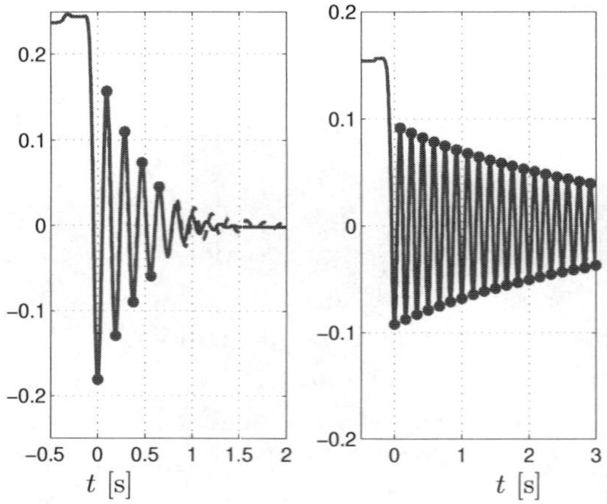

Figura 8.2: Oscilações dos discos 1 e 3

detalhadamente. No primeiro travamos o disco 2 na posição $\theta_2 = 0$ e consideramos a entrada nula $u(t) = 0$. Em seguida, o disco 1 foi retirado de sua posição de equilíbrio e, a partir desta posição, com velocidade angular nula, obtivemos o seu deslocamento angular em [rad] dado no lado esquerdo da Figura 8.2. Sob estas condições, o modelo matemático do deslocamento do disco 1, escrito na forma padrão

$$\ddot{\theta}_1 + 2\xi\omega_n\dot{\theta}_1 + \omega_n^2\theta_1 = 0 \tag{8.8}$$

com $2\xi\omega_n = b_c/J_c$, $\omega_n = \kappa_h/J_c$ e condições iniciais $\theta_1(0) = \theta_{10}$, $\dot{\theta}_1(0) = 0$, admite a solução

$$\theta_1(t) = \left(\frac{\theta_{10}}{\text{sen}(\phi)}\right) e^{-\xi\omega_n t}\ \text{sen}(\omega_d t + \phi) \tag{8.9}$$

em que $\omega_d = \omega_n\sqrt{1-\xi^2}$ e

$$\begin{aligned} \text{tg}(\phi) &= \frac{\omega_d}{\xi\omega_n} \\ &= \sqrt{\xi^{-2} - 1} \end{aligned} \tag{8.10}$$

Devemos observar que esse tipo de solução requer $0 < \xi < 1$, o que é perfeitamente compatível com a resposta temporal mostrada na Figura 8.2 ser nitidamente do tipo subamortecida. Decorrido um certo intervalo de tempo, a oscilação se dá em torno da posição de equilíbrio $\theta_1 = 0$. Derivando (8.9) em relação ao tempo, verificamos que os pontos de máximo e de mínimo da resposta temporal $\theta_1(t)$ ocorrem nos instantes que satisfazem a equação $\text{tg}(\omega_d t + \phi) = \text{tg}(\phi)$, ou seja,

$$\omega_d t_i = i\pi,\ \ i = 0, 1, 2, \cdots \tag{8.11}$$

A primeira parte da Figura 8.2 mostra os pontos de máximo e de mínimo correspondentes a $i = 1, 2, \cdots, m = 8$ que podem ser usados para determinar o valor da frequência natural amortecida w_d. De fato, como $\omega_d(t_{i+1} - t_i) = \pi$, o valor médio fornece a relação

$$\omega_d = \frac{(m-1)\pi}{\sum_{i=1}^{m-1}(t_{i+1} - t_i)} \tag{8.12}$$

com a qual os valores medidos permitem determinar $\omega_d = 33{,}8847$ [rad/s]. Por outro lado, nestes mesmos instantes de tempo, com (8.9) obtemos

$$\theta_1(t_i) = \theta_{10} e^{-\xi\omega_n t_i}(-1)^i, \ i = 0, 1, 2, \cdots \tag{8.13}$$

fazendo com que os pontos máximos e mínimos indicados na Figura 8.2 satisfaçam uma relação independente da condição inicial adotada, isto é,

$$\begin{aligned} \frac{|\theta_1(t_{i+1})|}{|\theta_1(t_i)|} &= e^{-\xi\omega_n(t_{i+1}-t_i)} \\ &= e^{-\pi/\mathrm{tg}(\phi)} \end{aligned} \tag{8.14}$$

Novamente, calculando a média para os $m = 8$ pontos disponíveis, algumas manipulações algébricas simples colocam em evidência a igualdade

$$\mathrm{tg}(\phi) = \frac{(m-1)\pi}{\sum_{i=1}^{m-1}\left(\ln(|\theta_1(t_i)|) - \ln(|\theta_1(t_{i+1})|)\right)} \tag{8.15}$$

que, em conjunto com a relação (8.10), determina o valor do fator de amortecimento $\xi = 0{,}0634$ e também da frequência natural não amortecida $\omega_n = 33{,}9530$ [rad/s]. Assim, as relações anteriormente explicitadas determinam os valores numéricos dos parâmetros do primeiro disco, a saber,

$$\frac{b_c}{J_c} = 4{,}3057 \ [\mathrm{s}^{-1}], \ \frac{\kappa_h}{J_c} = 1,1528 \times 10^3 \ [\mathrm{s}^{-2}] \tag{8.16}$$

Ainda neste mesmo experimento, submetemos o disco 1 à entrada constante $u(t) = 0{,}0402$ [rad] durante 3 [s], que é um tempo suficientemente longo para que o referido disco atinja a posição de regime permanente $\theta_1(t) = \theta_{1perm} = 0{,}2975$ [rad]. Desta forma, determinamos a relação

$$\frac{\kappa_m}{\kappa_h} = 7{,}4005 \tag{8.17}$$

O segundo experimento também foi feito com o disco 2 travado na posição $\theta_2 = 0$. Porém, o disco 3 foi levado até uma determinada posição e solto com velocidade inicial nula. Com (8.3), verificamos imediatamente que a equação diferencial que rege o comportamento dinâmico do seu deslocamento angular pode ser escrita na forma

$$\ddot{\theta}_3 + 2\xi\omega_n\dot{\theta}_3 + \omega_n^2\theta_3 = 0 \tag{8.18}$$

com $2\xi\omega_n = b/J$, $\omega_n = \kappa_h/J$ e condições iniciais $\theta_3(0) = \theta_{30}$, $\dot{\theta}_3(0) = 0$. Como esta equação é idêntica àquela do disco 1, os resultados e o procedimento anteriores para a determinação dos seus parâmetros podem novamente ser adotados. Considerando a resposta temporal subamortecida que consta no lado direito da Figura 8.2, obtemos $\omega_d = 37{,}7396$ [rad/s] e, em seguida, $\xi = 0{,}0079$ e $\omega_n = 37{,}7408$ [rad/s]. Com estes valores, os parâmetros de interesse

$$\frac{b}{J} = 0{,}5959\ [\mathrm{s}^{-1}],\ \frac{\kappa_h}{J} = 1{,}4244 \times 10^3\ [\mathrm{s}^{-2}] \tag{8.19}$$

são calculados. A Figura 8.2 mostra nos mesmos gráficos as soluções das equações diferenciais (8.8) e (8.18) submetidas às mesmas condições iniciais que o sistema real e com os parâmetros que acabamos de determinar. Como vemos, a concordância dos resultados é bastante boa. Nota-se apenas uma pequena discordância quando a velocidade angular do disco 1 é muito pequena, certamente devido à presença de atrito seco não modelado que age nos pontos de contato da correia com o motor e com a engrenagem, que acaba tendo um efeito significativo em baixa velocidade.

Exemplo 8.1 As matrizes (A, B) da representação de estado do sistema em estudo podem ser reescritas na forma compacta

$$A = \begin{bmatrix} 0 & I \\ -A_0 & -A_1 \end{bmatrix},\ B = \begin{bmatrix} 0 \\ B_0 \end{bmatrix}$$

Com os parâmetros que acabamos de calcular, $A_0 \in \mathbb{R}^{3\times3}$ e $B_0 \in \mathbb{R}^{3\times1}$ são dadas por

$$A_0 = \begin{bmatrix} 1{,}1528 & -1{,}1528 & 0 \\ -1{,}4244 & 2{,}8488 & -1{,}4244 \\ 0 & -1{,}4244 & 1{,}4244 \end{bmatrix} \times 10^3,\ B_0 = \begin{bmatrix} 8{,}5313 \\ 0 \\ 0 \end{bmatrix} \times 10^3$$

enquanto que a matriz diagonal $A_1 \in \mathbb{R}^{3\times3}$ é dada por

$$A_1 = \begin{bmatrix} 4{,}3057 & 0 & 0 \\ 0 & 0{,}5959 & 0 \\ 0 & 0 & 0{,}5959 \end{bmatrix}$$

É interessante verificar que todos os autovalores de $A \in \mathbb{R}^{6\times6}$ têm parte real negativa, à exceção de um deles, que está localizado na origem do plano complexo $s = 0$. A

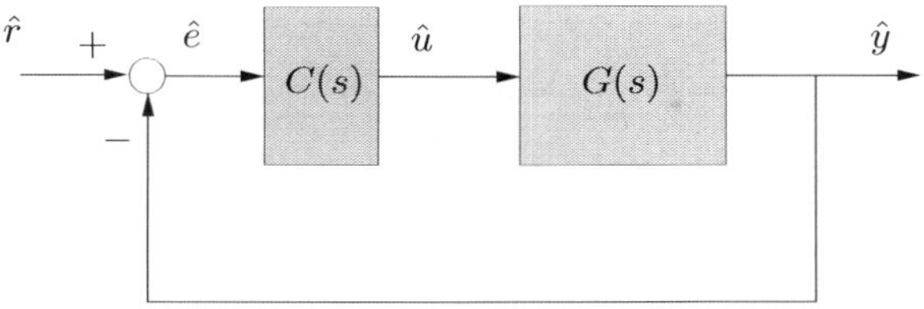

Figura 8.3: Diagrama de blocos do sistema em malha fechada

matriz A não é inversível. A conclusão importante é que a função de transferência entre a entrada u e a saída y expressa na forma $G(s) = C(sI - A)^{-1}B$ sempre terá um polo na origem, independentemente da eventual escolha da matriz de saída $C \in \mathbb{R}^{1\times 6}$ como sendo igual a C_3 ou C_2 definidas em (8.6) ou (8.7), respectivamente. Essa função de transferência sempre será do tipo um. Esse fato tem uma implicação interessante: se fizermos $u(t) = u_0$ constante para todo $t \geq 0$, aplicaremos no disco 1, através do motor, um torque constante $\tau_m(t) = \kappa_m u_0$ para todo $t \geq 0$. Como o disco 3 está solto, após alguns momentos, o conjunto vai girar com uma velocidade angular constante. □

De posse do modelo matemático do sistema torcional em estudo, o nosso objetivo é projetar um controlador para que o disco 3 siga um sinal de referência do tipo degrau, com erro nulo. A dificuldade é que o torque de controle produzido pelo motor é aplicado no disco 1, o qual não está diretamente ligado ao disco que se quer controlar. De fato, entre ambos existe uma estrutura flexível composta pelo disco 2 e por duas hastes verticais. A estrutura de controle escolhida é a de realimentação unitária, a qual, por comodidade, é novamente mostrada na Figura 8.3. Inicialmente, supomos que podemos medir o deslocamento angular do disco 3, que é a variável que se deseja controlar, ou seja, $y(t) = \theta_3(t)$. Assim sendo, obtemos

$$\begin{aligned} G(s) &= C(sI - A)^{-1}B \\ &= \frac{1{,}7309 \times 10^{10}}{s(s+2{,}017)(s^2+2{,}42s+1280)(s^2+1{,}061s+4142)} \end{aligned} \tag{8.20}$$

e, como esperado, verificamos que se trata de uma função de ordem seis com um polo na origem, nenhum zero e um ganho extremamente elevado. Como $G(s)$ é do tipo um, o erro em regime permanente para entrada degrau será nulo mesmo se o controlador for o mais simples possível, do tipo proporcional.

A partir do lugar das raízes de $1 + \kappa G(s) = 0$ determinamos o ganho e a frequência de oscilação como sendo $\kappa_{osc} = 0{,}0839$ e $\omega_{osc} = 23{,}4$ [rad/s], respectivamente. O período de oscilação correspondente é igual a $T_{osc} = 0{,}2685$ [s]. A existência destes valores viabiliza, em princípio, a utilização da regra de Ziegler-Nichols descrita no Capítulo 4 para a síntese da função de transferência do controlador $C(s)$. Consideramos os três casos possíveis:

- **Controlador P:** Adotamos $C(s) = \kappa > 0$. Para $\kappa = 3\times10^{-4}$, o sistema em malha fechada é estável. Sua resposta ao degrau não é oscilatória, porém o tempo de estabilização é de aproximadamente 7 [s], considerado excessivamente grande e inadequado. Para $\kappa = 0{,}0785$ o tempo de estabilização é minimizado e cai aproximadamente para a metade do valor anteriormente obtido. Porém, a resposta ao degrau apresenta oscilações extremamente fortes e inaceitáveis.

- **Controlador PI:** Com $C(s) = \kappa(1 + 1/(T_i s))$, em que $T_i = 0{,}2238$ [s], verificamos com o lugar das raízes que não existe $\kappa > 0$ para o qual o sistema em malha fechada seja estável.

- **Controlador PID:** Da mesma forma, com $C(s) = \kappa(1 + 1/(T_i s) + T_d s)$, em que $T_i = 0{,}1343$ [s] e $T_d = 0{,}0336$ [s], verificamos com o lugar das raízes que não existe $\kappa > 0$ para o qual o sistema em malha fechada seja estável.

Como acabamos de colocar em evidência, neste caso, a regra de Ziegler-Nichols não fornece bons resultados. Isso se deve ao fato de que o sistema dinâmico tem uma função de transferência de sexta ordem, que é muito complexa para ser adequadamente controlada com um controlador simples, como são os da classe PID.

A fim de contornar esta dificuldade, propomos determinar um controlador $C(s)$ explorando um conceito parecido com o princípio da separação apresentado no Capítulo 5. Isso significa realizar um projeto baseado na ideia de determinar duas matrizes de ganho de maneira independente. Uma delas pode ser interpretada como um ganho de realimentação de estado (que não é inteiramente disponível), enquanto que a outra sintetiza um ganho adequado para que o sinal de referência possa ser seguido com erro nulo. O cálculo desse ganho foi feito de forma detalhada no Capítulo 5. Em seguida, apresentamos um procedimento alternativo. Sob essa perspectiva, vamos utilizar a ideia apresentada no Exercício 5.10, a qual requer parametrizar a função de transferência do controlador na forma

$$C(s) = K\Big(sI - (A - BK - LC)\Big)^{-1} L \tag{8.21}$$

em que a matriz $K \in \mathbb{R}^{1\times6}$ corresponde a um ganho de realimentação de estado que aloca os polos do sistema em malha fechada em posições convenientes do plano complexo e $L \in \mathbb{R}^{6\times1}$ é o ganho responsável em atuar adequadamente no sinal de referência. Para melhor analisar esta proposta, vamos inicialmente obter a representação de estado da função de transferência $C(s)$, cuja entrada é o sinal de erro $\hat{e}$ e cuja saída é o sinal de controle $\hat{u}$. Com (8.21), obtemos

$$\dot{x}_c = (A - LC)x_c + Bu - Le \quad (8.22)$$

$$u = -Kx_c \quad (8.23)$$

As demais equações que permitem descrever o sistema em malha fechada representado na Figura 8.3 são $\dot{x} = Ax + Bu$, $y = Cx$, que definem a função de transferência $G(s)$ e $e = r - y$, que explicita o erro entre a referência e a variável controlada. Para melhor entendermos o funcionamento deste controlador, a partir do vetor de estado aumentado

$$x_a = \begin{bmatrix} x \\ e_c \end{bmatrix} = \begin{bmatrix} x \\ x - x_c \end{bmatrix} \in \mathbb{R}^{2n} \quad (8.24)$$

escrevemos a equação do sistema em malha fechada na forma

$$\dot{x}_a = \begin{bmatrix} A - BK & BK \\ 0 & A - LC \end{bmatrix} x_a + \begin{bmatrix} 0 \\ L \end{bmatrix} r \quad (8.25)$$

$$y = \begin{bmatrix} C & 0 \end{bmatrix} x_a \quad (8.26)$$

e torna-se aparente que, também para este tipo de estrutura de controle, a sua equação característica é

$$\det\Big(sI - (A - BK)\Big)\det\Big(sI - (A - LC)\Big) = 0 \quad (8.27)$$

a qual permite concluir mais uma vez que as matrizes de ganho K e L podem ser determinadas de forma independente, para assegurar a estabilidade do sistema em malha fechada cuja função de transferência é dada por

$$\begin{aligned} F(s) &= C\Big(sI - (A - BK)\Big)^{-1} BK\Big(sI - (A - LC)\Big)^{-1} L \\ &= C\Big(sI - (A - BK)\Big)^{-1} BKM(s) \end{aligned} \quad (8.28)$$

com $M(s) = (sI - (A - LC))^{-1}L$. A Figura 8.4 dá uma interpretação para $F(s)$ escrita na forma (8.28) em que se nota perfeitamente a realimentação de estado e a função de transferência $M(s)$ atuando sobre o sinal de referência $\hat{r}$. É claro que a Figura 8.4 apenas ilustra, conceitualmente, o efeito da função de transferência do controlador $C(s)$ no sistema em malha fechada. Também é claro que a implementação do controle projetado é feita como indica a Figura 8.3, ou seja, através da realimentação do sinal de saída $\hat{y}$. Neste ponto, ocorre um fato que é específico do sistema em estudo. Como desejamos seguir uma entrada do

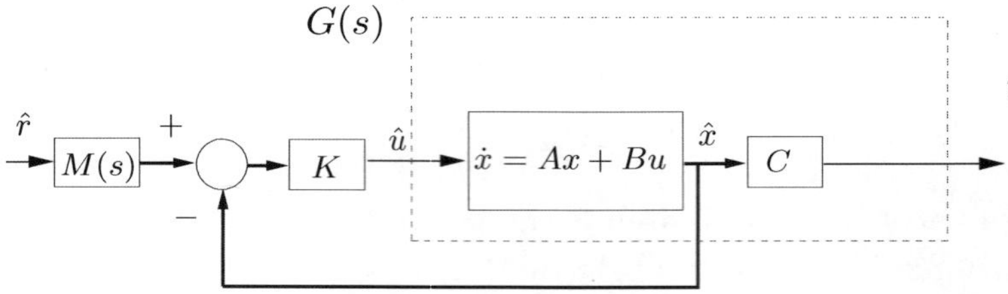

Figura 8.4: Diagrama de blocos equivalente

tipo degrau com erro de regime nulo, devemos impor $F(0) = 1$, o que nos leva à relação não linear

$$C(A - BK)^{-1}BK(A - LC)^{-1}L = 1 \tag{8.29}$$

que depende simultaneamente de ambos os ganhos K e L de uma maneira bastante complicada. Felizmente, no caso sob análise, esta equação é sempre satisfeita pois o sistema em malha aberta $G(s)$ é do tipo um. Para todo controlador $C(s)$ que não tenha zeros na origem, o produto $C(s)G(s)$ terá ao menos um polo em $s = 0$, o que assegura, como já sabemos, que a restrição $F(0) = 1$ seja satisfeita. Neste contexto, o projeto do controlador que tem como informação as medidas do deslocamento angular do disco 3 ($C = C_3$) pode ser dividido em duas etapas distintas, a saber:

- **Determinação de K:** Especificamos que o sistema em malha fechada deve ter um tempo de estabilização de aproximadamente 4 [s] de tal forma que os seus polos devem estar localizados na região $\text{Re}(s) < -1$. Utilizando os procedimentos discutidos no Capítulo 5 para o projeto do regulador linear quadrático, determinamos os polos do sistema em malha fechada lançando mão do lugar das raízes simétrico com $\varphi(s) = C_3(sI - A)^{-1}B$. Para $\rho^{-1} = 0{,}0060$ determinamos os polos $-1{,}0170 \pm j64{,}4192$; $-4{,}7959 \pm j36{,}6763$; $-12{,}0553 \pm j9{,}5270$ e o ganho de realimentação de estado correspondente

$$K = \begin{bmatrix} 0{,}0689 & 0{,}0071 & 0{,}0015 & 0{,}0035 & 0{,}0022 & 0{,}0020 \end{bmatrix} \tag{8.30}$$

que atende à especificação de projeto acima definida. É interessante notar que este ganho é ótimo, pois resolve o problema linear-quadrático

$$\min_u \int_0^\infty \left(y(t)^2 + \rho u(t)^2\right) dt \tag{8.31}$$

via realimentação de estado. Ele pode ser indistintamente calculado através de alocação de polos ou da solução de uma equação de Riccati.

- **Determinação de L:** Como qualquer L tal que $A - LC_3$ seja assintoticamente estável pode ser adotado, vamos determiná-lo de tal forma que os autovalores de $A - LC_3$ estejam localizados à esquerda dos autovalores de $A - BK$. Assim, o período transitório do sinal produzido pela referência $M(s)\hat{r}$ será muito breve se comparado com a dinâmica do sistema controlado. Os polos de $M(s)$ devem estar localizados na região $\text{Re}(s) < -4$ e, para obtê-los, traçamos o lugar das raízes simétrico com $\varphi(s) = C_3(sI - A)^{-1}B$. Para $\rho^{-1} = 0{,}2$ determinamos os polos $-4{,}1997 \pm j65{,}8183; -15{,}2227 \pm j42{,}4331; -25{,}9090 \pm j14{,}2972$ e o ganho de realimentação correspondente

$$L' = \begin{bmatrix} 0{,}1083 & 0{,}1026 & 0{,}0852 & 0{,}0218 & 0{,}3727 & 3{,}6266 \end{bmatrix} \times 10^3 \quad (8.32)$$

  Devemos lembrar que este ganho também resolve um problema linear-quadrático do tipo (8.31), porém com um peso $\rho > 0$ muito menor, necessário para posicionar os polos na região especificada.

De posse dos valores de K e L, o controlador $C(s)$ está completamente definido. Porém, é possível ainda realizar um ajuste fino dos polos do sistema em malha fechada, via lugar das raízes, ajustando um escalar $\kappa > 0$ de modo que o novo controlador $C_f(s) = \kappa C(s)$ apresente um desempenho ainda mais adequado que aquele do controlador original $C(s)$. O traçado do lugar das raízes em relação a $\kappa > 0$ e diversas simulações permitem adotar $\kappa = 0{,}3$ o que nos leva à função de transferência

$$C_f(s) = \frac{4{,}9906(s + 6{,}357)(s^2 - 3{,}532s + 1385)(s^2 + 2{,}393s + 4094)}{(s^2 + 85{,}37s + 2329)(s^2 + 28{,}29s + 3183)(s^2 + 7{,}242s + 3974)} \quad (8.33)$$

Como uma última verificação, calculamos as margens de ganho $MG \approx 15$ [dB], de fase $MF \approx 45^o$ e o valor de pico máximo no tempo $\psi \approx 0{,}25$ impostas pelo controlador (8.33). Os valores encontrados são, como sabemos, bastante adequados.

A Figura 8.5 mostra as respostas temporais do sistema físico (obtidas a partir de um protótipo montado em laboratório) e do seu modelo (obtidas através de simulação numérica) para uma entrada do tipo pulso retangular. Em $t = 0$ os discos encontram-se em repouso e a referência faz com que o disco 3 siga para a posição desejada $\theta_3 = 2$ [rad]. Após três segundos, o mesmo disco deve retornar para a posição original, isto é, de onde partiu no ciclo anterior. Em linha contínua, observamos a resposta temporal do sistema físico, ao passo que

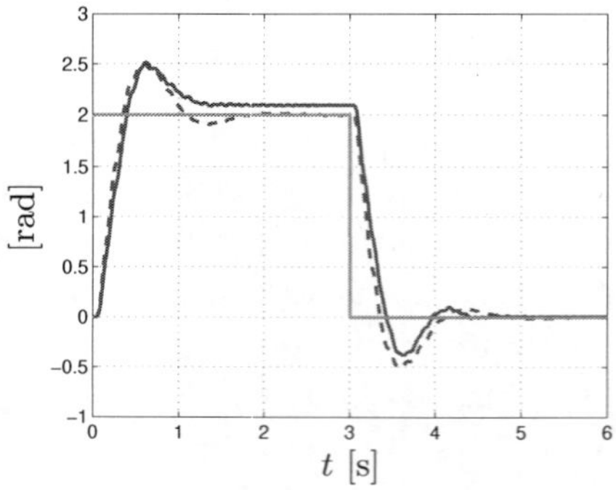

Figura 8.5: Resposta a um pulso retangular

em linha tracejada fornecemos o resultado da simulação numérica do seu modelo. As seguintes observações são pertinentes. Nota-se uma boa concordância entre as respostas temporais do sistema físico e do seu modelo matemático. Os valores de pico máximo no tempo e do tempo de estabilização estão bastante próximos daqueles estipulados no projeto. Ademais, verifica-se que o sistema em malha fechada segue um degrau de posição com erro nulo, sobretudo na trajetória de retorno para a posição inicial. Na trajetória de ida para a posição desejada, nota-se a existência de um pequeno erro de regime permanente causado pelo sistema de acionamento do motor, que tem uma zona morta como dispositivo de proteção.

A fim de explorar as diversas vantagens da estrutura de controle que estamos utilizando, vamos supor que não seja possível medir o deslocamento angular do disco superior 3. Isto é, consideramos que apenas a medida do deslocamento angular do disco intermediário 2 esteja disponível para realizar o controle do deslocamento angular do disco 3, mantendo os critérios de desempenho estabelecidos anteriormente. Assim sendo, o projeto pode ser novamente dividido nas duas etapas seguintes:

- **Determinação de K:** Como a saída de interesse continua sendo $y = C_3x$, o cálculo do ganho de realimentação de estado K permanece inalterado e fornece o valor já calculado (8.30).

- **Determinação de L:** Como a saída medida é $y = C_2x$, devemos calcular este ganho de tal forma que os polos de $M(s)$ sejam bastante rápidos em relação aos do sistema em malha fechada. Neste sentido, traçamos o lugar das raízes simétrico com $\varphi(s) = C_2(sI - A)^{-1}B$. Para $\rho^{-1} = 0{,}0335$ calculamos os polos $-1{,}3364 \pm j36{,}2976$; $-3{,}8661 \pm j64{,}8902$; $-18{,}2130 \pm j15{,}3807$

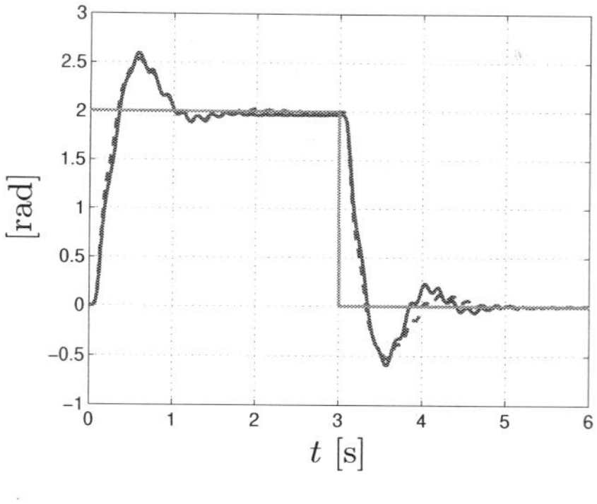

Figura 8.6: Resposta a um pulso retangular

e o ganho de realimentação correspondente

$$L' = \begin{bmatrix} 36{,}3999 & 41{,}3335 & 31{,}6171 & 63{,}4726 & 854{,}2292 & 759{,}5911 \end{bmatrix} \tag{8.34}$$

À primeira vista, deveríamos concluir que os polos dominantes são aqueles com constante de tempo $\approx$ 0,7483 [s]. Isto, porém, não ocorre devido à existência de um par de zeros complexos de $\varphi(s)$ situados em $-0{,}2979 \pm j37{,}7400$ que acabam atenuando o efeito dos polos presentes nas suas proximidades. Devido a este efeito, a escolha de L torna-se adequada segundo o critério adotado.

Como foi feito no caso anterior, assim que dispomos dos ganhos de realimentação K e L, definimos o controlador final $C_f(s) = \kappa C(s)$, onde $\kappa > 0$ permite um ajuste fino do ganho que pode ser calculado através do lugar da raízes de $1 + \kappa C(s)G(s) = 0$, onde $G(s)$ é a função de transferência $G(s) = C_2(sI - A)^{-1}B$ definida pela saída efetivamente medida. Algumas experimentações nos levam a estabelecer o valor $\kappa = 0{,}3$ e calcular o controlador a ele associado

$$C_f(s) = \frac{1{,}95(s + 6{,}659)(s^2 - 0{,}6928s + 1337)(s^2 + 1{,}277s + 4242)}{(s^2 + 65{,}34s + 1721)(s^2 + 5{,}316s + 1409)(s^2 + 6{,}417s + 4456)} \tag{8.35}$$

É interessante observar que este controlador impõe ao sistema em malha fechada as margens de ganho $MG \approx 17$ [dB], de fase $MF \approx 45^o$ e o valor de pico máximo no tempo $\psi \approx 0{,}25$ que são valores muito parecidos com aqueles calculados no caso anterior, já considerados adequados. Finalmente, é preciso enfatizar que este tipo de solução só é possível pois, para entrada do tipo degrau, em regime permanente, os deslocamentos angulares $\theta_1(t)$, $\theta_2(t)$ e $\theta_3(t)$ assumem valores idênticos.

Para a validação final desta proposta de controle, um ensaio com o sistema físico foi montado em laboratório. A Figura 8.6 mostra os resultados obtidos.

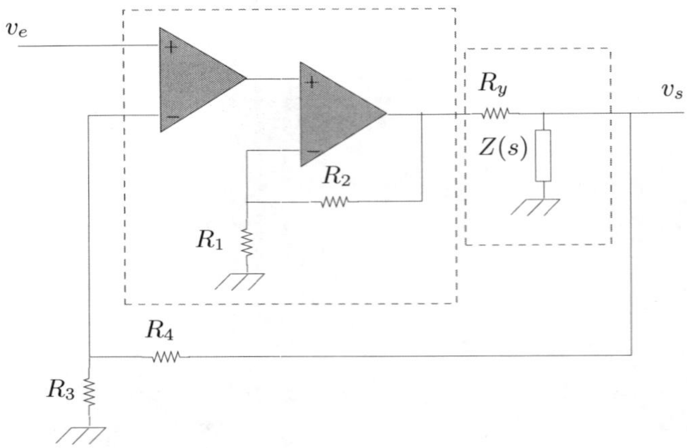

Figura 8.7: Amplificador realimentado

Ela mostra o deslocamento angular do disco superior para uma referência do tipo pulso retangular de amplitude 2 [rad] e duração 3 [s]. Em linha contínua, temos o valor real do referido deslocamento angular, efetivamente medido, enquanto a linha tracejada mostra os valores calculados via simulação numérica. Uma análise visual indica uma excelente concordância entre eles, inclusive para os valores de regime permanente.

8.3 Amplificador Eletrônico Realimentado

O projeto de amplificadores eletrônicos realimentados teve uma grande contribuição de Harry T. Nyquist, que formulou um critério de estabilidade baseado inteiramente na sua resposta em frequência. Como já vimos detalhadamente, o critério de estabilidade de Nyquist constitui uma das mais importantes ferramentas para a análise de estabilidade de sistemas lineares invariantes no tempo. No presente contexto, em função da grande quantidade de transistores utilizados na montagem de um amplificador eletrônico, como é o caso dos amplificadores operacionais, é inviável substituir cada componente por seu modelo matemático a fim de obter o modelo global do circuito. Em razão deste fato, a sua resposta em frequência determina uma relação entrada / saída que é bastante útil para descrever e projetar circuitos eletrônicos em geral e que contenham aqueles componentes citados, em particular.

Como ilustração, consideramos nesta seção o projeto de um amplificador realimentado segundo o procedimento apresentado no Capítulo 4. Interligamos em série o amplificador operacional OP07 com um amplificador de sinal para fornecer um alto ganho em malha aberta, conforme indicam os blocos internos à região delimitada por linhas tracejadas situada mais à esquerda na Figura 8.7. Nosso objetivo é determinar a resistência R_y e a impedância $Z(s) = R_x + 1/(sC_x)$, que representa um resistor em série com um capacitor, de tal forma que o amplificador daquela figura seja estável para uma determinada faixa de valores da relação R_4/R_3, considerando fixos os valores dos resistores R_1 e R_2.

De acordo com dados experimentais fornecidos pelo fabricante, a função de transferência (em malha aberta) do amplificador operacional OP07 utilizado pode ser aproximada por

$$A_a(s) = \frac{A_0}{(\tau s + 1)(\alpha s + 1)} \tag{8.36}$$

em que $A_0 = 4 \times 10^5$, $\tau^{-1} = 2$ [Hz] e $\alpha^{-1} = 1{,}5$ [MHz]. Portanto, ao construirmos um amplificador de sinal realimentado, na configuração não inversora, utilizando o amplificador operacional com função de transferência $A_a(s)$ e ganho $\mu = 1 + R_2/R_1$ conforme o segundo estágio mostrado na Figura 8.7, a sua função de transferência é dada por

$$F_a(s) = \mu \frac{A_a(s)/\mu}{1 + A_a(s)/\mu} \tag{8.37}$$

Desta maneira, adotando-se os seguintes valores para as resistência internas $R_1 = 1$ [kΩ] e $R_2 = 3{,}9$ [kΩ], que correspondem a impor um ganho igual a $\mu = 4{,}9$ o amplificador diferencial delimitado pela linha tracejada que aparece mais à esquerda na Figura 8.7 tem a função de transferência

$$A(s) = A_a(s)F_a(s) \tag{8.38}$$

cujo ganho em baixas frequências é aproximadamente $A_0\mu \approx 125$ [dB], com quatro polos reais, cada um deles com constante de tempo 2 [Hz]; 186,4 [kHz]; 1,314 [MHz]; 1,5 [MHz], respectivamente, e nenhum zero. É interessante observar que, como $A_a(s)$ é uma função de segunda ordem assintoticamente estável, o mesmo ocorrerá com $F_a(s)$ para qualquer ganho $\mu \geq 1$ que se queira utilizar. Entretanto, por ser de quarta ordem, o mesmo não ocorre se a função de transferência $A(s)$ for colocada no interior de uma malha de realimentação, como aquela ilustrada na Figura 8.7. De fato, considerando inicialmente aquele circuito sem o compensador, isto é, fazendo $R_y = 0$ e $R_x = \infty$, verificamos que a sua função de transferência em malha fechada pode ser escrita na forma padrão

$$F(s) = \kappa \frac{C(s)A(s)}{1 + C(s)A(s)} \tag{8.39}$$

na qual $C(s) = 1/\kappa$ com $\kappa = 1 + R_4/R_3 \geq 1$, em conformidade com o desenvolvimento realizado no Capítulo 4. Neste caso, o lugar das raízes da equação característica $1 + \kappa^{-1}A(s) = 0$ permite verificar que, se o ganho for suficientemente pequeno, na verdade $\kappa < 5{,}18$ o circuito torna-se instável. Na prática, isso se traduz pelo fato de pelo menos um dos amplificadores operacionais operar em saturação, ou seja, fora da região de validade dos modelos lineares que temos adotado. Para $\kappa = 10$, o circuito é estável e opera com margem de ganho $MG \approx 6$ [dB], margem de fase $MF \approx 19^o$ e largura de faixa $W \approx 380$ [kHz]. Como sabemos, este valor de margem de fase é muito baixo, longe do adequado, e, por conseguinte, não pode ser tomado como aceitável.

Desta forma, é preciso projetar um compensador para melhorar o desempenho do circuito. Adotamos um compensador definido por um resistor série R_y e por uma impedância paralela $Z(s)$ constituída pela associação série de um resistor R_x com um capacitor C_x. A região delimitada pela linha tracejada situada mais à direita na Figura 8.7 tem no seu interior o compensador cuja conexão ao circuito original decorre do estudo preliminar feito no Capítulo 4. Ademais, naquela mesma oportunidade foi explicitada a necessidade de que a hipótese adicional $R_y \ll R_3 + R_4$ fosse satisfeita. Em caso afirmativo, a função de transferência $F(s)$ do circuito completo em malha fechada é novamente dada por (8.39), porém com a função de transferência do compensador

$$\begin{aligned} C(s) &= \kappa^{-1}\frac{R_xC_xs+1}{(R_y+R_x)C_xs+1} \\ &= \kappa^{-1}\frac{\tau_xs+1}{\tau_ys+1} \end{aligned} \tag{8.40}$$

a ser determinada. Além disso, as duas constantes de tempo desta função de transferência também devem atender a restrição $\tau_x < \tau_y$, o que implica em termos que projetar um compensador do tipo atraso. Finalmente, explicitamos os nossos objetivos de projeto, que são os seguintes:

- O amplificador deve ser estável para $\kappa \in (1, 100)$.
- Sua margem de fase deve ser maior ou igual a 45°.
- Sua largura de faixa deve ser $W \approx 75$ [kHz].

Comparando essas especificações, a serem atendidas pelo amplificador com compensação, com os valores exibidos pelo amplificador não compensado com o ganho nominal $\kappa = 10$, notamos que as duas primeiras relativas à estabilidade e à margem de fase são muito mais exigentes para se ter certeza que, na prática, o circuito possa funcionar de forma adequada. Em contrapartida, aceita-se uma largura de faixa menor, porém que deve ser válida para uma variação de ganho bastante apreciável. Finalmente, devemos notar que a restrição sobre o domínio de estabilidade em função do parâmetro $\kappa > 0$ pode ser traduzida em termos do conceito de margem de ganho. Ou seja, podemos fazer o projeto de $C(s)$ para um valor nominal $\kappa = 10$ e impor uma margem de ganho tal que $MG \geq 20$ [dB], a qual, como sabemos, é determinada pelo produto de funções de transferências $C(s)A(s)$. Para futuras comparações, a Figura 8.8 mostra em linhas tracejadas os diagramas de Bode de módulo e de fase de $A(s)/\kappa$ com o ganho fixado no seu valor nominal $\kappa = 10$.

Para impor uma largura de faixa $W \approx 75$ [kHz], devemos fazer com que o cruzamento do diagrama de Bode de módulo com 0 [dB] ocorra em $\omega_g \approx 2/3W = 50$ [kHz]. Ademais, devemos ficar atentos para que o diagrama de fase não sofra grandes alterações no entorno do valor de ω_g, a fim de garantirmos a margem de fase desejada. O procedimento para determinarmos $C(s)$ considerando o ganho nominal $\kappa = 10$ é dado a seguir:

1. A fim de fazermos com que o zero do controlador atenue o efeito do polo da planta, alocamos esse zero (de fase mínima) em 5,5 [Hz] escolhendo $\tau_x = 0{,}18$ [s]. Diversamente do que fizemos no Capítulo 4, escolhemos $\tau_x \ll \tau = 0{,}5$ [s] para tentar encontrar uma solução sem que ocorra o cancelamento do polo mais lento de $A(s)$ com o zero de $C(s)$.

2. A fim de atender ao critério da largura de faixa desejada, escolhemos o valor da frequência τ_y^{-1} para que $\omega_g \approx 50$ [kHz] e respeitando, simultaneamente, a condição de margem de ganho. Após algumas tentativas, em cada uma das quais calculamos numericamente a margem de ganho e a margem de fase com $C(s)A(s)$ para diversos valores de τ_y, determinamos $\tau_y = 1{,}38$ [s], correspondente a $\omega_g = 49{,}37$ [kHz].

Portanto, ao final do procedimento obtemos o compensador

$$C(s) = \kappa^{-1} \frac{0{,}18s + 1}{1{,}38s + 1} \tag{8.41}$$

que garante uma largura de faixa $W \approx 74$ [kHz], uma margem de fase $MF \approx 71^o$ e uma margem de ganho $MG \approx 24$ [dB] satisfazendo, portanto, todos os critérios de desempenho estipulados. Na Figura 8.8 apresentamos em linhas contínuas os diagramas de Bode para o sistema em malha aberta compensado $C(s)A(s)$ e em linhas tracejadas os mesmos diagramas para o sistema não compensado, ou seja, $A(s)/\kappa$. É importante salientar que ω_g pertence ao intervalo de frequências no qual a declividade do diagrama de modulo assintótico é -20 [dB/dec]. Como discutido com muito detalhe no Capítulo 4, essa propriedade, a ser perseguida em

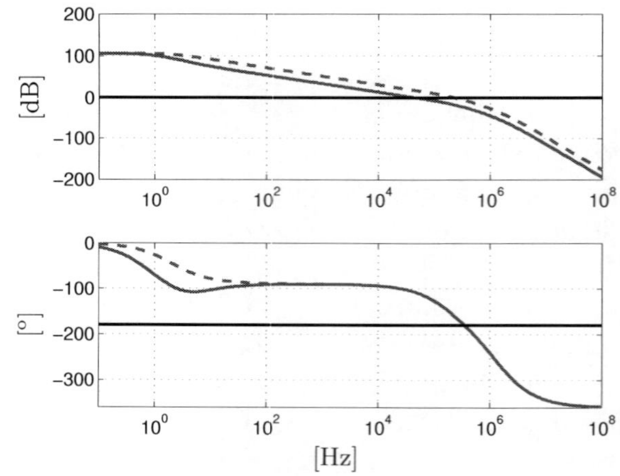

Figura 8.8: Resposta em frequência do amplificador

qualquer projeto similar a este, contribui para que a margem de fase do circuito compensado seja certamente apropriada.

Conhecida a função de transferência do controlador $C(s)$, podemos calcular o resistor R_x e o capacitor C_x através das expressões

$$C_x = \frac{\tau_y - \tau_x}{R_y}, \ R_x = \frac{\tau_x}{\tau_y - \tau_x} R_y \tag{8.42}$$

Empregando o mesmo raciocínio utilizado no Capítulo 4, devemos arbitrar $R_3 = 51$ [kΩ] e fazer com que $R_4 = (\kappa - 1)R_3 \approx 450$ [kΩ], de modo que, ao definirmos $R_y = 100$ [kΩ], temos $R_y/(R_3 + R_4) = 0{,}19$ para a situação nominal. Feitas essas escolhas obtemos, empregando (8.42), os valores $C_x \approx 12$ [μF] e $R_x \approx 15$ [kΩ]. Neste ponto, cabe ressaltar um importante aspecto prático que se deve observar no projeto de $C(s)$. Trata-se da determinação do valor da capacitância C_x, a fim de que ele seja compatível com os valores comerciais disponíveis e com as dimensões físicas do circuito eletrônico.

Utilizando dois amplificadores operacionais OP07 comerciais, o circuito mostrado na Figura 8.7 foi montado para podermos fazer algumas comparações e avaliações. Em todas as situações, aplicamos uma entrada $v_e(t)$ como sendo uma onda quadrada com amplitude 100 [mV] e período 4 [ms]. Nas experiências realizadas e descritas a seguir, os resultados obtidos em laboratório foram comparados com os previstos pelo modelo que temos utilizado para descrever o comportamento dinâmico do amplificador que acabamos de projetar. Para $v_e(t)$ dada,

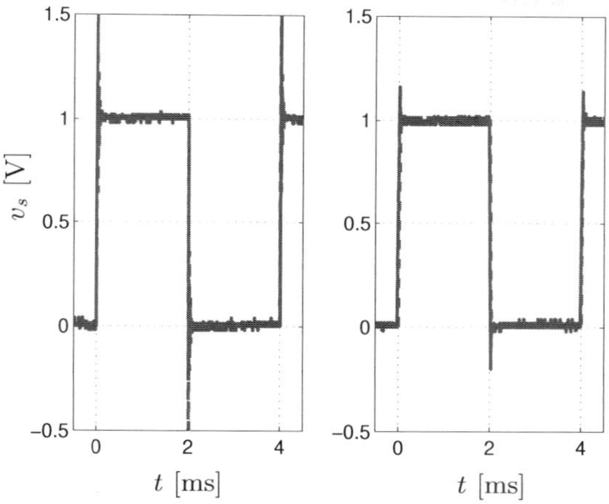

Figura 8.9: Respostas para o ganho nominal

com (8.39) obtemos a saída correspondente

$$v_s(t) = \mathcal{L}^{-1}(F(s)) * v_e(t) \tag{8.43}$$

sendo que em $F(s)$ adotamos $C(s) = 1/\kappa$ para o circuito não compensado que é implementado impondo-se um curto-circuito na resistência R_y e retirando do circuito a impedância $Z(s)$ e, $C(s)$ dada por (8.41) para o circuito com o compensador. Nas Figuras 8.9 e 8.10, mostramos a saída $v_s(t)$ do circuito implementado no laboratório, em linhas contínuas, e a mesma saída prevista pelo modelo (8.43), em linhas tracejadas. O lado esquerdo de cada figura mostra as respostas do circuito não compensado, enquanto que o lado direito de cada uma delas mostra as respostas do circuito com o compensador.

- **Ganho nominal.** Para $\kappa = 10$, a Figura 8.9 deixa claro que o modelo matemático utilizado é bastante realista e preciso. Nota-se claramente que, devido à margem de fase de 71° para o circuito compensado, a sobre-elevação do sinal não chega a 20% do valor de regime, ao passo que no circuito não compensado a sobre-elevação é próxima de 50%.

- **Limites de estabilidade.** O lado esquerdo da Figura 8.10 mostra a resposta do circuito não compensado para o ganho $\kappa = 5{,}2$ situado no seu limiar de estabilidade. O modelo matemático continua a fornecer bons resultados, pois verificamos no laboratório que para um ganho ligeiramente menor os amplificadores saturam. No lado direito, nota-se que o circuito

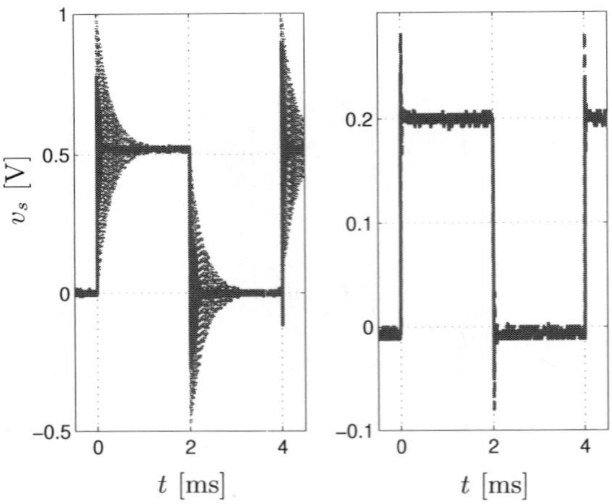

Figura 8.10: Respostas nos limites de estabilidade

compensado ainda funciona adequadamente para $\kappa = 2$, pois esta redução de ganho é perfeitamente suportada pela margem de ganho de 23 [dB] do compensador nominal. A sobre-elevação da resposta é natural tendo em vista que, nos dois casos, os ganhos estão próximos dos respectivos limiares de estabilidade.

O leitor deve ter observado que não há grandes dificuldades para se projetar um compensador do tipo atraso como este que acabamos de considerar. De fato, a função de transferência $C(s)$, dada em (8.40), depende apenas de dois parâmetros desconhecidos τ_x e τ_y que são determinados com o objetivo de cumprir os critérios de desempenho estabelecidos. Em princípio, com tão pequeno número de incógnitas elas até poderiam ser determinadas por tentativa e erro. O bom senso e requisitos básicos como aquele de fazer com que a frequência que define a margem de fase se situe em uma faixa onde o módulo cai 20 [dB/dec] são essenciais para simplificar a obtenção do compensador final. Desempenhos melhores poderiam ser atingidos com $C(s)$ mais sofisticadas, isto é, com maior número de zeros e de polos, mas com a consequente dificuldade de implementação prática, que certamente requereria uma impedância $Z(s)$ de maior ordem.

Desejamos terminar este capítulo com uma pequena discussão a respeito do futuro, no que diz respeito à implementação prática de sistemas de controle. Como afirmamos no início deste livro, existe uma tendência de que os controladores $C(s)$ deixem de ser implementados de forma analógica, dando espaço ao chamado controle digital. Com o desenvolvimento de microprocessadores cada vez mais potentes e rápidos, a implementação deixará de ser física para se tornar lógica. Um controlador será, então, apenas uma rotina numérica a ser convenientemente desenvolvida e instalada. Entretanto, muito embora, neste contexto, controladores mais complexos e eficientes possam ser projetados, os seus desenvolvimentos vão sempre depender dos aspectos de base que aqui procuramos explicitar.

8.4 Notas Bibliográficas

O desenvolvimento de bons projetos depende de arte, perseverança, experiência e de se ter em mãos bons modelos matemáticos que descrevam com precisão aquilo que se deseja controlar. O livro [27] precisa ser lido pelos que se interessam por modelagem matemática de sistemas dinâmicos em geral. Além de ser uma leitura simples e agradável, ele contém uma miríade de modelos que abrangem as mais diversas áreas do conhecimento. Da mesma forma, embora seja mais restrito, o texto [16] também fornece uma visão bastante ampla a respeito da mesma problemática. Especificamente, para um estudo mais aprofundado de mecânica, o livro [1] é uma referência obrigatória, enquanto que para estudos mais voltados para a engenharia elétrica devemos citar [6] para circuitos elétricos, [29] para dispositivos eletrônicos e [34] para microeletrônica. Os livros [12] e [31] fornecem informações detalhadas sobre modelos e controle de sistemas de potência. Por fim, certos detalhes importantes quanto à implementação prática de projetos de sistemas de controle podem ser conseguidos nos textos [2] e [19], sendo que, em particular, no segundo livro citado, diversos aspectos relevantes de controle por computador são discutidos e analisados em detalhes.

8.5 Exercícios

Exercício 8.1 *Considere o sistema torcional com o terceiro disco preso no teto através de uma haste flexível com coeficiente de elasticidade torcional* κ_t.

a) Determine as equações do seu modelo matemático.

b) Considerando que a velocidade angular do terceiro disco seja a grandeza de interesse, determine a equação de estado do sistema torcional.

c) Escreva a matriz $A \in \mathbb{R}^{6\times 6}$ *na forma do Exemplo 8.1. A matriz* A *é não singular? Interprete o resultado.*

Exercício 8.2 *Considere a equação diferencial de segunda ordem*

$$\ddot{\theta}_1 + 2\xi\omega_n\dot{\theta}_1 + \omega_n^2\theta_1 = 0$$

sujeita às condições iniciais $\theta_1(0) = \theta_{10}$ e $\dot{\theta}_1(0) = 0$.

a) *Mostre que ela tem como solução a função* $\theta_1(t)$, *dada em (8.9).*

b) *Determine os instantes de tempo nos quais* $\theta_1(t)$ *tem derivada nula.*

c) *Qual é o valor da função em cada instante de tempo determinado no item anterior?*

Exercício 8.3 *Considere as fórmulas (8.12) e (8.15), que permitem estimar os valores da frequência natural amortecida* ω_d *e do fator de amortecimento* ξ *através do cálculo de* $\text{tg}(\phi)$.

a) *Quais modificações devemos introduzir naquelas fórmulas para levar em conta apenas os pontos de máximo de* $\theta_1(t)$?

b) *Quais modificações devemos introduzir naquelas fórmulas para levar em conta apenas os pontos de mínimo de* $\theta_1(t)$?

Exercício 8.4 *Um sistema dinâmico estável cujo modelo matemático é de primeira ordem*

$$\tau\dot{y} + y = \kappa u$$

foi submetido a uma entrada degrau com amplitude u_0 *conhecida, a partir da condição inicial* $y(0) = 0$. *A resposta correspondente* $y(t)$ *foi registrada para todo* $t \in [0, T]$.

a) *Determine a solução* $y(t)$ *para todo* $t \geq 0$ *e mostre que ela pode ser escrita de duas formas equivalentes:*

$$y(t) = y(\infty)\left(1 - e^{-t/\tau}\right), \; y(t) = \dot{y}(0)\tau\left(1 - e^{-t/\tau}\right)$$

b) *Estime os valores da constante de tempo* τ *e do ganho* κ, *a partir de* $y(t)$, *supondo que* T *seja grande o suficiente para que o regime permanente tenha sido alcançado.*

c) *Estime os valores da constante de tempo* τ *e do ganho* κ, *a partir de* $y(t)$, *supondo que* T *não seja grande o suficiente para que o regime permanente tenha sido alcançado.*

Exercício 8.5 *Considere a função de transferência em malha aberta* $G(s)$ *do sistema torcional dada em (8.20).*

a) *Determine o lugar das raízes para* $1 + \kappa G(s) = 0$.

b) *Determine* κ_{osc} e ω_{osc}.

c) *Com a regra de Ziegler-Nichols determine o controlador proporcional* $C(s) = \kappa_p$.

d) Com o controlador proporcional obtido no item anterior, determine a resposta do sistema em malha fechada para uma entrada degrau de amplitude 2 [rad]. *Compare com aquela apresentada na Figura 8.5.*

Exercício 8.6 *Considere o controlador do sistema torcional com função de transferência* $C_f(s)$ *dada em (8.35). Determine:*

a) A função de transferência em malha fechada entre a entrada u *e a saída* θ_3.

b) A margem de fase e a largura de faixa exatas impostas por este controlador.

c) A margem de fase e a largura de faixa aproximadas impostas por este controlador, adotando a aproximação de polos dominantes.

Exercício 8.7 *Para o amplificador realimentado apresentado na Figura 8.7, considere que ele não está compensado e que ambos os ganhos* $\mu \geq 1$ *e* $\kappa \geq 1$ *podem ser mudados pelo projetista.*

a) Determine a equação característica do sistema em malha fechada em função dos ganhos μ *e* κ.

b) No plano de parâmetros $\kappa \times \mu$, *determine a região em que a estabilidade assintótica do amplificador é garantida.*

Exercício 8.8 *Considere o amplificador realimentado que seja compensado através do compensador com função de transferência dada em (8.41).*

a) Para o ganho nominal $\kappa = 10$, *determine a sua largura de faixa e as suas margens de ganho e de fase. Compare os valores obtidos com aqueles fornecidos no texto.*

b) Refaça o item anterior para $\kappa = 50$.

c) Refaça o primeiro item para $\kappa = 5$. *Compare e interprete os resultados obtidos.*

Exercício 8.9 *Considere o amplificador realimentado que seja compensado através de um compensador com função de transferência*

$$C(s) = \kappa^{-1}\frac{0{,}2s + 1}{1{,}5s + 1}$$

que é ligeiramente diferente daquela proposta em (8.41).

a) Para o ganho nominal $\kappa = 10$, *determine a sua largura de faixa e as suas margens de ganho e de fase.*

b) Refaça o item anterior para $\kappa = 50$.

c) Refaça o primeiro item para $\kappa = 5$.

d) Compare com os resultados obtidos no Exercício 8.8 e conclua sobre a robustez do controlador proposto no texto, tendo em vista a eventual variação dos seus parâmetros devido à precisão dos componentes elétricos utilizados.

Exercício 8.10 *Considere o amplificador realimentado que seja compensado através do compensador atraso dado no Exercício 8.9. Para o ganho nominal $\kappa = 10$, refaça o gráfico da Figura 8.9 e compare com aquele obtido com o compensador fornecido no texto. Comente.*

Apêndice A

Desigualdades Matriciais Lineares

Este apêndice é inteiramente dedicado ao estudo das chamadas desigualdades matriciais lineares. Verificou-se, nos últimos anos, a sua grande utilidade para a solução de diversos problemas das áreas de controle e de otimização. A referência [5] traz um farto material a respeito deste tema. Aqueles que desejam se aprofundar neste assunto devem consultar a referência mencionada, a qual, inclusive, foi uma das primeiras a colocar em evidência a importância das desigualdades matriciais lineares no âmbito da análise e da síntese de sistemas de controle.

A.1 Conceitos Básicos

Uma desigualdade matricial linear é expressa na forma

$$\mathcal{A}(x) < 0 \tag{A.1}$$

com

$$\mathcal{A}(x) = A_0 + \sum_{i=1}^{n} A_i x_i \tag{A.2}$$

onde $A_0 \in \mathbb{R}^{m\times m}$ e $A_i \in \mathbb{R}^{m\times m}$, $i = 1, \cdots, n$ são matrizes reais simétricas e $x_i \in \mathbb{R}$ é a i-ésima componente do vetor $x \in \mathbb{R}^n$. É imperativo entender que $\mathcal{A}(x) : \mathbb{R}^n \to \mathbb{R}^{m\times m}$ é uma função *linear* do vetor $x \in \mathbb{R}^n$. Ademais, para cada $x \in \mathbb{R}^n$ a matriz $\mathcal{A}(x)$ é simétrica e a desigualdade (A.1) exige que ela seja definida negativa. Como sabemos, isto é equivalente a impor que $z'\mathcal{A}(x)z < 0$ para todo $z \neq 0 \in \mathbb{R}^m$.

Lema A.1 *O conjunto dos vetores $x \in \mathbb{R}^n$ que satisfazem a desigualdade matricial linear $\mathcal{A}(x) < 0$ é convexo.*

Prova: Como sabemos, um conjunto é convexo se a ele pertencer o segmento de reta que une quaisquer dois de seus pontos. Considerando dois pontos genéricos $y, z \in \mathbb{R}^n$, os pontos do segmento que os une são dados por $x = \alpha y + (1-\alpha)z$ com $0 \leq \alpha \leq 1$. Assumindo que $\mathcal{A}(y) < 0$ e $\mathcal{A}(z) < 0$, obtemos

$$\begin{aligned} \mathcal{A}(x) &= \mathcal{A}(\alpha y + (1-\alpha)z) \\ &= \alpha\mathcal{A}(y) + (1-\alpha)\mathcal{A}(z) \\ &< 0 \end{aligned} \tag{A.3}$$

onde utilizamos a linearidade para obter a segunda igualdade. A desigualdade ocorre pois α e $1-\alpha$ são número não negativos e não simultaneamente nulos. □

É preciso ficar atento para um fato importante. Muito embora a função matricial $\mathcal{A}(x)$ seja linear, o conjunto $\mathcal{A}(x) < 0$ pode traduzir restrições altamente não lineares, por exemplo, as descritas por polinômios ou frações racionais. Este fato fica mais claro a partir do seguinte resultado, que é fundamental neste contexto.

Lema A.2 (Complemento de Schur) *A desigualdade matricial linear*

$$\mathcal{A}(x) = \begin{bmatrix} S(x) & V(x) \\ V(x)' & Q(x) \end{bmatrix} < 0 \tag{A.4}$$

é equivalente a qualquer uma das duas seguintes desigualdades não lineares:

a) $S(x) < 0$ *e* $Q(x) - V(x)'S(x)^{-1}V(x) < 0$.

b) $Q(x) < 0$ *e* $S(x) - V(x)Q(x)^{-1}V(x)' < 0$.

Prova: Para provar a primeira parte, consideramos $x \in \mathbb{R}^n$ arbitrário e observamos que $S(x) < 0$ também implica na existência de sua inversa $S(x)^{-1}$. Assim sendo, a matriz

$$U(x) = \begin{bmatrix} I & 0 \\ V(x)'S(x)^{-1} & I \end{bmatrix} \tag{A.5}$$

é não singular e permite obter a fatoração $\mathcal{A}(x) = U(x)\mathcal{B}(x)U(x)'$, onde

$$\mathcal{B}(x) = \begin{bmatrix} S(x) & 0 \\ 0 & Q(x) - V(x)'S(x)^{-1}V(x) \end{bmatrix} \tag{A.6}$$

Portanto, a matriz $\mathcal{A}(x)$ é definida negativa se e somente se o mesmo ocorrer com a matriz $\mathcal{B}(x)$, que é o resultado desejado. A segunda parte é provada de forma idêntica. □

O Complemento de Schur é uma das mais poderosas ferramentas matemáticas para tratar desigualdades matriciais lineares. Ele permite converter desigualdades muito complexas em desigualdades matriciais lineares equivalentes, porém de dimensões mais elevadas. No lema acima as submatrizes $S(x)$, $V(x)$ e $Q(x)$ são de dimensões compatíveis, mas arbitrárias. Os seguintes exemplos ilustram os conceitos que foram até aqui introduzidos.

Exemplo A.1 O sistema de desigualdades lineares $2x_1 + 3x_2 < 7$, $-x_1 + x_2 < 5$ e $2x_1 - 4x_2 < -4$ pode ser escrito como (A.1), onde $A_0 = \text{diag}\{-7, -5, 5\}$, $A_1 = \text{diag}\{2, -1, 2\}$ e $A_2 = \text{diag}\{3, 1, -4\}$. Na verdade, qualquer sistema linear de inequações no $\mathbb{R}^n$ pode ser escrito como uma desigualdade matricial linear com todas as matrizes $A_0, \cdots, A_N$ diagonais.

A desigualdade não linear $(x_1 - 1)^2 + 2(x_2 - 2)^2 < 5^2$, que é o interior de uma elipse com foco no ponto $(1, 2)$, pode ser convertida em uma desigualdade matricial linear. Aplicando o Complemento de Schur, ela é equivalente a

$$\begin{bmatrix} 2(x_2 - 2)^2 - 25 & x_1 - 1 \\ x_1 - 1 & -1 \end{bmatrix} < 0$$

e, aplicando o Complemento de Shur uma vez mais, obtemos

$$\mathcal{A}(x) = \begin{bmatrix} -25 & x_1 - 1 & x_2 - 2 \\ x_1 - 1 & -1 & 0 \\ x_2 - 2 & 0 & -1/2 \end{bmatrix} < 0$$

sendo as matrizes $A_0, A_1, A_2 \in \mathbb{R}^{3\times 3}$ imediatamente determinadas. Finalmente, se desejarmos obter os pontos do interior da elipse que se encontram abaixo da reta que passa pela origem e pelo seu centro, basta considerar

$$\mathcal{A}(x) = \begin{bmatrix} -25 & x_1 - 1 & x_2 - 2 & 0 \\ x_1 - 1 & -1 & 0 & 0 \\ x_2 - 2 & 0 & -1/2 & 0 \\ 0 & 0 & 0 & x_2 - 2x_1 \end{bmatrix} < 0$$

É aparente que o custo a ser pago para se levar em conta um número maior de restrições é a maior dimensão da desigualdade matricial linear obtida. □

Exemplo A.2 A restrição $AZB + B'Z'A' < -S$, onde $Z \in \mathbb{R}^{p\times q}$ é a incógnita e A, B, S são matrizes dadas de dimensões compatíveis, é uma desigualdade matricial linear. Coletando os $n = pq$ elementos de Z no vetor $x \in \mathbb{R}^n$, podemos escrevê-la na forma

$$Z = \sum_{i=1}^{n} Z_i x_i$$

onde $Z_i \in \mathbb{R}^{p\times q}$ são matrizes que colocam os elementos do vetor x nas suas respectivas posições na matriz Z. Aquela restrição se escreve na forma padrão (A.1) com $A_0 = S$ e $A_i = AZ_iB + B'Z_i'A'$ para todo $i = 1, \cdots, n$. Para Z quadrada e simétrica, o mesmo raciocínio pode ser adotado com os $n = p(p+1)/2$ elementos distintos de $Z \in \mathbb{R}^{p\times p}$. □

Os conceitos que acabamos de apresentar são também muito importantes no âmbito de programação matemática para resolver problemas de otimização do tipo

$$\inf_x \{c'x \ : \ \mathcal{A}(x) < 0\} \tag{A.7}$$

em que $c \in \mathbb{R}^n$. O fato de que a função objetivo seja linear não é uma limitação séria, pois variáveis adicionais e a aplicação do Complemento de Schur viabilizam o tratamento de uma vasta gama de problemas. Um outro ponto digno de nota é a consideração do conjunto aberto $\mathcal{A}(x) < 0$ no lugar do fechado $\mathcal{A}(x) \leq 0$. O motivo é que os procedimentos numéricos disponíveis e já implementados em diversos pacotes computacionais usam métodos de pontos interiores para a solução de (A.7). Como o nome indica, a solução assim calculada estará sempre no interior do conjunto de factibilidade, mas arbitrariamente próxima da solução ótima global.

A.2 Problemas Específicos

Passamos, em seguida, a estudar problemas mais específicos que podem ser colocados na forma (A.7). O primeiro deles diz respeito ao cálculo da norma $\|H\|_2^2$, em que $H(s) = C(sI - A)^{-1}B \in \mathcal{H}_2$. Neste sentido, é preciso notar que, se $X > 0$ satisfaz $A'X + XA + C'C < 0$, então $\|H\|_2^2 < \text{Tr}(B'XB)$. De fato, se $X > 0$ é factível, existe $S > 0$ tal que $A'X + XA + C'C = -S$ e assim

$$\begin{aligned} X &= \int_0^\infty e^{A't}(C'C + S)e^{At}dt \\ &> \int_0^\infty e^{A't}C'Ce^{At}dt \end{aligned} \tag{A.8}$$

mostra que $X > P > 0$, sendo P a solução definida positiva da equação de Lyapunov $A'P + PA + C'C = 0$. Pelo Teorema 7.1 temos

$$\begin{aligned} \|H\|_2^2 &= \text{Tr}(B'PB) \\ &< \text{Tr}(B'XB) \end{aligned} \tag{A.9}$$

Portanto, podemos obter a norma desejada através da solução do problema de otimização

$$\inf_{X>0} \left\{\text{Tr}(B'XB) \ : \ A'X + XA + C'C < 0\right\} \tag{A.10}$$

que é exatamente do tipo (A.7) pois o traço de uma matriz é uma função linear dos seus elementos. De maneira similar, a mesma norma pode ser calculada através de

$$\inf_{Y>0} \left\{ \mathrm{Tr}(CYC') \ : \ AY + YA' + BB' < 0 \right\} \tag{A.11}$$

É preciso dizer que o cálculo direto da norma $\mathcal{H}_2$, como preconizado pelo Teorema 7.1, é mais eficiente do ponto de vista numérico e, sempre que possível, deve ser adotado.

Para o cálculo da norma $\|H\|_\infty^2$ da função racional $H(s) = C(sI - A)^{-1}B \in \mathcal{H}_\infty$, utilizamos diretamente o resultado do Teorema 7.2. Ele atesta que $\|H\|_\infty^2 < \mu = \gamma^2$ se existir $P > 0$ que satisfaz a desigualdade de Riccati

$$A'P + PA + \mu^{-1}PBB'P + C'C < 0 \tag{A.12}$$

que pode ser convertida, aplicando o Complemento de Schur, em uma desigualdade matricial linear equivalente em relação a ambas as variáveis (P, μ). Consequentemente

$$\|H\|_\infty^2 = \inf_{P>0,\mu} \left\{ \mu \ : \ \begin{bmatrix} A'P + PA + C'C & PB \\ B'P & -\mu I \end{bmatrix} < 0 \right\} \tag{A.13}$$

que é um procedimento numérico bastante eficaz para o cálculo desta norma. Observe que a solução conjunta em relação às variáveis P e μ evita que algum tipo de processo iterativo adicional precise ser adotado.

Uma outra situação, um pouco mais complexa do ponto de vista numérico, é encontrada na determinação do atraso máximo solução do problema de otimização (7.59), ou seja,

$$\tau_{max} = \sup_{P>0, R>0, \tau>0} \left\{ \tau \ : \ \begin{bmatrix} A_0'P + PA_0 + A'C'RCA & \tau PB \\ \tau B'P & -R \end{bmatrix} < 0 \right\} \tag{A.14}$$

em que se nota que a sua restrição não é uma desigualdade matricial linear em relação a todas as variáveis. Porém, como ela se torna uma desigualdade matricial linear quando $\tau > 0$ é fixado, a sua solução ótima pode ser calculada via busca unidimensional em relação a este escalar. Para cada $\tau > 0$, resolve-se (A.14) em relação às demais variáveis e aumenta-se $\tau > 0$, progressivamente, até que a factibilidade seja perdida.

Esses são apenas alguns exemplos que colocam em evidência a utilidade das desigualdades matriciais lineares. Muitos outros existem, por exemplo, a procura de uma solução $P > 0$ diagonal que satisfaça a desigualdade de Lyapunov $A'P + PA < 0$ pode ser formulada como um problema do tipo (A.7) e o mesmo ocorre para verificar se uma dada função de transferência racional é ou não positiva real. Muitos problemas importantes que vão além do escopo deste livro podem ser mais bem entendidos e resolvidos com esta técnica.

Bibliografia

[1] V. I. Arnold, *Métodos Matemáticos da Mecânica Clássica*, Mir, Moscou, 1987.

[2] A. S. Bazanella e J. M. G. da Silva Jr., *Sistemas de Controle: Princípios e Métodos de Projeto*, Editora da UFRGS, Porto Alegre, 2005.

[3] R. Bellman, *Introduction to Matrix Analysis*, 2nd edition, McGraw-Hill, New York, 1970.

[4] C. P. Bottura, *Princípios de Controle e Servomecanismos*, Edição do Autor, 1980.

[5] S. P. Boyd, L. El Ghaoui, E. Feron and V. Balakrishnan, *Linear Matrix Inequalities in System and Control Theory*, SIAM, Philadelphia, 1994.

[6] Y. Burian Jr., *Circuitos Elétricos*, Edição do Autor, 1991.

[7] P. B. L. Castrucci e L. Batista, *Controle Linear - Método Básico*, vol. I, Edgard Blücher, São Paulo, 1980.

[8] P. Colaneri, J. C. Geromel and A. Locatelli, *Control Theory and Design : An RH_2 and RH_∞ Viewpoint*, Academic Press, London, 1997.

[9] J. J. da Cruz, *Controle Robusto Multivariável: O Método LQG/ LTR*, Edusp, São Paulo, 1996.

[10] M. C. de Oliveira and J. C. Geromel, Synthesis of Nonrational Controllers for Linear Delay Systems, *Automatica*, vol. 40, pp. 171–188, 2004.

[11] G. Doetsch, *Introduction to the Theory and Application of the Laplace Transformation*, Springer-Verlag, Berlin, 1974.

[12] O. I. Elgerd, *Electric Energy Systems Theory: An Introduction*, MacGraw-Hill, New York, 1971.

[13] A. C. Faleiros e T. Yoneyama, *Teoria Matemática de Sistemas*, Arte & Ciência, São Paulo, 2002.

[14] G. F. Franklin and J. D. Powell, *Digital Control of Dynamic Systems*, Addison-Wesley, Reading, MA, 1980.

[15] G. F. Franklin, J. D. Powell and A. Emami-Naeini, *Feedback Control of Dynamic Systems*, Pearson Prentice Hall, Upper Saddle River, NJ, 2006.

[16] J. C. Geromel e A. G. B. Palhares, *Análise Linear de Sistemas Dinâmicos: Teoria, Ensaios Práticos e Exercícios*, 1ª edição, Edgard Blücher, São Paulo, 2004.

[17] J. C. Geromel, On the Determination of a Diagonal Solution of the Lyapunov Equation, *IEEE Transactions on Automatic Control*, vol. 30, pp. 404–406, 1985.

[18] A. P. C. Gonçalves, A. R. Fioravanti and J. C. Geromel, Markov Jump Linear Systems and Filtering Through Network Transmitted Measurements, *Signal Processing*, vol. 90, pp. 2842–2850, 2010.

[19] E. M. Hemerly, *Controle por Computador de Sistemas Dinâmicos*, 2ª edição, Edgard Blücher, São Paulo, 2000.

[20] R. A. Horn and C. R. Johnson, *Matrix Analysis*, Cambridge University Press, Cambridge, 1985.

[21] W. Kaplan, *Advanced Calculus*, 6th edition, Addison-Wesley, Reading, MA, 1971.

[22] E. Kaszkurewicz and A. Bhaya, *Matrix Diagonal Stability in Systems and Computation*, Birkhäuser, Boston, 2000.

[23] H. K. Khalil, *Nonlinear Systems*, Macmillan, New York, 1992.

[24] R. H. Korogui, *Filtragem Robusta, Modelos com Atrasos e Certificação de Desempenho - Aplicação em Sistemas Elétricos*, tese de doutorado, FEEC-UNICAMP, 2009.

[25] B. C. Kuo and F. Golnaraghi, *Automatic Control Systems*, John Wiley & Sons, New York, 2003.

[26] H. Kwakernaak and R. Sivan, *Linear Optimal Control Systems*, John Wiley & Sons, New York, 1972.

[27] D. G. Luenberger, *Introduction to Dynamic Systems: Theory, Models & Applications*, John Wiley & Sons, New York, 1979.

[28] L. A. J. Medeiros, *Introdução às Funções Complexas*, McGraw-Hill do Brasil, São Paulo, 1972.

[29] J. Millman e C. C. Halkias, *Eletrônica: Dispositivos e Circuitos*, McGraw-Hill do Brasil, São Paulo, 1981.

[30] K. Ogata, *Modern Control Engineering*, Prentice Hall, Upper Saddle River, NJ, 2002.

[31] H. Sadaat, *Power System Analysis*, McGraw-Hill, New York, 2002.

[32] I. F. Santos, *Dinâmica de Sistemas Mecânicos: Modelagem, Simulação, Visualização e Verificação*, Makron Books, São Paulo, 2001.

[33] S. Sastry, *Nonlinear Systems: Analysis, Stability and Control*, Interdisciplinary Applied Mathematics, vol. 10, Springer, New York, 1999.

[34] A. S. Sedra e K. C. Smith, *Microeletrônica*, Makron Books, São Paulo, 2000.

[35] K. Symon, *Mechanics*, 2nd edition, Addison-Wesley, New York, 1967.

[36] M. Vidyasagar, *Nonlinear Systems Analysis*, 2nd edition, Prentice-Hall, Upper Saddle River, NJ, 1993.

[37] K. Zhou and J. C. Doyle, *Essentials of Robust Control*, Prentice-Hall, Upper Saddle River, NJ, 1998.

Índice

A

Alocação de polos, 131
Amostragem
    período de, 44
Amplificador
    diagramas de Bode, 151
Aproximação
    de Tustin, 47
    linear, 5, 228
Atraso, 6
    máximo, 335
    sistemas com, 295
Atrito viscoso, 308

B

Bilinear
    transformação, 93

C

Ciclo limite, 227, 239
    estável, 239
    existência, 254
Classes de controladores, 42
    atraso/avanço, 43, 137, 322
    ordem completa, 43
    ordem reduzida, 133
    PID, 43, 138, 313
Classes de sistemas não lineares, 229
    do tipo Lur'e, 230
    do tipo Persidiskii, 230
Complemento de Schur, 332
Condição de Lipschitz, 225
Conjectura de Aizerman, 266
Controlador
    implementação, 60
    validação, 151
Controle
    através da internet, 4
    automático, 1
    diagrama de blocos, 2, 23
    digital, 8, 44
    em malha aberta, 2, 20
    em malha fechada, 2, 20
Critério
    de Lyapunov, 95
    de Nyquist, 15, 88
    de Persidiskii, 15, 270
    de Popov, 15, 260, 268
    de Routh-Hurwitz, 83
    do círculo, 266
Critérios de desempenho
    aceitáveis, 140

D

Desempenho
    critério quadrático, 98
    critérios, 14
    critérios em frequência, 122
    critérios no tempo, 37
    energia mínima, 42
    resposta ao degrau, 37
    robusto, 300
    tempo discreto, 100
Desigualdade

de Riccati, 288
matricial linear, 17, 331
matricial linear-norma $\mathcal{H}_2$, 334
matricial linear-norma $\mathcal{H}_\infty$, 335
Determinante
propriedades, 76
Discretização, 44
no espaço de estado, 47
Distância, 79

E
Elasticidade
coeficiente de, 308
Ensaios práticos, 307, 320
Equação
característica, 11, 33
de Duffing, 274
de Lyapunov, 95
de Riccati, 15, 180, 289
de Van der Pol, 257
diferencial, 10
diferencial não linear, 221
Diofantina, 132
Estabilidade, 22, 81
condição necessária, 82
domínio, 247
não linear, 246
robusta, 290
tempo discreto, 98
Estrutura básica
de controle, 31

F
Fator de amortecimento, 311
Frequência
de ressonância, 122
margem de fase, 127
margem de ganho, 126
natural amortecida, 311
natural não amortecida, 311
Função
analítica, 66
de Lyapunov, 15
de Lyapunov-Krasovskii, 296
de transferência, 33
de variável complexa, 10
descritiva, 248
positiva real, 15
racional, 12
Função de transferência
estritamente própria, 166
polos dominantes, 110
própria, 166
Função racional
polos e zeros, 12
Fundamentos
de projeto, 14, 121
de sistemas de controle, 13, 19
matemáticos, 13, 65

G
Geração
de energia elétrica, 141

H
Histerese, 255

I
Impulso
resposta ao, 81
Incerteza
dinâmica, 293
paramétrica, 290
Integração
método de Picard, 224

L
Largura de faixa, 122
Linear quadrático
observador, 189
regulador, 179

Linearização harmônica, 247
método, 253
Lugar crítico, 254
Lugar das raízes, 102
condição de ângulo, 103
condição de módulo, 103
projeto, 141
regras de construção, 104
simétrico, 182, 190

M

Mínimo
distância euclidiana, 134
quadrado, 134
Margem
de fase, 127
de ganho, 126
Matriz, 75
autovalor, 75
autovetor, 75
de Silvester, 133
determinantes, 76
função exponencial, 77
função traço, 77
positiva definida, 78
simétrica, 77
transformação de similaridade, 76
transposta, 75
Modelos matemáticos, 10, 21
amplificador eletrônico, 320
amplificador operacional, 146
braço mecânico, 4
máquina síncrona, 276
motor de corrente contínua, 23
pêndulo com mola, 52
pêndulo invertido, 27
pêndulo simples, 221
piloto automático, 1
potência ativa-frequência, 141
presa-predador, 245, 274
sistema mecânico torcional, 307
Momento de inércia, 308

N

Normas
$\mathcal{H}_2$, 16, 282
$\mathcal{H}_\infty$, 16, 286
de matrizes, 280
de trajetórias, 281
de vetores, 280
euclidiana, 75
Notação, 17

O

Oscilações mecânicas
simulação, 307

P

Passividade, 260
Pico máximo
em frequência, 122
no tempo, 39
Plano de fase, 231
trajetória, 232
Poincaré
índice, 242
existência de ciclo limite, 245
Polinômio característico
de uma matriz, 77
Ponto crítico, 74, 88
Ponto de equilíbrio, 224
foco ou centro, 236
nó ou sela, 235
virtual, 237
Positividade real, 262
Princípio
da variação do argumento, 65, 72
Produto escalar, 75

R

Realimentação

de estado, 166
de saída, 197
unitária, 32
Redução de modelos
qualidade, 113
via polos dominantes, 110
Regime permanente
erro, 128
especificação, 37, 170
Relé
com zona morta, 249
ideal, 249
Representação de estado
controlabilidade, 175
controle ótimo, 179
equação, 167
observabilidade, 195
observador, 185
polos e zeros, 168
projeto, 14
ruídos, 187
transformação de similaridade, 168
requisitos básicos, 9
Resíduo, 69
Ruído, 202
branco, 191

S

Série
de Laurent, 67
de Taylor, 67
Saturação, 250
Segurador de ordem zero, 45
Sensibilidade, 34
complementar, 35
Servomecanismos
projeto de, 197
Setor
funções não lineares, 264
Simulação, 13
amplificador eletrônico, 324
motor com ruído, 193
pêndulo invertido, 208
sistema mecânico torcional, 317
Sinal
de perturbação, 31
de referência, 31
de saída, 32
estacionário, 191
média e covariância, 191
Sistemas
não lineares, 15, 221
robustos, 15
tipos, 129

T

Tabela
de Routh, 83
de Ziegler-Nichols, 139
Tempo
de estabilização, 39
Teorema
da separação, 200
de Bendixson, 241
de Cayley-Hamilton, 169
de Green, 240
de Silvester, 76
do pequeno ganho, 16, 294
dos resíduos de Cauchy, 69
integral de Cauchy, 66
Transformada
de Laplace, 11
de Laplace inversa, 12
domínio, 12
Transitório
especificação, 37, 170

V

Valor singular, 280
Variável de estado, 167